U0431362

数值方法

关 治 陆金甫 编著

清华大学出版社
北京

内 容 简 介

本书是为工程硕士数值分析课程编写的教材，比较系统地介绍了数值分析学科的基本方法和理论，选材着重基础，也强调方法在计算机上如何实现，并讨论了一些实际问题中与数值计算有关的数学模型.

本书第 1 章是数学模型和数值计算一般问题的引论，其他各章内容包括求解线性代数方程组的直接方法和迭代方法、求解非线性方程和方程组的数值方法、矩阵特征值问题的计算方法、函数的插值和逼近、数值积分与数值微分以及常微分方程初值问题的数值方法.各章都配有相关数学模型的例题，章末有习题和计算实习题.书末还附有计算实习所用工具 MATLAB 的简明介绍.

本书可作为工程硕士研究生教材，也可作为其他理工科各专业本科生或研究生教材，并可供工程技术人员和科研人员参考.

图书在版编目(CIP)数据

数值方法/关治，陆金甫编著. —北京：清华大学出版社，2006.2(2024.1重印)
ISBN 978-7-302-12110-7

Ⅰ. 数… Ⅱ. ①关… ②陆… Ⅲ. 数值计算—高等学校—教材 Ⅳ. O241

中国版本图书馆 CIP 数据核字（2005）第 132934 号

责任编辑：刘 颖 王海燕
责任印制：杨 艳

出版发行：清华大学出版社

网 址：https://www.tup.com.cn, https://www.wqxuetang.com
地 址：北京清华大学学研大厦 A 座 **邮 编**：100084
社 总 机：010-83470000 **邮 购**：010-62786544
投稿与读者服务：010-62776969，c-service@tup.tsinghua.edu.cn
质 量 反 馈：010-62772015，zhiliang@tup.tsinghua.edu.cn

印 装 者：三河市君旺印务有限公司
经 销：全国新华书店
开 本：185mm×230mm **印 张**：23 **字 数**：486 千字
版 次：2006 年 2 月第 1 版 **印 次**：2024 年 1 月第 15 次印刷
定 价：69.00 元

产品编号：017641-05

前　言

半个多世纪以来，计算机技术和计算数学学科都有了飞速的发展．现在，科学计算已经成为各门自然科学、工程技术科学和经济科学等学科不可缺少的一种手段．在科学研究、工程技术设计和制造等方面都离不开科学计算．而数值分析是科学计算的核心，它已成为国内外大学普遍开设的一门数学课程．

数值分析课程的内容一般包含科学计算中一些最基础的数值方法及其分析，这些方法可以直接用于科学和工程计算，也是其他一些更复杂数值计算方法的基础．数值分析学科既是一门基础性的数学学科，也是一门应用性很强的学科．本书是为工程硕士研究生数值分析课程编写的教材，取名为《数值方法》．它比较系统地介绍了这门学科的一些基本方法和理论，同时也针对读者对象的一些情况（例如部分读者离开大学课堂已有一段时间，或是在职学习等）作了适当的安排．选材更基础一些，更着重对方法的分析并引入了各种类型的例子，强调方法在计算机上如何实现．同时，也联系一些工程学科和其他学科中的实际问题，讨论这些问题与数值计算有关的数学模型．这在本书第 1 章作了一些介绍，在以后各章也有与该章内容有关的例子．

本书的主要内容包括线性代数的数值计算（方程组的直接方法、迭代方法以及特征值问题的计算）、非线性方程的数值解法、函数的插值和逼近、数值积分与数值微分以及常微分方程初值问题的数值解法．第 1 章是有关的数学模型和数值计算一般问题的引论，也把线性代数的一些知识集中在这一章作了介绍，为后面的内容作准备．在各章的结尾，有关于本章内容的习题和计算实习题．计算实习题所用的工具 MATLAB，目前很多科技、工程人员和学生已经熟悉并在工作中使用，我们也在本书的附录中给出一个最简单的介绍．

教学中使用本书可以有不同的处理．第 1 章一些准备知识和以下各章的讲授次序是可以调整的．一般 60 学时左右的课程可以讲授除第 5 章（特征值问题）外各章的大部分内容．学时较少的课程还可以再酌减内容，本书目录中带 * 号的章节可以作为删节的首选．本书是为工程硕士研究生的课程编写的，也可以作为其他理工科各专业的本科生和研究生课程的教材．我们更希望本书也能对学习这方面知识的工程技术人员和科研人员有所帮助.

本书第1章的1.1节、1.2节和第6章至第9章由陆金甫编写,其余部分由关治编写.

为了便于读者自学,我们还编写了配套的辅导书《数值分析学习指导》.

本书的编写得到全国工程硕士专业学位教育指导委员会和清华大学研究生院以及清华大学出版社的支持和帮助,他们指导性的意见对本书的编写起到了重要作用,对此我们深表感谢.在本书申请编写过程中,参加评审的同行专家提出了十分中肯的意见供我们参考,对他们的支持我们也非常感谢.我们在与清华大学讲授过同类课程的同事们之间的交流中获益匪浅,也谢谢他们对本书的关心.我们还特别感谢负责编辑的清华大学出版社刘颖博士,他为本书提出了宝贵的具体意见,本书的顺利出版与他认真、细致的工作是分不开的.最后,我们期望国内的教师同行、学生和广大读者对本书提出宝贵的意见,您们的意见对本书的进一步改进一定会有很大的帮助.

关 治 陆金甫

2005年8月

目　录

第1章

数学模型和数值方法引论

1.1 数学模型及其建立方法与步骤

1.1.1 数学模型

人们在认识、研究现实世界中某个客观存在的事物时,往往并不是直接研究那个实际对象(原型),而是集中在模型上进行研究.所谓模型就是人们为了一定目的,对客观事物的某一部分进行简缩、抽象和提炼出来的替代物,它集中反映了客观事物中人们所需研究的那部分特征.

数学模型是将模型的特征、内在规律用数学的语言和符号来描述的数学表述或数学结构.

数学模型是将研究对象为特定目的作了必要的假设、归纳和抽象而形成的,但更重要的是要用它来研究和说明更多的事实和现象.

1.1.2 人口增长模型

英国人口学家 Malthus(1766—1834)调查了英国一百多年人口统计资料,发现人口增长率是不变的常数,由此建立了人口增长模型.

设时刻 t 的人口为 $x(t)$,当考察一个国家或一个较大地区的人口时,$x(t)$为一个很大的正整数.为了推导数学模型,假定 $x(t)$是一个连续、可微函数.记初始时刻 t_0 的人口为 x_0,假设人口增长率为 r.

考虑 t 到 $t+\Delta t$ 时间内人口的增量为

$$x(t+\Delta t)-x(t)=rx(t)\Delta t.$$

用 Δt 除上式两端,并令 $\Delta t\to 0$ 有

$$\begin{cases}\dfrac{\mathrm{d}x}{\mathrm{d}t}=rx,\\ x(t_0)=x_0,\end{cases} \tag{1.1.1}$$

这是常系数线性方程,解之有

$$x(t)=x_0\mathrm{e}^{r(t-t_0)}. \tag{1.1.2}$$

这是一个**指数增长模型**.

注意到(1.1.2)式中有两个参数 x_0 和 r,确定它们的办法是利用实际数据作拟合(拟合方法将在第7章讨论).数据拟合中一般采用线性化方法,即对(1.1.2)式两边取对数,有

$$\ln x(t)=\ln x_0+r(t-t_0). \tag{1.1.3}$$

以美国人口的实际数据为例,用1790年到1900年的数据(见表1.1)可以得出 $r=0.027\,43$. $x_0=4.1884$.将 x_0 及 r 代入(1.1.2)式有

$$x(t)=4.1884\mathrm{e}^{0.027\,43(t-t_0)}, \tag{1.1.4}$$

t_0 取成1790.由(1.1.4)式计算了1790年至1900年的美国人口(见表1.1),可以看出,基本上与实际数据相符合.即指数增长模型基本上可以描述1900年以前美国人口的增长状况.

表 1.1

年份	1790	1800	1810	1820	1830	1840	1850	1860	1870	1880	1890	1900
统计人口/百万	3.9	5.3	7.2	9.6	12.9	17.1	23.2	31.4	38.6	50.2	62.9	76.0
计算人口/百万	4.2	5.5	7.2	9.5	12.5	16.5	21.7	28.6	37.6	49.5	65.1	85.6

利用公式(1.1.4)来预测1990年美国人口,计算有10.1亿,这与实际2.5亿相差很远.再用公式(1.1.4)预测2090年,得美国人口应为157亿,显然这个数字是不可能的.由此看出,用指数增长模型来预测较长时期内人口增长情况是不适合的.根据实际情况来看,人口增长率不能是常数.当人口较少时,人口增长较快,即增长率较大;人口增加到一定数量以后,增长就会慢下来,即增长率变小.

为了使人口预测,特别是较长时期的预测更好地符合实际情况,必须修改指数增长模型中关于人口增长率是常数这一基本假设.

人口增长到一定数量后,由于自然资源、环境条件等因素对人口的增长起到阻滞作用,并且随着人口的增长,阻滞作用越来越大.设 x_m 为自然资源和环境条件所能容纳的最大人口数量,那么当 $x=x_m$ 时,人口就不再增长.因此人口增长的模型可以改变为

$$\begin{cases}\dfrac{\mathrm{d}x}{\mathrm{d}t}=r\left(1-\dfrac{x}{x_m}\right)x,\\ x(t_0)=x_0.\end{cases} \tag{1.1.5}$$

因子 $1-\frac{x}{x_{\mathrm{m}}}$ 表示了资源和环境对人口增长的阻滞作用. 模型(1.1.5)称为**阻滞增长模型**.

模型(1.1.5)中微分方程为 Bernoulli 方程,因此可解析求解模型(1.1.5)的解为

$$x(t)=\frac{x_{\mathrm{m}}}{1+\left(\frac{x_{\mathrm{m}}}{x_0}-1\right)\mathrm{e}^{-r(t-t_0)}}. \tag{1.1.6}$$

由解(1.1.6)可以看出,

$$\lim_{t\to\infty}x(t)=x_{\mathrm{m}}.$$

所以 x_{m} 为人口增长的极限. 从方程(1.1.5)还可以看出,当 $0<x<x_{\mathrm{m}}$ 时有 $\frac{\mathrm{d}x}{\mathrm{d}t}>0$,即 $x(t)$ 是随时间增加的.

如果对模型(1.1.5)中的方程再求导,可以得到

$$\frac{\mathrm{d}^2x}{\mathrm{d}t^2}=r\left(1-\frac{2x}{x_{\mathrm{m}}}\right)\frac{\mathrm{d}x}{\mathrm{d}t},$$

由此可知,$x=\frac{x_{\mathrm{m}}}{2}$ 时为 $x(t)$ 的拐点. 当 $x<\frac{x_{\mathrm{m}}}{2}$ 时,$\frac{\mathrm{d}^2x}{\mathrm{d}t^2}>0$,曲线 $x(t)$ 向上凹;当 $x>\frac{x_{\mathrm{m}}}{2}$ 时,$\frac{\mathrm{d}^2x}{\mathrm{d}t^2}<0$,曲线 $x(t)$ 向下凹. 特别地,取 $r=1$,$x_{\mathrm{m}}=1$,$x_0=0.1$,$x(t)$ 变化见图 1.1。

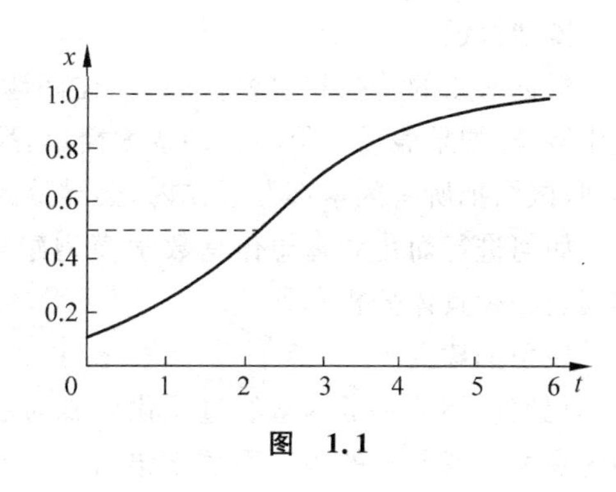

图 1.1

利用表 1.1 中 1790 年至 1850 年的美国人口统计数据来确定阻滞增长模型中的参数 r 和 x_{m},$r=0.031$,$x_{\mathrm{m}}=198$. 利用初始条件 $x_0=3.93$(即 1790 年人口(百万)),把 r,x_{m},x_0 代入(1.1.6)式有

$$x(t)=\frac{198}{1+49.4\mathrm{e}^{-0.031(t-t_0)}}\quad(t_0\text{ 为 }1790). \tag{1.1.7}$$

利用(1.1.7)式计算(预报)1860—1950 年的美国人口和实际人口比较见表 1.2. 可以看出,误差均在 5%以内. 但要注意到,计算以后年份就不准确了,例如按公式(1.1.7)计算 1990 年的人口为 180(百万),实际为 251.4(百万). 一般可用实际数据再拟合确定参数 r,x_{m}.

表 1.2

年 份	1860	1870	1880	1890	1900	1910	1920	1930	1940	1950
统计人口/百万	31.44	38.56	50.16	62.95	75.96	91.97	105.7	122.8	131.7	150.7
计算人口/百万	30	39	49	61	75	90	105	120	130	150

1.1.3 建立数学模型的方法与步骤

实际问题是多种多样、异常复杂的，为研究它们的规律建立的数学模型也是各不相同的，所以不能指望用一种一成不变的方法来建立各种各样的数学模型. 然而，各种数学模型建立的过程也有一定的共性. 掌握这些共同的规律，对建立具体问题的数学模型是有益的. 人口增长模型只是一个例子.

形成问题

要建立实际问题的数学模型，首先要对研究的问题有一个十分清晰的提法. 接触问题时，一般比较模糊，通过搜集必要的信息，弄清研究对象的特征，明确问题背景，确切了解建立数学模型为解决什么问题. 这样在建立数学模型之前就比较清晰地了解了“问题”.

模型假设

根据对象的特征和建模目的，抓住问题的本质，忽略次要因素，作出必要的、合理的简化假设. 如果假设作得不合理或太简单，那么就会导致错误的模型；如果假设作得过分详细，试图把所有因素都考虑在内，会导致问题异常复杂，很难再进行下一步的工作.

如何进行简化和理想化是数学模型建立最困难的问题，很难给出一般的原则，对具体问题必须具体分析和处理.

模型的建立

现实问题的关键因素经过量化后成为数学对象，如变量、几何体等. 将这些对象之间的内在关系或服从的规律用数学语言加以描述，这样就建立了问题的数学结构，得到了现实问题的数学模型，并且要使其成为一个合理的数学问题.

数学模型的建立要求一方面一定要熟悉相关学科的专门知识，另一方面要具有较广泛的应用数学知识.

建立数学模型时，要采用尽可能简单的数学知识和工具，使数学模型能为更多人了解和使用；当然这也不是极端的，有时为正确描述自然现象，必须利用特定的数学知识和工具.

模型求解

数学模型是一个合理的数学问题，可以采用各种标准的数学方法来求解，例如解方程、图形法、优化方法、概率统计方法以及数值方法等. 目前，计算机使用极为普及，因此大量的数学模型可以用数值方法在计算机上求解(本书就是介绍一些基本的数值方法及其分析的教科书). 特别是现在已有大量成熟的数学软件可用.

模型分析

对求解结果要进行数学上的分析，如结果的误差分析、模型对数据的灵敏性分析等.

模型检验与修正

求解和分析结果是否反映原来的实际问题，并利用实际情况和数据来检验模型的合理性和适用性.但必须注意到,数学模型是经过了实际问题的合理简化而建立的.如果计算结果与实际问题不符,应该修改、重建模型.

模型在不断检验中不断修正,这是建立数学模型的普遍规律.除了十分简单的情形外,模型的修正几乎是不可避免的.如果在检验中发现问题,那么应去考察建模时所作的假设和简化是否合理、去检查是否正确地刻画了关键数学对象之间的相互关系和服从的客观规律,针对出现的问题相应地修正数学模型,然后再次重复检验、修正,一直到建立起正确的数学模型.

模型的应用

数学模型是针对实际问题而形成的,但作为数学模型不仅解决一个具体的问题,而且,一般要尽可能扩大使用范围.

建立数学模型要经过哪些步骤和过程,并没有一定的模式,通常与问题的性质,建立数学模型的目的有关.图1.2给出了一般流程.具体问题应具体分析.

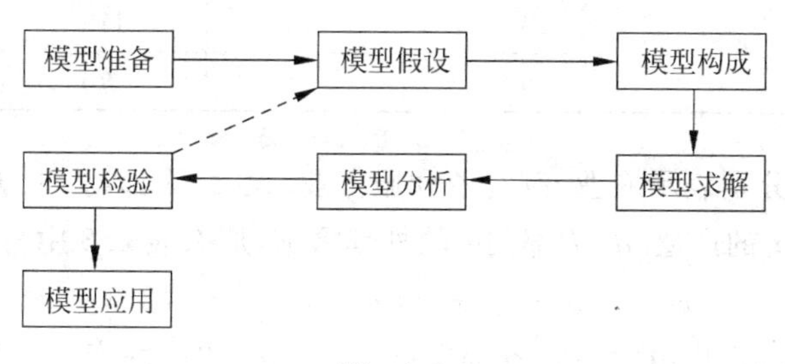

图 1.2

1.2 数学模型举例

经济和社会学科、自然学科以及管理学科已经形成并不断形成各种问题的数学模型.它们已成功地应用于不同的领域,有的已形成了专门的学科.在形成和求解数学模型中应用了概率统计、运筹学、数学分析等不同的数学工具.下面仅讨论与数值分析有关的几个简单的数学模型,它们可用数值分析方法进行求解,更多的实例可参考文献[5,7].

1.2.1 投入产出数学模型

国民经济各部门之间存在着相互依存的关系,每个部门在运转中将其他部门的产品或半成品(称为投入)经过加工变为自己的产品(称为产出).如何根据各部门间的投入产出关系,确定各部门的产出水平,以满足社会需求.投入产出模型是利用数学方法描述各经济部门间产品的生产和消耗关系的一种经济数学模型.

投入产出数学模型是美国经济学家Leontief提出的.我国从20世纪70年代开始应

用投入产出模型编制国民经济计划.

下面来考虑一个简单例子. 表 1.3 为投入产出表. 表中数字表示产值,单位为亿元. 表中每一行表示一个部门的总产出以及用做各部门的投入和提供给外部用户的分配. 表中每一列表示一个部门生产需要投入的资源. 表中第一行数字表示,农业总产值 100 亿元,其中 15 亿元用于农业生产本身,20 亿元用于制造业,30 亿元用于服务业,35 亿元用于满足外部需求(包括消费、积累、出口等). 第一列数字表示,15 亿元如前所述,30 亿元是制造业对农业的投入,20 亿元是服务业对农业的投入.

表 1.3 单位:亿元

产出 / 投入	农业	制造业	服务业	外部需求	总产出
农业	15	20	30	35	100
制造业	30	10	45	115	200
服务业	20	60		70	150

用下标 1,2,3 分别表示农业、制造业和服务业. 设 x_i 为部门 i 的总产值,x_{ij} 为部门 j 在生产中消耗部门 i 的产值. d_i 为部门 i 的外部需求,那么表 1.3 中行的基本关系为

$$x_i = x_{i1} + x_{i2} + x_{i3} + d_i, \quad i = 1,2,3. \tag{1.2.1}$$

这表明一个部门的总产出由销售给各部门(包括自身)的中间产品产值与最终提供给顾客和模型中未涉及的其他部门的最终产值.

将投入产出表转换成表示每个部门的单位产值产出需要的投入更为方便. 这样转换所得的表称为技术投入产出表. 表中元素称为投入系数或消耗系数. 将表 1.3 的各个部门的投入除以该部门的总产出就可以得到技术投入产出表. 表 1.3 对应的技术投入产出表为表 1.4.

表 1.4

产出 / 投入	农业	制造业	服务业
农业	0.15	0.10	0.20
制造业	0.30	0.05	0.30
服务业	0.20	0.30	0

令 a_{ij} 为表 1.4 中第 i 行第 j 列的元素,它表示生产一个单位产值产品 j 需投入的产品 i 的产值. 这样,投入系数为

$$a_{ij} = x_{ij}/x_j, \quad 1 \leqslant i,j \leqslant 3. \tag{1.2.2}$$

表1.4第一行第二列的数字$a_{12}=0.10$,它表示生产一个单位产值的制造产品需投入0.10个单位产值的农产品.

把(1.2.2)式代入(1.2.1)式有

$$x_i = a_{i1}x_1 + a_{i2}x_2 + a_{i3}x_3 + d_i, \quad i = 1,2,3. \tag{1.2.3}$$

上面简单例子可以推广得出投入产出一般模型.

设有n个部门,记一定时期内第i个部门的总产出为x_i,其中对第j个部门的投入为x_{ij},外部需求为d_i,则

$$x_i = \sum_{j=1}^{n} x_{ij} + d_i, \quad i = 1,2,\cdots,n. \tag{1.2.4}$$

显然,表1.3每行满足(1.2.4)式.令$a_{ij}=x_{ij}/x_j(i,j=1,2,\cdots,n)$为投入系数,即$a_{ij}$是第$j$个部门的单位产出所需要的第$i$个部门的投入.由此得出

$$x_i = \sum_{j=1}^{n} a_{ij}x_j + d_i, \quad i = 1,2,\cdots,n. \tag{1.2.5}$$

设$\boldsymbol{A}=[a_{ij}]_{n\times n}$,称其为投入系数矩阵,$\boldsymbol{x}=(x_1,x_2,\cdots,x_n)^{\mathrm{T}}$为产出向量,$\boldsymbol{d}=(d_1,d_2,\cdots,d_n)^{\mathrm{T}}$为需求向量,那么(1.2.5)式可以写为

$$\boldsymbol{x} = \boldsymbol{A}\boldsymbol{x} + \boldsymbol{d},$$

或写成

$$(\boldsymbol{I} - \boldsymbol{A})\boldsymbol{x} = \boldsymbol{d}, \tag{1.2.6}$$

其中$\boldsymbol{I}$为单位矩阵.这个数学模型最后归结为线性代数方程组.

当投入系数矩阵$\boldsymbol{A}$和外部需求向量$\boldsymbol{d}$给定后,由线性方程组可求得各部门的总产出.

1.2.2 两物种群体竞争系统

在1.1.2节中,讨论了人口增长模型,这个模型在一定程度上说明了数学模型建立的一个过程.人口增长模型也可以适用于单物种群体模型.所谓单物种群体就是该物种的繁衍发展不受其他生物群体的影响,又假定没有该物种的生物从其他群体迁移到这个群体中来,也没有这个群体的生物迁移到其他群体中去.

注意到,在一定的生态环境中,存在着多个物种的生物群体.每一物种的群体中生物数量的变化既受到本群体的阻滞,同时又受到其他物种群体的影响.有的物种群体之间为争夺赖以生存的同一资源相互竞争;有的物种群体之间弱肉强食;有的物种群体相互依存.下面仅考虑相互竞争的两个物种群体.

设时刻t两物种群体的总数分别为$x_1(t)$和$x_2(t)$,每种物种群体的增长都受到本群体的阻滞和制约,同时这两个物种靠同一种资源生存.这两种生物的数量越多,获得的资源就越少,使生物的增长率降低.设这两物种的自然增长率分别为r_1,r_2,在同一环境下只

维持第一种或第二种生物的群体的增长的极限分别为 x_{m_1} 和 x_{m_2}.

第一物种群体最初(设开始时,两物种群体的总数都不大)以其自然增长率增长.但随着该物种群体总数的增加和第二物种群体总数的增加,第一物种群体增长就减缓.到这两个群体消耗的资源相当于 x_{m_1} 个第一物种群体消耗的资源时,第一物种群体增长率为零.若每个第二物种的生物个体消耗的资源相当于第一物种生物个体消耗资源的 α_1 倍,那么第一物种群体总数的增长率为 $r_1\left(1-\dfrac{x_1+\alpha_1 x_2}{x_{m_1}}\right)x_1$.如果设每个第一物种生物个体消耗的资源为第二物种生物个体消耗资源的 α_2 倍.那么第二物种群体总数的增长率为 $r_2\left(1-\dfrac{x_2+\alpha_2 x_1}{x_{m_2}}\right)x_2$.

由上面讨论可知,两物种群体竞争系统的群体总数 $x_1(t)$,$x_2(t)$ 应满足微分方程组

$$\begin{cases}\dfrac{\mathrm{d}x_1(t)}{\mathrm{d}t}=r_1\left(1-\dfrac{x_1+\alpha_1 x_2}{x_{m_1}}\right)x_1,\\[2ex]\dfrac{\mathrm{d}x_2(t)}{\mathrm{d}t}=r_2\left(1-\dfrac{x_2+\alpha_2 x_1}{x_{m_2}}\right)x_2.\end{cases}\tag{1.2.7}$$

初始条件可令

$$x_1(t_0)=x_1^0,\quad x_2(t_0)=x_2^0.\tag{1.2.8}$$

(1.2.7)式和(1.2.8)式形成了两物种竞争的数学模型.

如果令 $b_{11}=r_1/x_{m_1}$,$b_{12}=r_1\alpha_1/x_{m_1}$;$b_{21}=r_2\alpha_2/x_{m_2}$,$b_{22}=r_2/x_{m_2}$,那么方程组(1.2.7)可以改写为

$$\begin{cases}\dfrac{\mathrm{d}x_1(t)}{\mathrm{d}t}=x_1(t)[r_1-b_{11}x_1(t)-b_{12}x_2(t)],\\[2ex]\dfrac{\mathrm{d}x_2(t)}{\mathrm{d}t}=x_2(t)[r_2-b_{21}x_1(t)-b_{22}x_2(t)].\end{cases}\tag{1.2.9}$$

这给出了一个常微分方程组初值问题的数学模型.

在应用中,有时直接给出 $b_{ij}(i,j=1,2)$ 的数值.采用(1.2.9)式和(1.2.8)式可以讨论两物种竞争的稳定性等性质.

1.2.3 矿道中梯子问题

有两个矿道以123°角相交,见图1.3.直的矿道宽7m,而斜的矿道宽9m,问题是能转过这个弯的梯子最长为多少?

对此问题作分析.当梯子沿着转角转动时,可假定梯子是连续转动的,它必有一个临界位置,即两个矿道相交处梯子两端都碰到墙,并有一点接触到转角.见图1.4,设 C 是梯子在临界位置时与直矿道的墙的交角.

考虑临界位置上的线段,其长度 l 随角度 C 的变化而变化.如图1.4所示,有

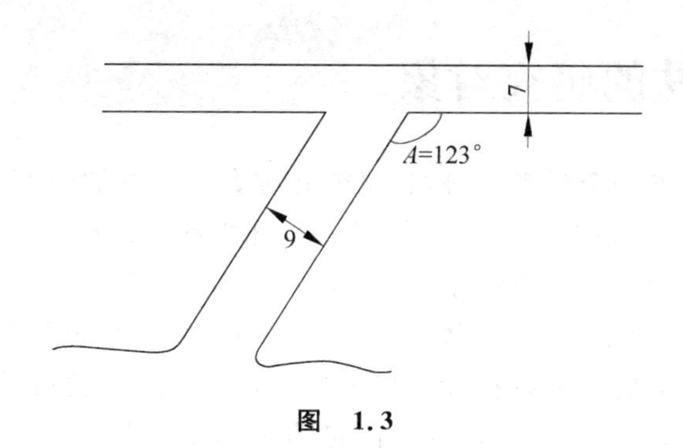

图 1.3

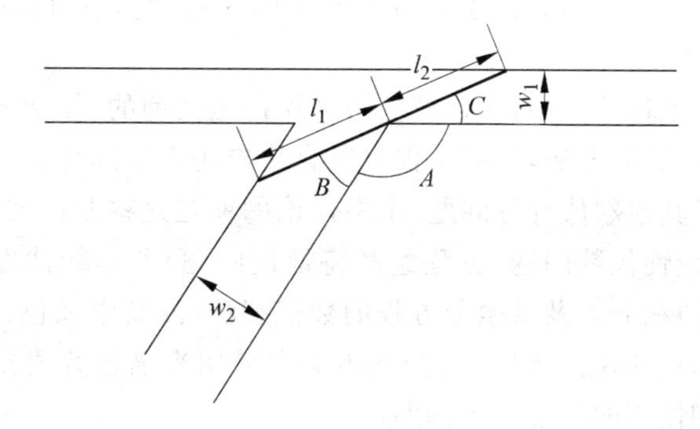

图 1.4

$$l_1=\frac{w_2}{\sin B},\quad l_2=\frac{w_1}{\sin C},\quad l=l_1+l_2.$$

由于 $B=\pi-A-C$,所以有

$$l=\frac{w_2}{\sin(\pi-A-C)}+\frac{w_1}{\sin C}. \tag{1.2.10}$$

梯子可以越过转弯处的最大长度是 l 取极小值. 而 l 是角 C 的函数. 设 $\mathrm{d}l/\mathrm{d}C=0$,即

$$\frac{w_2\cos(\pi-A-C)}{\sin^2(\pi-A-C)}-\frac{w_1\cos C}{\sin^2 C}=0, \tag{1.2.11}$$

这是一个未知变量为 C 的非线性方程.

若解出 C 的近似值 $\widetilde{C}$,那么就可以求得梯子长度的近似值. 即

$$l\approx\frac{w_2}{\sin(\pi-A-\widetilde{C})}+\frac{w_1}{\sin\widetilde{C}}.$$

回到开始的问题,那么有

$$l\approx\frac{9}{\sin(\pi-123^\circ-\widetilde{C})}+\frac{7}{\sin\widetilde{C}}.$$

此模型关键是求解非线性方程(1.2.11),这将在第 4 章中论述.

1.3 数值方法的研究对象

数值方法是数学的一个分支学科，它研究各种数学问题的数值计算方法的设计、分析，以及有关的数学理论和如何具体实现，常常也称为**数值分析**. 历史上很多古典的问题都有数值计算的方法. 到现代，随着计算机和相关技术的迅速发展，数值方法的应用已经深入到各门学科、工程技术和经济等领域，它自身的发展也是十分迅速的. 现在，很多复杂的和大规模的计算问题都可以在计算机上进行计算，新的、更有效的计算方法不断出现. 科学与工程中的数值计算已经成为各门自然科学和工程、技术科学的一种科学方法和重要手段. 所以，数值方法和其他学科有很紧密的联系，它是一门基础性的，也是一门应用性的数学学科.

在实际的科学与工程计算中，所计算的问题往往是大型的、复杂的和综合的，但是有一些最基础、最常用的数值方法，它们不仅可以直接应用于实际计算，同时它的方法及其分析的基础也适用于其他数值计算问题. 本书讨论的就是这些基础的数值方法以及它们的分析，其内容包括线性代数问题(方程组和特征值问题)及非线性方程的数值解法，函数的插值和逼近，数值积分以及常微分方程的数值解法等. 其中又包含：误差、稳定性、收敛性、自适应性、运算量和存储量等，这些基本概念可用来描述数值方法的适用范围、可靠性、准确性、效率和使用的方便性等问题.

1.4 数值计算的误差

1.4.1 误差的来源与分类

绝大多数的数值计算结果会有误差，这首先可能是将物理问题数学模型化时本身产生的，也可能是计算工作者的疏忽导致的，这些我们都不加以讨论. 这里只讨论把一个数学问题作数值计算时可能产生的误差大致分为如下四类.

第一类是**输入数据的误差**. 这可能是物理数据的不可靠性引起的，例如数据的来源就有误差. 在数值计算过程中我们不能控制这种误差，但是我们要分析它对计算结果的影响.

第二类是**舍入误差**. 计算机的数字位数都是有限的，例如浮点数的尾数用52位的二进制数字表示(相当于十进制的16～17位). 所以机器所表示的浮点数的集合总是实数集的一个有限子集，所有运算的原始数据、中间结果和最后结果都用这个子集的浮点数表示，这就会产生误差. 为了直观，我们用十进制运算来说明. 十进制中有限数字位的运算一般都进行四舍五入. 例如采用五位十进制数字时，$\frac{1}{3}$就取为0.333 33，π取为3.1416，这称为“舍入”. 有时,计算机采用“切断”的办法,即将尾数中规定的有限位以后的数字去掉. 例如采用五位十进制数字时,$\frac{1}{3}$取为 0.333 33,而 π 则取为 3.1415. 无论是舍入还是切断,产生的误差都称为舍入误差.

第三类是**截断误差**. 一般是指求某个数学问题的数值解时,用有限的过程代替无限的过程所产生的误差,也可能是用容易计算的问题代替不易计算的问题所产生的误差,这是所用方法的误差. 例如

$$\sin x = x - \frac{x^3}{3!} + \frac{x^5}{5!} + \cdots,$$

当$|x| \ll 1$时,我们用前 3 项作为 $\sin x$ 的近似值,其绝对误差的绝对值不超过$\frac{|x|^7}{7!}$,这就是截断误差的估计. 又如,若用差商$\frac{\Delta y}{\Delta x}$作为导数$\frac{\mathrm{d}y}{\mathrm{d}x}$的近似值,产生的误差也是截断误差.

第四类是**误差在计算过程中的传播**. 一个计算过程可能包含多次运算. 我们考虑最简单的例子,假设要求两个数 x 与 y 的和,而实际的数据是 x 与 y 的近似值 x_A 与 y_A,其中 $x=x_A+\varepsilon_x$,$y=y_A+\varepsilon_y$,ε_x 与 ε_y 分别是 x_A 与 y_A 的误差. 求出的和是 x_A+y_A. 则有

$$(x+y)-(x_A+y_A)=\varepsilon_x+\varepsilon_y, \tag{1.4.1}$$

也就是作一步加法运算,和的误差为原始数据误差的和.

在两个数的乘法运算中,误差的传播要稍微复杂些,由于

$$xy=(x_A+\varepsilon_x)(y_A+\varepsilon_y)=x_A y_A+x_A\varepsilon_y+y_A\varepsilon_x+\varepsilon_x\varepsilon_y,$$

所以积的误差为

$$xy-x_A y_A=x_A\varepsilon_y+y_A\varepsilon_x+\varepsilon_x\varepsilon_y. \tag{1.4.2}$$

由此可得(设 $x\neq 0$,$y\neq 0$)

$$\frac{xy-x_A y_A}{xy}=\frac{x_A}{x}\frac{\varepsilon_y}{y}+\frac{y_A}{y}\frac{\varepsilon_x}{x}+\frac{\varepsilon_x}{x}\frac{\varepsilon_y}{y}. \tag{1.4.3}$$

1.4.2　误差与有效数字

定义 1.4.1　设 x 是某实数的精确值,x_A 是它的一个近似值,则称 $x-x_A$ 为近似值 x_A 的**绝对误差**,或简称**误差**. 若 $x\neq 0$,称$\frac{x-x_A}{x}$为 x_A 的**相对误差**.

实际上精确值 x 往往是未知的,所以常把$\frac{x-x_A}{x_A}$当作 x_A 的相对误差.

定义 1.4.2　设 x 是某实数的精确值,x_A 是它的一个近似值,并且可对 x_A 的绝对误差作估计

$$|x-x_A| \leqslant \varepsilon_A,$$

则 ε_A(绝对误差绝对值的一个上界)是 x_A 的**绝对误差界**,简称**误差界**. 若 $x\neq0$,称 $\frac{\varepsilon_A}{|x|}$ 是 x_A 的**相对误差界**.

例 1.4.1 无理数 $\pi=3.141\,592\,6\cdots$,若取其近似值 $\pi_A=3.14$,则

$$\pi-\pi_A=0.001\,592\,6\cdots,$$

可估出绝对误差界为 0.002,相对误差界为 0.0006.

在实数 x 的准确值已知的情况下,若要取有限位数的数字作为近似值,通常就采用四舍五入的方法. 不难验证,这样得到的近似值,其绝对误差界可以取为被保留的最后数位上的半个单位. 例如

$$|\pi-3.14|\leqslant0.5\times10^{-2},\quad |\pi-3.142|\leqslant0.5\times10^{-3},$$

$$|\pi-3.1416|\leqslant0.5\times10^{-4},\quad |\pi-3.141\,59|\leqslant0.5\times10^{-5}.$$

由此可引入有效数字的概念,它也适合于 x 用其他数值方法(不是四舍五入)得到的近似值.

定义 1.4.3 设 x_A 是 x 的一个近似值,写成

$$x_A=\pm10^k\times0.a_1a_2\cdots a_n\cdots,\tag{1.4.4}$$

其中 $a_i(i=1,2,\cdots)$ 是 $0,1,\cdots,9$ 中的一个数字,且 $a_1\neq0$,k 为整数,它可以是有限小数或无限小数的形式,如果

$$|x-x_A|\leqslant0.5\times10^{k-n},$$

则 x_A 称为 x 的具有 n 位**有效数字**的近似值.

例 1.4.2 若用 3.14 近似 π,$3.14=10^1\times0.314$,(1.4.4)式中 $k=1$,n 取为 3. 因 $|\pi-3.14|\leqslant0.5\times10^{-2}$,所以 3.14 这个近似值有 3 位有效数字. 同理,用

$$\frac{22}{7}=3.142\,857\cdots$$

近似 π,也有 3 位有效数字. 若用 3.1416 近似 π,有 5 位有效数字. 用

$$\frac{355}{113}=3.141\,592\,9\cdots$$

近似 π,有 7 位有效数字. $\frac{22}{7}$ 和 $\frac{355}{113}$ 是我国古代数学家祖冲之指出的圆周率 π 的"约率"和"密率",这是用有理数近似无理数 π 的例子.

显然,近似值的有效数字位数越多,相对误差界就可以越小,反之也成立.

定理 1.4.1 设 x 的近似值 x_A 有(1.4.4)式的表示式.

(1) 如果 x_A 有 n 位有效数字,则

$$\frac{|x-x_A|}{|x_A|}\leqslant\frac{1}{2a_1}\times10^{1-n}.\tag{1.4.5}$$

(2) 如果

$$\frac{|x-x_A|}{|x_A|}\leqslant\frac{1}{2(a_1+1)}\times 10^{1-n}, \tag{1.4.6}$$

则 x_A 至少具有 n 位有效数字.

证明 由(1.4.4)式可得

$$a_1\times 10^{k-1}\leqslant|x_A|\leqslant(a_1+1)\times 10^{k-1}. \tag{1.4.7}$$

所以当 x_A 有 n 位有效数字时,

$$\frac{|x-x_A|}{|x_A|}\leqslant\frac{0.5\times 10^{k-n}}{a_1\times 10^{k-1}}=\frac{1}{2a_1}\times 10^{1-n},$$

结论(1)得证.如果(1.4.6)式成立,再由(1.4.7)式得

$$|x-x_A|\leqslant(a_1+1)\times 10^{k-1}\times\frac{1}{2(a_1+1)}\times 10^{1-n}=0.5\times 10^{k-n},$$

这说明 x_A 有 n 位有效数字,结论(2)得证.

1.4.3 求函数值和算术运算的误差估计

假设一元函数 f 具有二阶连续导数,自变量 x 的一个近似值为 x_A.我们用 $f(x_A)$来近似 $f(x)$,由 Taylor 公式可得到

$$|f(x)-f(x_A)|\leqslant|f'(x_A)||x-x_A|+\frac{|f''(\xi)||x-x_A|^2}{2},$$

其中 ξ 在 x 与 x_A 之间.如果 $f'(x_A)\neq 0$,$|f''(\xi)|$与$|f'(x_A)|$相比不太大,忽略含$|x-x_A|^2$的项,得到 $f(x_A)$绝对误差的一个近似估计

$$|f(x)-f(x_A)|\leqslant|f'(x_A)||x-x_A|, \tag{1.4.8}$$

即近似的误差界为$|f'(x_A)||x-x_A|$.

例 1.4.3 设 $x>0$,$x_A(>0)$是 x 的一个近似值,ε 是其相对误差界,估计 $\ln x_A$ 近似 $\ln x$ 的误差.

解 ε 是 x_A 近似 x 的相对误差界,所以其绝对误差界可取为$|x_A|\varepsilon=x_A\varepsilon$.由(1.4.8)式有

$$|\ln x-\ln x_A|\leqslant|f'(x_A)||x-x_A|\leqslant\frac{1}{x_A}\cdot x_A\varepsilon=\varepsilon,$$

可得 ε 是 $\ln x_A$ 近似 $\ln x$ 的一个绝对误差界,而其相对误差界则可取为$\frac{\varepsilon}{\ln x_A}$.

如果 f 是 n 元函数,自变量 $x_1,x_2,\cdots,x_n$ 的近似值分别为 $x_{1A},x_{2A},\cdots,x_{nA}$,则由一阶 Taylor 公式得

$$f(x_1,x_2,\cdots,x_n)\approx f(x_{1A},x_{2A},\cdots,x_{nA})+\sum_{k=1}^{n}\left(\frac{\partial f}{\partial x_k}\right)_A(x_k-x_{kA}),$$

其中$\left(\frac{\partial f}{\partial x_k}\right)_A=\frac{\partial}{\partial x_k}f(x_{1A},x_{2A},\cdots,x_{nA})$.所以可以估计到函数值的误差界,近似地有

$$|f(x_1,x_2,\cdots,x_n)-f(x_{1A},x_{2A},\cdots,x_{nA})|\leqslant\sum_{k=1}^{n}\left|\left(\frac{\partial f}{\partial x_k}\right)_A\right||x_k-x_{kA}|. \tag{1.4.9}$$

当 $n=1$ 时,(1.4.9)式就是(1.4.8)式.

可以把(1.4.9)式用到两个或多个数的算术运算中去.例如,令 $f(x_1,x_2)=x_1\pm x_2$,则有

$$|(x_1\pm x_2)-(x_{1A}\pm x_{2A})|\leqslant|x_1-x_{1A}|+|x_2-x_{2A}|. \tag{1.4.10}$$

同理,可近似得到

$$|x_1x_2-x_{1A}x_{2A}|\leqslant|x_{2A}||x_1-x_{1A}|+|x_{1A}||x_2-x_{2A}|. \tag{1.4.11}$$

(1.4.10)式与(1.4.11)式是两数之和、差与积的误差估计,这和(1.4.1)式与(1.4.2)式是一致的.同理,有商的误差估计

$$\left|\frac{x_1}{x_2}-\frac{x_{1A}}{x_{2A}}\right|\leqslant\frac{|x_{2A}||x_1-x_{1A}|+|x_{1A}||x_2-x_{2A}|}{|x_{2A}|^2}, \tag{1.4.12}$$

式中分母不为零.这样,我们便得到两数之和、差、积、商的绝对误差估计.进一步还可以分析相对误差的估计.

1.5 病态问题、数值稳定性与避免误差危害

1.5.1 病态问题与条件数

在计算函数值 $f(x)$ 时,若用 x_A 代替自变量 x,其相对误差是 $\frac{x-x_A}{x}$.由 x_A 计算 $f(x_A)$ 作为 $f(x)$ 的近似值,其相对误差是 $\frac{f(x)-f(x_A)}{f(x)}$.相对误差比值的绝对值是

$$\left|\frac{f(x)-f(x_A)}{f(x)}\Big/\frac{x-x_A}{x}\right|\approx\left|\frac{xf'(x)}{f(x)}\right|=C. \tag{1.5.1}$$

(1.5.1)式右端的 C 称为计算函数值问题的**条件数**.对一般的问题,自变量的相对误差常常不会太大,然而,如果条件数 C 很大,会引起函数值的相对误差较大.出现这种现象的问题称为**病态问题**.

例如,对于 $f(x)=x^n$,则有 $C=n$.如果 $n=\frac{1}{2}$,即 $f(x)=\sqrt{x}$,则有 $C=\frac{1}{2}$.若输入的自变量的相对误差是1%,则输出函数值的相对误差大约是0.5%,问题是非病态的,如果 n 是一个正整数,相对误差可能会放大 n 倍.

例如,$f(x)=x^8$,有 $f(1)=1$,而 $f(1.02)\approx1.17$.我们取 $x=1.02$,近似值 $x_A=1$,自变量的相对误差为2%.用条件数(1.5.1)式计算函数值的相对误差为

$$C\times2\%=16\%.$$

实际上，函数值的相对误差为

$$\frac{f(1.02)-f(1)}{f(1.02)}=14.7\%,$$

这和用(1.5.1)式计算结果接近.

如果 $f(x)=\sqrt{x}$，仍取 $x=1.02$，$x_A=1$，有 $f(1.02)\approx1.01$，$f(1)=1$. 自变量的相对误差为 2%，而函数值的相对误差只有 1%.

非病态的问题常常称为**良态**的问题. 病态和良态是相对而言的，没有严格的界线，当条件数 $C\gg1$ 时，常常就认为问题是病态的.

在其他的计算问题中也要分析是否病态的问题. 例如解线性代数方程组时，如果输入数据(方程组系数和右端项)微小的误差引起解巨大的误差，这就是病态方程组的问题，在第 2 章将用矩阵的条件数来分析这类现象. 由于输入数据总会有舍入误差，所以是否病态的问题应该引起足够重视. 一个问题是否病态决定于问题的自身，和采用什么数值方法来求解并无关系.

1.5.2 数值方法的稳定性

一种算法，如果初始数据微小的改变将会引起最后结果的改变也是微小的，就称此算法是**数值稳定的**，否则称为**数值不稳定的**.

假设一个算法有初始误差 $\varepsilon_0>0$，由它引起此后运算 n 步的误差是 ε_n. 有两种情况经常会发生：

(1) 如果 $|\varepsilon_n|\approx Cn\varepsilon_0$，其中 C 是与 n 无关的常数，则称误差的增长是**线性型**的.

(2) 如果 $|\varepsilon_n|\approx C^n\varepsilon_0$，称误差的增长是**指数型**的.

线性型的误差增长往往是不可避免的，如果 C 和 ε_0 都较小，结果一般可以接受. 指数型的误差增长，若对 $C>1$，则应尽量避免，因为可能对于小的 n，C^n 会很大，以至于结果不能被接受. 这属数值不稳定的情况.

例 1.5.1 为了生成序列 $\{x_n\}$，其中 $x_n=\frac{1}{3^n}$，可以用多种递推计算的方法.

方法 1：令 $x_0=1$，

$$x_n=\frac{1}{3}x_{n-1},\quad n=1,2,\cdots; \tag{1.5.2}$$

方法 2：令 $x_0=1$，$x_1=\frac{1}{3}$，

$$x_n=\frac{4}{3}x_{n-1}-\frac{1}{3}x_{n-2},\quad n=2,3,\cdots; \tag{1.5.3}$$

方法 3：令 $x_0=1$，$x_1=\frac{1}{3}$，

$$x_n=\frac{10}{3}x_{n-1}-x_{n-2},\quad n=2,3,\cdots. \tag{1.5.4}$$

显然,用方法1逐次递推可得到$\{x_n\}$,即

$$1,\frac{1}{3},\frac{1}{3^2},\frac{1}{3^3},\cdots.$$

用数学归纳法可以证明由方法2也可以逐次递推算出序列$\{x_n\}$. 因为$x_0=1,x_1=\frac{1}{3}$,对$n=2$,由(1.5.3)式,有

$$x_2=\frac{4}{3}\cdot\frac{1}{3}-\frac{1}{3}\cdot 1=\frac{1}{3^2}.$$

假设$x_{n-2}=\frac{1}{3^{n-2}},x_{n-1}=\frac{1}{3^{n-1}}$,则由(1.5.3)式得

$$x_n=\frac{4}{3}\cdot\frac{1}{3^{n-1}}-\frac{1}{3}\cdot\frac{1}{3^{n-2}}=\frac{1}{3^{n-1}}\left(\frac{4}{3}-1\right)=\frac{1}{3^n}.$$

这就证明了对$n\geqslant 2,x_n=\frac{1}{3^n}$成立. 同理也可证明方法3也能产生序列$\left\{\frac{1}{3^n}\right\}$. 若用准确的分数计算,这3种方法都可以准确地产生分数序列$\left\{\frac{1}{3^n}\right\}$,其中方法1有一个给定的初值$x_0$,方法2和方法3均有两个给定的初值$x_0$和$x_1$.

下面我们假设用有限位数的小数运算来实现这3种方法,并设初值在小数点后第5位就有了误差. 我们希望3种方法分别得到$\{x_n\}$的3个近似序列$\{r_n\}$,$\{p_n\}$和$\{q_n\}$,它们的计算格式分别是:

(1) $r_0=0.99996$,

$$r_n=\frac{1}{3}r_{n-1},\quad n=1,2,\cdots;$$

(2) $p_0=1,p_1=0.33332$,

$$p_n=\frac{4}{3}p_{n-1}-\frac{1}{3}p_{n-2},\quad n=2,3,\cdots;$$

(3) $q_0=1,q_1=0.33332$,

$$q_n=\frac{10}{3}q_{n-1}-q_{n-2},\quad n=2,3,\cdots.$$

表1.5给出了$\{x_n\}$和3个近似序列($n\leqslant 10$)的前10位数字的结果,以及它们对应的误差. 由表1.5可以看到$\{r_n\}$的误差以指数的方式递减,它是稳定的. $\{q_n\}$的误差以指数的方式增长,它是不稳定的. 而$\{p_n\}$的误差是稳定的(x_n-p_n趋于2×10^{-5}),但是当$n\to\infty$时$p_n\to 0$,当n较大时,计算的结果完全以误差为主,表1.5中p_8以后的项已经完全没有有效数字.

表 1.5

n	x_n	r_n	p_n	q_n
0	1.000 000 000 0	0.999 960 000 0	1.000 000 000 0	1.000 000 000 0
1	0.333 333 333 3	0.333 320 000 0	0.333 320 000 0	0.333 320 000 0
2	0.111 111 111 1	0.111 106 666 7	0.111 093 333 0	0.111 066 666 7
3	0.037 037 037 0	0.037 035 555 6	0.037 017 777 8	0.036 902 222 2
4	0.012 345 679 0	0.012 345 185 2	0.012 325 925 9	0.011 940 740 7
5	0.004 115 226 3	0.004 115 061 7	0.004 095 308 6	0.002 900 246 9
6	0.001 371 742 1	0.001 371 687 2	0.001 351 769 5	−0.002 273 251 0
7	0.000 457 247 4	0.000 457 229 1	0.000 437 256 5	−0.010 477 750 3
8	0.000 152 415 8	0.000 152 409 7	0.000 132 418 8	−0.032 652 583 4
9	0.000 050 805 3	0.000 050 803 2	0.000 030 806 3	−0.098 364 194 5
10	0.000 016 935 1	0.000 016 934 4	−0.000 003 064 6	−0.295 228 064 8

n	x_n-r_n	x_n-p_n	x_n-q_n
0	$4.000\,00\times10^{-5}$	$0.000\,00\times10^{-5}$	0.000 000 000 0
1	$1.333\,33\times10^{-5}$	$1.333\,33\times10^{-5}$	0.000 013 333 3
2	$0.444\,44\times10^{-5}$	$1.777\,78\times10^{-5}$	0.000 044 444 4
3	$0.148\,15\times10^{-5}$	$1.925\,93\times10^{-5}$	0.000 134 814 8
4	$0.049\,38\times10^{-5}$	$1.975\,31\times10^{-5}$	0.000 404 938 3
5	$0.016\,46\times10^{-5}$	$1.991\,77\times10^{-5}$	0.001 214 979 4
6	$0.005\,49\times10^{-5}$	$1.997\,26\times10^{-5}$	0.003 644 993 1
7	$0.001\,83\times10^{-5}$	$1.999\,09\times10^{-5}$	0.010 934 997 7
8	$0.000\,61\times10^{-5}$	$1.999\,70\times10^{-5}$	0.032 804 999 2
9	$0.000\,20\times10^{-5}$	$1.999\,90\times10^{-5}$	0.098 414 999 8
10	$0.000\,07\times10^{-5}$	$1.999\,97\times10^{-5}$	0.295 244 999 9

1.5.3 避免误差危害

使用数值不稳定的方法会由于误差的增长而出现**误差危害**现象.所以实际计算一般不采用数值不稳定的方法.对于病态的问题,也要专门讨论避免误差危害的方法.此外,在设计算法时还要注意以下问题.

1. 避免有效数字的损失

例 1.5.2 二次方程 $ax^2+2bx+c=0(a\neq0)$ 的两个根的公式为

$$x_1=\frac{-b+\sqrt{b^2-ac}}{a},\quad x_2=\frac{-b-\sqrt{b^2-ac}}{a}.$$

如果 $b^2\gg|ac|$,则 $\sqrt{b^2-ac}\approx|b|$.用上面公式计算 x_1 和 x_2,其中之一将会损失有效

数字.

例如,方程 $x^2-16x+1=0$ 的根 $x_1=8+\sqrt{63}$,$x_2=8-\sqrt{63}$.若用3位数字计算,$\sqrt{63}\approx7.94$,则 $x_1=8.00+7.94=15.9$,有3位有效数字.但是 $x_2\approx8.00-7.94=0.06$,只有1位有效数字.x_2 的精确值是 0.062 746….如果改用 $x_2=\frac{1}{x_1}$ 计算,则 $x_2=\frac{1}{x_1}\approx\frac{1}{15.9}=0.0629$.

一般求二次方程 $ax^2+2bx+c=0$(设 a,c 均不为零)根的数值可以用公式

$$x_1=\frac{-b-\operatorname{sgn}(b)\cdot\sqrt{b^2-ac}}{a},\quad x_2=\frac{c}{ax_1},$$

其中 $\operatorname{sgn}(b)$ 是 b 的符号函数,当 $b\geqslant0$ 时其值为1,当 $b<0$ 时其值为 -1.

上面是相近数相减会损失有效数字的例子.还有很多类似的例子.例如,计算 $f(x)=x-\sin x$ 的函数值.当 $|x|$ 很小时,若用标准程序计算出 $\sin x=a$,再做减法 $x-a$,将会严重地损失有效数字.改用展开式

$$f(x)=\frac{x^3}{3!}-\frac{x^5}{5!}+\frac{x^7}{7!}-\cdots$$

的前几项,则是非常有效的方法.

又如计算 $f(x)=\sqrt{1+x^2}-1$ 的函数值,当 $|x|$ 很小时可以将公式改写为

$$f(x)=\frac{x^2}{\sqrt{1+x^2}+1},$$

再计算函数值.

有时,计算的次序也会产生很大的影响.

例 1.5.3 用3位十进制数字计算

$$x=101+\delta_1+\delta_2+\cdots+\delta_{100},$$

其中 $\delta_i\in[0.1,0.4]$,$i=1,2,\cdots,100$.如果我们按照自左至右的顺序逐个相加,按3位十进制数字计算,则所有的 δ_i 都要被舍掉,得结果 $x\approx101$.但是如果所有的 δ_i 先加起来,再与101相加,就有

$$101+100\times0.1\leqslant x\leqslant101+100\times0.4,$$

即 $x\in[111,141]$,得到比较准确的结果.这里我们看到"大数"加"小数"时,"小数"的作用可能消失,应尽量避免.本例用改变运算次序的方法可以避免这种误差危害.

2. 减少运算次数

例 1.5.4 计算5次多项式

$$p_5(x)=a_5x^5+a_4x^4+\cdots+a_1x+a_0.$$

在给定自变量 x 的值后,如果先求 a_kx^k(按逐个相乘计算)再相加,则要 15 次乘法和 5 次加法. 如果按

$$p_5(x)=((((a_5x+a_4)x+a_3)x+a_2)x+a_1)x+a_0$$

计算,则只需要 5 次乘法和 5 次加法.

对于 n 次多项式

$$p_n(x)=a_nx^n+a_{n-1}x^{n-1}+\cdots+a_1x+a_0,$$

可以采用类似的算法:

$$\begin{cases}u_n=a_n,\\ u_k=u_{k+1}x+a_k, \quad k=n-1,n-2,\cdots,1,0,\\ p_n(x)=u_0.\end{cases}$$

这就是著名的**秦九韶算法**,只需要 n 次乘法和 n 次加法.

例 1.5.5 利用公式

$$\ln(1+x)=\sum_{n=1}^{\infty}(-1)^{n+1}\frac{x^n}{n}$$

的前 N 项部分和,可以计算 ln2 的近似值(令 $x=1$). 但是若要精确到 10^{-5},需要十万项求和. 这样,计算量很大,舍入误差的积累也会很严重. 如果改用级数

$$\ln\frac{1+x}{1-x}=2\left(x+\frac{x^3}{3!}+\frac{x^5}{5!}+\cdots+\frac{x^{2n+1}}{(2n+1)!}+\cdots\right),$$

取 $x=\dfrac{1}{3}$,只要计算前 9 项,截断误差便小于 10^{-10}.

1.6 线性代数的一些基础知识

本节回顾线性代数课程中的一些基本知识,并适当补充一些内容供以下各章使用.

1.6.1 矩阵的特征值问题、相似变换

设 $\boldsymbol{A}=[a_{ij}]$是实或复的 $n\times n$ 方阵,若存在复数 λ 及非零向量 $\boldsymbol{x}$,使得

$$\boldsymbol{Ax}=\lambda\boldsymbol{x},$$

则称 λ 是矩阵 $\boldsymbol{A}$ 的**特征值**,$\boldsymbol{x}$ 是 $\boldsymbol{A}$ 属于特征值 λ 的**特征向量**,求 λ 和 $\boldsymbol{x}$ 的问题称为**矩阵的特征值问题**.

矩阵 $\lambda\boldsymbol{I}-\boldsymbol{A}$ 的行列式 $\det(\lambda\boldsymbol{I}-\boldsymbol{A})$称为 $\boldsymbol{A}$ 的**特征多项式**,方程

$$\det(\lambda\boldsymbol{I}-\boldsymbol{A})=0$$

称为 $\boldsymbol{A}$ 的**特征方程**,它是 λ 的 n 次方程,所以 $\boldsymbol{A}$ 有 n 个复数(可以是实数)特征值 λ_1,

$\lambda_2,\cdots,\lambda_n$(方程的重根按重数计算).

$\boldsymbol{A}$ 的全体特征值的集合称为 $\boldsymbol{A}$ 的**谱**,记作 $\sigma(\boldsymbol{A})$. 而

$$\rho(\boldsymbol{A}) = \max_{\lambda\in\sigma(\boldsymbol{A})} |\lambda|$$

称为 $\boldsymbol{A}$ 的**谱半径**. $\boldsymbol{A}$ 的对角元素之和 $\sum_{i=1}^{n} a_{ii}$ 称为 $\boldsymbol{A}$ 的**迹**,记为 $\mathrm{tr}\boldsymbol{A}$, 即

$$\mathrm{tr}\boldsymbol{A} = \sum_{i=1}^{n} a_{ii}.$$

若 $\lambda_1,\lambda_2,\cdots,\lambda_n$ 为 $\boldsymbol{A}$ 的特征值,则有性质

$$\mathrm{tr}\boldsymbol{A} = \sum_{i=1}^{n} \lambda_i,$$

$$\det\boldsymbol{A} = \lambda_1\lambda_2\cdots\lambda_n.$$

设 $\boldsymbol{A},\boldsymbol{B}$ 均为 n 阶方阵,若存在 n 阶可逆方阵 $\boldsymbol{P}$,使 $\boldsymbol{P}^{-1}\boldsymbol{A}\boldsymbol{P}=\boldsymbol{B}$,则称 $\boldsymbol{A}$ 与 $\boldsymbol{B}$ **相似**. 相似矩阵有相同的特征多项式和相同的谱.

如果 $\boldsymbol{A}$ 与对角阵 $\mathrm{diag}(\lambda_1,\lambda_2,\cdots,\lambda_n)$ 相似,称 $\boldsymbol{A}$ 可以通过相似变换化为对角矩阵,简称 $\boldsymbol{A}$ **可对角化**.

定理 1.6.1 $\boldsymbol{A}$ 可对角化的充分必要条件是 $\boldsymbol{A}$ 有 n 个线性无关的特征向量.

如果 $\boldsymbol{A}$ 是实对称矩阵,则它的特征值都是实数,且可对角化.

定理 1.6.2 如果 $\boldsymbol{A}$ 有 n 个不同的特征值 $\lambda_1,\lambda_2,\cdots,\lambda_n$,即 $\boldsymbol{A}$ 的特征方程的根都是单重根,则 $\boldsymbol{A}$ 可对角化.

如果 $\boldsymbol{A}$ 的特征值有相重的,即特征方程有重根,这时

$$\det(\lambda\boldsymbol{I}-\boldsymbol{A}) = (\lambda-\lambda_1)^{n_1}(\lambda-\lambda_2)^{n_2}\cdots(\lambda-\lambda_s)^{n_s},$$

其中 $i\neq j$ 时,$\lambda_i\neq\lambda_j$,$i,j=1,2,\cdots,s$. 也就是 λ_i 是特征方程的 n_i 重根. n_i 称为特征值 λ_i 的**代数重数**. 它们满足:$n_i\geqslant 1$,$i=1,2,\cdots,s$,且

$$n_1+n_2+\cdots+n_s = n.$$

设 λ_i 对应的最大线性无关特征向量的个数为 m_i,m_i 应是齐次线性方程组 $(\lambda_i\boldsymbol{I}-\boldsymbol{A})\boldsymbol{x}=\boldsymbol{0}$ 的基础解系所含最大线性无关解的个数,m_i 称为 λ_i 的**几何重数**,显然

$$m_i\leqslant n_i,\quad i=1,2,\cdots,s.$$

定理 1.6.3 设 $\boldsymbol{A}$ 有相重的特征值,则 $\boldsymbol{A}$ 可对角化的充分必要条件是每个特征值 λ_i 的几何重数与代数重数相等,即

$$m_i = n_i,\quad i=1,2,\cdots,s.$$

在特征值的几何重数与代数重数不相等的情况下,可以把 $\boldsymbol{A}$ 化为 Jordan 标准形.

定理 1.6.4(Jordan 标准形) 设方阵 $\boldsymbol{A}$ 有 s 个不同的特征值 $\lambda_1,\lambda_2,\cdots,\lambda_s$,则 $\boldsymbol{A}$ 可通过相似变换化为 Jordan 标准形矩阵 $\boldsymbol{J}$,它是含有 s 个对角块的块对角阵. 即存在可逆阵 $\boldsymbol{P}$,使

$$P^{-1}AP = J = \begin{bmatrix} J_1 & & & \\ & J_2 & & \\ & & \ddots & \\ & & & J_s \end{bmatrix},$$

其中每个对角块 J_i 分别对应特征值 λ_i，$i=1,2,\cdots,s$，每个 J_i 是 $n_i \times n_i$ 的方阵（n_i 是 λ_i 的代数重数），J_i 有它自己的含有 m_i 个子块的块对角结构（m_i 是 λ_i 的几何重数），可以写成

$$J_i = \begin{bmatrix} J_{i1} & & & \\ & J_{i2} & & \\ & & \ddots & \\ & & & J_{im_i} \end{bmatrix}, \quad 其中 J_{ik} = \begin{bmatrix} \lambda_i & 1 & & \\ & \lambda_i & \ddots & \\ & & \ddots & 1 \\ & & & \lambda_i \end{bmatrix}, \quad k = 1,2,\cdots,m_i.$$

J_i 中不同的 J_{ik} 对应 λ_i 不同的特征向量，J_{ik} 称为 **Jordan 块**，J_i 称为 **Jordan 子阵**. 如果 J_{ik} 是 1×1 的方阵，则只有对角元 λ_i.

1.6.2 线性空间和内积空间

"数域"是代数学的一个概念. 所谓**数域** P 是指复数集合$\mathbb{C}$ 的一个子集，满足：$0\in P$，$1\in P$，且 P 中任意的两个数（可以相同）的和、差、积、商（除数不为零）仍属于 P. 本书常用到的是实数域$\mathbb{R}$ 和复数域$\mathbb{C}$.

定义 1.6.1 设 P 是一个数域，V 是一个非空集合. 在 V 上定义了两种运算：

(1) **加法**：对任意的元素 $u,v\in V$，在 V 中有惟一的元素（记为 $u+v$）与之对应，满足

$$u+v = v+u, \quad \forall u,v \in V,$$
$$u+(v+w) = (u+v)+w, \quad \forall u,v,w \in V,$$

且 V 中存在惟一的元素（称**零元素**，记为 0），使得

$$u+0 = u, \quad \forall u \in V.$$

对每个 $u\in V$，存在惟一的元素（称为 u 的**负元素**，记为 $-u$）与之对应，满足

$$u+(-u) = 0.$$

(2) **数乘**：对任意的 $\alpha\in P$ 和 $u\in V$，在 V 中有惟一的元素（记为 αu）与之对应，满足

$$1u = u, \quad \forall u \in V,$$
$$\alpha(\beta u) = (\alpha\beta)u, \quad \forall \alpha,\beta \in P, u \in V,$$
$$\alpha(u+v) = \alpha u + \alpha v, \quad \forall \alpha \in P, u,v \in V,$$
$$(\alpha+\beta)u = \alpha u + \beta u, \quad \forall \alpha,\beta \in P, u \in V.$$

称 V 为一个**数域 P 上的线性空间**（或**数域 P 上的向量空间**）.

实数域$\mathbb{R}$ 上的线性空间一般称为实线性空间. 同理也有复线性空间. 线性空间的零元素我们用了和实数 0 相同的记号，在不同的问题中请注意它们的区别.

例 1.6.1($\mathbb{R}^n$和$\mathbb{C}^n$) $\mathbb{R}^n$是n维实向量的全体,按向量加法及实数与向量的数乘,构成了$\mathbb{R}$上的线性空间.本书在有向量和矩阵运算的情况下,向量通常指列向量.这样,若$\boldsymbol{x}\in\mathbb{R}^n$,则记$\boldsymbol{x}=(x_1,x_2,\cdots,x_n)^{\mathrm{T}}$,其中$x_1,x_2,\cdots,x_n$均为实数.

同理,$\mathbb{C}^n$是n维复向量的全体.它是$\mathbb{C}$上的线性空间.

例 1.6.2($\mathbb{R}^{m\times n}$和$\mathbb{C}^{m\times n}$) $\mathbb{R}^{m\times n}$是所有m行n列实元素矩阵的全体,按矩阵加法及实数与矩阵的数乘构成了$\mathbb{R}$上的线性空间.同理有$\mathbb{C}^{m\times n}$.

例 1.6.3 $C[a,b]$是定义在区间$[a,b]$上的连续实值(或复值)函数的全体,按函数的加法及实数(或复数)与函数的乘法,构成了$\mathbb{R}$上(或$\mathbb{C}$上)的线性空间.若$f,g\in C[a,b]$,$\alpha\in\mathbb{R}$(或$\alpha\in\mathbb{C}$),加法和数乘给出了$C[a,b]$上的函数$f+g$和αf,满足

$$(f+g)(x)=f(x)+g(x),\quad (\alpha f)(x)=\alpha f(x),$$

其中$x\in[a,b]$.

$C^n[a,b]$则指定义在$[a,b]$上具有n阶连续导函数的实值(或复值)函数的全体,同上可定义函数的加法和数乘.

例 1.6.4 $\mathscr{P}_n[a,b]$是$[a,b]$上不超过n次的多项式函数的全体,同样按上例的方法定义加法和数乘,构成了$\mathbb{R}$上(或$\mathbb{C}$上)的线性空间.若$p\in\mathscr{P}_n[a,b]$,则有实数(或复数)$a_0,a_1,\cdots,a_n$,使

$$p(x)=a_0x^n+a_1x^{n-1}+\cdots+a_n,\quad \forall x\in[a,b].$$

在不会引起混乱的情况下,$\mathscr{P}_n[a,b]$也简记为$\mathscr{P}_n$.

关于数域P上线性空间V中元素的**线性相关**与**线性无关**,线性空间的**基**和**维数**以及**线性子空间**等的概念和性质,在线性代数课程中已有叙述,下面看一些例子.

$\mathbb{R}^n$是n维的线性空间,可以取它的一组基为$\{\boldsymbol{e}_1,\boldsymbol{e}_2,\cdots,\boldsymbol{e}_n\}$,其中向量

$$\boldsymbol{e}_1=(1,0,\cdots,0)^{\mathrm{T}},\quad \boldsymbol{e}_2=(0,1,0,\cdots,0)^{\mathrm{T}},\quad \cdots,\quad \boldsymbol{e}_n=(0,0,\cdots,1)^{\mathrm{T}}.$$

$\mathbb{R}^n$中任一个向量$\boldsymbol{x}$可以表示为这组基的线性组合,即

$$\boldsymbol{x}=x_1\boldsymbol{e}_1+x_2\boldsymbol{e}_2+\cdots+x_n\boldsymbol{e}_n.$$

实数$x_1,x_2,\cdots,x_n$是向量$\boldsymbol{x}$在这组基下的坐标.

$C[a,b]$上函数$\varphi_1,\varphi_2,\cdots,\varphi_n$线性无关是指:如果实数$c_1,c_2,\cdots,c_n$使

$$c_1\varphi_1+c_2\varphi_2+\cdots+c_n\varphi_n=0,$$

则有$c_1=c_2=\cdots=c_n=0$.上式右端是指线性空间$C[a,b]$中的零元素,即函数值恒为零的函数,这个式子也就是

$$c_1\varphi_1(x)+c_2\varphi_2(x)+\cdots+c_n\varphi_n(x)=0,\quad \forall x\in[a,b],$$

这里的0是实数零.

$C[a,b]$是无限维的线性空间,在其中能找到任意多个线性无关的元素.

$\mathscr{P}_n[a,b]$的一组基可以取为$\{1,x,x^2,\cdots,x^n\}$.若$p\in\mathscr{P}_n[a,b]$,则存在常数$a_0,a_1,\cdots,a_n$,使

$$p(x)=a_0x^n+a_1x^{n-1}+\cdots+a_{n-1}x+a_n,\quad \forall x\in[a,b].$$

称 $\mathscr{P}_n[a,b]$是由$\{1,x,x^2,\cdots,x^n\}$**张成**的空间,记作

$$\mathscr{P}_n[a,b]=\mathrm{span}\{1,x,x^2,\cdots,x^n\}.$$

$\mathscr{P}_n[a,b]$是 $C[a,b]$的一个 $n+1$ 维的子空间.

在线性空间中可以引入内积的概念.

定义 1.6.2 设 V 是数域 P 上的线性空间. 内积是 $V\times V$ 到数域 P 的一个映射,即对于 V 中的任意元素对 u 和 v,有 P 中惟一的一个数(记为(u,v))与之对应,满足:

(1) $(u+v,w)=(u,w)+(v,w)$, $\forall u,v,w\in V$;

(2) $(\alpha u,v)=\alpha(u,v)$, $\forall u,v\in V,\alpha\in P$;

(3) $(u,v)=\overline{(v,u)}$, $\forall u,v\in V$;

(4) $(u,u)\geqslant 0$, $\forall u\in V$,且$(u,u)=0\Leftrightarrow u=0$.

则(u,v)称为 u 与 v 的**内积**. 定义了内积的线性空间 V 称为**内积空间**.

定义中条件(3)的右端$\overline{(v,u)}$是指(v,u)的共轭. 如果 P 是实数域$\mathbb{R}$,就有内积的对称性:

$$(u,v)=(v,u).$$

如果$(u,v)=0$,我们称 u 与 v **正交**,这是二、三维向量相互垂直的概念的推广. 下面列出内积空间的几个性质.

定理 1.6.5(Cauchy-Schwarz 不等式) 设 V 是一个内积空间,则对任意的 $u,v\in V$,有

$$|(u,v)|^2\leqslant(u,u)(v,v). \tag{1.6.1}$$

定理 1.6.6(Gram 矩阵的性质) 设 V 是一个内积空间,$u_1,u_2,\cdots,u_n\in V$. 矩阵

$$\boldsymbol{G}=\begin{bmatrix}(u_1,u_1) & (u_2,u_1) & \cdots & (u_n,u_1)\\ (u_1,u_2) & (u_2,u_2) & \cdots & (u_n,u_2)\\ \vdots & \vdots & & \vdots\\ (u_1,u_n) & (u_2,u_n) & \cdots & (u_n,u_n)\end{bmatrix} \tag{1.6.2}$$

称为 Gram 矩阵. $\boldsymbol{G}$ 非奇异的充分必要条件是 $u_1,u_2,\cdots,u_n$ 线性无关.

定理 1.6.7(Gram-Schmidt 正交化方法) 如果$\{u_1,u_2,\cdots,u_n\}$是内积空间 V 中一个线性无关的元素序列,则可按公式

$$\begin{cases}v_1=u_1,\\ v_i=u_i-\displaystyle\sum_{k=1}^{i-1}\frac{(u_i,u_k)}{(v_k,v_k)}v_k, & i=2,3,\cdots,n\end{cases} \tag{1.6.3}$$

产生 V 中一个正交序列$\{v_1,v_2,\cdots,v_n\}$,满足$(v_i,v_j)=0$(当 $i\neq j$ 时),此序列是$\mathrm{span}\{u_1,u_2,\cdots,u_n\}$的一组正交基.

例 1.6.5($\mathbb{R}^n$和$\mathbb{C}^n$的内积) 设 $\boldsymbol{x},\boldsymbol{y}\in\mathbb{R}^n$,其中 $\boldsymbol{x}=(x_1,x_2,\cdots,x_n)^{\mathrm{T}}$,$\boldsymbol{y}=(y_1,y_2,\cdots,$

$y_n)^{\mathrm{T}}$. 内积$(\boldsymbol{x},\boldsymbol{y})$通常定义为

$$(\boldsymbol{x},\boldsymbol{y}) = \sum_{i=1}^{n} x_i y_i = \boldsymbol{y}^{\mathrm{T}}\boldsymbol{x}. \tag{1.6.4}$$

如果给定实数 $w_i>0, i=1,2,\cdots,n$. 又可定义$\mathbb{R}^n$的另一种内积

$$(\boldsymbol{x},\boldsymbol{y})_{\mathrm{w}} = \sum_{i=1}^{n} w_i x_i y_i. \tag{1.6.5}$$

不难验证它满足内积的定义,称之为**带权$\{w_i\}$的内积**,w_i 称为**权系数**. 当 $w_i=1(i=1,2,\cdots,n)$时,(1.6.5)式定义的内积就是(1.6.4)式. 这时的 Cauchy-Schwarz 不等式就是熟知的不等式

$$\left(\sum_{i=1}^{n} x_i y_i\right)^2 \leqslant \left(\sum_{i=1}^{n} x_i^2\right)\left(\sum_{i=1}^{n} y_i^2\right),$$

其中 $x_i, y_i \in \mathbb{R}\ (i=1,2,\cdots,n)$.

如果 $\boldsymbol{x}=(x_1,x_2,\cdots,x_n)^{\mathrm{T}}\in\mathbb{C}^n, \boldsymbol{y}=(y_1,y_2,\cdots,y_n)^{\mathrm{T}}\in\mathbb{C}^n$,$\mathbb{C}^n$中的带权内积定义为

$$(\boldsymbol{x},\boldsymbol{y})_{\mathrm{w}} = \sum_{i=1}^{n} w_i x_i \bar{y}_i. \tag{1.6.6}$$

通常用的是 $w_i=1(i=1,2,\cdots,n)$的情形,也记作$(\boldsymbol{x},\boldsymbol{y})$.

在 $C[a,b]$上也可以定义带权的内积. 我们先给出权函数的定义.

定义 1.6.3 如果定义在区间$[a,b]$上的函数 ρ 满足:

(1) $\rho(x)\geqslant 0,\ \forall x\in(a,b)$;

(2) $\int_a^b x^k\rho(x)\mathrm{d}x$ 存在$(k=0,1,\cdots)$;

(3) 若对$[a,b]$上的非负连续函数 g, $\int_a^b \rho(x)g(x)\mathrm{d}x = 0$ 成立,则 $g(x)\equiv 0$.

称 ρ 为$[a,b]$上的一个**权函数**. 如果$[a,b]$换成无限区间,权函数也同样定义.

以上定义保证了权函数是$[a,b]$上可积的非负函数,而且在$[a,b]$的任一个开子区间上 $\rho(x)$不恒为零.

例 1.6.6($C[a,b]$上的内积) 设 ρ 是$[a,b]$上的权函数,对 $f,g\in C[a,b]$,可以定义内积

$$(f,g)_\rho = \int_a^b \rho(x)f(x)g(x)\mathrm{d}x. \tag{1.6.7}$$

不难验证(1.6.7)式满足内积的定义,它也称为带权 ρ 的内积. 特别是 $\rho(x)\equiv 1$ 的情形:

$$(f,g) = \int_a^b f(x)g(x)\mathrm{d}x. \tag{1.6.8}$$

1.6.3 范数、线性赋范空间

在二、三维向量空间中,有向量长度的概念,下面把这个概念扩展到一般的线性

空间.

定义 1.6.4　设 V 是一个数域 P 上的线性空间. 定义 V 到$\mathbb{R}$ 的一个映射 $\|\cdot\|$,即对任意的 $u\in V$,都有一个实数 $\|u\|$ 与之对应,满足以下性质.

(1) 正定性：$\|u\|\geqslant 0,\forall u\in V$,而且 $\|u\|=0\Leftrightarrow u=0$；

(2) 齐次性：$\|\alpha u\|=|\alpha|\,\|u\|,\forall u\in V,\alpha\in P$；

(3) 三角不等式：$\|u+v\|\leqslant\|u\|+\|v\|,\forall u,v\in V$.

称 $\|\cdot\|$ 为 V 上的**范数**. 定义了范数的线性空间称为**赋范线性空间**.

由三角不等式可以得到,$\forall u,v\in V$,

$$\|u-v\|\geqslant\big|\,\|u\|-\|v\|\,\big|. \tag{1.6.9}$$

例 1.6.7　$\mathbb{R}^n$(或$\mathbb{C}^n$)上 3 种常用的范数:对一切 $\boldsymbol{x}\in\mathbb{R}^n,\boldsymbol{x}=(x_1,x_2,\cdots,x_n)^{\mathrm{T}}$,

$$\|\boldsymbol{x}\|_1=\sum_{i=1}^{n}|x_i|,\quad \text{称为 1- 范数},$$

$$\|\boldsymbol{x}\|_2=\Big(\sum_{i=1}^{n}|x_i|^2\Big)^{\frac{1}{2}},\quad \text{称为 2- 范数},$$

$$\|\boldsymbol{x}\|_\infty=\max_{1\leqslant i\leqslant n}|x_i|,\quad \text{称为 }\infty\text{- 范数}.$$

容易验证它们都满足范数定义.

例如,若 $\boldsymbol{x}=(3,-4,2)^{\mathrm{T}}$,则有 $\|\boldsymbol{x}\|_1=9,\|\boldsymbol{x}\|_2=\sqrt{29},\|\boldsymbol{x}\|_\infty=4$.

当 $n=2,3$ 时,$\|\boldsymbol{x}\|_2$ 就是解析几何课程中二、三维向量的长度. $\mathbb{R}^n$中的 2-范数可以用(1.6.4)式的内积表示

$$\|\boldsymbol{x}\|_2=\sqrt{(\boldsymbol{x},\boldsymbol{x})},\quad \forall\boldsymbol{x}\in\mathbb{R}^n.$$

一般地,如果 V 是一个内积空间,可以由内积导出一种范数

$$\|u\|=\sqrt{(u,u)},\quad \forall u\in V.$$

不难验证它满足范数的定义.

例 1.6.8($C[a,b]$上定义的范数)　(1.6.7)式定义了 $C[a,b]$的内积,由此可以导出 $C[a,b]$的 2-范数,设 $f\in C[a,b]$,记

$$\|f\|_2=\sqrt{(f,f)_\rho}=\Big[\int_a^b\rho(x)(f(x))^2\mathrm{d}x\Big]^{\frac{1}{2}}. \tag{1.6.10}$$

也可以不由内积定义范数,例如

$$\|f\|_\infty=\max_{x\in[a,b]}|f(x)|, \tag{1.6.11}$$

它们都满足范数的定义.

定义 1.6.5　线性空间 V 上若定义了两种不同的范数 $\|\cdot\|_\alpha$ 与 $\|\cdot\|_\beta$,如果存在常数 $C_1,C_2>0$,使

$$C_1\|u\|_\alpha\leqslant\|u\|_\beta\leqslant C_2\|u\|_\alpha,\quad \forall u\in V, \tag{1.6.12}$$

则称 $\|\cdot\|_\alpha$ 和 $\|\cdot\|_\beta$ 是 V 上**等价的范数**.

范数的等价性具有传递性，即，若 $\|\cdot\|_\alpha$ 与 $\|\cdot\|_\beta$ 等价，$\|\cdot\|_\beta$ 与 $\|\cdot\|_\gamma$ 等价，则 $\|\cdot\|_\alpha$ 与 $\|\cdot\|_\gamma$ 等价.

可以证明，**在一个有限维线性空间上定义的各种范数都是相互等价的**. 所以，在线性空间 $\mathbb{R}^n$ 上定义的各种范数（$\|\boldsymbol{x}\|_1$，$\|\boldsymbol{x}\|_2$，$\|\boldsymbol{x}\|_\infty$ 等）是相互等价的. 在线性空间 $\mathbb{R}^{n\times n}$ 上也有类似的性质. 但是这种性质对无限维的线性空间 $C[a,b]$ 并不成立.

1.6.4 向量的范数和矩阵的范数

在例 1.6.7 中已给出向量空间 $\mathbb{R}^n$（或 $\mathbb{C}^n$）常用的 3 种范数. $\mathbb{R}^n$（以及 $\mathbb{C}^n$）上的范数有以下性质：

(1) 设给定矩阵 $\boldsymbol{A}\in\mathbb{R}^{n\times n}$，$\boldsymbol{x}=(x_1,x_2,\cdots,x_n)^{\mathrm{T}}\in\mathbb{R}^n$，对于 $\mathbb{R}^n$ 上的每一种范数 $\|\cdot\|$，$\|\boldsymbol{Ax}\|$ 都是变量 $x_1,x_2,\cdots,x_n$ 的 n 元连续函数.

(2) $\mathbb{R}^n$ 上定义的各种范数都是等价的.

关于矩阵的范数，$\mathbb{R}^{n\times n}$ 中的范数除了符合定义 1.6.4 外，为了考虑矩阵乘法运算的性质，在定义中我们多加一个条件.

定义 1.6.6 $\mathbb{R}^{n\times n}$ 的范数 $\|\cdot\|$ 是 $\mathbb{R}^{n\times n}$ 到 $\mathbb{R}$ 的一个映射，即对于任意的矩阵 $\boldsymbol{A}\in\mathbb{R}^{n\times n}$，都有一个实数 $\|\boldsymbol{A}\|$ 与之对应，满足以下性质：

(1) $\|\boldsymbol{A}\|\geqslant 0$，$\forall\boldsymbol{A}\in\mathbb{R}^{n\times n}$，而且 $\|\boldsymbol{A}\|=0\Leftrightarrow\boldsymbol{A}=\boldsymbol{0}$；

(2) $\|\alpha\boldsymbol{A}\|=|\alpha|\,\|\boldsymbol{A}\|$，$\forall\boldsymbol{A}\in\mathbb{R}^{n\times n}$，$\alpha\in\mathbb{R}$；

(3) $\|\boldsymbol{A}+\boldsymbol{B}\|\leqslant\|\boldsymbol{A}\|+\|\boldsymbol{B}\|$，$\forall\boldsymbol{A},\boldsymbol{B}\in\mathbb{R}^{n\times n}$；

(4) $\|\boldsymbol{AB}\|\leqslant\|\boldsymbol{A}\|\,\|\boldsymbol{B}\|$，$\forall\boldsymbol{A},\boldsymbol{B}\in\mathbb{R}^{n\times n}$.

称 $\|\boldsymbol{A}\|$ 为**矩阵 $\boldsymbol{A}$ 的范数**.

$\mathbb{C}^{n\times n}$ 的范数可类似定义.

因为 $\mathbb{R}^{n\times n}$ 是有限维（n^2 维）的线性空间，所以在其上定义的各种范数是相互等价的.

例 1.6.9（矩阵的 Frobenius 范数）

$$\|\boldsymbol{A}\|_{\mathrm{F}}=\Big(\sum_{i=1}^{n}\sum_{j=1}^{n}|a_{ij}|^2\Big)^{\frac{1}{2}}.$$

它可以看成 n^2 维向量的 2-范数，所以满足定义 1.6.6 的前三个条件，利用矩阵的乘法性质及 Cauchy-Schwarz 不等式可以验证它也满足条件(4).

关于 $\mathbb{R}^n$ 上向量范数与 $\mathbb{R}^{n\times n}$ 上矩阵范数之间的联系，下面引入相容性的概念，再由一种向量范数导出一种与之对应的矩阵范数.

定义 1.6.7 对于 $\mathbb{R}^n$ 上给定的一种向量范数 $\|\boldsymbol{x}\|$ 和 $\mathbb{R}^{n\times n}$ 上给定的一种矩阵范数 $\|\boldsymbol{A}\|$，如果

$$\|\boldsymbol{Ax}\|\leqslant\|\boldsymbol{A}\|\,\|\boldsymbol{x}\|,\quad\forall\boldsymbol{x}\in\mathbb{R}^n,\boldsymbol{A}\in\mathbb{R}^{n\times n},\tag{1.6.13}$$

则称上述矩阵范数与向量范数**相容**.

考虑$\mathbb{R}^n$中给定的一种向量范数$\|\boldsymbol{x}\|$,集合

$$D=\{\boldsymbol{x}\mid \boldsymbol{x}=(x_1,x_2,\cdots,x_n)^{\mathrm{T}}\in\mathbb{R}^n,\|\boldsymbol{x}\|=1\}$$

是一个有界的闭集合,它可以理解为这种向量范数意义下的"单位超球面". 对于任一矩阵$\boldsymbol{A}\in\mathbb{R}^{n\times n}$,$\|\boldsymbol{Ax}\|$是$x_1,x_2,\cdots,x_n$的连续函数,所以它在$D$上有最大值,即存在$\boldsymbol{x}_0\in D$,使$\|\boldsymbol{Ax}_0\|=\max\limits_{\|\boldsymbol{x}\|=1}\|\boldsymbol{Ax}\|$.

对于$\mathbb{R}^n$中任意的非零向量$\boldsymbol{x}$,$\dfrac{\|\boldsymbol{Ax}\|}{\|\boldsymbol{x}\|}=\left\|\boldsymbol{A}\dfrac{\boldsymbol{x}}{\|\boldsymbol{x}\|}\right\|$,而$\dfrac{\boldsymbol{x}}{\|\boldsymbol{x}\|}\in D$,所以$\dfrac{\|\boldsymbol{Ax}\|}{\|\boldsymbol{x}\|}$在所有非零向量的集合中存在最大值,即

$$\max_{\boldsymbol{x}\neq\boldsymbol{0}}\frac{\|\boldsymbol{Ax}\|}{\|\boldsymbol{x}\|}=\max_{\|\boldsymbol{x}\|=1}\|\boldsymbol{Ax}\|.$$

定理 1.6.8 设$\|\boldsymbol{x}\|$为$\mathbb{R}^n$的任意一种向量范数. 对任意的矩阵$\boldsymbol{A}\in\mathbb{R}^{n\times n}$,对应实数

$$\|\boldsymbol{A}\|=\max_{\boldsymbol{x}\neq\boldsymbol{0}}\frac{\|\boldsymbol{Ax}\|}{\|\boldsymbol{x}\|}=\max_{\|\boldsymbol{x}\|=1}\|\boldsymbol{Ax}\| \tag{1.6.14}$$

定义了$\mathbb{R}^{n\times n}$上的一种范数.

证明 对任意的$\boldsymbol{A}\in\mathbb{R}^{n\times n}$,由(1.6.14)式,对任意非零向量$\boldsymbol{x}\in\mathbb{R}^n$,$\boldsymbol{x}\neq\boldsymbol{0}$,有$\dfrac{\|\boldsymbol{Ax}\|}{\|\boldsymbol{x}\|}\leqslant\|\boldsymbol{A}\|$. 所以$\|\boldsymbol{A}\|$与向量范数$\|\boldsymbol{x}\|$满足相容性条件(1.6.13)($\boldsymbol{x}=\boldsymbol{0}$时显然).

进一步验证(1.6.14)式的$\|\boldsymbol{A}\|$满足范数定义 1.6.6. 其中条件(1)和条件(2)是明显的. 由向量范数的性质及相容性条件得

$$\begin{aligned}\|(\boldsymbol{A}+\boldsymbol{B})\boldsymbol{x}\|&=\|\boldsymbol{Ax}+\boldsymbol{Bx}\|\leqslant\|\boldsymbol{Ax}\|+\|\boldsymbol{Bx}\|\\&\leqslant(\|\boldsymbol{A}\|+\|\boldsymbol{B}\|)\|\boldsymbol{x}\|.\end{aligned}$$

再由(1.6.14)式就有

$$\|\boldsymbol{A}+\boldsymbol{B}\|=\max_{\|\boldsymbol{x}\|=1}\|(\boldsymbol{A}+\boldsymbol{B})\boldsymbol{x}\|\leqslant\|\boldsymbol{A}\|+\|\boldsymbol{B}\|,$$

这就证明了条件(3),同理可证条件(4).

定义 1.6.8 对于$\mathbb{R}^n$上任意一种向量范数,由(1.6.14)式所确定的矩阵范数,称为**从属于给定向量范数的矩阵范数**,简称**从属范数**(也称**由向量范数导出的矩阵范数**,或**算子范数**).

显然,单位矩阵$\boldsymbol{I}$的任意一种从属范数$\|\boldsymbol{I}\|=1$. 所以当$n\geqslant2$时,$\|\boldsymbol{A}\|_{\mathrm{F}}$不是从属范数.

称从属于向量 1-范数的矩阵范数为矩阵的 1-范数,记为$\|\boldsymbol{A}\|_1$. 同理,有$\|\boldsymbol{A}\|_2$和$\|\boldsymbol{A}\|_\infty$. 这是 3 种常见的矩阵从属范数.

定理 1.6.9 设$\boldsymbol{A}=[a_{ij}]\in\mathbb{R}^{n\times n}$,则

$$\|\boldsymbol{A}\|_\infty=\max_{1\leqslant i\leqslant n}\sum_{j=1}^{n}|a_{ij}|, \tag{1.6.15}$$

$$\|\boldsymbol{A}\|_1=\max_{1\leqslant j\leqslant n}\sum_{i=1}^{n}|a_{ij}|, \tag{1.6.16}$$

$$\|\boldsymbol{A}\|_2=[\rho(\boldsymbol{A}^{\mathrm{T}}\boldsymbol{A})]^{\frac{1}{2}}. \tag{1.6.17}$$

证明 先证(1.6.15)式. 设

$$\mu=\max_{1\leqslant i\leqslant n}\sum_{j=1}^{n}|a_{ij}|=\sum_{j=1}^{n}|a_{kj}|,$$

这说明最大值在 $i=k$ 时(即第 k 行)取到. 对任意的 $\boldsymbol{x}=(x_1,x_2,\cdots,x_n)^{\mathrm{T}}\in\mathbb{R}^n$,有

$$\|\boldsymbol{Ax}\|_\infty=\max_{1\leqslant i\leqslant n}\left|\sum_{j=1}^{n}a_{ij}x_j\right|\leqslant\max_{1\leqslant i\leqslant n}\sum_{j=1}^{n}|a_{ij}||x_j|$$

$$\leqslant\|\boldsymbol{x}\|_\infty\max_{1\leqslant i\leqslant n}\sum_{j=1}^{n}|a_{ij}|,$$

所以

$$\|\boldsymbol{A}\|_\infty=\max_{\|\boldsymbol{x}\|_\infty=1}\|\boldsymbol{Ax}\|_\infty\leqslant\mu.$$

令 $\boldsymbol{x}^{(0)}=(x_1^{(0)},x_2^{(0)},\cdots,x_n^{(0)})^{\mathrm{T}}$,其中

$$x_j^{(0)}=\begin{cases}1, & a_{kj}\geqslant 0,\\ -1, & a_{kj}<0,\end{cases}\quad j=1,2,\cdots,n.$$

显然有 $\|\boldsymbol{x}^{(0)}\|_\infty=1$,而且

$$\|\boldsymbol{A}\|_\infty=\max_{\|\boldsymbol{x}\|_\infty=1}\|\boldsymbol{Ax}\|_\infty\geqslant\|\boldsymbol{Ax}^{(0)}\|_\infty$$

$$\geqslant\left|\sum_{j=1}^{n}a_{kj}x_j^{(0)}\right|=\sum_{j=1}^{n}|a_{kj}|=\mu.$$

这就证明了(1.6.15)式. 类似可证(1.6.16)式,留给读者练习.

从向量的2-范数定义可知 $\|\boldsymbol{Ax}\|_2^2=(\boldsymbol{Ax},\boldsymbol{Ax})=(\boldsymbol{A}^{\mathrm{T}}\boldsymbol{Ax},\boldsymbol{x})$,所以对称矩阵 $\boldsymbol{A}^{\mathrm{T}}\boldsymbol{A}$ 满足

$$(\boldsymbol{A}^{\mathrm{T}}\boldsymbol{Ax},\boldsymbol{x})\geqslant 0,\quad\forall\,\boldsymbol{x}\in\mathbb{R}^n,$$

即 $\boldsymbol{A}^{\mathrm{T}}\boldsymbol{A}$ 是非负定的对称矩阵,其特征值均为非负实数,设它们依次排列为

$$\lambda_1\geqslant\lambda_2\geqslant\cdots\geqslant\lambda_n\geqslant 0,$$

这些特征值对应一组规范的正交特征向量 $\{\boldsymbol{u}_1,\boldsymbol{u}_2,\cdots,\boldsymbol{u}_n\}$. 对任意的 $\boldsymbol{x}\in\mathbb{R}^n$,可以表示为特征向量的线性组合

$$\boldsymbol{x}=\sum_{i=1}^{n}\alpha_i\boldsymbol{u}_i.$$

如果向量 $\boldsymbol{x}$ 满足 $\|\boldsymbol{x}\|_2=1$,则有

$$\|\boldsymbol{x}\|_2^2=(\boldsymbol{x},\boldsymbol{x})=\sum_{i=1}^{n}\alpha_i^2=1,$$

$$\|\boldsymbol{Ax}\|_2^2=(\boldsymbol{A}^{\mathrm{T}}\boldsymbol{Ax},\boldsymbol{x})=\sum_{i=1}^{n}\lambda_i\alpha_i^2\leqslant\lambda_1.$$

特别地,取 $x=u_1$,则有

$$\|Au_1\|_2^2=(A^TAu_1,u_1)=\lambda_1.$$

所以有

$$\|A\|_2=\max_{\|x\|_2=1}\|Ax\|_2=\sqrt{\lambda_1}=[\rho(A^TA)]^{\frac{1}{2}},$$

(1.6.17)式得证,定理证毕.

现在假设 λ 是 A 按模最大的特征值,对应特征向量 x,即 $Ax=\lambda x$,且 A 的谱半径 $\rho(A)=|\lambda|$. 对于任一种向量范数有 $\|Ax\|=|\lambda|\,\|x\|$,所以

$$\rho(A)=\frac{\|Ax\|}{\|x\|}.$$

根据矩阵从属范数的定义,对任一种矩阵从属范数都有 $\rho(A)\leqslant\|A\|$. 事实上,这个性质对于矩阵任一种(从属或非从属)范数都成立.

定理 1.6.10 (1) 设 $\|\cdot\|$ 为 $\mathbb{R}^{n\times n}$ 上任意的一种范数,则对任意的 $A\in\mathbb{R}^{n\times n}$,有

$$\rho(A)\leqslant\|A\|. \tag{1.6.18}$$

(2) 对任意的 $A\in\mathbb{R}^{n\times n}$ 及实数 $\varepsilon>0$,至少存在一种从属的矩阵范数 $\|\cdot\|$,使

$$\|A\|\leqslant\rho(A)+\varepsilon. \tag{1.6.19}$$

证明 设 λ 是 A 的一个特征值,且 $|\lambda|=\rho(A)$,对应 λ 的特征向量 $x\in\mathbb{C}^n$,即 $Ax=\lambda x$. 因为 $x\neq 0$,一定存在向量 $y\in\mathbb{R}^n$,使 xy^T 不是零矩阵(例如 $y=e_1$). 由范数定义,有

$$\begin{aligned}\rho(A)\|xy^T\|&=|\lambda|\,\|xy^T\|=\|\lambda xy^T\|=\|Axy^T\|\\&\leqslant\|A\|\,\|xy^T\|,\end{aligned}$$

因为矩阵范数 $\|xy^T\|\neq 0$,即得(1.6.18)式. 结论(1)得证. 结论(2)的证明这里从略,可参阅参考文献[1].

定理 1.6.11 设 $\|\cdot\|$ 是 $\mathbb{R}^{n\times n}$ 上的一种从属范数,矩阵 $B\in\mathbb{R}^{n\times n}$,满足 $\|B\|<1$,则 $I+B$ 非奇异,且

$$\|(I+B)^{-1}\|\leqslant\frac{1}{1-\|B\|}. \tag{1.6.20}$$

证明 如果 $I+B$ 奇异,则存在向量 $x\neq 0$,使 $(I+B)x=0$,这样 B 就有一个特征值为 -1,故 $\rho(B)\geqslant 1$. 根据定理 1.6.10,有 $\|B\|\geqslant\rho(B)\geqslant 1$,这与定理的假设矛盾,所以 $I+B$ 非奇异.

记 $D=(I+B)^{-1}$,则

$$\begin{aligned}1&=\|I\|=\|(I+B)D\|=\|D+BD\|\\&\geqslant\|D\|-\|B\|\,\|D\|=\|D\|(1-\|B\|),\end{aligned}$$

式中 $1-\|B\|>0$. 由此可得不等式(1.6.20). 定理证毕.

定理 1.6.11 中的 $I+B$ 换成 $I-B$ 也同样成立.

1.6.5 几种常见矩阵的性质

1. 正交矩阵

设 $\boldsymbol{A}=[a_{ij}]\in\mathbb{R}^{n\times n}$,若满足

$$\boldsymbol{A}^{\mathrm{T}}\boldsymbol{A}=\boldsymbol{I},$$

则称 $\boldsymbol{A}$ 为**正交矩阵**.若 $\boldsymbol{A}$ 是正交矩阵,则有下列性质:

(1) 按照(1.6.4)式定义的向量内积,$\boldsymbol{A}$ 不同的列向量相互正交,且各列向量的 2-范数等于 1;

(2) $\boldsymbol{A}^{-1}=\boldsymbol{A}^{\mathrm{T}}$,且 $\boldsymbol{A}^{\mathrm{T}}$ 也是正交矩阵;

(3) $\boldsymbol{A}$ 的行列式 $\det\boldsymbol{A}$ 的绝对值等于 1;

(4) 若 $\boldsymbol{A},\boldsymbol{B}$ 都是同阶的正交矩阵,则 $\boldsymbol{AB}$ 和 $\boldsymbol{BA}$ 都是正交矩阵.

2. 对称矩阵和对称正定矩阵

下面用到的向量内积(以及正交性等)都指(1.6.4)式定义的内积,即$(\boldsymbol{x},\boldsymbol{y})=\sum\limits_{i=1}^{n}x_iy_i$.

设 $\boldsymbol{A}=[a_{ij}]\in\mathbb{R}^{n\times n}$,若 $\boldsymbol{A}^{\mathrm{T}}=\boldsymbol{A}$,$\boldsymbol{A}$ 称为**实对称矩阵**.它有下列性质:

(1) $\boldsymbol{A}$ 的特征值均为实数,且有 n 个线性无关的特征向量;

(2) $\boldsymbol{A}$ 对应于不同特征值的向量必正交;

(3) 存在正交矩阵 $\boldsymbol{P}$,使 $\boldsymbol{P}^{-1}\boldsymbol{AP}$ 为对角矩阵;

(4) $\|\boldsymbol{A}\|_2=\rho(\boldsymbol{A})$.

如果 $\boldsymbol{A}\in\mathbb{R}^{n\times n}$是对称矩阵,且

$$(\boldsymbol{Ax},\boldsymbol{x})>0,\quad \forall\,\boldsymbol{x}\neq\boldsymbol{0},\boldsymbol{x}\in\mathbb{R}^n,$$

则称 $\boldsymbol{A}$ 是**对称正定矩阵**.若 $\boldsymbol{x}=(x_1,x_2,\cdots,x_n)^{\mathrm{T}}$,$\boldsymbol{A}=[a_{ij}]$,则有$(\boldsymbol{Ax},\boldsymbol{x})=\boldsymbol{x}^{\mathrm{T}}\boldsymbol{Ax}=\sum\limits_{i,j=1}^{n}a_{ij}x_ix_j$.

设 $\boldsymbol{A}=[a_{ij}]\in\mathbb{R}^{n\times n}$,则 i 阶矩阵

$$\begin{bmatrix} a_{11} & \cdots & a_{1i}\\ \vdots & & \vdots\\ a_{i1} & \cdots & a_{ii}\end{bmatrix}$$

称为 $\boldsymbol{A}$ 的 i 阶**顺序主子矩阵**,$i=1,2,\cdots,n$.它们的行列式依次记为 $\Delta_1,\Delta_2,\cdots,\Delta_n$,称为 $\boldsymbol{A}$ 的**顺序主子式**,其中 $\Delta_n=\det\boldsymbol{A}$,$\Delta_1=a_{11}$.

如果 $\boldsymbol{A}\in\mathbb{R}^{n\times n}$,$\boldsymbol{A}$ 是对称矩阵,则 $\boldsymbol{A}$ 是对称正定矩阵的充分必要条件是 $\boldsymbol{A}$ 的顺序主

子式$\boldsymbol{\Delta}_i>0, i=1,2,\cdots,n$. 另一个充分必要条件是$\boldsymbol{A}$的特征值都大于零.

如果对称矩阵$\boldsymbol{A}\in\mathbb{R}^{n\times n}$满足

$$(\boldsymbol{Ax},\boldsymbol{x})\geqslant 0, \quad \forall\, \boldsymbol{x}\neq \boldsymbol{0},$$

称$\boldsymbol{A}$是**对称非负定矩阵**(或**对称半正定矩阵**),它的特征值都是非负实数.

3. 初等矩阵

这里介绍的初等矩阵与所谓的初等变换有紧密的联系. 这些初等变换包括了线性代数课程中矩阵的3种重要的变换(对换变换、倍加变换和倍乘变换),也进一步介绍其他的变换.

定义 1.6.9 设$\boldsymbol{u},\boldsymbol{v}\in\mathbb{R}^n$,$\sigma\in\mathbb{R}$,$\sigma\neq 0$,矩阵

$$\boldsymbol{E}(\boldsymbol{u},\boldsymbol{v};\sigma)=\boldsymbol{I}-\sigma\boldsymbol{u}\boldsymbol{v}^{\mathrm{T}} \tag{1.6.21}$$

称为**实初等矩阵**,其中$\boldsymbol{I}$是n阶单位矩阵.

例如,若$n=3$,$\boldsymbol{u}=(u_1,u_2,u_3)^{\mathrm{T}}$,$\boldsymbol{v}=(v_1,v_2,v_3)^{\mathrm{T}}$,于是有

$$\boldsymbol{E}(\boldsymbol{u},\boldsymbol{v};\sigma)=\begin{bmatrix}1-\sigma u_1v_1, & -\sigma u_1v_2 & -\sigma u_1v_3\\ -\sigma u_2v_1, & 1-\sigma u_2v_2 & -\sigma u_2v_3\\ -\sigma u_3v_1, & -\sigma u_3v_2 & 1-\sigma u_3v_3\end{bmatrix}.$$

设$\sigma,\tau\in\mathbb{R}$,$\boldsymbol{u},\boldsymbol{v}\in\mathbb{R}^n$,则

$$\begin{aligned}\boldsymbol{E}(\boldsymbol{u},\boldsymbol{v};\sigma)\boldsymbol{E}(\boldsymbol{u},\boldsymbol{v};\tau)&=(\boldsymbol{I}-\sigma\boldsymbol{u}\boldsymbol{v}^{\mathrm{T}})(\boldsymbol{I}-\tau\boldsymbol{u}\boldsymbol{v}^{\mathrm{T}})\\&=\boldsymbol{I}-(\sigma+\tau-\sigma\tau\boldsymbol{v}^{\mathrm{T}}\boldsymbol{u})\boldsymbol{u}\boldsymbol{v}^{\mathrm{T}}.\end{aligned}$$

所以,若$1-\sigma\boldsymbol{v}^{\mathrm{T}}\boldsymbol{u}\neq 0$,$\sigma$已知,就可选$\tau$为

$$\tau=\frac{\sigma}{\sigma\boldsymbol{v}^{\mathrm{T}}\boldsymbol{u}-1}, \tag{1.6.22}$$

使得$\sigma+\tau-\sigma\tau\boldsymbol{v}^{\mathrm{T}}\boldsymbol{u}=0$. 这样$\boldsymbol{E}(\boldsymbol{u},\boldsymbol{v};\sigma)$可逆,其逆矩阵也是一个初等矩阵,即

$$\boldsymbol{E}(\boldsymbol{u},\boldsymbol{v};\sigma)^{-1}=\boldsymbol{E}(\boldsymbol{u},\boldsymbol{v};\tau). \tag{1.6.23}$$

此外,还可以证明

$$\det(\boldsymbol{E}(\boldsymbol{u},\boldsymbol{v};\sigma))=1-\sigma\boldsymbol{v}^{\mathrm{T}}\boldsymbol{u}. \tag{1.6.24}$$

式(1.6.21)中取特殊的数σ和向量$\boldsymbol{u},\boldsymbol{v}$,就可得到一些常用的初等矩阵.

例 1.6.10(初等排列阵) 令$\sigma=1$,$\boldsymbol{u}=\boldsymbol{v}=\boldsymbol{e}_i-\boldsymbol{e}_j$,得到初等排列阵

$$\boldsymbol{I}_{ij}=\boldsymbol{E}(\boldsymbol{e}_i-\boldsymbol{e}_j,\boldsymbol{e}_i-\boldsymbol{e}_j;1)=\boldsymbol{I}-(\boldsymbol{e}_i-\boldsymbol{e}_j)(\boldsymbol{e}_i-\boldsymbol{e}_j)^{\mathrm{T}}. \tag{1.6.25}$$

如果$i=j$,$\boldsymbol{I}_{ii}$为单位阵. 如果$i\neq j$,将单位阵的第i,j行对换就得$\boldsymbol{I}_{ij}$. 进一步有

$$\boldsymbol{I}_{ij}^{-1}=\boldsymbol{I}_{ij}, \quad \det(\boldsymbol{I}_{ij})=-1 \quad (i\neq j).$$

设$i\neq j$,将初等排列阵$\boldsymbol{I}_{ij}$左乘矩阵$\boldsymbol{A}$,$\boldsymbol{I}_{ij}\boldsymbol{A}$是将$\boldsymbol{A}$第$i,j$行对换所得的矩阵. 同理$\boldsymbol{A}\boldsymbol{I}_{ij}$则是$\boldsymbol{A}$的第$i,j$列对换所得的矩阵.

若干个初等排列阵的乘积称为**排列阵**. 排列阵的每行(或每列)正好有1个元素为1

而其他元素为0,相当于单位阵$\boldsymbol{I}$对换了若干次,例如,在$\mathbb{R}^{4\times4}$中初等排列阵$\boldsymbol{I}_{1,2}$和$\boldsymbol{I}_{3,4}$的乘积为排列阵

$$\boldsymbol{P}=\boldsymbol{I}_{1,2}\boldsymbol{I}_{3,4}=\begin{bmatrix}0&1&0&0\\1&0&0&0\\0&0&1&0\\0&0&0&1\end{bmatrix}\begin{bmatrix}1&0&0&0\\0&1&0&0\\0&0&0&1\\0&0&1&0\end{bmatrix}=\begin{bmatrix}0&1&0&0\\1&0&0&0\\0&0&0&1\\0&0&1&0\end{bmatrix}.$$

这里$\boldsymbol{P}$各列的列向量依次为$\boldsymbol{e}_2,\boldsymbol{e}_1,\boldsymbol{e}_4$和$\boldsymbol{e}_3$.如果$\boldsymbol{A}\in\mathbb{R}^{4\times4}$,则$\boldsymbol{PA}$是$\boldsymbol{A}$分别作第1,2行和第3,4行对换所得的矩阵.$\boldsymbol{AP}$则是$\boldsymbol{A}$的第1,2列和第3,4列交换所得的矩阵.

例 1.6.11 令$\boldsymbol{u}=\boldsymbol{v}=\boldsymbol{e}_i,\sigma=1-\alpha$,得初等矩阵

$$\boldsymbol{E}(\boldsymbol{e}_i,\boldsymbol{e}_i;1-\alpha)=\boldsymbol{I}-(1-\alpha)\boldsymbol{e}_i\boldsymbol{e}_i^{\mathrm{T}}. \tag{1.6.26}$$

这是用α乘第i行的倍乘变换对应的矩阵.例如在$\mathbb{R}^{4\times4}$中,若$i=2$,则

$$\boldsymbol{E}(\boldsymbol{e}_2,\boldsymbol{e}_2,1-\alpha)=\begin{bmatrix}1&&&\\&\alpha&&\\&&1&\\&&&1\end{bmatrix},$$

用它左乘矩阵$\boldsymbol{A}\in\mathbb{R}^{4\times4}$,得

$$\boldsymbol{E}(\boldsymbol{e}_2,\boldsymbol{e}_2,1-\alpha)\boldsymbol{A}=\begin{bmatrix}a_{11}&a_{12}&a_{13}&a_{14}\\\alpha a_{21}&\alpha a_{22}&\alpha a_{23}&\alpha a_{24}\\a_{31}&a_{32}&a_{33}&a_{34}\\a_{41}&a_{42}&a_{43}&a_{44}\end{bmatrix}.$$

例 1.6.12 令$\boldsymbol{u}=\boldsymbol{e}_j,\boldsymbol{v}=\boldsymbol{e}_i,\sigma=-\alpha$,得到

$$\boldsymbol{E}(\boldsymbol{e}_j,\boldsymbol{e}_i;-\alpha)=\boldsymbol{I}+\alpha\boldsymbol{e}_j\boldsymbol{e}_i^{\mathrm{T}}. \tag{1.6.27}$$

这是用α乘第i行再加到第j行的倍加变换对应的矩阵.例如,在$\mathbb{R}^{4\times4}$中,若$i=2,j=4$,则有

$$\boldsymbol{E}(\boldsymbol{e}_4,\boldsymbol{e}_2;-\alpha)=\begin{bmatrix}1&0&0&0\\0&1&0&0\\0&0&1&0\\0&\alpha&0&1\end{bmatrix},$$

$$\boldsymbol{E}(\boldsymbol{e}_4,\boldsymbol{e}_2;-\alpha)\boldsymbol{A}=\begin{bmatrix}a_{11}&a_{12}&a_{13}&a_{14}\\a_{21}&a_{22}&a_{23}&a_{24}\\a_{31}&a_{32}&a_{33}&a_{34}\\\alpha a_{21}+a_{41}&\alpha a_{22}+a_{42}&\alpha a_{23}+a_{43}&\alpha a_{24}+a_{44}\end{bmatrix}.$$

例 1.6.13(初等单位下三角矩阵) 令$\sigma=-1,\boldsymbol{v}=\boldsymbol{e}_j,\boldsymbol{u}=\boldsymbol{l}_j$,其中$\boldsymbol{l}_j$的前$j$个分量为0,即

$$\boldsymbol{l}_j = [0,\cdots,0,l_{j+1,j},\cdots,l_{n,j}]^{\mathrm{T}}.$$

记 $\boldsymbol{L}_j(\boldsymbol{l}_j)=\boldsymbol{E}(\boldsymbol{l}_j,\boldsymbol{e}_j;-1)$,称之为**初等单位下三角矩阵**,即

$$\boldsymbol{L}_j(\boldsymbol{l}_j) = \boldsymbol{I}+\boldsymbol{l}_j\boldsymbol{e}_j^{\mathrm{T}} = \begin{bmatrix} 1 & & & & & \\ & \ddots & & & & \\ & & 1 & & & \\ & & l_{j+1,j} & 1 & & \\ & & \vdots & & \ddots & \\ & & l_{n,j} & & & 1 \end{bmatrix}. \tag{1.6.28}$$

根据(1.6.23)式和(1.6.24)式,有

$$\boldsymbol{L}_j(\boldsymbol{l}_j)^{-1} = \boldsymbol{E}(\boldsymbol{l}_j,\boldsymbol{e}_j;1) = \boldsymbol{I}-\boldsymbol{l}_j\boldsymbol{e}_j^{\mathrm{T}} = \boldsymbol{L}_j(-\boldsymbol{l}_j), \tag{1.6.29}$$
$$\det(\boldsymbol{L}_j(\boldsymbol{l}_j)) = 1.$$

$\boldsymbol{L}_j(\boldsymbol{l}_j)$左乘矩阵 $\boldsymbol{A}$,得到 $\boldsymbol{L}_j(\boldsymbol{l}_j)\boldsymbol{A}$ 的第 1 至第 j 行与 $\boldsymbol{A}$ 相同,而其他各行是 $\boldsymbol{A}$ 的各行分别加上 $\boldsymbol{A}$ 的第 j 行乘以一个因子.

当 $i\leqslant j$ 时,有 $\boldsymbol{e}_i^{\mathrm{T}}\boldsymbol{l}_j=0$,所以

$$\boldsymbol{L}_i(\boldsymbol{l}_i)\boldsymbol{L}_j(\boldsymbol{l}_j) = (\boldsymbol{I}+\boldsymbol{l}_i\boldsymbol{e}_i^{\mathrm{T}})(\boldsymbol{I}+\boldsymbol{l}_j\boldsymbol{e}_j^{\mathrm{T}}) = \boldsymbol{I}+\boldsymbol{l}_i\boldsymbol{e}_i^{\mathrm{T}}+\boldsymbol{l}_j\boldsymbol{e}_j^{\mathrm{T}}.$$

当 $i<j$ 时,如果将 $\boldsymbol{L}_i(\boldsymbol{l}_i)$ 的第 j 列对角元以下的元素换为 $\boldsymbol{l}_j$ 相应的元素,就得到 $\boldsymbol{L}_i(\boldsymbol{l}_i)\boldsymbol{L}_j(\boldsymbol{l}_j)$. 所以一个**单位下三角矩阵**

$$\boldsymbol{L} = \begin{bmatrix} 1 & & & \\ l_{21} & 1 & & \\ \vdots & \vdots & \ddots & \\ l_{n1} & l_{n2} & \cdots & 1 \end{bmatrix}$$

可以写成初等单位下三角矩阵的乘积:

$$\boldsymbol{L} = \boldsymbol{L}_1(\boldsymbol{l}_1)\boldsymbol{L}_2(\boldsymbol{l}_2)\cdots\boldsymbol{L}_{n-1}(\boldsymbol{l}_{n-1}). \tag{1.6.30}$$

例 1.6.14(Householder 矩阵) 令 $\boldsymbol{u}=\boldsymbol{v}=\boldsymbol{w}$,其中 $\boldsymbol{w}$ 满足 $\|\boldsymbol{w}\|_2=1$,$\sigma=2$. 则矩阵

$$\boldsymbol{P} = \boldsymbol{E}(\boldsymbol{w},\boldsymbol{w};2) = \boldsymbol{I}-2\boldsymbol{w}\boldsymbol{w}^{\mathrm{T}} \tag{1.6.31}$$

称为 **Householder 矩阵**,它满足

$$\boldsymbol{P} = \boldsymbol{P}^{\mathrm{T}} = \boldsymbol{P}^{-1},$$
$$\det(\boldsymbol{P}) = -1.$$

Householder 矩阵的其他性质和应用将在第 5 章讨论.

4. 可约矩阵

定义 1.6.10 $\boldsymbol{A}\in\mathbb{R}^{n\times n}$,$n\geqslant 2$. 若存在排列矩阵 $\boldsymbol{P}\in\mathbb{R}^{n\times n}$,使

$$\boldsymbol{P}^{\mathrm{T}}\boldsymbol{A}\boldsymbol{P} = \begin{bmatrix} \boldsymbol{A}_{11} & \boldsymbol{A}_{12} \\ \boldsymbol{0} & \boldsymbol{A}_{22} \end{bmatrix}, \tag{1.6.32}$$

其中 $\boldsymbol{A}_{11}$, $\boldsymbol{A}_{22}$ 为方阵，则称 $\boldsymbol{A}$ 为**可约矩阵**；否则，称 $\boldsymbol{A}$ 为**不可约矩阵**.

如果 $\boldsymbol{A}$ 是可约矩阵，则经过行列的重排，使 $\boldsymbol{P}^{\mathrm{T}}\boldsymbol{AP}$ 有(1.6.32)式的形式. 因排列矩阵 $\boldsymbol{P}$ 满足 $\boldsymbol{P}^{\mathrm{T}}=\boldsymbol{P}^{-1}$，方程组 $\boldsymbol{Ax}=\boldsymbol{b}$ 可以变换为

$$\boldsymbol{P}^{\mathrm{T}}\boldsymbol{APy} = \boldsymbol{P}^{\mathrm{T}}\boldsymbol{b}, \quad \boldsymbol{y} = \boldsymbol{P}^{\mathrm{T}}\boldsymbol{x}.$$

方程组有分块形式

$$\begin{bmatrix} \boldsymbol{A}_{11} & \boldsymbol{A}_{12} \\ \boldsymbol{0} & \boldsymbol{A}_{22} \end{bmatrix}\begin{bmatrix} \boldsymbol{y}_1 \\ \boldsymbol{y}_2 \end{bmatrix} = \begin{bmatrix} \bar{\boldsymbol{b}}_1 \\ \bar{\boldsymbol{b}}_2 \end{bmatrix},$$

也就是原方程组可以化为先解一个低阶方程组 $\boldsymbol{A}_{22}\boldsymbol{y}_2=\bar{\boldsymbol{b}}_2$，再解 $\boldsymbol{A}_{11}\boldsymbol{y}_1=\bar{\boldsymbol{b}}_1-\boldsymbol{A}_{12}\boldsymbol{y}_2$.

例 1.6.15 设 $\boldsymbol{A}=\begin{bmatrix} 1 & 2 & 0 \\ 3 & 4 & 0 \\ 0 & 5 & 6 \end{bmatrix}$，将其第1,3行和1,3列对换，即令

$$\boldsymbol{P} = \boldsymbol{I}_{13} = \begin{bmatrix} 0 & 0 & 1 \\ 0 & 1 & 0 \\ 1 & 0 & 0 \end{bmatrix},$$

则得

$$\boldsymbol{P}^{\mathrm{T}}\boldsymbol{AP} = \left[\begin{array}{c|cc} 6 & 5 & 0 \\ \hline 0 & 4 & 3 \\ 0 & 2 & 1 \end{array}\right].$$

这就是(1.6.32)式的形式，所以 $\boldsymbol{A}$ 是一个可约矩阵.

设 $\boldsymbol{x}=(x_1,x_2,x_3)^{\mathrm{T}}$，$\boldsymbol{b}=(b_1,b_2,b_3)^{\mathrm{T}}$，则方程组 $\boldsymbol{Ax}=\boldsymbol{b}$ 可变换成

$$\left[\begin{array}{c|cc} 6 & 5 & 0 \\ \hline 0 & 4 & 3 \\ 0 & 2 & 1 \end{array}\right]\left[\begin{array}{c} y_1 \\ \hline y_2 \\ y_3 \end{array}\right] = \left[\begin{array}{c} \bar{b}_1 \\ \hline \bar{b}_2 \\ \bar{b}_3 \end{array}\right],$$

求解时先解一个2阶方程组，式中

$$\begin{bmatrix} y_1 \\ y_2 \\ y_3 \end{bmatrix} = \boldsymbol{P}^{\mathrm{T}}\begin{bmatrix} x_1 \\ x_2 \\ x_3 \end{bmatrix} = \begin{bmatrix} x_3 \\ x_2 \\ x_1 \end{bmatrix}, \quad \begin{bmatrix} \bar{b}_1 \\ \bar{b}_2 \\ \bar{b}_3 \end{bmatrix} = \boldsymbol{P}^{\mathrm{T}}\begin{bmatrix} b_1 \\ b_2 \\ b_3 \end{bmatrix} = \begin{bmatrix} b_3 \\ b_2 \\ b_1 \end{bmatrix}.$$

5. 对角占优矩阵

定义 1.6.11 设 $\boldsymbol{A}=[a_{ij}]\in\mathbb{R}^{n\times n}$，若

$$|a_{ii}| > \sum_{\substack{j=1 \\ j\neq i}}^{n} |a_{ij}|, \quad i = 1,2,\cdots,n, \tag{1.6.33}$$

则称 $\boldsymbol{A}$ 为**严格对角占优矩阵**. 若

$$|a_{ii}| \geqslant \sum_{\substack{j=1\\j\neq i}}^{n} |a_{ij}|, \quad i=1,2,\cdots,n, \tag{1.6.34}$$

且其中至少有一个式子取严格不等号,则称 $\boldsymbol{A}$ 为**弱对角占优矩阵**.

定理 1.6.12 若 $\boldsymbol{A}=[a_{ij}]\in\mathbb{R}^{n\times n}$,$\boldsymbol{A}$ 为严格对角占优矩阵,或 $\boldsymbol{A}$ 为不可约的弱对角占优矩阵,则 $a_{ii}\neq 0, i=1,2,\cdots,n$,且 $\boldsymbol{A}$ 非奇异.

证明 若 $\boldsymbol{A}$ 严格对角占优,由(1.6.33)式可知 $a_{ii}\neq 0(i=1,2,\cdots,n)$. 今设 $\boldsymbol{A}$ 为奇异矩阵,则存在向量 $\boldsymbol{x}=(x_1,x_2,\cdots,x_n)^{\mathrm{T}}\neq\boldsymbol{0}$,满足 $\boldsymbol{Ax}=\boldsymbol{0}$. 设 $|x_k|=\|\boldsymbol{x}\|_\infty$,有 $|x_k|>0$. $\boldsymbol{Ax}=\boldsymbol{0}$的第 k 个方程为

$$a_{kk}x_k = -\sum_{\substack{j=1\\j\neq k}}^{n} a_{kj}x_j,$$

由此可得

$$|a_{kk}| \leqslant \sum_{\substack{j=1\\j\neq k}}^{n} |a_{kj}| \frac{|x_j|}{|x_k|} \leqslant \sum_{\substack{j=1\\j\neq k}}^{n} |a_{kj}|,$$

这与 $\boldsymbol{A}$ 为严格对角占优的假设矛盾. 所以 $\boldsymbol{A}$ 只能是非奇异矩阵.

对于 $\boldsymbol{A}$ 为不可约的弱对角占优矩阵的情形,定理的证明从略,可参阅参考文献[1].

习 题

1. 在相距 100m 的两个塔(高度相等的点)上悬挂一根电缆,允许电缆在中间下垂 10m,试导出相应的非线性方程.

2. 汽车司机从决定刹车到车完全停止这段时间内汽车行驶的距离称为刹车距离. 刹车距离由反应距离和制动距离两部分组成. 前者指从司机决定刹车到制动器开始起作用这段时间内汽车行驶的距离,制动距离指从制动器开始起作用到汽车完全停止所行驶的距离. 显然,车速越快,刹车距离越长,对此有如下实验. 同一司机,驾驶同一牌子的汽车在不变的道路、气候等条件下,对不同车速测量其刹车距离. 得到数据见表 1.6. 试从物理上分析并建立刹车距离与车速之间的数学模型.

表 1.6

车速/(km/h)	20	40	60	80	100	120	140
刹车距离/m	6.5	17.8	33.6	57.1	83.4	118.0	153.5

3. 已知 e=2.718 281 8…,求以下近似值 x_{A} 的相对误差,并问它们各有多少位有效数字?

(1) $x=\mathrm{e}, x_{\mathrm{A}}=2.7$;　　(2) $x=\mathrm{e}, x_{\mathrm{A}}=2.718$;

(3) $x=\frac{e}{100}, x_A=0.027$;　　(4) $x=\frac{e}{100}, x_A=0.02718$.

4. 一个正方形的边长为100cm左右,准确测量边长时,误差限不超过多少才能使计算面积的误差不超过$1cm^2$?

5. (1) 利用四位三角函数表

x	$1°$	$2°$
$\sin x$	0.0175	0.0349
$\cos x$	0.9998	0.9994

以下列3种方法计算$1-\cos 2°$的值,比较结果的误差,并说明各有多少位有效数字.

① 直接计算;

② 用公式 $1-\cos 2x=2\sin^2 x$;

③ 用公式 $1-\cos x=\frac{\sin^2 x}{1+\cos x}$.

(2) 用公式

$$1-\cos x=\frac{x^2}{2!}-\frac{x^4}{4!}+\frac{x^6}{6!}-\cdots$$

计算$1-\cos 2°$的值,计算结果要求有四位有效数字.($1-\cos 2°=6.0917298\cdots\times 10^{-4}$)

6. 求解方程$x^2+56x+1=0$,使其根至少有四位有效数字,计算中要求用$\sqrt{783}\approx 27.982$.

7. 设$f(x)=x(\sqrt{x+1}-\sqrt{x})$, $g(x)=\frac{x}{\sqrt{x+1}+\sqrt{x}}$,用四舍五入的6位数字运算分别计算$f(500)$和$g(500)$的近似值,并分析哪个结果比较准确,原因何在?

8. 下列公式要怎样变换才能使数值计算时能避免有效数字的损失?

(1) $\int_N^{N+1}\frac{1}{1+x^2}dx,\ N\gg 1$;

(2) $\sqrt{x+\frac{1}{x}}-\sqrt{x-\frac{1}{x}},\ |x|\gg 1$;

(3) $\ln(x+1)-\ln x,\ x\gg 1$;

(4) $\cos^2 x-\sin^2 x,\ x\approx\frac{\pi}{4}$.

9. 已知$x_1,x_2,\cdots,x_m\in[a,b]$,对于任意的函数$f,g\in C[a,b]$:

(1) 记$(f,g)=\int_a^b f(x)g(x)dx$,试证明$(f,g)$满足$C[a,b]$上内积的定义;

(2) 记$(f,g)=\sum_{i=1}^m f(x_i)g(x_i)$, (f,g)是否满足$C[a,b]$上内积的定义?证明你的

结论.

10. 已知 $f(x)=\sin x, x\in[0,2\pi]$. 试求 $C[0,2\pi]$中函数的范数 $\|f\|_\infty$和 $\|f\|_2$.

11. 求下列向量的范数 $\|\boldsymbol{x}\|_\infty$，$\|\boldsymbol{x}\|_1$ 和 $\|\boldsymbol{x}\|_2$.

(1) $\boldsymbol{x}=(2,1,-3,4)^{\mathrm{T}}$;

(2) $\boldsymbol{x}=(\sin k,\cos k,2^k)$, $k\in\mathbb{N}$.

12. 证明:对一切 $\boldsymbol{x}\in\mathbb{R}^n$,有

(1) $\|\boldsymbol{x}\|_\infty\leqslant\|\boldsymbol{x}\|_1\leqslant n\|\boldsymbol{x}\|_\infty$;

(2) $\|\boldsymbol{x}\|_\infty\leqslant\|\boldsymbol{x}\|_2\leqslant\sqrt{n}\|\boldsymbol{x}\|_\infty$.

13. 求下列矩阵 $\boldsymbol{A}$ 的范数 $\|\boldsymbol{A}\|_1$，$\|\boldsymbol{A}\|_2$，$\|\boldsymbol{A}\|_\infty$以及 $\rho(\boldsymbol{A})$.

(1) $\boldsymbol{A}=\begin{bmatrix}1 & -2\\ -3 & 4\end{bmatrix}$;　　(2) $\boldsymbol{A}=\begin{bmatrix}2 & -1 & 0\\ -1 & 2 & -1\\ 0 & -1 & 2\end{bmatrix}$.

14. 已知 $\boldsymbol{A},\boldsymbol{B}\in\mathbb{R}^{n\times n}$,且$\det\boldsymbol{A}\neq0$,$\det\boldsymbol{B}\neq0$. 证明:对任意一种从属的矩阵范数

(1) $\|\boldsymbol{A}^{-1}\|\geqslant\dfrac{1}{\|\boldsymbol{A}\|}$;

(2) $\|\boldsymbol{A}^{-1}-\boldsymbol{B}^{-1}\|\leqslant\|\boldsymbol{A}^{-1}\|\ \|\boldsymbol{B}^{-1}\|\ \|\boldsymbol{A}-\boldsymbol{B}\|$.

15. 已知 $\boldsymbol{P}\in\mathbb{R}^{n\times n}$,$\det\boldsymbol{P}\neq0$. $\|\boldsymbol{x}\|$ 为$\mathbb{R}^n$上一种向量范数,从属于它的矩阵范数为$\|\boldsymbol{A}\|$.

(1) 定义$\|\boldsymbol{x}\|_P=\|\boldsymbol{P}\boldsymbol{x}\|$,试证$\|\cdot\|_P$是$\mathbb{R}^n$上的一种向量范数;

(2) 证明从属于向量范数$\|\boldsymbol{x}\|_P$ 的矩阵范数$\|\boldsymbol{A}\|_P=\|\boldsymbol{P}\boldsymbol{A}\boldsymbol{P}^{-1}\|$.

16. $\boldsymbol{A}\in\mathbb{R}^{n\times n}$,设 $\boldsymbol{A}$ 对称正定,记

$$\|\boldsymbol{x}\|_A=(\boldsymbol{A}\boldsymbol{x},\boldsymbol{x})^{\frac{1}{2}},\quad \forall\,\boldsymbol{x}\in\mathbb{R}^n,$$

试证$\|\boldsymbol{x}\|_A$为$\mathbb{R}^n$上的一种范数.(提示:可以从向量范数定义证明,也可利用 $\boldsymbol{A}$ 对称正定,一定存在 $\boldsymbol{B}\in\mathbb{R}^{n\times n}$,使 $\boldsymbol{A}=\boldsymbol{B}\boldsymbol{B}^{\mathrm{T}}$.)

17. 设 $\boldsymbol{A}=[a_{ij}]\in\mathbb{R}^{5\times5}$,$\boldsymbol{l}_2=(0,0,2,-1,4)^{\mathrm{T}}$,求 $\boldsymbol{L}(-\boldsymbol{l}_2)=\boldsymbol{I}-\boldsymbol{l}_2\boldsymbol{e}_2^{\mathrm{T}}$ 和 $\boldsymbol{L}(-\boldsymbol{l}_2)\boldsymbol{A}$.

18. 对称正定矩阵 $\boldsymbol{A}=[a_{ij}]\in\mathbb{R}^{n\times n}$,试证:

(1) $a_{ii}>0$, $i=1,2,\cdots,n$;

(2) 若 $i\neq j$,$\alpha\in\mathbb{R}$,则 $a_{ii}+2\alpha a_{ij}+\alpha^2a_{jj}>0$;

(3) 若 $i\neq j$,则 $a_{ij}^2<a_{ii}a_{jj}$;

(4) $\boldsymbol{A}$ 的绝对值最大元素在对角线上.

19. 确定 a 的取值范围,使

$$\boldsymbol{A}=\begin{bmatrix}2 & a & -1\\ a & 2 & 1\\ -1 & 1 & 4\end{bmatrix}$$

是对称正定矩阵.

20. 设$x>0,y>0$.确定(x,y)所在区域,使

$$\boldsymbol{A}=\begin{bmatrix}3 & 2 & y\\ x & 5 & y\\ 2 & 1 & x\end{bmatrix}$$

是严格对角占优矩阵,在xOy坐标平面上画出此区域.

21. 设

$$\boldsymbol{A}=\begin{bmatrix}a & 1 & 0\\ b & 2 & 1\\ 0 & 1 & 2\end{bmatrix},$$

分别求出所有a,b的值,使得:

(1) $\boldsymbol{A}$奇异;

(2) $\boldsymbol{A}$严格对角占优;

(3) $\boldsymbol{A}$对称正定.

第2章

线性代数方程组的直接解法

2.1 引论

本章和第3章将讨论线性代数方程组的数值解法，所讨论的方程组是

$$\boldsymbol{Ax} = \boldsymbol{b}, \tag{2.1.1}$$

其中 $\boldsymbol{A}\in\mathbb{R}^{n\times n}$，$\boldsymbol{x},\boldsymbol{b}\in\mathbb{R}^n$. 我们记

$$\boldsymbol{A} = \begin{bmatrix} a_{11} & a_{12} & \cdots & a_{1n} \\ a_{21} & a_{22} & \cdots & a_{2n} \\ \vdots & \vdots & & \vdots \\ a_{n1} & a_{n2} & \cdots & a_{nn} \end{bmatrix},\quad \boldsymbol{x} = \begin{bmatrix} x_1 \\ x_2 \\ \vdots \\ x_n \end{bmatrix},\quad \boldsymbol{b} = \begin{bmatrix} b_1 \\ b_2 \\ \vdots \\ b_n \end{bmatrix}.$$

(2.1.1)式或写成

$$\begin{cases} a_{11}x_1 + a_{12}x_2 + \cdots + a_{1n}x_n = b_1, & (\mathrm{E}_1) \\ a_{21}x_1 + a_{22}x_2 + \cdots + a_{2n}x_n = b_2, & (\mathrm{E}_2) \\ \qquad\vdots \\ a_{n1}x_1 + a_{n2}x_2 + \cdots + a_{nn}x_n = b_n, & (\mathrm{E}_n) \end{cases} \tag{2.1.2}$$

(E_j)表示(2.1.2)式中第 j 个方程或增广矩阵$[\boldsymbol{A}|\boldsymbol{b}]$的第 j 行，$j=1,2,\cdots,n$. 若假设 $\det\boldsymbol{A}\neq 0$，这样，方程组(2.1.1)有惟一解.

很多科学技术和工程学科的领域中会遇到解线性代数方程组的问题，例如电路分析、分子结构、大地测量等方面. 一些经济学科和其他社会科学学科中的数量研究也常遇到这类方程组. 在很多有广泛应用背景的数学问题中也需要求解线性代数方程组. 例如样条插值、最小二乘拟合、微分方程边值问题的数值解等问题. 求解非线性问题的很多方法也把解线性代数方程组作为某些重要的步骤. 在当前实际的问题中，方程组的阶数 n 往往是一个大的整数.

1.2.1 节给出了线性代数方程组的一个例子——投入产出的数学模型. 下面再看一

个电学的例子.

例 2.1.1 图 2.1 表示一个由电源和电阻构成的网络. 假设加在 A、G 之间的电压是 5.5V, i_1, i_2, i_3, i_4 和 i_5 是图中所示的电流. 由 Kirchhoff 定律可得到方程组

$$\begin{cases} 5i_1 + 5i_2 = 5.5, \\ i_3 - i_4 - i_5 = 0, \\ 2i_4 - 3i_5 = 0, \\ i_1 - i_2 - i_3 = 0, \\ 5i_2 - 7i_3 - 2i_4 = 0. \end{cases} \tag{2.1.3}$$

将方程组(2.1.3)中方程的次序适当调整,可以写成一个三对角的方程组. 如果遇到包含更多个电阻和电源的网络,那么得到的线性代数方程组将是更高阶、含有更多未知数的方程组

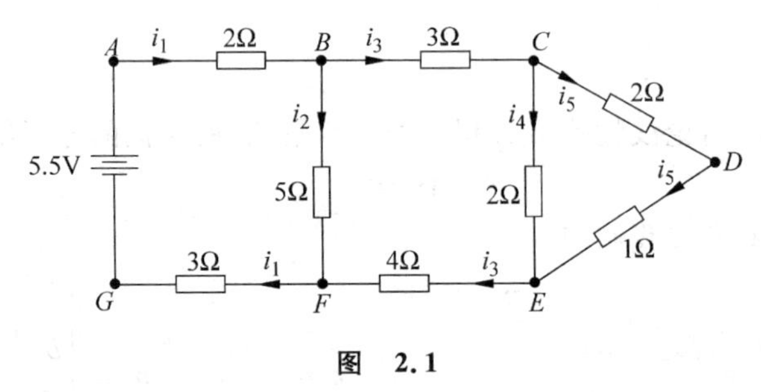

图 2.1

2.2 Gauss 消去法

2.2.1 顺序消去与回代过程

方程组(2.1.1)的系数矩阵和右端向量组成的增广矩阵是$[\boldsymbol{A}|\boldsymbol{b}]$,$(\mathrm{E}_j)$表示它的第 j 行. 我们用记号$(\mathrm{E}_i)\leftrightarrow(\mathrm{E}_j)$表示第 i 行与第 j 行的互换,$(\alpha\mathrm{E}_j+\mathrm{E}_i)\to(\mathrm{E}_i)$表示第 j 行乘以 $\alpha(\alpha\neq 0)$加到第 i 行的变换. 令$[\boldsymbol{A}^{(1)}|\boldsymbol{b}^{(1)}]=[\boldsymbol{A}|\boldsymbol{b}]$,其元素 $a_{ij}^{(1)}=a_{ij}, b_i^{(1)}=b_i$.

顺序消去过程的第 1 步,假设 $a_{11}^{(1)}\neq 0$,令

$$l_{i1}=\frac{a_{i1}^{(1)}}{a_{11}^{(1)}}, \quad i=2,3,\cdots,n.$$

做运算$(-l_{i1}\mathrm{E}_1+\mathrm{E}_i)\to(\mathrm{E}_i)$, $i=2,3,\cdots,n$,将$[\boldsymbol{A}^{(1)}|\boldsymbol{b}^{(1)}]$变换为

$$[\boldsymbol{A}^{(2)} \mid \boldsymbol{b}^{(2)}]=\left[\begin{array}{cccc:c} a_{11}^{(1)} & a_{12}^{(1)} & \cdots & a_{1n}^{(1)} & b_1^{(1)} \\ & a_{22}^{(2)} & \cdots & a_{2n}^{(2)} & b_2^{(2)} \\ & \vdots & & \vdots & \vdots \\ & a_{n2}^{(2)} & \cdots & a_{nn}^{(2)} & b_n^{(2)} \end{array}\right],$$

其中

$$a_{ij}^{(2)} = a_{ij}^{(1)} - l_{i1}a_{1j}^{(1)}, \quad i,j = 2,3,\cdots,n,$$
$$b_i^{(2)} = b_i^{(1)} - l_{i1}b_1^{(1)}, \quad i = 2,3,\cdots,n.$$

这样,就得到方程组(2.1.1)的等价方程组 $\boldsymbol{A}^{(2)}\boldsymbol{x}=\boldsymbol{b}^{(2)}$.用矩阵的记号及初等下三角矩阵的性质,令

$$\boldsymbol{l}_1 = \begin{bmatrix} 0 \\ l_{21} \\ \vdots \\ l_{n1} \end{bmatrix}, \quad \boldsymbol{L}_1 = \boldsymbol{L}_1(\boldsymbol{l}_1) = \boldsymbol{I} + \boldsymbol{l}_1\boldsymbol{e}_1^{\mathrm{T}} = \begin{bmatrix} 1 & & & \\ l_{21} & 1 & & \\ \vdots & & \ddots & \\ l_{n1} & & & 1 \end{bmatrix},$$

$$\boldsymbol{L}_1^{-1} = \boldsymbol{I} - \boldsymbol{l}_1\boldsymbol{e}_1^{\mathrm{T}} = \begin{bmatrix} 1 & & & \\ -l_{21} & 1 & & \\ \vdots & & \ddots & \\ -l_{n1} & & & 1 \end{bmatrix},$$

有

$$[\boldsymbol{A}^{(2)} \mid \boldsymbol{b}^{(2)}] = \boldsymbol{L}_1^{-1}[\boldsymbol{A}^{(1)} \mid \boldsymbol{b}^{(1)}],$$

其中 $\boldsymbol{A}^{(2)}$ 第 1 行与 $\boldsymbol{A}^{(1)}$ 第 1 行相同,而其第 1 列对角线以下元素已经消为 0.

一般地,假设已完成 $k-1$ 步消元,得到等价方程组 $\boldsymbol{A}^{(k)}\boldsymbol{x}=\boldsymbol{b}^{(k)}$,对应的增广矩阵是

$$[\boldsymbol{A}^{(k)} \mid \boldsymbol{b}^{(k)}] = \left[\begin{array}{cccccc:c} a_{11}^{(1)} & a_{12}^{(1)} & \cdots & a_{1k}^{(1)} & \cdots & a_{1n}^{(1)} & b_1^{(1)} \\ & a_{22}^{(2)} & \cdots & a_{2k}^{(2)} & \cdots & a_{2n}^{(2)} & b_2^{(2)} \\ & & \ddots & \vdots & & \vdots & \vdots \\ & & & a_{kk}^{(k)} & \cdots & a_{kn}^{(k)} & b_k^{(k)} \\ & & & \vdots & & \vdots & \vdots \\ & & & a_{nk}^{(k)} & \cdots & a_{nn}^{(k)} & b_n^{(k)} \end{array}\right]. \tag{2.2.1}$$

假设 $a_{kk}^{(k)} \neq 0$,令

$$l_{ik} = \frac{a_{ik}^{(k)}}{a_{kk}^{(k)}}, \quad i = k+1,\cdots,n. \tag{2.2.2}$$

做运算 $(-l_{ik}\mathrm{E}_k+\mathrm{E}_i)\to(\mathrm{E}_i)$,$i=k+1,k+2,\cdots,n$,这将 $[\boldsymbol{A}^{(k)} \mid \boldsymbol{b}^{(k)}]$ 变换为 $[\boldsymbol{A}^{(k+1)} \mid \boldsymbol{b}^{(k+1)}]$,对应的等价方程组是 $\boldsymbol{A}^{(k+1)}\boldsymbol{x}=\boldsymbol{b}^{(k+1)}$,其中

$$a_{ij}^{(k+1)} = \begin{cases} a_{ij}^{(k)}, & i = 1,2,\cdots,k,\ j = 1,2,\cdots,n, \\ 0, & i = k+1,k+2,\cdots,n,\ j = 1,2,\cdots,k, \\ a_{ij}^{(k)} - l_{ik}a_{kj}^{(k)}, & i,\ j = k+1,k+2,\cdots,n, \end{cases} \tag{2.2.3}$$

$$b_i^{(k+1)} = \begin{cases} b_i^{(k)}, & i = 1,2,\cdots,k, \\ b_i^{(k)} - l_{ik}b_k^{(k)}, & i = k+1,k+2,\cdots,n. \end{cases} \tag{2.2.4}$$

用矩阵的记号,令

$$
\boldsymbol{l}_k=\begin{bmatrix}0\\ \vdots\\ 0\\ l_{k+1,k}\\ \vdots\\ l_{n,k}\end{bmatrix},\quad \boldsymbol{L}_k=\boldsymbol{I}+\boldsymbol{l}_k\boldsymbol{e}_k^{\mathrm{T}},\quad \boldsymbol{L}_k^{-1}=\boldsymbol{I}-\boldsymbol{l}_k\boldsymbol{e}_k^{\mathrm{T}}=\begin{bmatrix}1&&&&&\\ &\ddots&&&&\\ &&1&&&\\ &&-l_{k+1,k}&1&&\\ &&\vdots&&\ddots&\\ &&-l_{nk}&&&1\end{bmatrix},
$$

(第 k 列)

有

$$
[\boldsymbol{A}^{(k+1)}\mid\boldsymbol{b}^{(k+1)}]=\boldsymbol{L}_k^{-1}[\boldsymbol{A}^{(k)}\mid\boldsymbol{b}^{(k)}].
$$

设 $a_{kk}^{(k)}\neq0,k=1,2,\cdots,n-1$. $n-1$ 次消元后得到

$$
[\boldsymbol{A}^{(n)}\mid\boldsymbol{b}^{(n)}]=\left[\begin{array}{cccc|c}a_{11}^{(1)}&a_{12}^{(1)}&\cdots&a_{1n}^{(1)}&b_1^{(1)}\\ &a_{22}^{(2)}&\cdots&a_{2n}^{(2)}&b_2^{(2)}\\ &&\ddots&\vdots&\vdots\\ &&&a_{nn}^{(n)}&b_n^{(n)}\end{array}\right]. \tag{2.2.5}
$$

对应的等价方程组为

$$
\boldsymbol{A}^{(n)}\boldsymbol{x}=\boldsymbol{b}^{n}, \tag{2.2.6}
$$

其中 $\boldsymbol{A}^{(n)}$ 是一个上三角矩阵,

$$
\boldsymbol{A}^{(n)}=\boldsymbol{L}_{n-1}^{-1}\boldsymbol{L}_{n-2}^{-1}\cdots\boldsymbol{L}_2^{-1}\boldsymbol{L}_1^{-1}\boldsymbol{A}^{(1)}. \tag{2.2.7}
$$

由于上述初等变换系数矩阵行列式的值不变,所以 $a_{nn}^{(n)}\neq0$. 解方程组(2.2.6)从最后一个方程开始,这称为**回代过程**,计算公式是

$$
\begin{cases}x_n=b_n^{(n)}/a_{nn}^{(n)},\\ x_i=\left(b_i^{(n)}-\sum\limits_{j=i+1}^{n}a_{ij}^{(i)}x_j\right)/a_{ii}^{(i)},\quad i=n-1,\cdots,2,1.\end{cases} \tag{2.2.8}
$$

以上消去和回代过程含总的乘除法次数为 $\frac{n^3}{3}+n^2-\frac{n}{3}\left(\approx\frac{n^3}{3}\right)$,加减法次数为 $\frac{n^3}{3}+\frac{n^2}{2}-\frac{5n}{6}\left(\approx\frac{n^3}{3}\right)$. 如果用 Cramer 法则计算方程组(2.2.1)的解,要计算 $n+1$ 个 n 阶行列式并做 n 次除法. 而计算每个行列式,若用子式展开的方法,则有 $n!$ 次乘法,所以用 Cramer 法则约需 $(n+1)!$ 次乘除法运算. 例如,当 $n=10$ 时约需 4×10^7 次运算,而用 Gauss 消去法只需 430 次乘除法运算.

例 2.2.1 用顺序 Gauss 消去法解方程组

$$\begin{cases} x_1 + \dfrac{2}{3}x_2 + \dfrac{1}{3}x_3 = 2, \\ \dfrac{9}{20}x_1 + x_2 + \dfrac{11}{20}x_3 = 2, \\ \dfrac{2}{3}x_1 + \dfrac{1}{3}x_2 + x_3 = 2. \end{cases}$$

解 第 1 步：令 $l_{21}=\dfrac{9}{20}, l_{31}=\dfrac{2}{3}$，做运算 $(-l_{21}\mathrm{E}_1+\mathrm{E}_2)\to(\mathrm{E}_2)$，$(-l_{31}\mathrm{E}_1+\mathrm{E}_3)\to(\mathrm{E}_3)$，得到增广矩阵

$$\left[\begin{array}{ccc:c} 1 & \dfrac{2}{3} & \dfrac{1}{3} & 2 \\ 0 & \dfrac{7}{10} & \dfrac{2}{5} & \dfrac{11}{10} \\ 0 & -\dfrac{1}{9} & \dfrac{7}{9} & \dfrac{2}{3} \end{array}\right].$$

第 2 步：再令 $l_{32}=-\dfrac{1}{9}\Big/\dfrac{7}{10}=-\dfrac{10}{63}$，作 $(-l_{32}\mathrm{E}_2+\mathrm{E}_3)\to(\mathrm{E}_3)$，得到

$$\left[\begin{array}{ccc:c} 1 & \dfrac{2}{3} & \dfrac{1}{3} & 2 \\ 0 & \dfrac{7}{10} & \dfrac{2}{5} & \dfrac{11}{10} \\ 0 & 0 & \dfrac{53}{63} & \dfrac{53}{63} \end{array}\right].$$

利用回代公式求得 $x_3=1, x_2=1, x_1=1$.

在这个例子中我们写出的是分数运算的结果. 如果在计算机上进行计算，系数矩阵和中间结果都用经过舍入的机器数表示，中间结果和方程组的解都可能产生误差.

2.2.2 顺序消去能实现的条件

从消去法的计算过程，可以看到 Gauss 法顺序消去和回代过程能实现的条件是：$a_{kk}^{(k)}\neq 0(k=1,2,\cdots,n)$. 但这是不好预先检验的条件.

定理 2.2.1 设 $\boldsymbol{A}\in\mathbb{R}^{n\times n}$，若对 $k=1,2,\cdots,n$，$\boldsymbol{A}$ 的顺序主子式 $\Delta_1\neq 0, \Delta_2\neq 0,\cdots,\Delta_k\neq 0$，则每步消去过程的对角元 $a_{11}^{(1)}\neq 0, a_{22}^{(2)}\neq 0,\cdots,a_{kk}^{(k)}\neq 0$.

证明 利用数学归纳法. 当 $k=1$ 时，因 $\Delta_1=a_{11}=a_{11}^{(1)}$，显然.

设命题对 $k-1$ 成立. 今对 k，设 $\Delta_1\neq 0,\Delta_2\neq 0,\cdots,\Delta_{k-1}\neq 0,\Delta_k\neq 0$. 由归纳法的假设，有 $a_{11}^{(1)}\neq 0, a_{22}^{(1)}\neq 0,\cdots,a_{k-1,k-1}^{(k-1)}\neq 0$. 所以 Gauss 消去过程可进行 $k-1$ 步，矩阵 $\boldsymbol{A}^{(1)}=\boldsymbol{A}$ 变换为

$$A^{(k)} = \begin{bmatrix} a_{11}^{(1)} & a_{12}^{(1)} & \cdots & a_{1k}^{(1)} & \cdots & a_{1n}^{(1)} \\ & a_{22}^{(2)} & \cdots & a_{2k}^{(2)} & \cdots & a_{2n}^{(2)} \\ & & \ddots & \vdots & & \vdots \\ & & & a_{kk}^{(k)} & \cdots & a_{kn}^{(k)} \\ & & & \vdots & & \vdots \\ & & & a_{nk}^{(k)} & \cdots & a_{nn}^{(k)} \end{bmatrix}.$$

消去过程在每步$(-l_{ik}\mathrm{E}_k+\mathrm{E}_i)\to(\mathrm{E}_i)$变换下行列式的值不变，所以

$$\Delta_k = a_{11}^{(1)}a_{22}^{(2)}\cdots a_{k-1,k-1}^{(k-1)}a_{kk}^{(k)}.$$

因$\Delta_k\neq 0$，所以$a_{kk}^{(k)}\neq 0$，这样命题对k也成立，定理证毕.

定理2.2.1的逆定理也成立，即若$a_{11}^{(1)}\neq 0,\cdots,a_{kk}^{(k)}\neq 0$，则$\Delta_1\neq 0,\Delta_2\neq 0,\cdots,\Delta_k\neq 0$.

由定理2.2.1可以看到，若$\boldsymbol{A}\in\mathbb{R}^{n\times n}$，$\det\boldsymbol{A}\neq 0$，且$\Delta_1\neq 0,\Delta_2\neq 0,\cdots,\Delta_{n-1}\neq 0$，则有$a_{11}^{(1)}\neq 0,a_{22}^{(2)}\neq 0,\cdots,a_{nn}^{(n)}\neq 0$，可以用顺序Gauss消去法求解方程组(2.1.1).

2.2.3 矩阵的三角分解

定理2.2.2 $\boldsymbol{A}\in\mathbb{R}^{n\times n}$，若$\det\boldsymbol{A}\neq 0$，$\Delta_i\neq 0(i=1,2,\cdots,n-1)$，则存在惟一的单位下三角矩阵$\boldsymbol{L}$和上三角矩阵$\boldsymbol{U}$，使

$$\boldsymbol{A} = \boldsymbol{LU}. \tag{2.2.9}$$

证明 由定理条件知，可以实现$n-1$步顺序消去，得到$\boldsymbol{A}^{(n)}$是一个上三角矩阵，记$\boldsymbol{U}=\boldsymbol{A}^{(n)}$，由(2.2.7)式有

$$\boldsymbol{L}_{n-1}^{-1}\cdots\boldsymbol{L}_2^{-1}\boldsymbol{L}_1^{-1}A = \boldsymbol{U}.$$

又记

$$\boldsymbol{L} = \boldsymbol{L}_1\boldsymbol{L}_2\cdots\boldsymbol{L}_{n-1} = \begin{bmatrix} 1 & & & & \\ l_{21} & 1 & & & \\ l_{31} & l_{32} & \ddots & & \\ \vdots & \vdots & \ddots & 1 & \\ l_{n1} & l_{n2} & \cdots & l_{n,n-1} & 1 \end{bmatrix},$$

则有$\boldsymbol{L}^{-1}=\boldsymbol{L}_{n-1}^{-1}\cdots\boldsymbol{L}_2^{-1}\boldsymbol{L}_1^{-1}$，所以$\boldsymbol{L}^{-1}\boldsymbol{A}=\boldsymbol{U}$，即$\boldsymbol{A}=\boldsymbol{LU}$，其中$\boldsymbol{L}$是单位下三角矩阵，$\boldsymbol{U}$是上三角矩阵.这证明了定理存在性的部分.

下面证明惟一性.设存在单位下三角矩阵$\boldsymbol{L}_1,\boldsymbol{L}_2$，上三角矩阵$\boldsymbol{U}_1,\boldsymbol{U}_2$，有

$$\boldsymbol{A} = \boldsymbol{L}_1\boldsymbol{U}_1 = \boldsymbol{L}_2\boldsymbol{U}_2.$$

$\boldsymbol{L}_1,\boldsymbol{L}_2$是可逆的，其逆也为单位下三角矩阵.因$\boldsymbol{A}$可逆，$\boldsymbol{U}_1,\boldsymbol{U}_2$也可逆，其逆也为上三角矩阵.上式左乘$\boldsymbol{L}_1^{-1}$，右乘$\boldsymbol{U}_2^{-1}$，得

$$\boldsymbol{L}_1^{-1}(\boldsymbol{L}_1\boldsymbol{U}_1)\boldsymbol{U}_2^{-1} = \boldsymbol{L}_1^{-1}(\boldsymbol{L}_2\boldsymbol{U}_2)\boldsymbol{U}_2^{-1},$$

$$U_1U_2^{-1}=L_1^{-1}L_2,$$

此式左边的乘积为上三角矩阵，右边的乘积为单位下三角矩阵，所以 $U_1U_2^{-1}=I$，即得 $U_1=U_2$. 同理可证 $L_1=L_2$. 惟一性得证. 定理证毕.

定理 2.2.2 描述的性质称为矩阵 A 的**三角分解**，或称 **LU 分解**. 这种三角分解通常称为 **Doolittle 分解**.

例 2.2.2 例 2.2.1 中方程组的系数矩阵

$$A=\begin{bmatrix}1 & \frac{2}{3} & \frac{1}{3}\\ \frac{9}{20} & 1 & \frac{11}{20}\\ \frac{2}{3} & \frac{1}{3} & 1\end{bmatrix}$$

从例 2.2.1 的消去运算可得 $A=LU$，其中

$$L=\begin{bmatrix}1 & & \\ \frac{9}{20} & 1 & \\ \frac{2}{3} & -\frac{10}{63} & 1\end{bmatrix},\quad U=\begin{bmatrix}1 & \frac{2}{3} & \frac{1}{3}\\ & \frac{7}{10} & \frac{2}{5}\\ & & \frac{53}{63}\end{bmatrix}.$$

2.2.4 列主元素消去法

在顺序消去的过程中，若遇到 $a_{kk}^{(k)}=0$，消去过程就不能继续下去. 例如，若 $a_{11}=0$，消去的第 1 步就不能进行. 但是我们可以在 A 的第 1 列找出一个非零元 a_{i1}，先换行：$(\mathrm{E}_1)\leftrightarrow(\mathrm{E}_i)$，然后再做消去法的第 1 步. 其他各步类似.

有时虽然 $a_{kk}^{(k)}\neq 0$，但 $|a_{kk}^{(k)}|$ 很小，消去法可以进行计算，但是用 $a_{kk}^{(k)}$ 作为除数，会导致误差增长，使结果不可靠.

例 2.2.3 用 3 位十进制浮点运算求解

$$\begin{cases}1.00\times 10^{-5}x_1+1.00x_2=1.00,\\ 1.00x_1+1.00x_2=2.00.\end{cases}$$

解 这个方程组的准确解是 $\left(\frac{1}{0.99999},\frac{0.99998}{0.99999}\right)^{\mathrm{T}}$，接近 $(1.00,1.00)^{\mathrm{T}}$. 但是 $a_{11}=1.00\times 10^{-5}$ 和其他系数相比是个"小数"，若用顺序的 Gauss 消去法，3 位计算的舍入结果是

$$l_{21}=\frac{a_{21}}{a_{11}}=1.00\times 10^{5},$$

$$a_{22}^{(2)}=a_{22}-l_{21}a_{12}=1.00-1.00\times 10^{5}=-1.00\times 10^{5},$$

$$b_2^{(2)} = 2.00 - 1.00 \times 10^5 = -1.00 \times 10^5,$$

$$x_2 = \frac{b_2^{(2)}}{a_{22}^{(2)}} = 1.00.$$

代回第1个方程,得 $x_1=0$,这显然是不正确的结果.因为用小数 a_{11} 做除数,使 l_{21} 是个大数,在 $a_{22}^{(2)}$ 计算过程中 a_{22} 的值完全被掩盖了,它的值不起作用,导致计算结果不对.如果我们先作变换$(\mathrm{E}_1)\leftrightarrow(\mathrm{E}_2)$,再用 Gauss 消去法,就不会出现上述问题,解得 $x_2=1.00$, $x_1=1.00$.

为了克服以上困难,引入**列主元消去法**,假设完成了 $k-1$ 步,得到

$$[\boldsymbol{A}^{(k)} \mid \boldsymbol{b}^{(k)}] = \left[\begin{array}{cccccc:c} a_{11}^{(1)} & a_{12}^{(1)} & \cdots & a_{1k}^{(1)} & \cdots & a_{1n}^{(1)} & b_1^{(1)} \\ & a_{22}^{(2)} & \cdots & a_{2k}^{(2)} & \cdots & a_{2n}^{(2)} & b_2^{(1)} \\ & & \ddots & \vdots & & \vdots & \vdots \\ & & & \boxed{a_{kk}^{(k)}} & \cdots & a_{kn}^{(k)} & b_k^{(k)} \\ & & & \vdots & & \vdots & \vdots \\ & & & a_{nk}^{(k)} & \cdots & a_{nn}^{(k)} & b_n^{(k)} \end{array}\right].$$

第 k 步先在$[\boldsymbol{A}^{(k)}|\boldsymbol{b}^{(k)}]$的第 k 列的第 k 至 n 行元素中选绝对值最大的"主元"$a_{i_k k}^{(k)}$,使

$$|a_{i_k k}^{(k)}| = \max_{k\leqslant i\leqslant n} |a_{ik}^{(k)}|.$$

因为 $\boldsymbol{A}^{(k)}$ 是非奇异的,所以必有 $a_{i_k k}^{(k)}\neq 0$.如果 $i_k=k$,则进行消去的计算.如果 $i_k>k$,则对$[\boldsymbol{A}^{(k)}|\boldsymbol{b}^{(k)}]$先作换行:$(\mathrm{E}_k)\leftrightarrow(\mathrm{E}_{i_k})$,然后再进行消去计算.

上面矩阵$[\boldsymbol{A}^{(k)}|\boldsymbol{b}^{(k)}]$换行的结果就是 $\boldsymbol{I}_{i_k,k}[\boldsymbol{A}^{(k)}|\boldsymbol{b}^{(k)}]$,其中 $\boldsymbol{I}_{i_k,k}$ 是初等排列阵.如果不换行,即 $i_k=k$ 时,记 $\boldsymbol{I}_{k,k}=\boldsymbol{I}$.这样列主元法的一步得到

$$[\boldsymbol{A}^{(k+1)} \mid \boldsymbol{b}^{(k+1)}] = \boldsymbol{L}_k^{-1}\boldsymbol{I}_{i_k,k}[\boldsymbol{A}^{(k)} \mid \boldsymbol{b}^{(k)}].$$

经过 $n-1$ 步换行、消去的过程,得到等价方程组 $\boldsymbol{A}^{(n)}\boldsymbol{x}=\boldsymbol{b}^{(n)}$,其中 $\boldsymbol{A}^{(n)}$ 是一个上三角矩阵.这样,就可以用回代公式求出解.这就是列主元法的全过程.

从列主元法的全过程可以看到

$$\boldsymbol{U} = \boldsymbol{L}_{n-1}^{-1}\boldsymbol{I}_{i_{n-1},n-1}\cdots\boldsymbol{L}_2^{-1}\boldsymbol{I}_{i_2,2}\boldsymbol{L}_1^{-1}\boldsymbol{I}_{i_1,1}\boldsymbol{A}$$

是一个上三角矩阵.这也是一般的有换行步骤的消去法的性质.进一步可以证明下面定理.

定理 2.2.3 $\boldsymbol{A}\in\mathbb{R}^{n\times n}$,若 $\det\boldsymbol{A}\neq 0$,则存在排列矩阵 $\boldsymbol{P}$,单位下三角矩阵 $\boldsymbol{L}$ 和上三角矩阵 $\boldsymbol{U}$,使

$$\boldsymbol{PA} = \boldsymbol{LU}.$$

例 2.2.4 用列主元法解方程组 $\boldsymbol{Ax}=\boldsymbol{b}$,计算过程取五位数字,其中

$$[\boldsymbol{A} \mid \boldsymbol{b}] = \left[\begin{array}{ccc:c} -0.002 & 2 & 2 & 0.4 \\ 1 & 0.78125 & 0 & 1.3816 \\ 3.996 & 5.5625 & 4 & 7.4178 \end{array}\right].$$

解 第 1 步：$[\boldsymbol{A}^{(1)}|\boldsymbol{b}^{(1)}]=[\boldsymbol{A}|\boldsymbol{b}]$，在其第 1 列中选主元 $a_{31}^{(1)}=3.996$，$i_1=3$. 作换行 $(\mathrm{E}_1)\leftrightarrow(\mathrm{E}_3)$，得

$$\left[\begin{array}{ccc|c} 3.996 & 5.5625 & 4 & 7.4178 \\ 1 & 0.78125 & 0 & 1.3816 \\ -0.002 & 2 & 2 & 0.4 \end{array}\right].$$

计算

$$l_{21}=\frac{1}{3.996}=0.25025,$$

$$l_{31}=\frac{-0.002}{3.996}=-0.00050050.$$

再作变换 $(-l_{21}\mathrm{E}_1+\mathrm{E}_2)\rightarrow(\mathrm{E}_2)$，$(-l_{31}\mathrm{E}_1+\mathrm{E}_3)\rightarrow(\mathrm{E}_3)$，得

$$[\boldsymbol{A}^{(2)}\mid\boldsymbol{b}^{(2)}]=\left[\begin{array}{ccc|c} 3.996 & 5.5625 & 4 & 7.4178 \\ 0 & -0.61077 & -1.0010 & -0.47471 \\ 0 & 2.0028 & 2.0020 & 0.40371 \end{array}\right].$$

第 2 步：对 $\boldsymbol{A}^{(2)}$ 第 2 列对角线及其以下元素中选主元 $a_{32}^{(2)}=2.0028$，$i_2=3$，作换行 $(\mathrm{E}_2)\leftrightarrow(\mathrm{E}_3)$，得

$$\left[\begin{array}{ccc|c} 3.996 & 5.5625 & 4 & 7.4178 \\ 0 & 2.0028 & 2.0020 & 0.40371 \\ 0 & -0.61077 & -1.0010 & -0.47471 \end{array}\right].$$

计算

$$l_{32}=\frac{-0.61077}{2.0028}=-0.30496.$$

再作变换 $(-l_{32}\mathrm{E}_2+\mathrm{E}_3)\rightarrow(\mathrm{E}_3)$，得

$$[\boldsymbol{A}^{(3)}\mid\boldsymbol{b}^{(3)}]=\left[\begin{array}{ccc|c} 3.996 & 5.5625 & 4 & 7.4178 \\ 0 & 2.0028 & 2.0020 & 0.40371 \\ 0 & 0 & -0.39047 & -0.35159 \end{array}\right].$$

换行和消去过程至此结束. 经回代计算得到

$$\boldsymbol{x}=(1.9273,-0.69850,0.90043)^{\mathrm{T}}.$$

这个例题的精确解(多写出一位数字)是

$$\boldsymbol{x}=(1.92730,-0.698496,0.900423)^{\mathrm{T}}.$$

而用不选主元的顺序消去法，则解得

$$\boldsymbol{x}=(1.9300,-0.68695,0.88888)^{\mathrm{T}}.$$

这个结果误差较大，这是因为第 1 步中，$a_{11}^{(1)}$ 按绝对值比其他元素小很多，而又用它作除数所引起的. 从这个例子看到列主元法是有效的方法.

2.3 直接三角分解方法

本节讨论Gauss消去法的一些变形，这是利用系数矩阵$\boldsymbol{A}$的LU分解的方法. 我们讨论一般情形以及两种特殊情形.

2.3.1 Doolittle分解方法

设系数矩阵$\boldsymbol{A}$的顺序主子式满足$\Delta_i \neq 0(i=1,2,\cdots,n)$，则由定理2.2.2，$\boldsymbol{A}$可作LU分解，即$\boldsymbol{A}=\boldsymbol{LU}$. 设$\boldsymbol{A}=[a_{ij}]\in\mathbb{R}^{n\times n}$，单位下三角矩阵$\boldsymbol{L}=[l_{ij}]$，其中$l_{ii}=1$，当$i<j$时$l_{ij}=0$. 上三角矩阵$\boldsymbol{U}=[u_{ij}]$，当$i>j$时有$u_{ij}=0$. 写成

$$\begin{bmatrix} a_{11} & a_{12} & \cdots & a_{1n} \\ a_{21} & a_{22} & \cdots & a_{2n} \\ \vdots & \vdots & & \vdots \\ a_{n1} & a_{n2} & \cdots & a_{nn} \end{bmatrix} = \begin{bmatrix} 1 & & & \\ l_{21} & 1 & & \\ \vdots & \vdots & \ddots & \\ l_{n1} & l_{n2} & \cdots & 1 \end{bmatrix} \begin{bmatrix} u_{11} & u_{12} & \cdots & u_{1n} \\ & u_{22} & \cdots & u_{2n} \\ & & \ddots & \vdots \\ & & & u_{nn} \end{bmatrix}, \tag{2.3.1}$$

其中$a_{ij}(i,j=1,2,\cdots,n)$是已知的. 我们由(2.3.1)式先求出$\boldsymbol{L}$和$\boldsymbol{U}$的元素，再将方程(2.1.1)写成$\boldsymbol{LUx}=\boldsymbol{b}$求解.

在式(2.3.1)中，首先，我们看$\boldsymbol{A}$的第1行，由矩阵乘法的计算，可得到

$$u_{1j}=a_{1j},\quad j=1,2,\cdots,n.$$

再看$\boldsymbol{A}$的第1列，有$a_{i1}=l_{i1}u_{11}$，$i=2,3,\cdots,n$. 所以

$$l_{i1}=\frac{a_{i1}}{u_{11}},\quad i=2,3,\cdots,n.$$

这样就求出$\boldsymbol{U}$的第1行和$\boldsymbol{L}$的第1列的各元素.

类似地，从$\boldsymbol{A}$第2行可得$\boldsymbol{U}$第2行元素的计算公式，从$\boldsymbol{A}$的第2列可得$\boldsymbol{L}$第2列元素的计算公式. 现在假设已经算出了$\boldsymbol{U}$的第$1,2,\cdots,k-1$行和$\boldsymbol{L}$的第$1,2,\cdots,k-1$列的元素，看$\boldsymbol{A}$的第k行，设$j\geqslant k$，有

$$a_{kj}=\sum_{r=1}^{n} l_{kr}u_{rj}=\sum_{r=1}^{k-1} l_{kr}u_{rj}+u_{kj},$$

所以

$$u_{kj}=a_{kj}-\sum_{r=1}^{k-1} l_{kr}u_{rj},\quad j=k,k+1,\cdots,n. \tag{2.3.2}$$

式中右端的l_{kr}和$u_{rj}(r=1,2,\cdots,k-1)$均已算出. 再看$\boldsymbol{A}$的第k列，设$i>k$，有

$$a_{ik}=\sum_{r=1}^{k-1} l_{ir}u_{rk}+l_{ik}u_{kk},$$

所以

$$l_{ik}=\frac{1}{u_{kk}}\left(a_{ik}-\sum_{r=1}^{k-1}l_{ir}u_{rk}\right),\quad i=k+1,k+2,\cdots,n,\tag{2.3.3}$$

式中右端的 l_{ir} 和 u_{rk} $(r=1,2,\cdots,k-1)$ 及 u_{kk} 均已算出. 这样由(2.3.2)式和(2.3.3)式就可计算出 $\boldsymbol{U}$ 的第 k 行和 $\boldsymbol{L}$ 的第 k 列各元素. 从 $k=1$ 到 $k=n$,交替使用(2.3.2)式和(2.3.3)式,就能逐步算出 $\boldsymbol{U}$(按行)和 $\boldsymbol{L}$(按列)的全部元素,这就完成了 $\boldsymbol{A}$ 的 LU 分解的计算.

解方程组 $\boldsymbol{Ax}=\boldsymbol{b}$ 就化为求解 $\boldsymbol{LUx}=\boldsymbol{b}$. 这分两步求解. 第 1 步解方程组 $\boldsymbol{Ly}=\boldsymbol{b}$,因 $\boldsymbol{L}$ 是下三角矩阵,只要逐次向前代入. 设 $\boldsymbol{y}=(y_1,y_2,\cdots,y_n)^{\mathrm{T}}$,计算公式是

$$y_i=b_i-\sum_{r=1}^{i-1}l_{ir}y_r,\quad i=1,2,\cdots,n.\tag{2.3.4}$$

第 2 步解方程组 $\boldsymbol{Ux}=\boldsymbol{y}$,因 $\boldsymbol{U}$ 是上三角矩阵. 用逐次向后回代方法,计算公式是

$$x_i=\frac{1}{u_{ii}}\left(y_i-\sum_{r=i+1}^{n}u_{ir}x_r\right),\quad i=n,n-1,\cdots,1.\tag{2.3.5}$$

在式(2.3.2)~(2.3.5)中,遇到和号 $\sum\limits_{r=1}^{0}$ 和 $\sum\limits_{r=n+1}^{n}$,均认为其值为 0,公式的写法是为了简便和统一.

例 2.3.1 用 Doolittle 方法求解

$$\begin{bmatrix}6&2&1&-1\\2&4&1&0\\1&1&4&-1\\-1&0&-1&3\end{bmatrix}\begin{bmatrix}x_1\\x_2\\x_3\\x_4\end{bmatrix}=\begin{bmatrix}6\\-1\\5\\-5\end{bmatrix}.$$

解 第 1 步:先计算 $\boldsymbol{U}$ 和 $\boldsymbol{L}$ 的元素. 交替使用公式(2.3.2)和(2.3.3)得到 $\boldsymbol{U}$ 第 1 行为$(6,2,1,-1)$,$\boldsymbol{L}$ 第 1 列(对角线以下)为

$$\begin{bmatrix}\frac{1}{3}\\\frac{1}{6}\\-\frac{1}{6}\end{bmatrix};$$

$\boldsymbol{U}$ 第 2 行(对角线及其右)为$\left(\frac{10}{3},\frac{2}{3},\frac{1}{3}\right)$,$\boldsymbol{L}$ 第 2 列(对角线以下)为

$$\begin{bmatrix}\frac{1}{5}\\\frac{1}{10}\end{bmatrix};$$

$\boldsymbol{U}$ 第3行(对角线及其右)为$\left(\frac{37}{10},-\frac{9}{10}\right)$,$\boldsymbol{L}$ 第3列(对角线以下)为$-\frac{9}{37}$;最后,用(2.3.2)式计算 $u_{44}=\frac{191}{74}$.得到

$$\boldsymbol{L}=\begin{bmatrix}1 & & & \\ \frac{1}{3} & 1 & & \\ \frac{1}{6} & \frac{1}{5} & 1 & \\ -\frac{1}{6} & \frac{1}{10} & -\frac{9}{37} & 1\end{bmatrix},\quad \boldsymbol{U}=\begin{bmatrix}6 & 2 & 1 & -1 \\ & \frac{10}{3} & \frac{2}{3} & \frac{1}{3} \\ & & \frac{37}{10} & -\frac{9}{10} \\ & & & \frac{191}{74}\end{bmatrix}.$$

第2步:用公式(2.3.4)解 $\boldsymbol{Ly}=\boldsymbol{b}$,计算出

$$\boldsymbol{y}=\left(6,-3,\frac{23}{5},-\frac{191}{74}\right)^{\mathrm{T}}.$$

第3步:用公式(2.3.5)解 $\boldsymbol{Ux}=\boldsymbol{y}$,计算出

$$\boldsymbol{x}=(1,-1,1,-1)^{\mathrm{T}}.$$

2.3.2 三对角方程组的追赶法

设方程 $\boldsymbol{Ax}=\boldsymbol{d}$ 是三对角方程组

$$a_i x_{i-1}+b_i x_i+c_i x_{i+1}=d_i,\quad i=1,2,\cdots,n. \tag{2.3.6}$$

其中 $a_1=c_n=0$.向量 $\boldsymbol{d}=(d_1,d_2,\cdots,d_n)^{\mathrm{T}}$,系数矩阵 $\boldsymbol{A}$ 是三对角矩阵:

$$\boldsymbol{A}=\begin{bmatrix}b_1 & c_1 & & & \\ a_2 & b_2 & c_2 & & \\ & \ddots & \ddots & \ddots & \\ & & a_{n-1} & b_{n-1} & c_{n-1} \\ & & & a_n & b_n\end{bmatrix}. \tag{2.3.7}$$

如果 $\boldsymbol{A}$ 的顺序主子式皆非零,当然可用 Doolittle 方法求解,但是我们不必用一般的三角分解方法的公式.容易验证系数矩阵有如下的三角分解形式:

$$\boldsymbol{A}=\boldsymbol{LU}=\begin{bmatrix}1 & & & & \\ l_2 & 1 & & & \\ & l_3 & 1 & & \\ & & \ddots & \ddots & \\ & & & l_n & 1\end{bmatrix}\begin{bmatrix}u_1 & c_1 & & & \\ & u_2 & c_2 & & \\ & & \ddots & \ddots & \\ & & & u_{n-1} & c_{n-1} \\ & & & & u_n\end{bmatrix} \tag{2.3.8}$$

根据(2.3.7)式和(2.3.8)式以及矩阵的乘法公式得到

$$\begin{cases} u_1 = b_1, \\ l_i = \dfrac{a_i}{u_{i-1}}, \quad i = 2,3,\cdots,n, \\ u_i = b_i - l_i c_{i-1}, \quad i = 2,3,\cdots,n. \end{cases} \tag{2.3.9}$$

这样就计算出 $\boldsymbol{L}$ 和 $\boldsymbol{U}$ 的全部元素. 解原方程(2.3.6),即 $\boldsymbol{Ax}=\boldsymbol{d}$,可分两步求解 $\boldsymbol{Ly}=\boldsymbol{d}$ 和 $\boldsymbol{Ux}=\boldsymbol{y}$,计算公式分别是

$$\begin{cases} y_1 = d_1, \\ y_i = d_i - l_i y_{i-1}, \quad i = 2,3,\cdots,n; \end{cases} \tag{2.3.10}$$

$$\begin{cases} x_n = \dfrac{y_n}{u_n}, \\ x_i = \dfrac{1}{u_i}(y_i - c_i x_{i+1}), \quad i = n-1, n-2, \cdots, 1. \end{cases} \tag{2.3.11}$$

(2.3.9)～(2.3.11)式的计算过程称为解三对角方程组的**追赶法**,或称 **Thomas 方法**. 追赶法能实现的条件是 $u_i \neq 0, i=1,2,\cdots,n$. 当 $\boldsymbol{A}$ 满足定理 2.2.1 的条件时,当然可以用追赶法计算. 下面针对 $\boldsymbol{A}$ 的三对角形式给出能实现追赶法的一个充分条件.

定理 2.3.1 设三对角矩阵 $\boldsymbol{A}$ 有(2.3.7)式的形式,其系数满足

$$\begin{cases} |b_1| > |c_1| > 0, \\ |b_i| \geqslant |a_i| + |c_i|, \quad a_i c_i \neq 0, \; i = 2,3,\cdots,n-1, \\ |b_n| > |a_n| > 0. \end{cases} \tag{2.3.12}$$

则 $\boldsymbol{A}$ 非奇异,且追赶法计算过程(2.3.9)式中,有

$$\begin{cases} u_i \neq 0, \quad i = 1,2,\cdots,n, \\ 0 < \dfrac{|c_i|}{|u_i|} < 1, \quad i = 1,2,\cdots,n-1, \\ |b_i| - |a_i| < |u_i| < |b_i| + |a_i|, \quad i = 2,3,\cdots,n. \end{cases} \tag{2.3.13}$$

定理的证明从略,可参阅参考文献[1,2],定理条件说明 $\boldsymbol{A}$ 有弱对角占优性质,且 $a_2,\cdots,a_n,c_1,\cdots,c_{n-1}$ 均非零,$\boldsymbol{A}$ 是不可约的三对角矩阵. 在定理条件下 $u_i \neq 0, i=1,2,\cdots,n$,说明追赶法可以进行计算,且(2.3.13)式说明计算过程的中间变量有界,与原始数据 a_i, b_i, c_i 相比不会产生大的变化,可以有效地算出结果. 总的来说,定理条件下追赶法是一种计算量少而且数值稳定的方法.

例 2.3.2 用追赶法解三对角方程组

$$\begin{bmatrix} 2 & -1 & 0 & 0 & 0 \\ -1 & 2 & -1 & 0 & 0 \\ 0 & -1 & 2 & -1 & 0 \\ 0 & 0 & -1 & 2 & -1 \\ 0 & 0 & 0 & -1 & 2 \end{bmatrix} \begin{bmatrix} x_1 \\ x_2 \\ x_3 \\ x_4 \\ x_5 \end{bmatrix} = \begin{bmatrix} 1 \\ 0 \\ 0 \\ 0 \\ 0 \end{bmatrix}.$$

解 用(2.3.9)式,有 $u_1=2$;$l_2=-\frac{1}{2}$,$u_2=\frac{3}{2}$;$l_3=-\frac{2}{3}$,$u_3=\frac{4}{3}$;$l_4=-\frac{3}{4}$,$u_4=\frac{5}{4}$;$l_5=-\frac{4}{5}$,$u_5=\frac{6}{5}$. 解方程组 $\boldsymbol{Ly}=\boldsymbol{d}$,即

$$\begin{bmatrix} 1 & & & & \\ -\frac{1}{2} & 1 & & & \\ & -\frac{2}{3} & 1 & & \\ & & -\frac{3}{4} & 1 & \\ & & & -\frac{4}{5} & 1 \end{bmatrix}\begin{bmatrix} y_1 \\ y_2 \\ y_3 \\ y_4 \\ y_5 \end{bmatrix}=\begin{bmatrix} 1 \\ 0 \\ 0 \\ 0 \\ 0 \end{bmatrix},$$

用(2.3.10)式解得 $y_1=1$,$y_2=\frac{1}{2}$,$y_3=\frac{1}{3}$,$y_4=\frac{1}{4}$,$y_5=\frac{1}{5}$. 解方程组 $\boldsymbol{Ux}=\boldsymbol{y}$,即

$$\begin{bmatrix} 2 & -1 & & & \\ & \frac{3}{2} & -1 & & \\ & & \frac{4}{3} & -1 & \\ & & & \frac{5}{4} & -1 \\ & & & & \frac{6}{5} \end{bmatrix}\begin{bmatrix} x_1 \\ x_2 \\ x_3 \\ x_4 \\ x_5 \end{bmatrix}=\begin{bmatrix} 1 \\ \frac{1}{2} \\ \frac{1}{3} \\ \frac{1}{4} \\ \frac{1}{5} \end{bmatrix},$$

用(2.3.11)式解得 $x_5=\frac{1}{6}$,$x_4=\frac{1}{3}$,$x_3=\frac{1}{2}$,$x_2=\frac{2}{3}$,$x_1=\frac{5}{6}$. 本题的解是

$$\boldsymbol{x}=\left(\frac{5}{6},\frac{2}{3},\frac{1}{2},\frac{1}{3},\frac{1}{6}\right)^{\mathrm{T}}.$$

2.3.3 对称正定矩阵的 Cholesky 分解、平方根法

1. 对称矩阵的三角分解

定理 2.3.2 $\boldsymbol{A}\in\mathbb{R}^{n\times n}$,假设 $\boldsymbol{A}=\boldsymbol{A}^{\mathrm{T}}$,且 $\boldsymbol{A}$ 的顺序主子式 $\Delta_i\neq 0$,$i=1,2,\cdots,n$,则存在惟一的单位下三角矩阵 $\boldsymbol{L}$ 和对角矩阵 $\boldsymbol{D}$,使

$$\boldsymbol{A}=\boldsymbol{LDL}^{\mathrm{T}}. \tag{2.3.14}$$

证明 由定理 2.2.2 知,$\boldsymbol{A}$ 可惟一分解为 $\boldsymbol{A}=\boldsymbol{LU}$,其中 $\boldsymbol{L}$ 为单位下三角矩阵,$\boldsymbol{U}$ 为上三角矩阵,其对角元 $u_{ii}\neq 0$,$i=1,2,\cdots,n$,$\boldsymbol{U}$ 可写成

$$\boldsymbol{U}=\begin{bmatrix} u_{11} & u_{12} & \cdots & u_{1n} \\ & u_{22} & \cdots & u_{2n} \\ & & \ddots & \vdots \\ & & & u_{nn} \end{bmatrix}=\begin{bmatrix} u_{11} & & & \\ & u_{22} & & \\ & & \ddots & \\ & & & u_{nn} \end{bmatrix}\begin{bmatrix} 1 & \dfrac{u_{12}}{u_{11}} & \cdots & \dfrac{u_{1n}}{u_{11}} \\ & 1 & \cdots & \dfrac{u_{2n}}{u_{22}} \\ & & \ddots & \vdots \\ & & & 1 \end{bmatrix}.$$

记对角矩阵 $\boldsymbol{D}=\mathrm{diag}(u_{11},u_{22},\cdots,u_{nn})$，上式即 $\boldsymbol{U}=\boldsymbol{D}\boldsymbol{U}_0$，则有 $\boldsymbol{A}=\boldsymbol{L}\boldsymbol{U}=\boldsymbol{L}(\boldsymbol{D}\boldsymbol{U}_0)$，$\boldsymbol{A}^{\mathrm{T}}=\boldsymbol{U}_0^{\mathrm{T}}(\boldsymbol{D}\boldsymbol{L}^{\mathrm{T}})$. 由 $\boldsymbol{A}$ 的对称性，且 $\boldsymbol{U}_0^{\mathrm{T}}$ 是单位下三角矩阵，$\boldsymbol{D}\boldsymbol{L}^{\mathrm{T}}$ 是上三角矩阵，因 Doolittle 分解的惟一性，可得 $\boldsymbol{L}=\boldsymbol{U}_0^{\mathrm{T}}$，所以有 $\boldsymbol{A}=\boldsymbol{L}\boldsymbol{D}\boldsymbol{L}^{\mathrm{T}}$. 定理证毕.

定理 2.3.3(Cholesky 分解定理)　$\boldsymbol{A}\in\mathbb{R}^{n\times n}$，假设 $\boldsymbol{A}$ 对称正定，则存在惟一的对角元素为正的下三角矩阵 $\boldsymbol{L}$，使

$$\boldsymbol{A}=\boldsymbol{L}\boldsymbol{L}^{\mathrm{T}}. \tag{2.3.15}$$

证明　$\boldsymbol{A}$ 对称正定，它的顺序主子式均大于零. 由定理 2.3.2 知，存在惟一的对角矩阵 $\boldsymbol{D}$ 和单位下三角矩阵 $\boldsymbol{L}_1$，使 $\boldsymbol{A}=\boldsymbol{L}_1\boldsymbol{D}\boldsymbol{L}_1^{\mathrm{T}}$. 记 $\boldsymbol{D}=\mathrm{diag}(d_1,d_2,\cdots,d_n)$，有

$$\boldsymbol{A}=\begin{bmatrix} 1 & & & \\ l_{21} & 1 & & \\ \vdots & \vdots & \ddots & \\ l_{n1} & l_{n2} & \cdots & 1 \end{bmatrix}\begin{bmatrix} d_1 & & & \\ & d_2 & & \\ & & \ddots & \\ & & & d_n \end{bmatrix}\begin{bmatrix} 1 & l_{21} & \cdots & l_{n1} \\ & 1 & \cdots & l_{n2} \\ & & \ddots & \vdots \\ & & & 1 \end{bmatrix}.$$

由行列式的乘法，可知 $\boldsymbol{A}$ 的顺序主子式

$$\Delta_k=\det\begin{bmatrix} d_1 & & & \\ & d_2 & & \\ & & \ddots & \\ & & & d_k \end{bmatrix}=d_1d_2\cdots d_k.$$

因 $\boldsymbol{A}$ 对称正定，所以 $\Delta_k>0$，$k=1,2,\cdots,n$. 由此可得 $d_k>0$，$k=1,2,\cdots,n$. 记

$$\boldsymbol{D}^{\frac{1}{2}}=\mathrm{diag}(\sqrt{d_1},\sqrt{d_2},\cdots,\sqrt{d_n}),$$

则有

$$\boldsymbol{A}=\boldsymbol{L}_1\boldsymbol{D}^{\frac{1}{2}}\boldsymbol{D}^{\frac{1}{2}}\boldsymbol{L}_1^{\mathrm{T}}=(\boldsymbol{L}_1\boldsymbol{D}^{\frac{1}{2}})(\boldsymbol{L}_1\boldsymbol{D}^{\frac{1}{2}})^{\mathrm{T}}.$$

令 $\boldsymbol{L}=\boldsymbol{L}_1\boldsymbol{D}^{\frac{1}{2}}$，它是对角元素为正的下三角矩阵，由此可得(2.3.15)式. 由分解 $\boldsymbol{L}_1\boldsymbol{D}\boldsymbol{L}_1^{\mathrm{T}}$ 的惟一性可得分解式(2.3.15)的惟一性，定理证毕.

分解式(2.3.15)称为**对称正定矩阵的 Cholesky 分解**. 由定理的证明过程可见，若不规定下三角矩阵 $\boldsymbol{L}$ 的对角元素为正，则分解 $\boldsymbol{A}=\boldsymbol{L}\boldsymbol{L}^{\mathrm{T}}$ 可以是不惟一的. 另外也可证明，若存在可逆矩阵 $\boldsymbol{B}$(是否三角矩阵无关紧要)，使 $\boldsymbol{A}=\boldsymbol{B}\boldsymbol{B}^{\mathrm{T}}$，则 $\boldsymbol{A}$ 对称正定.

2. Cholesky 方法(平方根法)

利用系数矩阵的 Cholesky 分解求解方程组的方法称为 **Cholesky 方法**. 设方程组 $\boldsymbol{Ax}=\boldsymbol{b}$ 的系数矩阵对称正定,则有 $\boldsymbol{A}=\boldsymbol{LL}^{\mathrm{T}}$,其中 $\boldsymbol{L}$ 是对角元 $l_{jj}>0(j=1,2,\cdots,n)$ 的下三角矩阵. 写成

$$\boldsymbol{A}=\begin{bmatrix} l_{11} & & & \\ l_{21} & l_{22} & & \\ \vdots & \vdots & \ddots & \\ l_{n1} & l_{n2} & \cdots & l_{nn} \end{bmatrix}\begin{bmatrix} l_{11} & l_{21} & \cdots & l_{n1} \\ & l_{22} & \cdots & l_{n2} \\ & & \ddots & \vdots \\ & & & l_{nn} \end{bmatrix}.$$

设 $i\geqslant j$,$\boldsymbol{A}$ 的下三角部分元素

$$a_{ij}=\sum_{k=1}^{j-1}l_{ik}l_{jk}+l_{ij}l_{jj},\quad i=j,j+1,\cdots,n. \tag{2.3.16}$$

我们逐列计算 $\boldsymbol{L}$ 的元素,设第1列至第 $j-1$ 列的元素已经算好,则由(2.3.16)式 $i=j$ 的情形,有

$$l_{jj}=\left(a_{jj}-\sum_{k=1}^{j-1}l_{jk}^2\right)^{\frac{1}{2}}. \tag{2.3.17}$$

这样,算出 $\boldsymbol{L}$ 第 j 列的对角元素,再由(2.3.16)式 $i=j+1,\cdots,n$ 的情形,有

$$l_{ij}=\frac{1}{l_{jj}}\left(a_{ij}-\sum_{k=1}^{j-1}l_{ik}l_{jk}\right),\quad i=j+1,\cdots,n. \tag{2.3.18}$$

这就能逐个算出 $\boldsymbol{L}$ 第 j 列对角线以下各元素. 从 $j=1$ 到 $j=n$,反复使用(2.3.17)和(2.3.18)式,就可计算出 $\boldsymbol{L}$ 第1列到第 n 列的全部元素. 注意 $j=1$ 时,和式 $\sum\limits_{k=1}^{j-1}l_{ik}l_{jk}$ 认为等于零.

计算出 $\boldsymbol{L}$ 的元素后再依次求解方程组 $\boldsymbol{Ly}=\boldsymbol{b}$ 和方程组 $\boldsymbol{L}^{\mathrm{T}}\boldsymbol{x}=\boldsymbol{y}$,计算公式分别是

$$\begin{cases} y_1=\dfrac{b_1}{l_{11}}, \\ y_i=\dfrac{1}{l_{ii}}\left(b_i-\sum\limits_{k=1}^{i-1}l_{ik}y_k\right),\quad i=2,3,\cdots,n; \end{cases} \tag{2.3.19}$$

$$\begin{cases} x_n=\dfrac{y_n}{l_{nn}}, \\ x_i=\dfrac{1}{l_{ii}}\left(y_i-\sum\limits_{k=i+1}^{n}l_{ki}x_k\right),\quad i=n-1,\cdots,1. \end{cases} \tag{2.3.20}$$

由于(2.3.17)式用到开平方的运算,上述 Cholesky 方法也称为**平方根法**. 因为用到 $\boldsymbol{A}$ 的对称正定性质,平方根法运算量大约是 Doolittle 分解方法的一半. 由(2.3.16)式得

$$a_{ii} = \sum_{k=1}^{i} l_{ik}^2, \quad i = 1,2,\cdots,n.$$

因 $\boldsymbol{A}$ 对称正定，$a_{ii}>0$. 由此可推出

$$|l_{ik}| \leqslant \sqrt{a_{ii}}, \quad k = 1,2,\cdots,i.$$

所以平方根法计算过程中间量 l_{ik} 的绝对值得到控制，不会产生中间量放大使计算不稳定的现象.

例 2.3.3 用 Cholesky 方法求解方程组

$$\begin{bmatrix} 4 & -1 & 1 \\ -1 & 4.25 & 2.75 \\ 1 & 2.75 & 3.5 \end{bmatrix} \begin{bmatrix} x_1 \\ x_2 \\ x_3 \end{bmatrix} = \begin{bmatrix} 6 \\ -0.5 \\ 1.25 \end{bmatrix}.$$

解 显然 $\boldsymbol{A}$ 是对称矩阵. 再验证 $\Delta_1=4$，$\Delta_2=\begin{vmatrix} 4 & -1 \\ -1 & 4.25 \end{vmatrix}=16$，$\Delta_3=\det A=16$，所以顺序主子式均大于零，$\boldsymbol{A}$ 对称正定，可用 Cholesky 方法. 由 $j=1,2,3$ 的(2.3.17)式和(2.3.18)式，依次按列计算出 $l_{11},l_{21},l_{31};l_{22},l_{23};l_{33}$. 结果写成

$$\boldsymbol{L} = \begin{bmatrix} 2 & & \\ -0.5 & 2 & \\ 0.5 & 1.5 & 1 \end{bmatrix}.$$

用(2.3.19)式解 $\boldsymbol{Ly}=(6,-0.5,1.25)^{\mathrm{T}}$，解得 $\boldsymbol{y}=(3,0.5,-1)^{\mathrm{T}}$. 用(2.3.20)式解 $\boldsymbol{L}^{\mathrm{T}}\boldsymbol{x}=\boldsymbol{y}$，解得 $\boldsymbol{x}=(2,-1,-1)^{\mathrm{T}}$.

可以通过 Cholesky 分解的算法用计算来检验一下对称矩阵 $\boldsymbol{A}$ 是否正定. 如果按照公式(2.3.17)和(2.3.18)顺利地计算出 $\boldsymbol{L}$，则得到 $\boldsymbol{A}=\boldsymbol{LL}^{\mathrm{T}}$ 是一个对称正定矩阵. 但是如果计算过程中出现(2.3.17)式中根号下的数值是负数，算法就失败，或者是该数值为零，即 $l_{jj}=0$，(2.3.18)式也不能计算，这些情况下都说明对称矩阵 $\boldsymbol{A}$ 不是正定的.

例 2.3.4

$$\boldsymbol{A} = \begin{bmatrix} 1 & 2 & 3 \\ 2 & 5 & 10 \\ 3 & 10 & 16 \end{bmatrix},$$

我们若不管对称矩阵 $\boldsymbol{A}$ 是否正定而用平方根法对(2.3.17)式，(2.3.18)式进行计算，则有

$$l_{11} = 1, \quad l_{21} = 2, \quad l_{31} = 3,$$
$$l_{22} = 1, \quad l_{32} = 4,$$

最后 $l_{33}=(a_{33}-l_{31}^2-l_{32}^2)^{\frac{1}{2}}=\sqrt{-9}$，从而算法失败，这说明了 $\boldsymbol{A}$ 不是正定的.

下面讨论 Cholesky 算法的另一种形式. 设 $\boldsymbol{A}$ 是对称正定矩阵，其 Cholesky 分解为 $\boldsymbol{A}=\boldsymbol{LL}^{\mathrm{T}}$，$\boldsymbol{L}$ 是对角元为正的下三角矩阵. 记 $\boldsymbol{A}$ 开头 i 行 i 列元素组成的顺序主子矩阵是

$\boldsymbol{A}_i$,它是一个 $i\times i$ 的对称正定矩阵. 又记 $\boldsymbol{L}_i$ 是 $\boldsymbol{L}$ 的 $i\times i$ 顺序主子矩阵,易见 $\boldsymbol{A}_i$ 的 Cholesky 分解是 $\boldsymbol{A}_i=\boldsymbol{L}_i\boldsymbol{L}_i^{\mathrm{T}}$.

容易构造 $\boldsymbol{L}_1=[l_{11}]$,$a_{11}=l_{11}^2$. 一般地,如果已知 $\boldsymbol{L}_{i-1}$,可将 $\boldsymbol{A}_i=\boldsymbol{L}_i\boldsymbol{L}_i^{\mathrm{T}}$ 写成

$$\begin{bmatrix}\boldsymbol{A}_{i-1} & \boldsymbol{c}\\ \boldsymbol{c}^{\mathrm{T}} & a_{ii}\end{bmatrix}=\begin{bmatrix}\boldsymbol{L}_{i-1} & \boldsymbol{0}\\ \boldsymbol{h}^{\mathrm{T}} & l_{ii}\end{bmatrix}\begin{bmatrix}\boldsymbol{L}_{i-1}^{\mathrm{T}} & \boldsymbol{h}\\ \boldsymbol{0} & l_{ii}\end{bmatrix}, \tag{2.3.21}$$

其中 $\boldsymbol{c}=(a_{i1},a_{i2},\cdots,a_{i,i-1})^{\mathrm{T}}$ 是已知的,$\boldsymbol{h}=(l_{i1},l_{i2},\cdots,l_{i,i-1})^{\mathrm{T}}$ 和 l_{ii} 是待求的. 由(2.3.21)式可知

$$\boldsymbol{A}_{i-1}=\boldsymbol{L}_{i-1}\boldsymbol{L}_{i-1}^{\mathrm{T}},$$
$$\boldsymbol{c}=\boldsymbol{L}_{i-1}\boldsymbol{h},\quad a_{ii}=\boldsymbol{h}^{\mathrm{T}}\boldsymbol{h}+l_{ii}^2.$$

算法的第 i 步是:

① 解下三角方程组 $\boldsymbol{L}_{i-1}\boldsymbol{h}=\boldsymbol{c}$,解出 $\boldsymbol{h}$.

② 计算 $l_{ii}=(a_{ii}-\boldsymbol{h}^{\mathrm{T}}\boldsymbol{h})^{\frac{1}{2}}$.

若已知 $\boldsymbol{L}_{i-1}$,又从①和②算出 $\boldsymbol{h}^{\mathrm{T}}$ 和 l_{ii} 就得到了 $\boldsymbol{L}_i$,即在 $\boldsymbol{L}_{i-1}$ 的下面加一行得到 $\boldsymbol{L}_i$. 这样逐步"加边"可以由 $\boldsymbol{L}_1$ 得到 $\boldsymbol{L}_2,\cdots,\boldsymbol{L}_n(=\boldsymbol{L})$,从而完成了 $\boldsymbol{A}$ 的 Cholesky 分解. 这种形式的算法称为**加边形式的 Cholesky 算法**,它特别适合稀疏矩阵(大部分元素为零的矩阵),例如带状矩阵的计算.

例 2.3.5 用加边形式的算法作例 2.3.3 系数矩阵 $\boldsymbol{A}$ 的 Cholesky 分解.

解

$$\boldsymbol{A}=\begin{bmatrix}4 & -1 & 1\\ -1 & 4.25 & 2.75\\ 1 & 2.75 & 3.5\end{bmatrix}.$$

第 1 步:$l_{11}=\sqrt{a_{11}}=2$,得,$\boldsymbol{L}_1=[2]$.

第 2 步:解 $\boldsymbol{L}_1\boldsymbol{h}=\boldsymbol{c}$,即 $2\boldsymbol{h}=-1$,解得 $\boldsymbol{h}=[-0.5]$.

$$l_{22}=(a_{22}-\boldsymbol{h}^{\mathrm{T}}\boldsymbol{h})^{\frac{1}{2}}=(4.25-0.5\times0.5)^{\frac{1}{2}}=2,$$

得到

$$\boldsymbol{L}_2=\begin{bmatrix}2 & 0\\ -0.5 & 2\end{bmatrix}.$$

第 3 步:解 $\boldsymbol{L}_2\boldsymbol{h}=\boldsymbol{c}$,即

$$\begin{bmatrix}2 & 0\\ -0.5 & 2\end{bmatrix}\boldsymbol{h}=\begin{bmatrix}1\\ 2.75\end{bmatrix},$$

解得 $\boldsymbol{h}=\begin{bmatrix}0.5\\ 1.5\end{bmatrix}$.

$$l_{33}=(a_{33}-\boldsymbol{h}^{\mathrm{T}}\boldsymbol{h})^{\frac{1}{2}}=\left(3.5-(0.5,1.5)\begin{bmatrix}0.5\\ 1.5\end{bmatrix}\right)^{\frac{1}{2}}=1.$$

即得

$$L = L_3 = \begin{bmatrix} 2 & 0 & 0 \\ -0.5 & 2 & 0 \\ 0.5 & 1.5 & 1 \end{bmatrix}.$$

从例 2.3.5 看到，加边算法是逐行算出 $\boldsymbol{L}$ 的各个元素. 而例 2.3.3 用公式(2.3.17)和(2.3.18)，是逐列算出 $\boldsymbol{L}$ 的各个元素. 如果矩阵的元素按行存储，则加边算法更为方便.

2.4 矩阵的条件数与病态方程组

2.4.1 扰动方程组、病态现象

设 $\boldsymbol{A}\in\mathbb{R}^{n\times n}$，$\det\boldsymbol{A}\neq 0$. 方程组 $\boldsymbol{Ax}=\boldsymbol{b}$ 的系数矩阵 $\boldsymbol{A}$ 和右端向量 $\boldsymbol{b}$ 若有扰动，分别成为 $\boldsymbol{A}+\delta\boldsymbol{A}$ 和 $\boldsymbol{b}+\delta\boldsymbol{b}$，那么实际解的是方程组

$$(\boldsymbol{A}+\delta\boldsymbol{A})(\boldsymbol{x}+\delta\boldsymbol{x}) = \boldsymbol{b}+\delta\boldsymbol{b},$$

这里 $\boldsymbol{x}=\boldsymbol{A}^{-1}\boldsymbol{b}$. 我们要问，若 $\|\delta\boldsymbol{A}\|$ 和 $\|\delta\boldsymbol{b}\|$ 都是小的实数，$\|\delta\boldsymbol{x}\|$ 是否也是小的？这就是扰动方程组解的误差分析问题. 先看两个例子.

例 2.4.1 方程组

$$\begin{bmatrix} 3 & 1 \\ 3.0001 & 1 \end{bmatrix}\begin{bmatrix} x_1 \\ x_2 \end{bmatrix} = \begin{bmatrix} 4 \\ 4.0001 \end{bmatrix}$$

的准确解是 $\boldsymbol{x}=(1,1)^{\mathrm{T}}$. 若 $\boldsymbol{A}$ 及 $\boldsymbol{b}$ 有微小的变化，扰动后方程组为

$$\begin{bmatrix} 3 & 1 \\ 2.9999 & 1 \end{bmatrix}\begin{bmatrix} \tilde{x}_1 \\ \tilde{x}_2 \end{bmatrix} = \begin{bmatrix} 4 \\ 4.0002 \end{bmatrix},$$

则其解 $\tilde{\boldsymbol{x}}=(-2,10)^{\mathrm{T}}$. 可见 $\boldsymbol{A},\boldsymbol{b}$ 的微小变化可以使解有很大的变化. 本例中 $|\det\boldsymbol{A}|=10^{-4}$，第 1 个方程和第 2 个方程可以几何解释为平面上的两条直线，在本例中两直线斜率很接近，“几乎是平行”的，它们的交点是(1,1). 如果其中有一条直线稍有变化，那么新的交点是(−2,10)，它与原交点相距甚远.

例 2.4.2 方程组

$$\begin{bmatrix} 10 & 7 & 8 & 7 \\ 7 & 5 & 6 & 5 \\ 8 & 6 & 10 & 9 \\ 7 & 5 & 9 & 10 \end{bmatrix}\begin{bmatrix} x_1 \\ x_2 \\ x_3 \\ x_4 \end{bmatrix} = \begin{bmatrix} 32 \\ 23 \\ 33 \\ 31 \end{bmatrix}$$

的准确解是 $(1,1,1,1)^{\mathrm{T}}$. 这里 $\boldsymbol{A}$ 是对称正定的，且 $\det\boldsymbol{A}=1$，似乎有“比较好”的性质. 但是对右端向量 $\boldsymbol{b}$ 作微小的修改：$\delta\boldsymbol{b}=(0.1,-0.1,0.1,-0.1)^{\mathrm{T}}$，使 $\boldsymbol{b}+\delta\boldsymbol{b}=(32.1,22.9,33.1,30.9)^{\mathrm{T}}$. 方程组 $\boldsymbol{A}(\boldsymbol{x}+\delta\boldsymbol{x})=\boldsymbol{b}+\delta\boldsymbol{b}$ 的解变为 $\boldsymbol{x}+\delta\boldsymbol{x}=(9.2,-12.6,4.5,-1.1)^{\mathrm{T}}$.

这里 $\boldsymbol{b}$ 的分量大约只有 $\frac{1}{200}$ 的相对误差，而引起解的误差却较大. 如果对 $\boldsymbol{A}$ 作微小扰动，也会看到类似的情形.

从以上两个例子可以看到，方程组的解对 $\boldsymbol{A}$ 或 $\boldsymbol{b}$ 的扰动可能是敏感的，这时称方程组是**病态方程组**(或 $\boldsymbol{A}$ 是**病态矩阵**)，病态与否决定于 $\boldsymbol{A}$.

2.4.2 矩阵的条件数与扰动方程组的误差分析

定义 2.4.1 $\boldsymbol{A}\in\mathbb{R}^{n\times n}$，设 $\det\boldsymbol{A}\neq 0$. 对任何一种从属的矩阵范数 $\|\cdot\|$，

$$\operatorname{cond}(\boldsymbol{A}) = \|\boldsymbol{A}\|\,\|\boldsymbol{A}^{-1}\| \tag{2.4.1}$$

称为矩阵 $\boldsymbol{A}$ 的**条件数**.

如果定义 2.4.1 中矩阵范数取为 1-范数，则记 $\operatorname{cond}(\boldsymbol{A})_1=\|\boldsymbol{A}\|_1\|\boldsymbol{A}^{-1}\|_1$，同理有 $\operatorname{cond}(\boldsymbol{A})_2$ 和 $\operatorname{cond}(\boldsymbol{A})_\infty$.

容易验证矩阵的条件数有如下性质，其中假设 $\det\boldsymbol{A}\neq 0$：

(1) $\operatorname{cond}(\boldsymbol{A})\geqslant 1$ (因 $1=\|\boldsymbol{I}\|=\|\boldsymbol{A}^{-1}\boldsymbol{A}\|\leqslant\|\boldsymbol{A}^{-1}\|\,\|\boldsymbol{A}\|$)，
$\operatorname{cond}(\boldsymbol{A})=\operatorname{cond}(\boldsymbol{A}^{-1})$.

(2) $\operatorname{cond}(\alpha\boldsymbol{A})=\operatorname{cond}(\boldsymbol{A})$，$\forall\alpha\in\mathbb{R}$，$\alpha\neq 0$.

(3) 若 $\boldsymbol{A}$ 为正交矩阵，则 $\operatorname{cond}(\boldsymbol{A})_2=1$.

(4) 若 $\boldsymbol{U}$ 为正交矩阵，则

$$\operatorname{cond}(\boldsymbol{A})_2=\operatorname{cond}(\boldsymbol{AU})_2=\operatorname{cond}(\boldsymbol{UA})_2.$$

(5) 设 λ_1 与 λ_n 为 $\boldsymbol{A}$ 按模最大和最小的特征值，则

$$\operatorname{cond}(\boldsymbol{A})\geqslant\frac{|\lambda_1|}{|\lambda_n|},$$

若 $\boldsymbol{A}$ 对称，则有 $\operatorname{cond}(\boldsymbol{A})_2=\frac{|\lambda_1|}{|\lambda_n|}$.

定理 2.4.1 设 $\boldsymbol{A}\in\mathbb{R}^{n\times n}$，$\det\boldsymbol{A}\neq 0$，$\boldsymbol{x}$ 和 $\boldsymbol{x}+\delta\boldsymbol{x}$ 分别满足方程组

$$\boldsymbol{Ax}=\boldsymbol{b}, \tag{2.4.2}$$

$$(\boldsymbol{A}+\delta\boldsymbol{A})(\boldsymbol{x}+\delta\boldsymbol{x})=\boldsymbol{b}+\delta\boldsymbol{b}, \tag{2.4.3}$$

其中 $\boldsymbol{b}\neq\boldsymbol{0}$，而且 $\|\delta\boldsymbol{A}\|$ 适当小，使

$$\frac{\|\delta\boldsymbol{A}\|}{\|\boldsymbol{A}\|}<\frac{1}{\operatorname{cond}(\boldsymbol{A})}, \tag{2.4.4}$$

则有

$$\frac{\|\delta\boldsymbol{x}\|}{\|\boldsymbol{x}\|}\leqslant\frac{\operatorname{cond}(\boldsymbol{A})}{1-\|\boldsymbol{A}^{-1}\|\,\|\delta\boldsymbol{A}\|}\left(\frac{\|\delta\boldsymbol{A}\|}{\|\boldsymbol{A}\|}+\frac{\|\delta\boldsymbol{b}\|}{\|\boldsymbol{b}\|}\right). \tag{2.4.5}$$

定理用到的范数是任一种向量范数及从属于它的矩阵范数.

证明 定理条件并未直接假设方程组(2.4.3)有惟一解. 事实上，条件(2.4.4)可以

写成

$$\| \boldsymbol{A}^{-1} \| \| \delta \boldsymbol{A} \| < 1, \tag{2.4.6}$$

从而 $\| \boldsymbol{A}^{-1}\delta \boldsymbol{A} \| \leqslant \| \boldsymbol{A}^{-1} \| \| \delta \boldsymbol{A} \| < 1$,而

$$\boldsymbol{A} + \delta \boldsymbol{A} = \boldsymbol{A}(\boldsymbol{I} + \boldsymbol{A}^{-1}\delta \boldsymbol{A}),$$

由定理 1.4.7,可知 $\boldsymbol{I}+\boldsymbol{A}^{-1}\delta \boldsymbol{A}$ 可逆,且

$$\| (\boldsymbol{I} + \boldsymbol{A}^{-1}\delta \boldsymbol{A})^{-1} \| \leqslant \frac{1}{1 - \| \boldsymbol{A}^{-1}\delta \boldsymbol{A} \|} \leqslant \frac{1}{1 - \| \boldsymbol{A}^{-1} \| \| \delta \boldsymbol{A} \|}.$$

所以 $\boldsymbol{A}+\delta \boldsymbol{A}$ 可逆,方程组(2.4.3)有惟一解,其解

$$\boldsymbol{x} + \delta \boldsymbol{x} = (\boldsymbol{A} + \delta \boldsymbol{A})^{-1}(\boldsymbol{b} + \delta \boldsymbol{b}).$$

由此可得

$$\delta \boldsymbol{x} = (\boldsymbol{A} + \delta \boldsymbol{A})^{-1}[\boldsymbol{b} + \delta \boldsymbol{b} - (\boldsymbol{A} + \delta \boldsymbol{A})\boldsymbol{x}] = (\boldsymbol{I} + \boldsymbol{A}^{-1}\delta \boldsymbol{A})^{-1}\boldsymbol{A}^{-1}[\delta \boldsymbol{b} - (\delta \boldsymbol{A})\boldsymbol{x}],$$

$$\| \delta \boldsymbol{x} \| \leqslant \frac{\| \boldsymbol{A}^{-1} \|}{1 - \| \boldsymbol{A}^{-1} \| \| \delta \boldsymbol{A} \|} \left(\frac{\| \delta \boldsymbol{A} \|}{\| \boldsymbol{A} \|} \| \boldsymbol{A} \| \| \boldsymbol{x} \| + \frac{\| \delta \boldsymbol{b} \|}{\| \boldsymbol{b} \|} \| \boldsymbol{A} \| \| \boldsymbol{x} \| \right),$$

此式两边除以 $\| \boldsymbol{x} \|$ 即得(2.4.5)式. 定理证毕.

由定理 2.4.1 可以看到,若 $\delta \boldsymbol{A}=\boldsymbol{0}$,$\delta \boldsymbol{b} \neq \boldsymbol{0}$,则有

$$\frac{\| \delta \boldsymbol{x} \|}{\| \boldsymbol{x} \|} \leqslant \mathrm{cond}(\boldsymbol{A}) \frac{\| \delta \boldsymbol{b} \|}{\| \boldsymbol{b} \|}.$$

$\boldsymbol{b}$ 扰动的相对误差是 $\frac{\| \delta \boldsymbol{b} \|}{\| \boldsymbol{b} \|}$,由 $\delta \boldsymbol{b}$ 引起解的扰动 $\delta \boldsymbol{x}$,其相对误差 $\frac{\| \delta \boldsymbol{x} \|}{\| \boldsymbol{x} \|}$ 可以估计为 $\mathrm{cond}(\boldsymbol{A}) \frac{\| \delta \boldsymbol{b} \|}{\| \boldsymbol{b} \|}$. 这样,条件数 $\mathrm{cond}(\boldsymbol{A})$ 可以看成相对误差的放大倍数.

当 $\delta \boldsymbol{b}=\boldsymbol{0}$,$\delta \boldsymbol{A} \neq \boldsymbol{0}$ 时,若满足定理条件(2.4.4),即 $\alpha = \| \boldsymbol{A}^{-1} \| \| \delta \boldsymbol{A} \| < 1$,由

$$\frac{1}{1-\alpha} = 1 + O(\alpha)$$

可得

$$\frac{\| \delta \boldsymbol{x} \|}{\| \boldsymbol{x} \|} \leqslant \mathrm{cond}(\boldsymbol{A}) \frac{\| \delta \boldsymbol{A} \|}{\| \boldsymbol{A} \|}[1 + O(\| \delta \boldsymbol{A} \|)].$$

这样,$\mathrm{cond}(\boldsymbol{A})$ 也可看成相对误差的放大倍数. 当 $\boldsymbol{A}$ 的条件数 $\mathrm{cond}(\boldsymbol{A})$ 是个大数时,$\boldsymbol{b}$ 或 $\boldsymbol{A}$ 的扰动会引起解 $\boldsymbol{x}$ 大的误差. 如果 $\mathrm{cond}(\boldsymbol{A})$ 越大,矩阵 $\boldsymbol{A}$(或方程组 $\boldsymbol{Ax}=\boldsymbol{b}$)就越病态,或称 $\boldsymbol{A}$ 条件越坏.

定理 2.4.2 设 $\boldsymbol{A} \in \mathbb{R}^{n \times n}$,$\boldsymbol{b} \in \mathbb{R}^n$,$\boldsymbol{b} \neq \boldsymbol{0}$,$\boldsymbol{A}$ 非奇异,$\boldsymbol{x}$ 是方程组 $\boldsymbol{Ax}=\boldsymbol{b}$ 的精确解,$\tilde{\boldsymbol{x}}$ 是方程组的一个近似解,对应 $\tilde{\boldsymbol{x}}$ 的剩余向量 $\boldsymbol{r}=\boldsymbol{b}-\boldsymbol{A}\tilde{\boldsymbol{x}}$,则有

$$\frac{1}{\mathrm{cond}(\boldsymbol{A})} \frac{\| \boldsymbol{r} \|}{\| \boldsymbol{b} \|} \leqslant \frac{\| \tilde{\boldsymbol{x}} - \boldsymbol{x} \|}{\| \boldsymbol{x} \|} \leqslant \mathrm{cond}(\boldsymbol{A}) \frac{\| \boldsymbol{r} \|}{\| \boldsymbol{b} \|}. \tag{2.4.7}$$

证明 由 $\boldsymbol{Ax}=\boldsymbol{b}$ 和 $\boldsymbol{A}\tilde{\boldsymbol{x}}=\boldsymbol{b}-\boldsymbol{r}$,可得

$$\boldsymbol{A}(\tilde{\boldsymbol{x}} - \boldsymbol{x}) = -\boldsymbol{r}, \quad \tilde{\boldsymbol{x}} - \boldsymbol{x} = -\boldsymbol{A}^{-1}\boldsymbol{r},$$

所以有

$$\| \tilde{\boldsymbol{x}} - \boldsymbol{x} \| \leqslant \| \boldsymbol{A}^{-1} \| \| \boldsymbol{r} \|,$$

再用 $\| \boldsymbol{b} \| \leqslant \| \boldsymbol{A} \| \| \boldsymbol{x} \|$，$\frac{1}{\| \boldsymbol{x} \|} \leqslant \frac{\| \boldsymbol{A} \|}{\| \boldsymbol{b} \|}$，即得

$$\frac{\| \tilde{\boldsymbol{x}} - \boldsymbol{x} \|}{\| \boldsymbol{x} \|} \leqslant \frac{\| \boldsymbol{A}^{-1} \| \| \boldsymbol{A} \| \| \boldsymbol{r} \|}{\| \boldsymbol{b} \|} = \operatorname{cond}(\boldsymbol{A}) \frac{\| \boldsymbol{r} \|}{\| \boldsymbol{b} \|},$$

这就是(2.4.7)式右端的不等式. 左边的不等式留给读者证明.

定理2.4.2说明，如方程组是病态的，即使剩余向量的范数 $\| \boldsymbol{r} \|$ 很小，由于 $\operatorname{cond}(\boldsymbol{A})$ 是大数，解的相对误差仍可能较大.

例2.4.3 我们再回头讨论例2.4.2的数值例子，可以计算出 $\boldsymbol{A}$ 的特征值是 $\lambda_1 \approx 30.2887$，$\lambda_2 \approx 3.858$，$\lambda_3 \approx 0.8431$，$\lambda_4 \approx 0.01015$. 所以有

$$\operatorname{cond}(\boldsymbol{A})_2 = \frac{\lambda_1}{\lambda_4} \approx 2984.$$

例子中 $\delta \boldsymbol{b} = (0.1, -0.1, 0.1, -0.1)^{\mathrm{T}}$，$\delta \boldsymbol{x} = (8.2, -13.6, 3.5, -2.1)^{\mathrm{T}}$，所以实际的相对误差是

$$\frac{\| \delta \boldsymbol{x} \|_2}{\| \boldsymbol{x} \|_2} \approx \frac{16.397}{2} \approx 8.198.$$

而用定理2.4.1($\delta \boldsymbol{A} = \boldsymbol{0}$ 的情形)估计的相对误差界为

$$\frac{\| \delta \boldsymbol{x} \|_2}{\| \boldsymbol{x} \|_2} \leqslant 2984 \times \frac{\| \delta \boldsymbol{b} \|_2}{\| \boldsymbol{b} \|_2} = 9.943,$$

这个误差界和实际相差不远，解的相对误差较右端扰动的相对误差放大了两千多倍.

例2.4.4 Hilbert矩阵是一个著名的病态矩阵，记为

$$\boldsymbol{H}_n = \begin{bmatrix} 1 & \frac{1}{2} & \cdots & \frac{1}{n} \\ \frac{1}{2} & \frac{1}{3} & \cdots & \frac{1}{n+1} \\ \vdots & \vdots & & \vdots \\ \frac{1}{n} & \frac{1}{n+1} & \cdots & \frac{1}{2n-1} \end{bmatrix}. \tag{2.4.8}$$

它是一个 $n \times n$ 的对称正定矩阵，当 n 取不同的值时，条件数如下表所列，可见 n 大时 $\boldsymbol{H}_n$ 是严重病态的.

n	3	5	6	8	10
$\operatorname{cond}(\boldsymbol{H}_n)_2$	5×10^2	5×10^5	1.5×10^7	1.5×10^{10}	1.6×10^{13}

2.4.3 病态方程组的解法

一个方程组是否病态，由 $\boldsymbol{A}$ 的性质决定，与用什么数值解法无关. 对于病态的方程组. 数值求解要小心进行，否则可能得不到所要求的精确度.

解病态方程组，可以采用高精度运算，例如双倍或更多倍字长的运算，使由于误差放大而损失若干有效数位之后，还能保留一些有效位. 下面用一个简单例子说明.

例 2.4.5 方程组

$$\boldsymbol{H}_4\boldsymbol{x}=\left(\frac{25}{12},\frac{77}{60},\frac{57}{60},\frac{319}{420}\right)^{\mathrm{T}}$$

的准确解是 $\boldsymbol{x}=(1,1,1,1)^{\mathrm{T}}$. 如果我们分别用 3 位和 5 位十进制舍入运算的消去法求解，得到的解分别是

$$(0.988,1.42,-0.428,2.10)^{\mathrm{T}}$$

和

$$(1.0000,0.99950,1.0017,0.99900)^{\mathrm{T}}.$$

对原方程组作某些**预处理**，可以降低系数矩阵的条件数. 选择非奇异矩阵 $\boldsymbol{P},\boldsymbol{Q}\in\mathbb{R}^{n\times n}$，使方程组 $\boldsymbol{Ax}=\boldsymbol{b}$ 化为等价方程组

$$(\boldsymbol{PAQ})\boldsymbol{y}=\boldsymbol{Pb},\quad \boldsymbol{x}=\boldsymbol{Qy}. \tag{2.4.9}$$

原则上应使矩阵 $\boldsymbol{PAQ}$ 的条件数比 $\boldsymbol{A}$ 有所改善. $\boldsymbol{P}$ 和 $\boldsymbol{Q}$ 可选择为三角矩阵或对角矩阵.

例如，设 $\boldsymbol{A}=[a_{ij}]\in\mathbb{R}^{n\times n}$，计算

$$s_i=\max_{1\leqslant j\leqslant n}|a_{ij}|,\quad i=1,2,\cdots,n,$$

再令

$$\boldsymbol{D}=\operatorname{diag}\left(\frac{1}{s_1},\frac{1}{s_2},\cdots,\frac{1}{s_n}\right).$$

预处理方法中 $\boldsymbol{P}=\boldsymbol{D},\boldsymbol{Q}=\boldsymbol{I}$，方程组 $\boldsymbol{Ax}=\boldsymbol{b}$ 的等价方程组为 $(\boldsymbol{DA})\boldsymbol{x}=\boldsymbol{Db}$. 如果 $\boldsymbol{A}$ 各行元素的数量级相差较大，$\boldsymbol{DA}$ 的每行行向量的 ∞-范数将会大致相当，其条件数会比 $\boldsymbol{A}$ 的条件数有所改善. 这称为**行平衡**的方法，当然也可有列平衡的方法，这都属于**矩阵的平衡问题**.

例 2.4.6 方程组

$$\begin{bmatrix}10 & 10^5\\ 1 & 1\end{bmatrix}\begin{bmatrix}x_1\\ x_2\end{bmatrix}=\begin{bmatrix}10^5\\ 2\end{bmatrix}$$

的准确解为 $x_1=1.00010001\cdots,x_2=0.99989998\cdots$. 引入 $\boldsymbol{D}=\operatorname{diag}(10^{-5},1)$，平衡后的方程组为

$$\begin{bmatrix} 10^{-4} & 1 \\ 1 & 1 \end{bmatrix}\begin{bmatrix} x_1 \\ x_2 \end{bmatrix} = \begin{bmatrix} 1 \\ 2 \end{bmatrix}.$$

原方程组的条件数 $\mathrm{cond}(\boldsymbol{A})_\infty \approx 10^5$，平衡后方程组的条件数 $\mathrm{cond}(\boldsymbol{DA}) \approx 4$，条件数有了很大改善.如果都用3位十进制的列主元消去法求解，原方程解得$(0.00, 1.00)^{\mathrm{T}}$，而平衡后方程组解得$(1.00, 1.00)^{\mathrm{T}}$.

习　题

1. 用Gauss消去法解方程组

$$\begin{bmatrix} 6 & 2 & 1 & -1 \\ 2 & 4 & 1 & 0 \\ 1 & 1 & 4 & -1 \\ -1 & 0 & -1 & 3 \end{bmatrix}\begin{bmatrix} x_1 \\ x_2 \\ x_3 \\ x_4 \end{bmatrix} = \begin{bmatrix} 6 \\ 1 \\ 5 \\ -5 \end{bmatrix}.$$

2. 用列主元消去法解方程组

$$\begin{bmatrix} 2.51 & 1.48 & 4.53 \\ 1.48 & 0.93 & -1.30 \\ 2.68 & 3.04 & -1.48 \end{bmatrix}\begin{bmatrix} x_1 \\ x_2 \\ x_3 \end{bmatrix} = \begin{bmatrix} 0.05 \\ 1.03 \\ -0.53 \end{bmatrix}.$$

计算过程取5位数字.

3. 用Doolittle三角分解方法解第1题的方程组.

4. 设 $\boldsymbol{A} \in \mathbb{R}^{n\times n}$，$\boldsymbol{A} = [a_{ij}]$，$a_{11} \neq 0$，方程组 $\boldsymbol{Ax} = \boldsymbol{b}$ 经一步Gauss消去变换为 $\boldsymbol{A}^{(2)}\boldsymbol{x} = \boldsymbol{b}^{(2)}$，其中

$$\boldsymbol{A}^{(2)} = \begin{bmatrix} a_{11} & \boldsymbol{\alpha}_1^{\mathrm{T}} \\ \boldsymbol{0} & \boldsymbol{A}_2 \end{bmatrix}, \quad \boldsymbol{A}_2 = \begin{bmatrix} a_{22}^{(2)} & \cdots & a_{2n}^{(2)} \\ \vdots & & \vdots \\ a_{n2}^{(2)} & \cdots & a_{nn}^{(2)} \end{bmatrix}.$$

试证明：

(1) 若 $\boldsymbol{A}$ 对称正定，则 $\boldsymbol{A}_2$ 也对称正定.

(2) 若 $\boldsymbol{A}$ 严格对角占优，则 $\boldsymbol{A}_2$ 也严格对角占优.

5. 分析下列矩阵能否作Doolittle分解，若能分解，分解式是否惟一？

$$\boldsymbol{A} = \begin{bmatrix} 1 & 2 & 3 \\ 2 & 4 & 1 \\ 4 & 6 & 7 \end{bmatrix}, \quad \boldsymbol{B} = \begin{bmatrix} 1 & 1 & 1 \\ 2 & 2 & 1 \\ 3 & 3 & 1 \end{bmatrix}, \quad \boldsymbol{C} = \begin{bmatrix} 1 & 2 & 6 \\ 2 & 5 & 15 \\ 6 & 15 & 46 \end{bmatrix}.$$

6. 用平方根法解方程组

$$\begin{bmatrix}16 & 4 & 8\\ 4 & 5 & -4\\ 8 & -4 & 22\end{bmatrix}\begin{bmatrix}x_1\\ x_2\\ x_3\end{bmatrix}=\begin{bmatrix}-4\\ 3\\ 10\end{bmatrix}.$$

7. 把例 2.1.1 的方程组(电路网络问题)写成一个三对角方程组，并用追赶法或 LU 分解方法求解.

8. 设 $\boldsymbol{A}$ 是一个对称正定的三对角矩阵，

$$\boldsymbol{A}=\begin{bmatrix}b_1 & a_2 & & & \\ a_2 & b_2 & a_3 & & \\ & \ddots & \ddots & \ddots & \\ & & a_{n-1} & b_{n-1} & a_n\\ & & & a_n & b_n\end{bmatrix}.$$

(1) 试将 $\boldsymbol{A}$ 作 Cholesky 分解：$\boldsymbol{A}=\boldsymbol{L}\boldsymbol{L}^{\mathrm{T}}$，其中

$$\boldsymbol{L}=\begin{bmatrix}l_1 & & & \\ m_2 & l_2 & & \\ & \ddots & \ddots & \\ & & m_n & l_n\end{bmatrix}.$$

写出求 $\boldsymbol{L}$ 各元素的计算公式.

(2) 写出用平方根法解方程组 $\boldsymbol{Ax}=\boldsymbol{d}$ 的计算公式.

9. 设

$$\boldsymbol{A}=\begin{bmatrix}2 & 1 & 0\\ 1 & 2 & a\\ 0 & a & 2\end{bmatrix}.$$

(1) 若 $\boldsymbol{A}$ 可以分解为 $\boldsymbol{A}=\boldsymbol{L}\boldsymbol{L}^{\mathrm{T}}$(其中 $\boldsymbol{L}$ 是对角元素为正数的下三角矩阵)，试求 a 的取值范围.

(2) 若 $a=1$，求矩阵 $\boldsymbol{L}$.

10. 用追赶法解方程组 $\boldsymbol{Ax}=\boldsymbol{d}$，其中

$$\boldsymbol{A}=\begin{bmatrix}2 & -1 & & & & & \\ -1 & 2 & -1 & & & & \\ & -1 & 2 & -1 & & & \\ & & -1 & 2 & -1 & & \\ & & & -1 & 2 & -1 & \\ & & & & -1 & 2 & -1\\ & & & & & -1 & 2\end{bmatrix},\quad \boldsymbol{d}=\begin{bmatrix}1\\0\\0\\0\\0\\0\\0\end{bmatrix}.$$

11. 已知$\boldsymbol{A}=\begin{bmatrix}1 & 1\\ -5 & 1\end{bmatrix}$,$\boldsymbol{B}=\begin{bmatrix}2 & -1 & 0\\ -1 & 2 & -1\\ 0 & -1 & 2\end{bmatrix}$,试求$\text{cond}(\boldsymbol{A})_\infty$和$\text{cond}(\boldsymbol{B})_2$.

12. 分别求两个方程组$\boldsymbol{Ax}=\boldsymbol{b}$和$(\boldsymbol{A}+\delta\boldsymbol{A})(\boldsymbol{x}+\delta\boldsymbol{x})=\boldsymbol{b}$的解,并利用矩阵条件数和定理2.4.1估计$\|\delta\boldsymbol{x}\|_\infty$,实际上$\|\delta\boldsymbol{x}\|_\infty$等于什么?题中

$$\boldsymbol{A}=\begin{bmatrix}240 & -319\\ -179 & 240\end{bmatrix},\quad \boldsymbol{A}+\delta\boldsymbol{A}=\begin{bmatrix}240 & -319.5\\ -179.5 & 240\end{bmatrix},\quad \boldsymbol{b}=\begin{bmatrix}3\\ 4\end{bmatrix}.$$

13. (1) 证明4阶Hilbert矩阵$\boldsymbol{H}_4$的逆矩阵为

$$\boldsymbol{H}_4^{-1}=\begin{bmatrix}16 & -120 & 240 & -140\\ -120 & 1200 & -2700 & 1680\\ 240 & -2700 & 6480 & -4200\\ -140 & 1680 & -4200 & 2800\end{bmatrix};$$

(2) 求$\text{cond}(\boldsymbol{H}_4)_\infty$;

(3) 用5位舍入运算解方程组

$$\boldsymbol{H}_4 x=\begin{bmatrix}\dfrac{25}{12}\\[2mm] \dfrac{77}{60}\\[2mm] \dfrac{19}{20}\\[2mm] \dfrac{319}{420}\end{bmatrix},$$

利用定理2.4.1估计解的误差,并将所得的解与准确解$(1,1,1,1)^{\mathrm{T}}$比较.

计算实习题

1. 用Doolittle分解方法和列主元消去法解方程组$\boldsymbol{Ax}=\boldsymbol{b}$:

$$\begin{bmatrix}10 & -7 & 0 & 1\\ -3 & 2.099\,999 & 6 & 2\\ 5 & -1 & 5 & -1\\ 2 & 1 & 0 & 2\end{bmatrix}\begin{bmatrix}x_1\\ x_2\\ x_3\\ x_4\end{bmatrix}=\begin{bmatrix}8\\ 5.900\,001\\ 5\\ 1\end{bmatrix},$$

输出$\boldsymbol{A},\boldsymbol{b}$;Doolittle分解方法的$\boldsymbol{L}$和$\boldsymbol{U}$;解向量$\boldsymbol{x}$,$\det\boldsymbol{A}$;列主元方法的行交换次序,解向量$\boldsymbol{x}$,$\det\boldsymbol{A}$;分析、比较两种方法所得的结果.

2. 用列主元消去法分别解方程组$\boldsymbol{Ax}=\boldsymbol{b}$:

(1) $\begin{bmatrix} 3.01 & 6.03 & 1.99 \\ 1.27 & 4.16 & -1.23 \\ 0.987 & -4.81 & 9.34 \end{bmatrix} \begin{bmatrix} x_1 \\ x_2 \\ x_3 \end{bmatrix} = \begin{bmatrix} 1 \\ 1 \\ 1 \end{bmatrix}$;

(2) $\begin{bmatrix} 3.00 & 6.03 & 1.99 \\ 1.27 & 4.16 & -1.23 \\ 0.990 & -4.81 & 9.34 \end{bmatrix} \begin{bmatrix} x_1 \\ x_2 \\ x_3 \end{bmatrix} = \begin{bmatrix} 1 \\ 1 \\ 1 \end{bmatrix}$.

分别输出$\boldsymbol{A},\boldsymbol{b},\det\boldsymbol{A}$,解向量$\boldsymbol{x}$,以及(1)中$\boldsymbol{A}$的条件数.分析(1)、(2)计算结果的比较.(注意两个方程组系数矩阵仅有两个元素有微小差别.)

3. 用两种以上的方法计算矩阵$\boldsymbol{A}$的逆,其中$\boldsymbol{A}$为Pascal矩阵,即

$$\boldsymbol{A} = \begin{bmatrix} 1 & 1 & 1 & 1 & 1 \\ 1 & 2 & 3 & 4 & 5 \\ 1 & 3 & 6 & 10 & 15 \\ 1 & 4 & 10 & 20 & 35 \\ 1 & 5 & 15 & 35 & 70 \end{bmatrix}.$$

4. 已知Wilson矩阵

$$\boldsymbol{A} = \begin{bmatrix} 10 & 7 & 8 & 7 \\ 7 & 5 & 6 & 5 \\ 8 & 6 & 10 & 9 \\ 7 & 5 & 9 & 10 \end{bmatrix},$$

且向量$\boldsymbol{b}=(32,23,33,31)^{\mathrm{T}}$.则方程组$\boldsymbol{Ax}=\boldsymbol{b}$有准确解$\boldsymbol{x}=(1,1,1,1)^{\mathrm{T}}$.

(1) 用MATLAB内部函数求$\det\boldsymbol{A}$,$\boldsymbol{A}$的所有特征值和$\mathrm{cond}(\boldsymbol{A})_2$.

(2) 令

$$\boldsymbol{A}+\delta\boldsymbol{A} = \begin{bmatrix} 10 & 7 & 8.1 & 7.2 \\ 7.08 & 5.04 & 6 & 5 \\ 8 & 5.98 & 9.89 & 9 \\ 6.99 & 4.99 & 9 & 9.98 \end{bmatrix},$$

解方程组$(\boldsymbol{A}+\delta\boldsymbol{A})(\boldsymbol{x}+\delta\boldsymbol{x})=\boldsymbol{b}$,并求出向量$\delta\boldsymbol{x}$和$\|\delta\boldsymbol{x}\|_2$,从理论结果和实际计算结果两方面分析方程组$\boldsymbol{Ax}=\boldsymbol{b}$解的相对误差$\|\delta\boldsymbol{x}\|_2/\|\boldsymbol{x}\|_2$与$A$的相对误差$\|\delta\boldsymbol{A}\|_2/\|\boldsymbol{A}\|_2$的关系.

(3) 再改变扰动矩阵$\delta\boldsymbol{A}$(其元素的绝对值不超过0.005),重复(2).

5. Hilbert矩阵$\boldsymbol{H}_n=[h_{ij}]\in\mathbb{R}^{n\times n}$,其元素$h_{ij}=1/(i+j-1)$.分别对$n=2,3,4,\cdots$.

(1) 计算$\mathrm{cond}(\boldsymbol{H}_n)_\infty$,分析条件数作为$n$的函数如何变化?

(2) 令$\boldsymbol{x}=(1,1,\cdots,1)^{\mathrm{T}}\in\mathbb{R}^n$,计算$\boldsymbol{b}_n=\boldsymbol{H}_n\boldsymbol{x}$.然后用Gauss消去法或Cholesky方法解方程组$\boldsymbol{H}_n\boldsymbol{x}=\boldsymbol{b}_n$,解出的解为$\tilde{\boldsymbol{x}}$.计算剩余向量$\boldsymbol{r}_n=\boldsymbol{b}_n-\boldsymbol{H}_n\tilde{\boldsymbol{x}}$和误差向量$\Delta\boldsymbol{x}=\tilde{\boldsymbol{x}}-\boldsymbol{x}$.

(3) 分析对每个n,$\tilde{\boldsymbol{x}}$分量的有效数字位如何随n变化,此变化与条件数有何联系?当n为多大时绝对误差达到100%(即$\tilde{\boldsymbol{x}}$连一位有效数字也没有了).

第3章

线性代数方程组的迭代解法

3.1 迭代法的基本概念

3.1.1 引言

对于线性代数方程组

$$\boldsymbol{Ax}=\boldsymbol{b}, \tag{3.1.1}$$

其中$\boldsymbol{A}\in\mathbb{R}^{n\times n}$,$\boldsymbol{b}\in\mathbb{R}^{n}$,除了第2章所讨论的直接解法之外,迭代解法是另一种广泛应用的方法.特别是对于一些大型的稀疏线性方程组,迭代法是常用的方法,下面看一个这种方程组的例子.

例3.1.1(一个模型问题——Poisson方程边值问题的五点差分格式) Poisson方程出现在一些定常的扩散问题、传热问题或者是某些力学的平衡问题等问题中.当其中的非齐次项f等于零时,它就是Laplace方程,很多力学、电学问题遇到的势函数满足这个方程.下面以二维正方形区域上的Poisson方程边值问题作为一个模型问题讨论与之有关的线性代数方程组.所讨论的边值问题是

$$\begin{cases}-\left(\dfrac{\partial^2 u}{\partial x^2}+\dfrac{\partial^2 u}{\partial y^2}\right)=f(x,y), & (x,y)\in\Omega, \qquad (3.1.2)\\ u(x,y)=0, & (x,y)\in\partial\Omega, \qquad (3.1.3)\end{cases}$$

其中$\Omega=\{(x,y)\,|\,0<x,y<1\}$,$\partial\Omega$是正方形$\Omega$的边界.我们用差分方法近似求解边值问题(3.1.2),(3.1.3).

如图3.1,用直线$x=x_i$,$y=y_j$在Ω上打上网格,其中

$$x_i=ih,\quad y_j=jh,\quad h=\frac{1}{N+1},\quad i,j=1,2,\cdots,N.$$

分别记网格内点和网格边界点的集合为

$$\Omega_h=\{(x_i,y_j)\mid i,j=1,2,\cdots,N\},$$

$$\partial\Omega_h=\{(x_i,0),(x_i,1),(0,y_j),(1,y_j)\mid i,j=0,1,\cdots,N+1\}.$$

在点(x_i,y_j)附近的网格点上的函数值可以作 Taylor 展开，例如

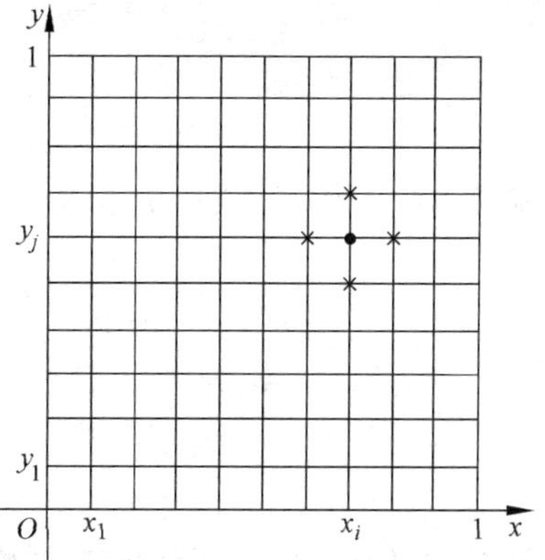

图 3.1

$$u(x_{i\pm1},y_j)=u(x_i,y_j)\pm h\left.\frac{\partial u}{\partial x}\right|_{(x_i,y_j)}+\frac{h^2}{2}\left.\frac{\partial^2 u}{\partial x^2}\right|_{(x_i,y_j)}\pm\frac{h^3}{6}\left.\frac{\partial^3 u}{\partial x^3}\right|_{(x_i,y_j)}+\frac{h^4}{24}\left.\frac{\partial^4 u}{\partial x^4}\right|_{(x^*,y^*)},$$

$$u(x_i,y_{j\pm1})=u(x_i,y_j)\pm h\left.\frac{\partial u}{\partial y}\right|_{(x_i,y_j)}+\frac{h^2}{2}\left.\frac{\partial^2 u}{\partial y^2}\right|_{(x_i,y_j)}\pm\frac{h^3}{6}\left.\frac{\partial^3 u}{\partial y^3}\right|_{(x_i,y_j)}+\frac{h^4}{24}\left.\frac{\partial^4 u}{\partial y^4}\right|_{(x^{**},y^{**})}.$$

这样，就可得到二阶偏导数在网格点上的值：

$$\left.\frac{\partial^2 u}{\partial x^2}\right|_{(x_i,y_j)}=\frac{1}{h^2}[u(x_{i+1},y_j)-2u(x_i,y_j)+u(x_{i-1},y_j)]+O(h^2),$$

$$\left.\frac{\partial^2 u}{\partial y^2}\right|_{(x_i,y_j)}=\frac{1}{h^2}[u(x_i,y_{j+1})-2u(x_i,y_j)+u(x_i,y_{j-1})]+O(h^2).$$

略去$O(h^2)$项，用u_{ij}表示函数值$u(x_i,y_j)$的近似值，又记$f_{ij}=f(x_i,y_j)$，由微分方程(3.1.2)就可得到一个差分方程

$$-\frac{u_{i+1,j}-2u_{ij}+u_{i-1,j}}{h^2}-\frac{u_{i,j+1}-2u_{ij}+u_{i,j-1}}{h^2}=f_{ij},$$

整理成

$$4u_{ij}-u_{i+1,j}-u_{i-1,j}-u_{i,j+1}-u_{i,j-1}=h^2f_{ij},\tag{3.1.4}$$

其中i,j对应的点$(x_i,y_j)\in\Omega_h$. (3.1.4)式称为 Poisson 方程的**五点差分格式**. (3.1.4)式的左端若有某项u_{kl}对应的点$(x_k,y_l)\in\partial\Omega_h$，则该项$u_{kl}=0$. 为了将差分方程写成矩阵形式，我们把网格点逐行按自左至右和自下至上的自然次序排列，记向量

$$\boldsymbol{u}=(u_{11},u_{21},\cdots,u_{N1},u_{12},u_{22},\cdots,u_{N2},\cdots,u_{1N},u_{2N},\cdots,u_{NN})^{\mathrm{T}},$$

$$\boldsymbol{b}=h^2(f_{11},f_{21},\cdots,f_{N1},f_{12},f_{22},\cdots,f_{N2},\cdots,f_{1N},f_{2N},\cdots,f_{NN})^{\mathrm{T}}.$$

所有网格内点对应的(3.1.4)式，可写成方程组

$$\boldsymbol{A}\boldsymbol{u}=\boldsymbol{b},\tag{3.1.5}$$

其中 $\boldsymbol{A}$ 按分块的形式写成

$$\boldsymbol{A}=\begin{bmatrix}\boldsymbol{A}_{11} & -\boldsymbol{I} & & & \\ -\boldsymbol{I} & \boldsymbol{A}_{22} & -\boldsymbol{I} & & \\ & \ddots & \ddots & \ddots & \\ & & -\boldsymbol{I} & \boldsymbol{A}_{N-1,N-1} & -\boldsymbol{I} \\ & & & -\boldsymbol{I} & \boldsymbol{A}_{NN}\end{bmatrix}, \tag{3.1.6}$$

显然$\boldsymbol{A}\in\mathbb{R}^{N^2\times N^2}$,式中$\boldsymbol{I}$是$N\times N$的单位矩阵,而其对角块$\boldsymbol{A}_{ii}\in\mathbb{R}^{N\times N}$,

$$\boldsymbol{A}_{ii}=\begin{bmatrix}4 & -1 & & & \\ -1 & 4 & -1 & & \\ & \ddots & \ddots & \ddots & \\ & & -1 & 4 & -1 \\ & & & -1 & 4\end{bmatrix}, \quad i=1,2,\cdots,N. \tag{3.1.7}$$

这样,我们就得到一个特殊的线性代数方程组(3.1.5).在N大时(即网格划分较细时),系数矩阵$\boldsymbol{A}$是一个大型的矩阵,但它的每一行最多有5个非零元素,其他元素都是零.这样的矩阵$\boldsymbol{A}$称为大型的稀疏矩阵,或者说方程组(3.1.5)是一个大型稀疏方程组.大型稀疏方程组常常用迭代法来求解.

例3.1.1的边值问题中如果边界条件(3.1.3)改为非齐次的条件

$$u(x,y)=g(x,y), \quad (x,y)\in\partial\Omega, \tag{3.1.3$'$}$$

用差分方法同样得到(3.1.4)式.式中左端若有某项u_{kl}对应的点$(x_k,y_l)\in\partial\Omega_k$,则把该项$u_{kl}=g(x_k,y_l)$移到(3.1.4)式的右端,同样得到方程组(3.1.5),只是方程组(3.1.5)的右端向量$\boldsymbol{b}$除了与方程(3.1.2)的$f(x,y)$有关外,还与非齐次边界条件(3.1.3)$'$的$g(x,y)$有关系.

3.1.2 向量序列和矩阵序列的极限

迭代法与直接方法不同,不是通过预先规定好的有限步算术运算求得方程组的解,而是从某初始向量出发,用设计好的步骤逐次算出近似解向量$\boldsymbol{x}^{(k)}$,从而得到向量序列$\{\boldsymbol{x}^{(0)},\boldsymbol{x}^{(1)},\boldsymbol{x}^{(2)},\cdots\}$.如果此序列存在极限向量,则可以分析它是否为方程组的解.所以我们先讨论向量序列以及矩阵序列极限的概念和一些性质.

$\mathbb{R}^n$中的向量序列$\{\boldsymbol{x}^{(0)},\boldsymbol{x}^{(1)},\boldsymbol{x}^{(2)},\cdots\}$也记为$\{\boldsymbol{x}^{(k)}\}_{k=0}^{\infty}$,或简记为$\{\boldsymbol{x}^{(k)}\}$.同理,$\mathbb{R}^{n\times n}$中矩阵序列记为$\{\boldsymbol{A}^{(k)}\}_{k=0}^{\infty}$或$\{\boldsymbol{A}^{(k)}\}$.

定义 3.1.1 定义了范数$\|\cdot\|$的向量空间$\mathbb{R}^n$中,若存在$\boldsymbol{x}\in\mathbb{R}^n$满足

$$\lim_{k\to\infty}\|\boldsymbol{x}^{(k)}-\boldsymbol{x}\|=0,$$

则称$\{\boldsymbol{x}^{(k)}\}$**收敛于**$\boldsymbol{x}$,记为$\lim\limits_{k\to\infty}\boldsymbol{x}^{(k)}=\boldsymbol{x}$.

以上向量序列极限的定义形式上依赖于所选择的范数,但因为向量范数的等价性,

若$\{\boldsymbol{x}^{(k)}\}$对一种范数而言收敛于$\boldsymbol{x}$,则对其他范数而言也是收敛于$\boldsymbol{x}$的,这说明$\{\boldsymbol{x}^{(k)}\}$的收敛性与所选择的范数无关.

设$\boldsymbol{x}^{(k)}=(x_1^{(k)},x_2^{(k)},\cdots,x_n^{(k)})^{\mathrm{T}}$,$\boldsymbol{x}=(x_1,x_2,\cdots,x_n)^{\mathrm{T}}$.选用向量的$\infty$-范数,则有

$$\begin{aligned}\lim_{k\to\infty}\boldsymbol{x}^{(k)}=\boldsymbol{x}&\Leftrightarrow\lim_{k\to\infty}\max_{1\leqslant i\leqslant n}|x_i^{(k)}-x_i|=0\\&\Leftrightarrow\lim_{k\to\infty}|x_i^{(k)}-x_i|=0,\quad i=1,2,\cdots,n\\&\Leftrightarrow\lim_{k\to\infty}x_i^{(k)}=x_i,\quad i=1,2,\cdots,n.\end{aligned}$$

也就是说向量序列的收敛性等价于由向量分量构成的n个数列的收敛性,我们也称$\{\boldsymbol{x}^{(k)}\}$**按分量收敛**.

定义 3.1.2 定义了范数$\|\cdot\|$的空间$\mathbb{R}^{n\times n}$中,若存在$\boldsymbol{A}\in\mathbb{R}^{n\times n}$,使

$$\lim_{k\to\infty}\|\boldsymbol{A}^{(k)}-\boldsymbol{A}\|=0,$$

则称$\{\boldsymbol{A}^{(k)}\}$收敛于$\boldsymbol{A}$,记为$\lim\limits_{k\to\infty}\boldsymbol{A}^{(k)}=\boldsymbol{A}$.

同理,$\{\boldsymbol{A}^{(k)}\}$的收敛性与所选择的范数无关.记$\boldsymbol{A}^{(k)}=[a_{ij}^{(k)}]$,$\boldsymbol{A}=[a_{ij}]$,则有

$$\lim_{k\to\infty}\boldsymbol{A}^{(k)}=\boldsymbol{A}\Leftrightarrow\lim_{k\to\infty}a_{ij}^{(k)}=a_{ij},\quad i,j=1,2,\cdots,n.$$

定理 3.1.1 $\lim\limits_{k\to\infty}\boldsymbol{A}^{(k)}=\boldsymbol{0}$的充分必要条件是

$$\lim_{k\to\infty}\boldsymbol{A}^{(k)}\boldsymbol{x}=\boldsymbol{0},\quad\forall\,\boldsymbol{x}\in\mathbb{R}^n,\tag{3.1.8}$$

其中两个极限式的右端分别指零矩阵和零向量.

证明 对任意一种矩阵从属范数有

$$\|\boldsymbol{A}^{(k)}\boldsymbol{x}\|\leqslant\|\boldsymbol{A}^{(k)}\|\|\boldsymbol{x}\|,$$

所以,若$\lim\limits_{k\to\infty}\boldsymbol{A}^{(k)}=\boldsymbol{0}$,则$\lim\limits_{k\to\infty}\|\boldsymbol{A}^{(k)}\|=0$.对一切$\boldsymbol{x}\in\mathbb{R}^n$,有$\lim\limits_{k\to\infty}\|\boldsymbol{A}^{(k)}\boldsymbol{x}\|=0$成立,所以(3.1.8)式成立.

反之,若(3.1.8)式成立,取$\boldsymbol{x}$为第j个坐标单位向量$\boldsymbol{e}_j$,则$\lim\limits_{k\to\infty}\boldsymbol{A}^{(k)}\boldsymbol{e}_j=\boldsymbol{0}$意味着$\boldsymbol{A}^{(k)}$第$j$列各元素的极限为零,当$j=1,2,\cdots,n$,就证明了$\lim\limits_{k\to\infty}\boldsymbol{A}^{(k)}=\boldsymbol{0}$.定理证毕.

下面讨论一种与迭代法有关的矩阵序列的收敛性,这种序列由矩阵的幂构成,即$\{\boldsymbol{B}^k\}$,其中$\boldsymbol{B}\in\mathbb{R}^{n\times n}$.

定理 3.1.2 设$\boldsymbol{B}\in\mathbb{R}^{n\times n}$,则下列两个命题等价:

命题 1:$\lim\limits_{k\to\infty}\boldsymbol{B}^k=\boldsymbol{0}$.

命题 2:$\rho(\boldsymbol{B})<1$.

证明 命题 1$\Rightarrow$命题 2:设$\boldsymbol{B}$的一个特征值为λ,对应特征向量$\boldsymbol{x}\neq\boldsymbol{0}$,满足$\boldsymbol{B}\boldsymbol{x}=\lambda\boldsymbol{x}$,则有$\boldsymbol{B}^k\boldsymbol{x}=\lambda^k\boldsymbol{x}$,得

$$|\lambda|^k\|\boldsymbol{x}\|=\|\boldsymbol{B}^k\boldsymbol{x}\|.$$

设$\lim\limits_{k\to\infty}\boldsymbol{B}^k=\boldsymbol{0}$,由定理 3.1.1,有$\lim\limits_{k\to\infty}\boldsymbol{B}^k\boldsymbol{x}=\boldsymbol{0}$,所以$\lim\limits_{k\to\infty}\|\boldsymbol{B}^k\boldsymbol{x}\|=0$.即得

$$\lim_{k\to\infty}|\lambda|^k\|\boldsymbol{x}\|=\|\boldsymbol{x}\|\lim_{k\to\infty}|\lambda|^k=0.$$

因 $\|\boldsymbol{x}\|\neq 0$,故 $\boldsymbol{B}$ 的所有特征值 λ 都满足 $|\lambda|<1$,即 $\rho(\boldsymbol{B})<1$.

命题2⇒命题1:设 $\rho(\boldsymbol{B})<1$,根据定理1.6.12,对任意实数 $\varepsilon>0$,存在一种从属的矩阵范数 $\|\cdot\|$,使 $\|\boldsymbol{B}\|\leqslant\rho(\boldsymbol{B})+\varepsilon$. 适当选择 ε,使 $\rho(\boldsymbol{B})+\varepsilon<1$,便有 $\|\boldsymbol{B}\|<1$. 由 $\|\boldsymbol{B}^k\|\leqslant\|\boldsymbol{B}\|^k$,有 $\lim\limits_{k\to\infty}\|\boldsymbol{B}^k\|=0$,即 $\lim\limits_{k\to\infty}\boldsymbol{B}^k=\boldsymbol{0}$. 定理证毕.

还可以证明与命题1、命题2等价的一个命题:"至少存在一种从属矩阵范数 $\|\cdot\|$,使 $\|\boldsymbol{B}\|<1$". 见参考文献[1].

定理 3.1.3 设 $\boldsymbol{B}\in\mathbb{R}^{n\times n}$,$\|\cdot\|$ 为任意一种矩阵范数,则

$$\lim_{k\to\infty}\|\boldsymbol{B}^k\|^{\frac{1}{k}}=\rho(\boldsymbol{B}).$$

定理的证明可参阅参考文献[1].

例 3.1.2

$$\boldsymbol{B}=\begin{bmatrix}\frac{1}{2} & 0\\ \frac{1}{4} & \frac{1}{2}\end{bmatrix}.$$

不难求得 $\boldsymbol{B}$ 的两个特征值是 $\frac{1}{2}$,$\frac{1}{2}$,所以 $\rho(\boldsymbol{B})=\frac{1}{2}<1$. 由定理3.1.2可知,$\lim\limits_{k\to\infty}\boldsymbol{B}^k=\boldsymbol{0}$. 事实上,

$$\boldsymbol{B}^2=\begin{bmatrix}\frac{1}{4} & 0\\ \frac{1}{4} & \frac{1}{4}\end{bmatrix},\quad \boldsymbol{B}^3=\begin{bmatrix}\frac{1}{8} & 0\\ \frac{3}{16} & \frac{1}{8}\end{bmatrix},\quad \boldsymbol{B}^4=\begin{bmatrix}\frac{1}{16} & 0\\ \frac{1}{8} & \frac{1}{16}\end{bmatrix},$$

一般有

$$\boldsymbol{B}^k=\begin{bmatrix}\left(\frac{1}{2}\right)^k & 0\\ \frac{k}{2^{k+1}} & \left(\frac{1}{2}\right)^k\end{bmatrix}.$$

因为 $\lim\limits_{k\to\infty}\left(\frac{1}{2}\right)^k=0$,$\lim\limits_{k\to\infty}\frac{k}{2^{k+1}}=0$,即 $\boldsymbol{B}^k$ 每个元素都趋于零,所以 $\lim\limits_{k\to\infty}\boldsymbol{B}^k=\boldsymbol{0}$.

$\boldsymbol{B}^k$ 的 ∞-范数

$$\|\boldsymbol{B}^k\|_\infty=\left(\frac{1}{2}\right)^k\left(1+\frac{k}{2}\right),$$

所以

$$\|\boldsymbol{B}^k\|_\infty^{\frac{1}{k}}=\frac{1}{2}\left(1+\frac{k}{2}\right)^{\frac{1}{k}}.$$

因为 $\lim\limits_{k\to\infty}\left(1+\frac{k}{2}\right)^{\frac{1}{k}}=1$,所以 $\lim\limits_{k\to\infty}\|\boldsymbol{B}^k\|_\infty^{\frac{1}{k}}=\frac{1}{2}$,这里验证了定理3.1.3的结论.

3.1.3 迭代公式的构造

对于(3.1.1)式的方程组

$$\boldsymbol{A}\boldsymbol{x}=\boldsymbol{b},$$

设系数矩阵 $\boldsymbol{A}$ 非奇异. 将 $\boldsymbol{A}$ 分裂为

$$\boldsymbol{A}=\boldsymbol{M}-\boldsymbol{N}, \tag{3.1.9}$$

其中 $\boldsymbol{M}$ 为非奇异矩阵,则由方程组 $\boldsymbol{A}\boldsymbol{x}=\boldsymbol{b}$ 可得

$$\boldsymbol{x}=\boldsymbol{M}^{-1}\boldsymbol{N}\boldsymbol{x}+\boldsymbol{M}^{-1}\boldsymbol{b}.$$

令

$$\boldsymbol{B}=\boldsymbol{M}^{-1}\boldsymbol{N}=\boldsymbol{I}-\boldsymbol{M}^{-1}\boldsymbol{A}, \tag{3.1.10}$$

$$\boldsymbol{f}=\boldsymbol{M}^{-1}\boldsymbol{b}, \tag{3.1.11}$$

就得到方程组(3.1.1)的一个等价方程组

$$\boldsymbol{x}=\boldsymbol{B}\boldsymbol{x}+\boldsymbol{f}. \tag{3.1.12}$$

由(3.1.12)式可以构造解此方程组的**迭代法**:

$$\boldsymbol{x}^{(k+1)}=\boldsymbol{B}\boldsymbol{x}^{(k)}+\boldsymbol{f},\quad k=0,1,\cdots, \tag{3.1.13}$$

其中 $\boldsymbol{B}$ 称为**迭代矩阵**. 如果给定初始向量 $\boldsymbol{x}^{(0)}\in\mathbb{R}^n$,按(3.1.13)式就可以计算 $\boldsymbol{x}^{(1)}$, $\boldsymbol{x}^{(2)}$,…,这样就产生向量序列$\{\boldsymbol{x}^{(k)}\}$.

定义 3.1.3 若存在向量 $\boldsymbol{x}^*\in\mathbb{R}^n$,由迭代法(3.1.13)产生的序列$\{\boldsymbol{x}^{(k)}\}$满足

$$\lim_{k\to\infty}\boldsymbol{x}^{(k)}=\boldsymbol{x}^*,\quad \forall\,\boldsymbol{x}^{(0)}\in\mathbb{R}^n,$$

则称**迭代法**(3.1.13)是**收敛**的.

显然,若迭代法(3.1.13)收敛,则 $\boldsymbol{x}^*$ 满足方程(3.1.12),从而向量 $\boldsymbol{x}^*$ 是方程组(3.1.1)的解.

例 3.1.3 方程组

$$\begin{cases}10x_1+3x_2+x_3=14,\\ 2x_1-10x_2+3x_3=-5,\\ x_1+3x_2+10x_3=14\end{cases}$$

的准确解是 $\boldsymbol{x}^*=(1,1,1)^{\mathrm{T}}$. 把方程组的三个方程左边分别保留 x_1, x_2 和 x_3 项,其他移到方程右边,写成

$$\begin{cases}x_1=\dfrac{1}{10}(\qquad -3x_2-x_3+14),\\[2mm] x_2=-\dfrac{1}{10}(-2x_1\qquad -3x_3-5),\\[2mm] x_3=\dfrac{1}{10}(-x_1-3x_2\qquad +14).\end{cases}$$

这就是 $\boldsymbol{x}=\boldsymbol{B}\boldsymbol{x}+\boldsymbol{f}$ 的形式.事实上,系数矩阵 $\boldsymbol{A}$ 分裂为 $\boldsymbol{A}=\boldsymbol{M}-\boldsymbol{N}$,其中

$$\boldsymbol{M}=\begin{bmatrix}10 & & \\ & -10 & \\ & & 10\end{bmatrix},\quad \boldsymbol{N}=\begin{bmatrix}0 & -3 & -1\\ -2 & 0 & -3\\ -1 & -3 & 0\end{bmatrix},$$

$\boldsymbol{M}$ 就是 $\boldsymbol{A}$ 的对角线部分,$-\boldsymbol{N}$ 是非对角线的部分.而

$$\boldsymbol{B}=\boldsymbol{M}^{-1}\boldsymbol{N}=\begin{bmatrix}0 & -\frac{3}{10} & -\frac{1}{10}\\ \frac{2}{10} & 0 & \frac{3}{10}\\ -\frac{1}{10} & -\frac{3}{10} & 0\end{bmatrix},\quad \boldsymbol{f}=\begin{bmatrix}\frac{14}{10}\\ \frac{5}{10}\\ \frac{14}{10}\end{bmatrix}.$$

迭代法 $\boldsymbol{x}^{(k+1)}=\boldsymbol{B}\boldsymbol{x}^{(k)}+\boldsymbol{f}(k=0,1,\cdots)$ 的分量形式就是

$$\begin{cases}x_1^{(k+1)}=\dfrac{1}{10}(\qquad -3x_2^{(k)}-x_3^{(k)}+14),\\ x_2^{(k+1)}=-\dfrac{1}{10}(-2x_1^{(k)}\qquad -3x_3^{(k)}-5),\\ x_3^{(k+1)}=\dfrac{1}{10}(-x_1^{(k)}-3x_2^{(k)}\qquad +14).\end{cases}$$

这种 $\boldsymbol{A}$ 分裂为 $\boldsymbol{M}-\boldsymbol{N}$,$\boldsymbol{M}$ 是 $\boldsymbol{A}$ 对角线部分所得的迭代法,称为 **Jacobi 迭代法.**

将上述迭代法稍加改变,每一个分量的计算尽量用“最新”算出的计算值,可以得到另外一种迭代公式:

$$\begin{cases}x_1^{(k+1)}=\dfrac{1}{10}(\qquad -3x_2^{(k)}-x_3^{(k)}+14),\\ x_2^{(k+1)}=-\dfrac{1}{10}(-2x_1^{(k+1)}\qquad -3x_3^{(k)}-5),\\ x_3^{(k+1)}=\dfrac{1}{10}(-x_1^{(k+1)}-3x_2^{(k+1)}\qquad +14).\end{cases}$$

这种迭代法称为 **Gauss-Seidel 迭代法.**

取 $\boldsymbol{x}^{(0)}=(0,0,0)^{\mathrm{T}}$,Jacobi 迭代法的前几步计算结果如下表所示.

$\boldsymbol{x}^{(k)}$	$\boldsymbol{x}^{(0)}$	$\boldsymbol{x}^{(1)}$	$\boldsymbol{x}^{(2)}$	$\boldsymbol{x}^{(3)}$	$\boldsymbol{x}^{(4)}$	$\boldsymbol{x}^{(5)}$	$\boldsymbol{x}^{(6)}$
$x_1^{(k)}$	0	1.4	1.11	0.929	0.9906	1.011 59	1.000 251
$x_2^{(k)}$	0	0.5	1.20	1.055	0.9645	0.9953	1.005 795
$x_3^{(k)}$	0	1.4	1.11	0.929	0.9906	1.011 59	1.000 251
$\Vert\boldsymbol{x}^{(k)}-\boldsymbol{x}^*\Vert_\infty$	1	0.5	0.20	0.071	0.0355	0.011 59	0.005 795

取同样的 $\boldsymbol{x}^{(0)}$，Gauss-Seidel 迭代法的前几步计算结果如下表所示.

$\boldsymbol{x}^{(k)}$	$\boldsymbol{x}^{(0)}$	$\boldsymbol{x}^{(1)}$	$\boldsymbol{x}^{(2)}$	$\boldsymbol{x}^{(3)}$	$\boldsymbol{x}^{(4)}$
$x_1^{(k)}$	0	1.4	0.9234	0.991 34	0.991 54
$x_2^{(k)}$	0	0.78	0.992 48	1.0310	0.995 78
$x_3^{(k)}$	0	1.026	1.1092	0.991 59	1.0021
$\\|\boldsymbol{x}^{(k)}-\boldsymbol{x}^*\\|_\infty$	1	0.4	0.1092	0.031	0.0085

从计算结果看，两种方法的$\{\boldsymbol{x}^{(k)}\}$都收敛于 $\boldsymbol{x}^*$. 本例 Gauss-Seidel 方法要比 Jacobi 方法收敛快些.

3.1.4 迭代法的收敛性分析

定义 3.1.3 已经给出迭代法收敛的定义，实际使用的迭代法应该是收敛的方法. 这里进一步分析迭代法收敛的条件. 假设 $\boldsymbol{x}^* \in \mathbb{R}^n$，$\boldsymbol{x}^*$ 是方程组 $\boldsymbol{Ax}=\boldsymbol{b}$ 的解，它也是等价方程组(3.1.12)的解，即

$$\boldsymbol{x}^* = \boldsymbol{Bx}^* + \boldsymbol{f}.$$

对于迭代法(3.1.13)产生的序列$\{\boldsymbol{x}^{(k)}\}$，有

$$\boldsymbol{x}^{(k+1)} = \boldsymbol{Bx}^{(k)} + \boldsymbol{f}.$$

记误差向量为

$$\boldsymbol{e}^{(k)} = \boldsymbol{x}^{(k)} - \boldsymbol{x}^*, \quad k = 0,1,\cdots, \tag{3.1.14}$$

则有

$$\boldsymbol{e}^{(k+1)} = \boldsymbol{x}^{(k+1)} - \boldsymbol{x}^* = \boldsymbol{B}(\boldsymbol{x}^{(k)} - \boldsymbol{x}^*) = \boldsymbol{B}\,\boldsymbol{e}^{(k)},$$

由此递推得

$$\boldsymbol{e}^{(k)} = \boldsymbol{B}^k\boldsymbol{e}^{(0)}, \tag{3.1.15}$$

其中 $\boldsymbol{e}^{(0)}=\boldsymbol{x}^{(0)}-\boldsymbol{x}^*$，它与 k 无关. 所以迭代法(3.1.13)收敛就意味着

$$\lim_{k\to\infty}\boldsymbol{e}^{(k)} = \boldsymbol{0}, \quad \forall\, \boldsymbol{e}^{(0)} \in \mathbb{R}^n.$$

定理 3.1.4 迭代法 $\boldsymbol{x}^{(k+1)}=\boldsymbol{Bx}^{(k)}+\boldsymbol{f}(k=0,1,\cdots)$收敛的充分必要条件是 $\rho(\boldsymbol{B})<1$.

证明 上面已分析，迭代法(3.1.13)收敛等价于 $\lim\limits_{k\to\infty}\boldsymbol{e}^{(k)} = \boldsymbol{0}, \forall\, \boldsymbol{e}^{(0)} \in \mathbb{R}^n$. 而由(3.1.15)式知，迭代法收敛的充分必要条件是

$$\lim_{k\to\infty}\boldsymbol{B}^k\boldsymbol{e}^{(0)} = \boldsymbol{0}, \quad \forall\, \boldsymbol{e}^{(0)} \in \mathbb{R}^n, \tag{3.1.16}$$

由定理 3.1.1，(3.1.16)式成立的充分必要条件是 $\lim\limits_{k\to\infty}\boldsymbol{B}^k = \boldsymbol{0}$. 而由定理 3.1.2，这个条件和 $\rho(\boldsymbol{B}) < 1$ 等价. 所以迭代法收敛的充分必要条件是 $\rho(\boldsymbol{B}) < 1$. 定理证毕.

有时实际判别一个迭代法解某方程组是否收敛，条件 $\rho(\boldsymbol{B})<1$ 往往较难检验. 但

$\|\boldsymbol{B}\|_1$，$\|\boldsymbol{B}\|_\infty$，$\|\boldsymbol{B}\|_F$ 等可以用 $\boldsymbol{B}$ 的元素表示，所以有时用 $\|\boldsymbol{B}\|<1$ 作为收敛的充分条件较为方便. 例如，在例 3.1.2 的方程组中，Jacobi 法的迭代矩阵 $\boldsymbol{B}$ 的范数 $\|\boldsymbol{B}\|_\infty=0.5$，所以有 $\rho(\boldsymbol{B})\leqslant\|\boldsymbol{B}\|_\infty<1$，迭代是收敛的.

定理 3.1.5 设 $\boldsymbol{x}^*$ 是方程组 $\boldsymbol{x}=\boldsymbol{B}\boldsymbol{x}+\boldsymbol{f}$ 的惟一解，$\|\cdot\|$ 是一种向量范数，从属于它的矩阵范数 $\|\boldsymbol{B}\|=q<1$，则迭代法 $\boldsymbol{x}^{(k+1)}=\boldsymbol{B}\boldsymbol{x}^{(k)}+\boldsymbol{f}$ 收敛，且

$$\|\boldsymbol{x}^{(k)}-\boldsymbol{x}^*\|\leqslant\frac{q}{1-q}\|\boldsymbol{x}^{(k)}-\boldsymbol{x}^{(k-1)}\|, \tag{3.1.17}$$

$$\|\boldsymbol{x}^{(k)}-\boldsymbol{x}^*\|\leqslant\frac{q^k}{1-q}\|\boldsymbol{x}^{(1)}-\boldsymbol{x}^{(0)}\|. \tag{3.1.18}$$

证明 由于 $\rho(\boldsymbol{B})\leqslant\|\boldsymbol{B}\|<1$，由定理 3.1.4 知，迭代法收敛，$\lim\limits_{k\to\infty}\boldsymbol{x}^{(k)}=\boldsymbol{x}^*$. 而

$$\begin{aligned}\boldsymbol{x}^{(k)}-\boldsymbol{x}^* &= \boldsymbol{B}(\boldsymbol{x}^{(k-1)}-\boldsymbol{x}^*)\\ &= \boldsymbol{B}(\boldsymbol{x}^{(k-1)}-\boldsymbol{x}^{(k)})+\boldsymbol{B}(\boldsymbol{x}^{(k)}-\boldsymbol{x}^*),\\ \|\boldsymbol{x}^{(k)}-\boldsymbol{x}^*\| &\leqslant \|\boldsymbol{B}(\boldsymbol{x}^{(k-1)}-\boldsymbol{x}^{(k)})\|+\|\boldsymbol{B}(\boldsymbol{x}^{(k)}-\boldsymbol{x}^*)\|\\ &\leqslant \|\boldsymbol{B}\|\,\|\boldsymbol{x}^{(k)}-\boldsymbol{x}^{(k-1)}\|+\|\boldsymbol{B}\|\,\|\boldsymbol{x}^{(k)}-\boldsymbol{x}^*\|.\end{aligned}$$

所以

$$\|\boldsymbol{x}^{(k)}-\boldsymbol{x}^*\|\leqslant\frac{\|\boldsymbol{B}\|}{1-\|\boldsymbol{B}\|}\|\boldsymbol{x}^{(k)}-\boldsymbol{x}^{(k-1)}\|,$$

即得(3.1.17)式. 由此反复运用递推式

$$\|\boldsymbol{x}^{(k)}-\boldsymbol{x}^{(k-1)}\|=\|\boldsymbol{B}(\boldsymbol{x}^{(k-1)}-\boldsymbol{x}^{(k-2)})\|\leqslant q\|\boldsymbol{x}^{(k-1)}-\boldsymbol{x}^{(k-2)}\|,$$

即得(3.1.18)式. 定理证毕.

利用定理 3.1.5 作误差估计，一般可取 1-范数、2-范数或∞-范数. 从(3.1.17)式可见，只要 $q=\|\boldsymbol{B}\|$ 不是很接近 1，若相邻两次迭代向量 $\boldsymbol{x}^{(k-1)}$ 和 $\boldsymbol{x}^{(k)}$ 已经很接近，则 $\boldsymbol{x}^{(k)}$ 和准确解 $\boldsymbol{x}^*$ 已经相当接近，所以可用 $\|\boldsymbol{x}^{(k)}-\boldsymbol{x}^{(k-1)}\|<\varepsilon$ 来控制迭代计算结束. 例如，例 3.1.2 的 Jacobi 迭代法有 $q=\|\boldsymbol{B}\|_\infty=0.5$，如果 $\|\boldsymbol{x}^{(k)}-\boldsymbol{x}^{(k-1)}\|_\infty<10^{-7}$，则由(3.1.17)式可估计

$$\|\boldsymbol{x}^{(k)}-\boldsymbol{x}^*\|_\infty\leqslant\frac{0.5}{1-0.5}\|\boldsymbol{x}^{(k)}-\boldsymbol{x}^{(k-1)}\|_\infty<10^{-7}.$$

但是若 $\|\boldsymbol{B}\|\approx1$，即使 $\|\boldsymbol{x}^{(k)}-\boldsymbol{x}^{(k-1)}\|$ 很小，也不能判定 $\|\boldsymbol{x}^{(k)}-\boldsymbol{x}^*\|$ 很小. 例如，若 $q=\|\boldsymbol{B}\|=1-10^{-6}$，如果 $\|\boldsymbol{x}^{(k)}-\boldsymbol{x}^{(k-1)}\|=10^{-7}$，那么只能估计到 $\|\boldsymbol{x}^{(k)}-\boldsymbol{x}^*\|\leqslant10^{-1}-10^{-7}\approx10^{-1}$.

从(3.1.18)式可以看到，若 $\|\boldsymbol{B}\|$ 越小，则迭代收敛越快. 下面再分析收敛速度的概念. 设迭代法(3.1.13)收敛，即 $\rho(\boldsymbol{B})<1$. 由(3.1.15)式可得，第 k 次迭代的误差向量 $\boldsymbol{e}^{(k)}$ 满足

$$\|\boldsymbol{e}^{(k)}\|=\|\boldsymbol{B}^k\boldsymbol{e}^{(0)}\|\leqslant\|\boldsymbol{B}^k\|\,\|\boldsymbol{e}^{(0)}\|.$$

设 $\boldsymbol{e}^{(0)} \neq \boldsymbol{0}$,就有

$$\frac{\| \boldsymbol{e}^{(k)} \|}{\| \boldsymbol{e}^{(0)} \|} \leqslant \| \boldsymbol{B}^k \|,$$

而且根据矩阵从属范数的定义,有

$$\| \boldsymbol{B}^k \| = \max_{\boldsymbol{e}^{(0)} \neq \boldsymbol{0}} \frac{\| \boldsymbol{B}^k \boldsymbol{e}^{(0)} \|}{\| \boldsymbol{e}^{(0)} \|} = \max_{\boldsymbol{e}^{(0)} \neq \boldsymbol{0}} \frac{\| \boldsymbol{e}^{(k)} \|}{\| \boldsymbol{e}^{(0)} \|},$$

也就是说 $\| \boldsymbol{B}^k \|$ 给出了迭代 k 次后误差向量 $\boldsymbol{e}^{(k)}$ 的范数与初始误差向量 $\boldsymbol{e}^{(0)}$ 的范数之比的最大值. 这样,迭代 k 次后,平均每次迭代误差向量范数的压缩率可以看成是 $\| \boldsymbol{B}^k \|^{\frac{1}{k}}$.

如果要求迭代 k 次后有

$$\frac{\| \boldsymbol{e}^{(k)} \|}{\| \boldsymbol{e}^{(0)} \|} \leqslant \varepsilon, \tag{3.1.19}$$

其中 $\varepsilon = 10^{-s} \ll 1$,那么只要满足 $\| \boldsymbol{B}^k \| \leqslant \varepsilon$ 便可以保证(3.1.19)式成立. 这等价于

$$\| \boldsymbol{B}^k \|^{\frac{1}{k}} \leqslant \varepsilon^{\frac{1}{k}},$$

取对数得

$$\ln \| \boldsymbol{B}^k \|^{\frac{1}{k}} \leqslant \frac{1}{k} \ln \varepsilon,$$

即

$$k \geqslant \frac{-\ln \varepsilon}{-\ln \| \boldsymbol{B}^k \|^{\frac{1}{k}}}. \tag{3.1.20}$$

(3.1.20)式就是满足(3.1.19)式所需迭代次数的估计. 可见最小的迭代次数反比于 $-\ln \| \boldsymbol{B}^k \|^{\frac{1}{k}}$.

定义 3.1.4 迭代法(3.1.13)的**平均收敛率**定义为

$$R_k(\boldsymbol{B}) = -\ln \| \boldsymbol{B}^k \|^{\frac{1}{k}}. \tag{3.1.21}$$

平均收敛率 $R_k(\boldsymbol{B})$ 依赖于迭代次数 k 和所选择的矩阵从属范数,这给一些分析带来不便. 由定理 3.1.3 可知 $\lim\limits_{k \to \infty} \| \boldsymbol{B}^k \|^{\frac{1}{k}} = \rho(\boldsymbol{B})$. 所以, $\lim\limits_{k \to \infty} R_k(\boldsymbol{B}) = -\ln \rho(\boldsymbol{B})$.

定义 3.1.5

$$R(\boldsymbol{B}) = -\ln \rho(\boldsymbol{B})$$

称为迭代法(3.1.13)的**渐近收敛率**,或称**渐近收敛速度**.

$R(\boldsymbol{B})$ 与迭代次数及取 $\boldsymbol{B}$ 的何种范数无关,它反映迭代次数趋于无穷时迭代法的渐近性质. 当 $\rho(\boldsymbol{B})$ 越小时, $-\ln \rho(\boldsymbol{B})$ 越大,迭代收敛就越快. 可以用

$$k \geqslant \frac{-\ln \varepsilon}{R(\boldsymbol{B})} = \frac{s \ln 10}{R(\boldsymbol{B})} \tag{3.1.22}$$

作(3.1.19)式所需迭代次数的估计.

例如,如果要求迭代 k 次之后相对误差 $\frac{\| \boldsymbol{e}^{(k)} \|}{\| \boldsymbol{e}^{(0)} \|} \leqslant 10^{-5}$,若迭代矩阵 $\boldsymbol{B}$ 的谱半径

$\rho(\boldsymbol{B})=0.9$,那么 $k\geqslant\frac{5\ln 10}{-\ln 0.9}\approx 109.3$,需 110 次迭代. 若 $\rho(\boldsymbol{B})=0.4$,则 $k\geqslant\frac{5\ln 10}{-\ln 0.4}\approx 12.6$,只需 13 次迭代.

3.2 Jacobi 迭代法和 Gauss-Seidel 迭代法

例 3.1.3 中,对一个 3 元方程组的例子建立了 Jacobi 迭代法和 Gauss-Seidel 迭代法. 对于一般的方程组(3.1.1):

$$\boldsymbol{A}\boldsymbol{x}=\boldsymbol{b},$$

其中 $\boldsymbol{A}\in\mathbb{R}^{n\times n}$,$\det\boldsymbol{A}\neq 0$,$\boldsymbol{A}=[a_{ij}]$. 记

$$\boldsymbol{A}=\boldsymbol{D}-\boldsymbol{L}-\boldsymbol{U},\tag{3.2.1}$$

其中 $\boldsymbol{D}=\mathrm{diag}(a_{11},a_{22},\cdots,a_{nn})$,即 $\boldsymbol{A}$ 的对角部分,而

$$\boldsymbol{L}=-\begin{bmatrix}0&&&&\\a_{21}&0&&&\\a_{31}&a_{32}&\ddots&&\\\vdots&\vdots&\ddots&0&\\a_{n1}&a_{n2}&\cdots&a_{n,n-1}&0\end{bmatrix},\quad \boldsymbol{U}=-\begin{bmatrix}0&a_{12}&a_{13}&\cdots&a_{1n}\\&0&a_{23}&\cdots&a_{2n}\\&&0&\ddots&\vdots\\&&&\ddots&a_{n-1,n}\\&&&&0\end{bmatrix}.\tag{3.2.2}$$

即 $-\boldsymbol{L}$ 和 $-\boldsymbol{U}$ 分别是 $\boldsymbol{A}$ 的严格下、上三角部分(不包括对角线).

3.2.1 Jacobi 迭代法

设 $a_{ii}\neq 0$,$i=1,2,\cdots,n$,即 $\boldsymbol{D}$ 非奇异. 取 $\boldsymbol{M}=\boldsymbol{D}$,$\boldsymbol{N}=\boldsymbol{L}+\boldsymbol{U}$,由 $\boldsymbol{A}=\boldsymbol{M}-\boldsymbol{N}$,可将方程组改写为等价方程组

$$\boldsymbol{x}=\boldsymbol{B}_{\mathrm{J}}\boldsymbol{x}+\boldsymbol{f}_{\mathrm{J}},\tag{3.2.3}$$

根据(3.1.10)式和(3.1.11)式有

$$\boldsymbol{B}_{\mathrm{J}}=\boldsymbol{D}^{-1}(\boldsymbol{L}+\boldsymbol{U})=\boldsymbol{I}-\boldsymbol{D}^{-1}\boldsymbol{A},\tag{3.2.4}$$

$$\boldsymbol{f}_{\mathrm{J}}=\boldsymbol{D}^{-1}\boldsymbol{b}.\tag{3.2.5}$$

由此构造迭代法

$$\boldsymbol{x}^{(k+1)}=\boldsymbol{B}_{\mathrm{J}}\boldsymbol{x}^{(k)}+\boldsymbol{f}_{\mathrm{J}},\quad k=0,1,\cdots,\tag{3.2.6}$$

称为解方程组(3.1.1)的 **Jacobi 迭代法**,简称 **J 迭代法**或 **J 法**. (3.2.6)式的分量形式为

$$x_i^{(k+1)}=\frac{1}{a_{ii}}\Big(b_i-\sum_{j=1}^{i-1}a_{ij}x_j^{(k)}-\sum_{j=i+1}^{n}a_{ij}x_j^{(k)}\Big),\quad i=1,2,\cdots,n,\tag{3.2.7}$$

3.2.2 Gauss-Seidel 迭代法

J 法如果按(3.2.7)式计算,一般按 $x_1^{(k+1)},x_2^{(k+1)},\cdots,x_n^{(k+1)}$ 的次序计算各分量. 注意

到计算 $x_i^{(k+1)}$ 时，前面的 $i-1$ 个分量 $x_1^{(k+1)},\cdots,x_{i-1}^{(k+1)}$ 已经算出，所以可以对 J 法进行修改，在每个分量计算出来之后，下一个分量的计算就利用最新的近似结果，这样，(3.2.7)式修改为

$$x_i^{(k+1)}=\frac{1}{a_{ii}}\left(b_i-\sum_{j=1}^{i-1}a_{ij}x_j^{(k+1)}-\sum_{j=i+1}^{n}a_{ij}x_j^{(k)}\right),\quad i=1,2,\cdots,n. \tag{3.2.8}$$

这种方法称为 **Gauss-Seidel 迭代法**，简称 **GS 迭代法**或 **GS 法**.

分量形式的(3.2.8)式可写成矩阵式

$$\boldsymbol{D}\boldsymbol{x}^{(k+1)}=\boldsymbol{b}+\boldsymbol{L}\boldsymbol{x}^{(k+1)}+\boldsymbol{U}\boldsymbol{x}^{(k)},$$

$$(\boldsymbol{D}-\boldsymbol{L})\boldsymbol{x}^{(k+1)}=\boldsymbol{U}\boldsymbol{x}^{(k)}+\boldsymbol{b}.$$

所以 GS 法迭代公式可写成

$$\boldsymbol{x}^{(k+1)}=\boldsymbol{B}_{\mathrm{G}}\boldsymbol{x}^{(k)}+\boldsymbol{f}_{\mathrm{G}}, \tag{3.2.9}$$

其中

$$\boldsymbol{B}_{\mathrm{G}}=(\boldsymbol{D}-\boldsymbol{L})^{-1}\boldsymbol{U}=\boldsymbol{I}-(\boldsymbol{D}-\boldsymbol{L})^{-1}\boldsymbol{A}, \tag{3.2.10}$$

$$\boldsymbol{f}_{\mathrm{G}}=(\boldsymbol{D}-\boldsymbol{L})^{-1}\boldsymbol{b}. \tag{3.2.11}$$

这相当于方程组 $\boldsymbol{Ax}=\boldsymbol{b}$ 中，系数矩阵分裂为 $\boldsymbol{A}=\boldsymbol{M}-\boldsymbol{N}$，其中 $\boldsymbol{M}=\boldsymbol{D}-\boldsymbol{L},\boldsymbol{N}=\boldsymbol{U}$，原方程组写成等价方程组 $\boldsymbol{x}=\boldsymbol{B}_{\mathrm{G}}\boldsymbol{x}+\boldsymbol{f}_{\mathrm{G}}$，由此构造迭代法(3.2.9)，其分量形式就是(3.2.8)式.

例 3.1.3 已经给出 J 法和 GS 法解三元方程组的数值例子.

3.2.3 J 法和 GS 法的收敛性

由定理 3.1.4 马上可以得到下面的结论.

定理 3.2.1 J 法收敛的充分必要条件是 $\rho(\boldsymbol{B}_{\mathrm{J}})<1$，GS 法收敛的充分必要条件是 $\rho(\boldsymbol{B}_{\mathrm{G}})<1$，其中 $\boldsymbol{B}_{\mathrm{J}}$ 和 $\boldsymbol{B}_{\mathrm{G}}$ 分别是 J 法和 GS 法的迭代矩阵，由(3.2.4)式和(3.2.10)式表示.

还可得到 J 法收敛的一个充分条件是 $\|\boldsymbol{B}_{\mathrm{J}}\|<1$，GS 法收敛的一个充分条件是 $\|\boldsymbol{B}_{\mathrm{G}}\|<1$，这里的范数是指任意一种矩阵范数. 下面给出一些容易验证的收敛充分条件.

定理 3.2.2 设 $\boldsymbol{A}$ 为严格对角占优矩阵，或为不可约的弱对角占优矩阵，则解方程组 $\boldsymbol{Ax}=\boldsymbol{b}$ 的 J 法和 GS 法都收敛.

证明 这里只给出 $\boldsymbol{A}$ 为不可约的弱对角占优矩阵时，GS 迭代法收敛的证明，其余部分的证明请读者作为练习.

只要证明在假设条件下 $\rho(\boldsymbol{B}_{\mathrm{G}})<1$，其中 $\boldsymbol{B}_{\mathrm{G}}=(\boldsymbol{D}-\boldsymbol{L})^{-1}\boldsymbol{U}$. 用反证法，设 $\boldsymbol{B}_{\mathrm{G}}$ 有一个特征值 λ 满足 $|\lambda|\geqslant 1$，则有

$$\det[\lambda\boldsymbol{I}-(\boldsymbol{D}-\boldsymbol{L})^{-1}\boldsymbol{U}]=0.$$

由此得到

$$\det(\boldsymbol{D}-\boldsymbol{L})^{-1}\cdot\det(\boldsymbol{D}-\boldsymbol{L}-\lambda^{-1}\boldsymbol{U})=0. \tag{3.2.12}$$

因为 $\boldsymbol{A}$ 是不可约的弱对角占优矩阵，由定理 1.6.14，有 $a_{ii}\neq 0, i=1,2,\cdots,n$，所以 $\det(\boldsymbol{D}-\boldsymbol{L})^{-1}\neq 0$. 而矩阵 $\boldsymbol{A}=\boldsymbol{D}-\boldsymbol{L}-\boldsymbol{U}$ 与矩阵 $\boldsymbol{D}-\boldsymbol{L}-\lambda^{-1}\boldsymbol{U}$ 的零元素与非零元素的位置完全一样，所以 $\boldsymbol{D}-\boldsymbol{L}-\lambda^{-1}\boldsymbol{U}$ 也是不可约的. 又因为 $|\lambda|\geqslant 1$，$\boldsymbol{D}-\boldsymbol{L}-\lambda^{-1}\boldsymbol{U}$ 也是弱对角占优矩阵. 由定理 1.6.14，有 $\det(\boldsymbol{D}-\boldsymbol{L}-\lambda^{-1}\boldsymbol{U})\neq 0$，这与(3.2.12)式矛盾. 所以 $\boldsymbol{B}_G$ 的所有特征值 λ 都满足 $|\lambda|<1$，即 $\rho(\boldsymbol{B}_G)<1$. 定理证毕.

如果方程组的系数矩阵 $\boldsymbol{A}$ 是对称的，关于 J 法和 GS 法有下面的性质.

定理 3.2.3 设 $\boldsymbol{A}$ 对称，且对角元 $a_{ii}>0(i=1,2,\cdots,n)$，则

(1) 解方程组 $\boldsymbol{Ax}=\boldsymbol{b}$ 的 J 迭代法收敛的充分必要条件是 $\boldsymbol{A}$ 及 $2\boldsymbol{D}-\boldsymbol{A}$ 均为正定矩阵，其中 $\boldsymbol{D}=\mathrm{diag}(a_{11},a_{22},\cdots,a_{nn})$.

(2) 解方程组 $\boldsymbol{Ax}=\boldsymbol{b}$ 的 GS 迭代法收敛的充分必要条件是 $\boldsymbol{A}$ 为正定矩阵.

定理的证明从略，可参阅参考文献[1].

对于一个给定的方程组(3.1.1)，J 法和 GS 法可能两者都收敛或都不收敛，也可能其一收敛而另一个不收敛. 如果 $\boldsymbol{A}$ 是对称正定矩阵，必有 $a_{ii}>0(i=1,2,\cdots,n)$. 则由定理 3.2.3 知，GS 迭代法一定收敛，而 J 迭代法却不一定收敛，只有 $\boldsymbol{A}$ 和 $2\boldsymbol{D}-\boldsymbol{A}$ 都正定时 J 法才收敛.

例 3.2.1

$$\boldsymbol{A}=\begin{bmatrix}1 & a & a\\ a & 1 & a\\ a & a & 1\end{bmatrix},$$

分析 $\boldsymbol{Ax}=\boldsymbol{b}$ 的 J 迭代法和 GS 迭代法的收敛性.

解 $\boldsymbol{A}$ 对称，且对角元都大于零. $\boldsymbol{A}$ 的顺序主子式 $\Delta_1=1,\Delta_2=1-a^2,\Delta_3=1+2a^3-3a^2=(1-a)^2(1+2a)$，$\boldsymbol{A}$ 正定的充要条件是 $\Delta_2>0,\Delta_3>0$. 这个关于 a 的不等式组的解集是 $\left(-\frac{1}{2},1\right)$，即只有 a 满足 $-\frac{1}{2}<a<1$ 时，$\boldsymbol{A}$ 是正定的. 根据定理 3.2.3 GS 法收敛的充分必要条件就是 $-\frac{1}{2}<a<1$.

$$2\boldsymbol{D}-\boldsymbol{A}=\begin{bmatrix}1 & -a & -a\\ -a & 1 & -a\\ -a & -a & 1\end{bmatrix},$$

它的顺序主子式 $\Delta_1=1,\Delta_2=1-a^2,\Delta_3=1-2a^3-3a^2=(1+a)^2(1-2a)$. 由 $2\boldsymbol{D}-\boldsymbol{A}$ 正定的充要条件 $\Delta_2>0,\Delta_3>0$ 解出 $a\in\left(-1,\frac{1}{2}\right)$. 所以根据定理 3.2.3 J 法收敛的充分必要条件是

$$a\in\left(-\frac{1}{2},1\right)\cap\left(-1,\frac{1}{2}\right),$$

即$-\frac{1}{2}<a<\frac{1}{2}$. 事实上,也可看J法的迭代矩阵

$$\boldsymbol{B}_{\mathrm{J}}=\begin{bmatrix}0 & -a & -a\\ -a & 0 & -a\\ -a & -a & 0\end{bmatrix},$$

不难计算$\det(\lambda\boldsymbol{I}-\boldsymbol{B}_{\mathrm{J}})=\lambda^3-3a^2+2a^3=(\lambda-a)^2(\lambda+2a)$,$\boldsymbol{B}_{\mathrm{J}}$的特征值是$a$和$-2a$,有$\rho(\boldsymbol{B}_{\mathrm{J}})=2|a|$,$a$满足$|a|<\frac{1}{2}$时,$\rho(\boldsymbol{B}_{\mathrm{J}})<1$,J法收敛. 例如,若$a=0.8$,GS法收敛,$\boldsymbol{A}$是正定的. 而$2\boldsymbol{D}-\boldsymbol{A}$不正定,J法不收敛,此时$\rho(\boldsymbol{B}_{\mathrm{J}})=1.6$.

3.3 超松弛迭代法

3.3.1 逐次超松弛迭代公式

为了提高收敛速度,对GS法进一步改进. 假设计算第$k+1$个近似解$\boldsymbol{x}^{(k+1)}$时,分量$x_1^{(k+1)},x_2^{(k+1)},\cdots,x_{i-1}^{(k+1)}$已经算好,可以如GS的公式那样计算

$$\bar{x}_i^{(k+1)}=\frac{1}{a_{ii}}\left(b_i-\sum_{j=1}^{i-1}a_{ij}x_j^{(k+1)}-\sum_{j=i+1}^{n}a_{ij}x_j^{(k)}\right),$$

再用参数ω作$\bar{x}_i^{(k+1)}$和$x_i^{(k)}$的加权平均,即

$$\begin{aligned}x_i^{(k+1)}&=\omega\bar{x}_i^{(k+1)}+(1-\omega)x_i^{(k)}\\&=x_i^{(k)}+\omega(\bar{x}_i^{(k+1)}-x_i^{(k)}),\end{aligned}$$

或整理成

$$x_i^{(k+1)}=(1-\omega)x_i^{(k)}+\frac{\omega}{a_{ii}}\left(b_i-\sum_{j=1}^{i-1}a_{ij}x_j^{(k+1)}-\sum_{j=i+1}^{n}a_{ij}x_j^{(k)}\right),\quad i=1,2,\cdots,n. \tag{3.3.1}$$

这称为**逐次超松弛迭代法**,简称**SOR迭代法**或**SOR**(succesise over-relaxation)**法**,其中ω称为**松弛因子**. 当$\omega=1$时,SOR法就是GS法.

同(3.2.1)式,(3.2.2)式,仍记$\boldsymbol{A}=\boldsymbol{D}-\boldsymbol{L}-\boldsymbol{U}$. SOR法的分量形式(3.3.1)式可写成矩阵形式

$$\boldsymbol{x}^{(k+1)}=(1-\omega)\boldsymbol{x}^{(k)}+\omega\boldsymbol{D}^{-1}(\boldsymbol{b}+\boldsymbol{L}\boldsymbol{x}^{(k+1)}+\boldsymbol{U}\boldsymbol{x}^{(k)}),$$
$$(\boldsymbol{D}-\omega\boldsymbol{L})\boldsymbol{x}^{(k+1)}=[(1-\omega)\boldsymbol{D}+\omega\boldsymbol{U}]\boldsymbol{x}^{(k)}+\omega\boldsymbol{b}.$$

整理成

$$\boldsymbol{x}^{(k+1)}=\mathscr{L}_\omega\boldsymbol{x}^{(k)}+\omega(\boldsymbol{D}-\omega\boldsymbol{L})^{-1}\boldsymbol{b}, \tag{3.3.2}$$

其中$\mathscr{L}_\omega$为SOR法的迭代矩阵:

$$\mathscr{L}_\omega=(\boldsymbol{D}-\omega\boldsymbol{L})^{-1}[(1-\omega)\boldsymbol{D}+\omega\boldsymbol{U}]. \tag{3.3.3}$$

这相当于方程组 $\boldsymbol{Ax}=\boldsymbol{b}$ 中，系数矩阵分裂为 $\boldsymbol{A}=\boldsymbol{M}-\boldsymbol{N}$，其中

$$\boldsymbol{M}=\frac{1}{\omega}(\boldsymbol{D}-\omega\boldsymbol{L}),\quad \boldsymbol{N}=\frac{1}{\omega}[(1-\omega)\boldsymbol{D}+\omega\boldsymbol{U}].$$

由此得到等价方程组 $\boldsymbol{x}=\boldsymbol{M}^{-1}\boldsymbol{N}\boldsymbol{x}+\boldsymbol{M}^{-1}\boldsymbol{b}$. 利用它构造出迭代法(3.3.2)，即 SOR 法，其分量形式为(3.3.1)式.

例 3.3.1 方程组

$$\begin{bmatrix}4 & 3 & 0\\ 3 & 4 & -1\\ 0 & -1 & 4\end{bmatrix}\begin{bmatrix}x_1\\ x_2\\ x_3\end{bmatrix}=\begin{bmatrix}24\\ 30\\ -24\end{bmatrix}$$

的准确解为 $\boldsymbol{x}=(3,4,-5)^{\mathrm{T}}$. 用 SOR 迭代法解此方程组的分量形式(3.3.1)式为

$$\begin{cases}x_1^{(k+1)}=(1-\omega)x_1^{(k)}+\dfrac{\omega}{4}(24-3x_2^{(k)}),\\[2mm] x_2^{(k+1)}=(1-\omega)x_2^{(k)}+\dfrac{\omega}{4}(30-3x_1^{(k+1)}+x_3^{(k)}),\\[2mm] x_3^{(k+1)}=(1-\omega)x_3^{(k)}+\dfrac{\omega}{4}(-24+x_2^{(k+1)}).\end{cases}$$

都取 $\boldsymbol{x}^{(0)}=(1,1,1)^{\mathrm{T}}$，当 $\omega=1$ 时迭代 7 次得

$$\boldsymbol{x}^{(7)}=(3.0134110,3.9888241,-5.0027940)^{\mathrm{T}}.$$

当 $\omega=1.25$ 时迭代 7 次得

$$\boldsymbol{x}^{(7)}=(3.0000498,4.0002586,-5.0003486)^{\mathrm{T}}.$$

继续算下去，要达到小数点后 7 位的精度，$\omega=1$ 时(即 GS 法)要迭代 34 次，而 $\omega=1.25$ 时，只需 14 次迭代. 显然 $\omega=1.25$ 时收敛要快些，ω 的选择对收敛速度影响较大.

3.3.2 SOR 迭代法的收敛性

SOR 迭代法收敛的充分必要条件是 $\rho(\mathscr{L}_\omega)<1$，而 $\rho(\mathscr{L}_\omega)$ 与松弛因子 ω 有关. 下面先给出 $\rho(\mathscr{L}_\omega)$ 与 ω 的关系，再讨论 SOR 法收敛的条件.

定理 3.3.1 设 $\boldsymbol{A}\in\mathbb{R}^{n\times n}$，其对角元 $a_{ii}\neq0(i=1,2,\cdots,n)$，则对所有实数 ω，有

$$\rho(\mathscr{L}_\omega)\geqslant|\omega-1|. \tag{3.3.4}$$

证明 $\boldsymbol{A}$ 对角元都非零，可以构造 SOR 法，迭代矩阵 $\mathscr{L}_\omega$ 由(3.3.3)式表示，其中 $\boldsymbol{L}$ 和 $\boldsymbol{U}$ 分别是严格的下、上三角矩阵，$\boldsymbol{D}-\omega\boldsymbol{L}$ 和 $(1-\omega)\boldsymbol{D}+\omega\boldsymbol{U}$ 的行列式都易于计算. 设 $\mathscr{L}_\omega$ 的 n 个特征值是 $\lambda_1,\lambda_2,\cdots,\lambda_n$，则

$$\begin{aligned}\lambda_1\lambda_2\cdots\lambda_n&=\det\mathscr{L}_\omega\\&=\det(\boldsymbol{D}-\omega\boldsymbol{L})^{-1}\det[(1-\omega)\boldsymbol{D}+\omega\boldsymbol{U}]\\&=\det\boldsymbol{D}^{-1}\det[(1-\omega)\boldsymbol{D}]=(1-\omega)^n,\end{aligned}$$

$$\rho(\mathscr{L}_\omega) = \max_{1\leqslant i\leqslant n} |\lambda_i| \geqslant |\lambda_1\lambda_2\cdots\lambda_n|^{1/n} = |1-\omega|.$$

定理证毕.

推论 如果解方程组 $\boldsymbol{Ax}=\boldsymbol{b}$ 的 SOR 迭代法收敛,则有$|\omega-1|<1$,即 $0<\omega<2$.

定理 3.3.2 设 $\boldsymbol{A}\in\mathbb{R}^{n\times n}$,$\boldsymbol{A}$ 对称正定,且 $0<\omega<2$,则解方程组 $\boldsymbol{Ax}=\boldsymbol{b}$ 的 SOR 迭代法收敛.

证明 设 λ 是$\mathscr{L}_\omega$的一个特征值,对应特征向量 $\boldsymbol{x}\neq\boldsymbol{0}$. 由(3.3.3)式得

$$[(1-\omega)\boldsymbol{D}+\omega\boldsymbol{U}]\boldsymbol{x} = \lambda(\boldsymbol{D}-\omega\boldsymbol{L})\boldsymbol{x},$$

因 $\boldsymbol{A}=\boldsymbol{D}-\boldsymbol{L}-\boldsymbol{U}$ 是实对称矩阵,所以 $\boldsymbol{L}^{\mathrm{T}}=\boldsymbol{U}$. 上式两边与 $\boldsymbol{x}$ 作内积,得

$$(1-\omega)(\boldsymbol{Dx},\boldsymbol{x})+\omega(\boldsymbol{Ux},\boldsymbol{x}) = \lambda[(\boldsymbol{Dx},\boldsymbol{x})-\omega(\boldsymbol{Lx},\boldsymbol{x})], \tag{3.3.5}$$

因为 $\boldsymbol{A}$ 正定,所以 $\boldsymbol{D}$ 也正定,记 $p=(\boldsymbol{Dx},\boldsymbol{x})$,有 $p>0$. 因 λ 和 $\boldsymbol{x}$ 是复数和复向量,记 $(\boldsymbol{Lx},\boldsymbol{x})=\alpha+\mathrm{i}\beta$,由复内积性质有

$$(\boldsymbol{Ux},\boldsymbol{x}) = (\boldsymbol{L}^{\mathrm{T}}\boldsymbol{x},\boldsymbol{x}) = (\boldsymbol{x},\boldsymbol{Lx}) = \overline{(\boldsymbol{Lx},\boldsymbol{x})} = \alpha-\mathrm{i}\beta.$$

由(3.3.5)式有

$$\lambda = \frac{(1-\omega)p+\omega\alpha-\mathrm{i}\omega\beta}{p-\omega\alpha-\mathrm{i}\omega\beta},$$

$$|\lambda|^2 = \frac{[p-\omega(p-\alpha)]^2+\omega^2\beta^2}{(p-\omega\alpha)^2+\omega^2\beta^2}.$$

上式分子减去分母等于

$$[p-\omega(p-\alpha)]^2-(p-\omega\alpha)^2 = p\omega(2-\omega)(2\alpha-p).$$

因为 $\boldsymbol{A}$ 正定,有

$$(\boldsymbol{Ax},\boldsymbol{x}) = (\boldsymbol{Dx},\boldsymbol{x})-(\boldsymbol{Lx},\boldsymbol{x})-(\boldsymbol{Ux},\boldsymbol{x}) = p-2\alpha>0,$$

又因为 $0<\omega<2$,可见$|\lambda|^2$ 式中的分子小于分母,故有$|\lambda|^2<1$,从而 $\rho(\mathscr{L}_\omega)<1$,SOR 迭代法收敛. 定理证毕.

对于系数矩阵对称正定的方程组,SOR 迭代法($0<\omega<2$)一定收敛. 若 $\omega=1$,说明这样的方程组 GS 迭代法一定收敛,这就是定理 3.2.3 给出的结论. 事实上,还可以证明:若 $\boldsymbol{A}$ 对称,且对角元 $a_{ii}>0(i=1,2,\cdots,n)$,则 SOR 法收敛的充分必要条件是 $\boldsymbol{A}$ 正定,且 $0<\omega<2$.

3.3.3 最优松弛因子

SOR 迭代法的收敛速度与松弛因子 ω 有关. 例 3.3.1 中也看到不同 ω 的数值结果. 我们希望选取最优的松弛因子 ω_b,使得迭代矩阵谱半径

$$\rho(\mathscr{L}_{\omega_b}) = \min_{0<\omega<2}\rho(\mathscr{L}_\omega),$$

或等价地,收敛速度

$$R(\mathscr{L}_{\omega_b}) = \max_{0<\omega<2}R(\mathscr{L}_\omega).$$

这是一个比较复杂的问题,对于一些具有特殊性质的矩阵 $\boldsymbol{A}$ 有理论分析的结果. 下面我们仅就一种简单情形列出结论.

定理 3.3.3 $\boldsymbol{A}\in\mathbb{R}^{n\times n}$,设 $\boldsymbol{A}$ 是对称正定的三对角矩阵,$\boldsymbol{B}_{\mathrm{J}}$,$\boldsymbol{B}_{\mathrm{G}}$ 和 $\mathscr{L}_{\omega}$ 分别是解方程组 $\boldsymbol{A}\boldsymbol{x}=\boldsymbol{b}$ 的 J 法、GS 法和 SOR 法(松弛因子为 ω)的迭代矩阵,则有

$$\rho(\boldsymbol{B}_{\mathrm{G}})=[\rho(\boldsymbol{B}_{\mathrm{J}})]^2<1, \tag{3.3.6}$$

$$\omega_b=\frac{2}{1+\sqrt{1-[\rho(\boldsymbol{B}_{\mathrm{J}})]^2}}, \tag{3.3.7}$$

$$\rho(\mathscr{L}_{\omega_b})=\omega_b-1. \tag{3.3.8}$$

在定理的条件下,最优松弛因子 $\omega_b\in[1,2)$. $\rho(\mathscr{L}_{\omega})$ 作为 ω 的函数,其图形如图 3.2 所示. $\rho(\mathscr{L}_{\omega_b})$ 是 $(0,2)$ 上 $\rho(\mathscr{L}_{\omega})$ 的最小值. 当 $\omega\in[\omega_b,2)$ 时,$\rho(\mathscr{L}_{\omega})=\omega-1$. 而且从(3.3.6)式知,GS 法收敛速度是 J 法收敛速度的两倍.

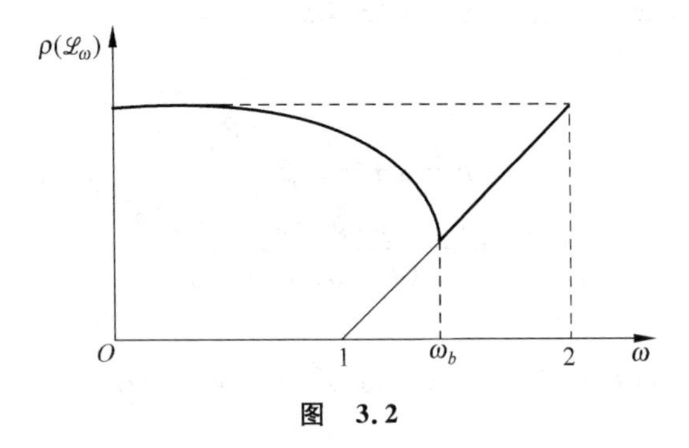

图 3.2

例 3.3.2 例 3.3.1 的方程组中

$$\boldsymbol{A}=\begin{bmatrix}4 & 3 & 0\\ 3 & 4 & -1\\ 0 & -1 & 4\end{bmatrix},\quad \boldsymbol{B}_{\mathrm{J}}=\begin{bmatrix}0 & -0.75 & 0\\ -0.75 & 0 & 0.25\\ 0 & 0.25 & 0\end{bmatrix}.$$

$\boldsymbol{A}$ 是对称正定的三对角矩阵,符合定理 3.3.3 的条件. $\det(\lambda\boldsymbol{I}-\boldsymbol{B}_{\mathrm{J}})=\lambda^3-\frac{5}{8}\lambda$,$\boldsymbol{B}_{\mathrm{J}}$ 的特征值是 $0,\pm\sqrt{\frac{5}{8}}$,所以 $\rho(\boldsymbol{B}_{\mathrm{J}})=\sqrt{\frac{5}{8}}=0.7906$. 由定理 3.3.3 的结论,$\rho(\boldsymbol{B}_{\mathrm{G}})=\frac{5}{8}=0.625$,而 SOR 法的最优松弛因子

$$\omega_b=\frac{2}{1+\sqrt{1-0.625}}\approx 1.240.$$

$\rho(\mathscr{L}_{\omega_b})\approx 0.240$. J 法、GS 法和 SOR 法(取 ω_b)的收敛速度分别是 0.235,0.470 和 1.425. SOR 法(取 ω_b)的收敛速度约为 G 法的 3 倍、J 法的 6 倍. 从例 3.3.1 已看到 $\omega=1$(G 法)

和 $\omega=1.25$ 的比较，后者的松弛因子接近最优.

3.3.4 模型问题几种迭代法的比较

本章开头模型问题例 3.1.1 给出的方程组系数矩阵为(3.1.6)式的 $\boldsymbol{A}$，它是块三对角的对称正定矩阵，定理 3.3.3 的结论也成立.

例 3.1.1 中 $h=\frac{1}{N+1}$，N 是一个整数. 可以计算出 J 法迭代矩阵 $\boldsymbol{B}_{\mathrm{J}}=\boldsymbol{D}^{-1}(\boldsymbol{L}+\boldsymbol{U})$ 的 N^2 个特征值为

$$\mu_{ij}=\frac{1}{2}(\cos i\pi h+\cos j\pi h),\quad i,j=1,2,\cdots,N.$$

当 $i=j=1$ 时就得到 $\boldsymbol{B}_{\mathrm{J}}$ 的谱半径

$$\rho(\boldsymbol{B}_{\mathrm{J}})=\cos\pi h=1-\frac{1}{2}\pi^2h^2+O(h^4).$$

根据定理 3.3.3 的结论有

$$\rho(\boldsymbol{B}_{\mathrm{G}})=\cos^2\pi h=1-\pi^2h^2+O(h^4),$$

$$\omega_b=\frac{2}{1+\sin\pi h},$$

$$\rho(\mathscr{L}_{\omega_b})=\omega_b-1=\frac{\cos^2\pi h}{(1+\sin\pi h)^2}.$$

这样，J 法、GS 法和取最优松弛因子的 SOR 法的收敛速度分别是

$$R(\boldsymbol{B}_{\mathrm{J}})=-\ln\rho(\boldsymbol{B}_{\mathrm{J}})=\frac{1}{2}\pi^2h^2+O(h^4),$$

$$R(\boldsymbol{B}_{\mathrm{G}})=-\ln\rho(\boldsymbol{B}_{\mathrm{G}})=\pi^2h^2+O(h^4),$$

$$\begin{aligned}R(\mathscr{L}_{\omega_b})&=-\ln(\omega_b-1)\\&=-2[\ln\cos\pi h-\ln(1+\sin\pi h)]=2\pi h+O(h^3).\end{aligned}$$

可见 $R(\boldsymbol{B}_{\mathrm{G}})=2R(\boldsymbol{B}_{\mathrm{J}})$，它们和 $R(\mathscr{L}_{\omega_b})$ 差了一个 h 的数量级. 如果要求 $\frac{\|\boldsymbol{e}^{(k)}\|}{\|\boldsymbol{e}^{(0)}\|}<10^{-s}$，按(3.1.22)式的估计，对取 ω_b 的 SOR 法有

$$k\approx\frac{s\ln10}{2\pi h},$$

而对 GS 法有

$$k\approx\frac{s\ln10}{\pi^2h^2}.$$

GS 法的迭代次数大约是 SOR 法(取 ω_b)的 $\frac{2}{\pi h}$ 倍，其中 h 一般是个小数. 举例来说，若模型问题中取 $f(x,y)\equiv0$，问题的解 $u(x,y)\equiv0$，离散后方程组(3.1.5)的解向量 $\boldsymbol{x}^*=\boldsymbol{0}$. 如果

取 $h=\frac{1}{20}$，初始向量 $\boldsymbol{x}^{(0)}=(1,1,\cdots,1)^{\mathrm{T}}$，在 $\|\boldsymbol{x}^{(k)}-\boldsymbol{x}^*\|_\infty<10^{-6}$ 时停止迭代，计算结果是J法迭代了1154次，GS法迭代了578次，而用 $\omega=1.73$ 的SOR法只迭代59次，这种情形下，$\omega_b=1.72945$.

*3.4 共轭梯度法

共轭梯度法简称CG(conjugate gradient)方法，也称**共轭斜量法**.本节先讨论与方程组等价的变分问题(一个二次函数的极值问题)，再由此出发讨论数值解法.

本节所用到的向量内积是

$$(\boldsymbol{x},\boldsymbol{y})=\boldsymbol{y}^{\mathrm{T}}\boldsymbol{x}=x_1y_1+x_2y_2+\cdots+x_ny_n,$$

其中 $\boldsymbol{x}=(x_1,x_2,\cdots,x_n)^{\mathrm{T}}$，$\boldsymbol{y}(y_1,y_2,\cdots,y_n)^{\mathrm{T}}$.若 $\boldsymbol{A}\in\mathbb{R}^{n\times n}$，则有

$$(\boldsymbol{A}\boldsymbol{x},\boldsymbol{y})=(\boldsymbol{x},\boldsymbol{A}^{\mathrm{T}}\boldsymbol{y}),$$

如果 $\boldsymbol{A}$ 是对称矩阵，上式成为

$$(\boldsymbol{A}\boldsymbol{x},\boldsymbol{y})=(\boldsymbol{x},\boldsymbol{A}\boldsymbol{y}).$$

3.4.1 与方程组等价的变分问题

设 $\boldsymbol{A}=[a_{ij}]\in\mathbb{R}^{n\times n}$，$\boldsymbol{A}$ 是对称正定矩阵.向量 $\boldsymbol{b}=(b_1,b_2,\cdots,b_n)^{\mathrm{T}}$.对应(3.1.1)的方程组

$$\boldsymbol{A}\boldsymbol{x}=\boldsymbol{b},\tag{3.4.1}$$

考虑二次的 n 元函数

$$\begin{aligned}\varphi(\boldsymbol{x})&=\varphi(x_1,x_2,\cdots,x_n)\\&=\frac{1}{2}(\boldsymbol{A}\boldsymbol{x},\boldsymbol{x})-(\boldsymbol{b},\boldsymbol{x})\\&=\frac{1}{2}\sum_{i=1}^{n}\sum_{j=1}^{n}a_{ij}x_ix_j-\sum_{j=1}^{n}b_jx_j.\end{aligned}\tag{3.4.2}$$

函数 $\varphi(\boldsymbol{x})$ 有如下性质：

(1) 对一切 $\boldsymbol{x}\in\mathbb{R}^n$，$\varphi(\boldsymbol{x})$ 的梯度

$$\nabla\varphi(\boldsymbol{x})=\boldsymbol{A}\boldsymbol{x}-\boldsymbol{b}.\tag{3.4.3}$$

(2) 对一切 $\boldsymbol{x},\boldsymbol{y}\in\mathbb{R}^n$，$\alpha\in\mathbb{R}$，

$$\begin{aligned}\varphi(\boldsymbol{x}+\alpha\boldsymbol{y})&=\frac{1}{2}(\boldsymbol{A}(\boldsymbol{x}+\alpha\boldsymbol{y}),\boldsymbol{x}+\alpha\boldsymbol{y})-(\boldsymbol{b},\boldsymbol{x}+\alpha\boldsymbol{y})\\&=\varphi(\boldsymbol{x})+\alpha(\boldsymbol{A}\boldsymbol{x}-\boldsymbol{b},\boldsymbol{y})+\frac{\alpha^2}{2}(\boldsymbol{A}\boldsymbol{y},\boldsymbol{y}).\end{aligned}\tag{3.4.4}$$

(3) 设 $\boldsymbol{x}^* = \boldsymbol{A}^{-1}\boldsymbol{b}$ 是方程组 $\boldsymbol{A}\boldsymbol{x}=\boldsymbol{b}$ 的解,则有

$$\varphi(\boldsymbol{x}^*) = -\frac{1}{2}(\boldsymbol{b}, \boldsymbol{A}^{-1}\boldsymbol{b}) = -\frac{1}{2}(\boldsymbol{A}\boldsymbol{x}^*, \boldsymbol{x}^*),$$

且对一切 $\boldsymbol{x}\in\mathbb{R}^n$,有

$$\begin{aligned}\varphi(\boldsymbol{x}) - \varphi(\boldsymbol{x}^*) &= \frac{1}{2}(\boldsymbol{A}\boldsymbol{x}, \boldsymbol{x}) - (\boldsymbol{A}\boldsymbol{x}^*, \boldsymbol{x}) + \frac{1}{2}(\boldsymbol{A}\boldsymbol{x}^*, \boldsymbol{x}^*) \\ &= \frac{1}{2}(\boldsymbol{A}(\boldsymbol{x}-\boldsymbol{x}^*), \boldsymbol{x}-\boldsymbol{x}^*). \end{aligned} \tag{3.4.5}$$

以上性质可以直接运算验证,其中用到矩阵 $\boldsymbol{A}$ 的对称性.

定理 3.4.1 设 $\boldsymbol{A}$ 对称正定,则向量 $\boldsymbol{x}^*$ 为方程组(3.4.1)的解的充分必要条件是 $\boldsymbol{x}^*$ 满足

$$\varphi(\boldsymbol{x}^*) = \min_{\boldsymbol{x}\in\mathbb{R}^n}\varphi(\boldsymbol{x}).$$

证明 设 $\boldsymbol{x}^*$ 是方程组(3.4.1)的解,即 $\boldsymbol{x}^* = \boldsymbol{A}^{-1}\boldsymbol{b}$. 由(3.4.5)式及 $\boldsymbol{A}$ 的正定性有

$$\varphi(\boldsymbol{x}) - \varphi(\boldsymbol{x}^*) = \frac{1}{2}(\boldsymbol{A}(\boldsymbol{x}-\boldsymbol{x}^*), \boldsymbol{x}-\boldsymbol{x}^*) \geqslant 0,$$

所以对一切 $\boldsymbol{x}\in\mathbb{R}^n$,均有 $\varphi(\boldsymbol{x}^*)\leqslant\varphi(\boldsymbol{x})$,即 $\boldsymbol{x}^*$ 使 $\varphi(\boldsymbol{x})$ 达到最小.

反之,若有 $\bar{\boldsymbol{x}}$ 使 $\varphi(\boldsymbol{x})$ 达到最小,则有 $\varphi(\bar{\boldsymbol{x}})\leqslant\varphi(\boldsymbol{x})$, $\forall\,\boldsymbol{x}\in\mathbb{R}^n$. 由上面的证明,$\varphi(\bar{\boldsymbol{x}})-\varphi(\boldsymbol{x}^*)=0$,即

$$(\boldsymbol{A}(\bar{\boldsymbol{x}}-\boldsymbol{x}^*), \bar{\boldsymbol{x}}-\boldsymbol{x}^*) = 0.$$

由 $\boldsymbol{A}$ 的正定性,便有 $\bar{\boldsymbol{x}}=\boldsymbol{x}^*$. 定理证毕.

求 $\boldsymbol{x}^*\in\mathbb{R}^n$,使 $\varphi(\boldsymbol{x})$ 取到最小值,这就是求解等价于方程组(3.4.1)的变分问题. 求解的方法一般是构造一个向量序列 $\{\boldsymbol{x}^{(k)}\}$,使 $\varphi(\boldsymbol{x}^{(k)})$ 趋于 $\min\varphi(\boldsymbol{x})$.

3.4.2 最速下降法

最速下降法是求 $\varphi(\boldsymbol{x})$ 最小值问题的一种简单而直观的方法. 它从初始向量 $\boldsymbol{x}^{(0)}$ 出发寻找 $\varphi(\boldsymbol{x})$ 的最小点. 若 $\boldsymbol{x}^{(0)}$ 给定,方程 $\varphi(\boldsymbol{x})=\varphi(\boldsymbol{x}^{(0)})$ 就代表 n 维空间中函数 $\varphi(\boldsymbol{x})$ 的等值面. 因为 $\boldsymbol{A}$ 是正定的,它是 n 维空间中的椭球面. 若 $n=2$,它就是二维空间中的椭圆曲线. 我们从 $\boldsymbol{x}^{(0)}$ 出发,先找一个使函数值 $\varphi(\boldsymbol{x})$ 减小最快的方向. 这就是正交于椭球面的函数 $\varphi(\boldsymbol{x})$ 的负梯度方向 $-\nabla\varphi(\boldsymbol{x}^{(0)})$,由(3.4.3)式,有

$$-\nabla\varphi(\boldsymbol{x}^{(0)}) = \boldsymbol{r}^{(0)},$$

其中 $\boldsymbol{r}^{(0)}=\boldsymbol{b}-\boldsymbol{A}\boldsymbol{x}^{(0)}$ 是方程组(3.4.1)对应于 $\boldsymbol{x}^{(0)}$ 的**剩余向量**. 如果 $\boldsymbol{r}^{(0)}=\boldsymbol{0}$,那么 $\boldsymbol{x}^{(0)}$ 就是方程组的解. 设 $\boldsymbol{r}^{(0)}\neq\boldsymbol{0}$,我们在 $\boldsymbol{x}^{(0)}+\alpha\boldsymbol{r}^{(0)}$ 中选择 $\alpha\in\mathbb{R}$,使 $\varphi(\boldsymbol{x}^{(0)}+\alpha\boldsymbol{r}^{(0)})$ 极小,这称为沿 $\boldsymbol{r}^{(0)}$ 方向($\varphi(\boldsymbol{x})$ 下降最快的方向)的**一维极小搜索**. 令 $\frac{\mathrm{d}}{\mathrm{d}\alpha}\varphi(\boldsymbol{x}^{(0)}+\alpha\boldsymbol{r}^{(0)})=0$,由(3.4.4)式,即

$$\frac{\mathrm{d}}{\mathrm{d}\alpha}\left[\varphi(\boldsymbol{x}^{(0)})+\alpha(\boldsymbol{A}\boldsymbol{x}^{(0)}-\boldsymbol{b},\boldsymbol{r}^{(0)})+\frac{\alpha^2}{2}(\boldsymbol{A}\boldsymbol{r}^{(0)},\boldsymbol{r}^{(0)})\right]=0,$$

解出 $\alpha=\alpha_0=\dfrac{(\boldsymbol{r}^{(0)},\boldsymbol{r}^{(0)})}{(\boldsymbol{A}\boldsymbol{r}^{(0)},\boldsymbol{r}^{(0)})}$. 再由 $\boldsymbol{A}$ 正定性可验证

$$\frac{\mathrm{d}^2}{\mathrm{d}\alpha^2}\varphi(\boldsymbol{x}^{(0)}+\alpha\boldsymbol{r}^{(0)})=(\boldsymbol{A}\boldsymbol{r}^{(0)},\boldsymbol{r}^{(0)})>0,$$

所以有

$$\min_{\alpha\in\mathbb{R}}\varphi(\boldsymbol{x}^{(0)}+\alpha\boldsymbol{r}^{(0)})=\varphi(\boldsymbol{x}^{(0)}+\alpha_0\boldsymbol{r}^{(0)}).$$

令 $\boldsymbol{x}^{(1)}=\boldsymbol{x}^{(0)}+\alpha_0\boldsymbol{r}^{(0)}$，这就完成了一次迭代. 其他各步类似. 最速下降法的算法公式如下：

$$\begin{cases}\text{选取 } \boldsymbol{x}^{(0)}\in\mathbb{R}^n\\ \text{对 } k=0,1,\cdots\\ \qquad \boldsymbol{r}^{(k)}=\boldsymbol{b}-\boldsymbol{A}\boldsymbol{x}^{(k)},\\ \qquad \alpha_k=\dfrac{(\boldsymbol{r}^{(k)},\boldsymbol{r}^{(k)})}{(\boldsymbol{A}\boldsymbol{r}^{(k)},\boldsymbol{r}^{(k)})},\\ \qquad \boldsymbol{x}^{(k+1)}=\boldsymbol{x}^{(k)}+\alpha_k\boldsymbol{r}^{(k)}.\end{cases}$$

不难验证，相邻两次搜索方向是正交的，即

$$(\boldsymbol{r}^{(k+1)},\boldsymbol{r}^{(k)})=0. \tag{3.4.6}$$

而且 $\{\varphi(\boldsymbol{x}^{(k)})\}$ 是单调下降有下界的序列，它存在极限，满足

$$\lim_{k\to\infty}\boldsymbol{x}^{(k)}=\boldsymbol{x}^*=\boldsymbol{A}^{-1}\boldsymbol{b}.$$

但是这种古典的最速下降法当 $\boldsymbol{x}^{(k)}$ 接近 $\boldsymbol{x}^*$ 时收敛是十分缓慢的，所以目前很少在实际计算中应用，这里我们把它作为求解极小问题进一步方法的一种启示.

3.4.3 共轭梯度法

仍然采用一维极小搜索的概念. 但是不再沿着 $\boldsymbol{r}^{(0)},\boldsymbol{r}^{(1)},\cdots$ 的方向搜索，而是按所谓 $\boldsymbol{A}$-共轭的方向搜索.

定义 3.4.1 设 $\boldsymbol{A}\in\mathbb{R}^{n\times n}$，$\boldsymbol{A}$ 对称正定. 若 $\mathbb{R}^n$ 中的向量组 $\{\boldsymbol{p}^{(0)},\boldsymbol{p}^{(1)},\cdots,\boldsymbol{p}^{(l)}\}$ 满足

$$(\boldsymbol{A}\boldsymbol{p}^{(i)},\boldsymbol{p}^{(j)})=0,\quad i\neq j,$$

则称它为 $\mathbb{R}^n$ 中的一个 **$\boldsymbol{A}$-共轭向量组**，或称 **$\boldsymbol{A}$-正交向量组**.

显然，若 $\boldsymbol{A}=\boldsymbol{I}$，$\boldsymbol{A}$-共轭性质就是普通的正交性. 当 $l<n$ 时，不含零向量的 $\boldsymbol{A}$-共轭向量组是线性无关的(所以，由非零向量组成的 $\boldsymbol{A}$-共轭向量组至多有 n 个向量). 这是因为若有实数 $c_0,c_1,\cdots,c_l$ 使

$$c_0\boldsymbol{p}^{(0)}+c_1\boldsymbol{p}^{(1)}+\cdots+c_l\boldsymbol{p}^{(l)}=\boldsymbol{0},$$

两边与 $\boldsymbol{A}\boldsymbol{p}^{(i)}$ 作内积，得到 $c_i(\boldsymbol{p}^{(i)},\boldsymbol{A}\boldsymbol{p}^{(i)})=0(i=0,1,\cdots,l)$，由 $\boldsymbol{A}$ 的正定性，有 $c_0=c_1=\cdots=c_l=0$.

由一维搜索的概念，若已知 $\boldsymbol{x}^{(0)}$ 和方向 $\boldsymbol{p}^{(0)}$，有 $\boldsymbol{x}^{(1)}=\boldsymbol{x}^{(0)}+\alpha_0\boldsymbol{p}^{(0)}$，再由 $\boldsymbol{x}^{(1)}$ 和方向 $\boldsymbol{p}^{(1)}$ 确定 $\boldsymbol{x}^{(2)}$. 一般地，若已知方向 $\boldsymbol{p}^{(0)},\boldsymbol{p}^{(1)},\cdots,\boldsymbol{p}^{(k)}$，以及求出的 $\boldsymbol{x}^{(k)}$，下一个近似向量是

$$\boldsymbol{x}^{(k+1)}=\boldsymbol{x}^{(k)}+\alpha_k\boldsymbol{p}^{(k)}, \tag{3.4.7}$$

其中的 α_k 由解一维极小问题 $\min\limits_{\alpha}\varphi(\boldsymbol{x}^{(k)}+\alpha\boldsymbol{p}^{(k)})$ 确定. 由(3.4.4)式有

$$\varphi(\boldsymbol{x}^{(k)}+\alpha\boldsymbol{p}^{(k)})=\varphi(\boldsymbol{x}^{(k)})+\alpha(\boldsymbol{A}\boldsymbol{x}^{(k)}-\boldsymbol{b},\boldsymbol{p}^{(k)})+\frac{\alpha^2}{2}(\boldsymbol{A}\boldsymbol{p}^{(k)},\boldsymbol{p}^{(k)}),$$

令 $\dfrac{\mathrm{d}}{\mathrm{d}\alpha}\varphi(\boldsymbol{x}^{(k)}+\alpha\boldsymbol{p}^{(k)})=0$，解出 $\alpha=\alpha_k$，其中

$$\alpha_k=\frac{(\boldsymbol{r}^{(k)},\boldsymbol{p}^{(k)})}{(\boldsymbol{A}\boldsymbol{p}^{(k)},\boldsymbol{p}^{(k)})}, \tag{3.4.8}$$

式中 $\boldsymbol{r}^{(k)}=\boldsymbol{b}-\boldsymbol{A}\boldsymbol{x}^{(k)}$. 由(3.4.7)式和(3.4.8)式确定的 $\boldsymbol{x}^{(k+1)}$ 对应的剩余向量是

$$\boldsymbol{r}^{(k+1)}=\boldsymbol{b}-\boldsymbol{A}\boldsymbol{x}^{(k+1)}=\boldsymbol{r}^{(k)}-\alpha_k\boldsymbol{A}\boldsymbol{p}^{(k)}. \tag{3.4.9}$$

CG 法中 $\boldsymbol{A}$-共轭向量组 $\{\boldsymbol{p}^{(0)},\boldsymbol{p}^{(1)},\cdots\}$ 的选择，就令 $\boldsymbol{p}^{(0)}=\boldsymbol{r}^{(0)}$. 若 $\boldsymbol{p}^{(0)},\boldsymbol{p}^{(1)},\cdots,\boldsymbol{p}^{(k)}$ 已选好，选 $\boldsymbol{p}^{(k+1)}$ 为与 $\boldsymbol{p}^{(0)},\boldsymbol{p}^{(1)},\cdots,\boldsymbol{p}^{(k)}$ $\boldsymbol{A}$-共轭的向量. 当然，这样的选择不是惟一的. 我们选 $\boldsymbol{p}^{(k+1)}$ 为 $\boldsymbol{r}^{(k+1)}$ 与 $\boldsymbol{p}^{(k)}$ 的线性组合，这里我们主要关心的是 $\boldsymbol{p}^{(k+1)}$ 的方向，不妨设

$$\boldsymbol{p}^{(k+1)}=\boldsymbol{r}^{(k+1)}+\beta_k\boldsymbol{p}^{(k)}. \tag{3.4.10}$$

利用 $(\boldsymbol{p}^{(k+1)},\boldsymbol{A}\boldsymbol{p}^{(k)})=0$，可以定出

$$\beta_k=-\frac{(\boldsymbol{r}^{(k+1)},\boldsymbol{A}\boldsymbol{p}^{(k)})}{(\boldsymbol{p}^{(k)},\boldsymbol{A}\boldsymbol{p}^{(k)})}. \tag{3.4.11}$$

这样，由(3.4.10)式和(3.4.11)式得到的 $\boldsymbol{p}^{(k+1)}$ 与 $\boldsymbol{p}^{(k)}$ 是 $\boldsymbol{A}$-共轭的.

按上面的分析，取 $\boldsymbol{x}^{(0)}\in\mathbb{R}^n$，$\boldsymbol{r}^{(0)}=\boldsymbol{b}-\boldsymbol{A}\boldsymbol{x}^{(0)}$，$\boldsymbol{p}^{(0)}=\boldsymbol{r}^{(0)}$，便可按(3.4.8)式，(3.4.7)式，(3.4.9)式，(3.4.11)式和(3.4.10)式，得到 $\boldsymbol{x}^{(0)};\boldsymbol{r}^{(0)},\boldsymbol{p}^{(0)},\alpha_0,\boldsymbol{x}^{(1)};\boldsymbol{r}^{(1)},\beta_0,\boldsymbol{p}^{(1)},\alpha_1,\boldsymbol{x}^{(2)};\cdots$. 从而得到序列 $\{\boldsymbol{x}^{(k)}\}$.

定理 3.4.2 由(3.4.7)～(3.4.11)式定义的算法有如下性质：

(1) 剩余向量构成一个正交向量组 $\{\boldsymbol{r}^{(k)}\}$，即

$$(\boldsymbol{r}^{(i)},\boldsymbol{r}^{(j)})=0,\quad i\neq j.$$

(2) $\{\boldsymbol{p}^{(k)}\}$ 是一个 $\boldsymbol{A}$-共轭向量组，即

$$(\boldsymbol{A}\boldsymbol{p}^{(i)},\boldsymbol{p}^{(j)})=(\boldsymbol{p}^{(i)},\boldsymbol{A}\boldsymbol{p}^{(j)})=0,\quad i\neq j.$$

定理可以用数学归纳法证明，这里从略. 还可以对以上公式进行化简. 我们有

$$(\boldsymbol{r}^{(k+1)},\boldsymbol{p}^{(k)})=(\boldsymbol{r}^{(k)},\boldsymbol{p}^{(k)})-\alpha_k(\boldsymbol{A}\boldsymbol{p}^{(k)},\boldsymbol{p}^{(k)})=0,$$

$$(\boldsymbol{r}^{(k)},\boldsymbol{p}^{(k)})=(\boldsymbol{r}^{(k)},\boldsymbol{r}^{(k)}+\beta_{k-1}\boldsymbol{p}^{(k-1)})=(\boldsymbol{r}^{(k)},\boldsymbol{r}^{(k)}).$$

所以有

$$\alpha_k=\frac{(\boldsymbol{r}^{(k)},\boldsymbol{r}^{(k)})}{(\boldsymbol{A}\boldsymbol{p}^{(k)},\boldsymbol{p}^{(k)})}. \tag{3.4.12}$$

由此看出，当 $\boldsymbol{r}^{(k)}\neq\boldsymbol{0}$ 时，有 $\alpha_k>0$. 而且由(3.4.9)式 $\boldsymbol{r}^{(k+1)}-\boldsymbol{r}^{(k)}=-\alpha_k\boldsymbol{A}\boldsymbol{p}^{(k)}$，再由定理

3.4.2 和(3.4.11)式,有

$$\beta_k = \frac{(\boldsymbol{r}^{(k+1)}, \alpha_k^{-1}(\boldsymbol{r}^{(k+1)} - \boldsymbol{r}^{(k)}))}{(\boldsymbol{A}\boldsymbol{p}^{(k)}, \boldsymbol{p}^{(k)})} = \frac{(\boldsymbol{r}^{(k+1)}, \boldsymbol{r}^{(k+1)})}{\alpha_k(\boldsymbol{A}\boldsymbol{p}^{(k)}, \boldsymbol{p}^{(k)})},$$

最后,由(3.4.12)式得

$$\beta_k = \frac{(\boldsymbol{r}^{(k+1)}, \boldsymbol{r}^{(k+1)})}{(\boldsymbol{r}^{(k)}, \boldsymbol{r}^{(k)})}. \tag{3.4.13}$$

由此可见,若 $\boldsymbol{r}^{(k+1)} \neq \boldsymbol{0}$,则 $\beta_k > 0$.

将以上计算公式归纳为以下的算法:

CG 算法

(1) 任取 $\boldsymbol{x}^{(0)} \in \mathbb{R}^n$;

(2) $\boldsymbol{r}^{(0)} = \boldsymbol{b} - \boldsymbol{A}\boldsymbol{x}^{(0)}, \boldsymbol{p}^{(0)} = \boldsymbol{r}^{(0)}$;

(3) 对 $k=0,1,\cdots$,

$$\begin{aligned}
\alpha_k &= \frac{(\boldsymbol{r}^{(k)}, \boldsymbol{r}^{(k)})}{(\boldsymbol{A}\boldsymbol{p}^{(k)}, \boldsymbol{p}^{(k)})}, \\
\boldsymbol{x}^{(k+1)} &= \boldsymbol{x}^{(k)} + \alpha_k \boldsymbol{p}^{(k)}, \\
\boldsymbol{r}^{(k+1)} &= \boldsymbol{r}^{(k)} - \alpha_k \boldsymbol{A}\boldsymbol{p}^{(k)}, \\
\beta_k &= \frac{(\boldsymbol{r}^{(k+1)}, \boldsymbol{r}^{(k+1)})}{(\boldsymbol{r}^{(k)}, \boldsymbol{r}^{(k)})}, \\
\boldsymbol{p}^{(k+1)} &= \boldsymbol{r}^{(k+1)} + \beta_k \boldsymbol{p}^{(k)}.
\end{aligned}$$

在计算过程中,若遇 $\boldsymbol{r}^{(k)} = \boldsymbol{0}$ 时,计算中止,此时即有 $\boldsymbol{x}^* = \boldsymbol{x}^{(k)}$;如遇 $\boldsymbol{p}^{(k)} = \boldsymbol{0}$,则 $(\boldsymbol{r}^{(k)}, \boldsymbol{r}^{(k)}) = (\boldsymbol{r}^{(k)}, \boldsymbol{p}^{(k)}) = 0$,也有 $\boldsymbol{r}^{(k)} = \boldsymbol{0}$,计算中止.

由定理 3.4.2 知,剩余向量相互正交,而$\mathbb{R}^n$中至多有 n 个相互正交的非零向量,所以 $\boldsymbol{r}^{(0)}, \boldsymbol{r}^{(1)}, \cdots, \boldsymbol{r}^{(n-1)}$ 若都不是零向量,必有 $\boldsymbol{r}^{(n)} = \boldsymbol{0}$,即 $\boldsymbol{x}^{(n)} = \boldsymbol{x}^*$. 也就是用 CG 法解 n 阶方程组,理论上最多 n 步便可得到精确解. 从这层意义上来说,CG 法实质上是一种直接方法. 但在有舍入误差存在的情况下,算法对舍入误差十分敏感,以至于很难保证$\{\boldsymbol{r}^{(k)}\}$的正交性,得不到所需的精确结果,所以 CG 法可以作为迭代法使用. 关于收敛性,可以证明

$$\| \boldsymbol{x}^{(k)} - \boldsymbol{x}^* \|_A \leqslant 2\left[\frac{\sqrt{K}-1}{\sqrt{K}+1}\right]^k \| \boldsymbol{x}^{(0)} - \boldsymbol{x}^* \|_A \tag{3.4.14}$$

其中 $\| \boldsymbol{x} \|_A = \sqrt{(\boldsymbol{A}\boldsymbol{x}, \boldsymbol{x})}, K = \mathrm{cond}(\boldsymbol{A})_2$.

例 3.4.1 用 CG 法解方程组

$$\begin{cases} 3x_1 + x_2 = 5, \\ x_1 + 2x_2 = 5. \end{cases}$$

解 不难验证系数矩阵 **A** 对称正定. 为了说明方法的性质,我们用分数进行运算. 取 $\boldsymbol{x}^{(0)} = (0,0)^{\mathrm{T}}$,有

$$\boldsymbol{r}^{(0)} = \boldsymbol{p}^{(0)} = \boldsymbol{b} - \boldsymbol{A}\boldsymbol{x}^{(0)} = (5,5)^{\mathrm{T}},$$

$$\alpha_0 = \frac{(\boldsymbol{r}^{(0)},\boldsymbol{r}^{(0)})}{(\boldsymbol{A}\boldsymbol{p}^{(0)},\boldsymbol{p}^{(0)})} = \frac{2}{7},$$

$$\boldsymbol{x}^{(1)} = \boldsymbol{x}^{(0)} + \alpha_0\boldsymbol{p}^{(0)} = \left(\frac{10}{7},\frac{10}{7}\right)^{\mathrm{T}},$$

$$\boldsymbol{r}^{(1)} = \boldsymbol{r}^{(0)} - \alpha_0\boldsymbol{A}\boldsymbol{p}^{(0)} = \left(-\frac{5}{7},\frac{5}{7}\right)^{\mathrm{T}}.$$

接下去类似计算得 $\beta_0=\frac{1}{49}$，$\boldsymbol{p}^{(1)}=\left(-\frac{30}{49},\frac{40}{49}\right)^{\mathrm{T}}$，$\alpha_1=\frac{7}{10}$，$\boldsymbol{x}^{(2)}=(1,2)^{\mathrm{T}}$，得到了方程的准确解.

由(3.4.14)式可以看到，当 $K\gg1$，即 $\boldsymbol{A}$ 病态时，CG 法收敛将会很慢. 为了改善收敛性，可以设法先降低系数矩阵的条件数，这就是**预处理**的方法. 选择一个非奇异矩阵 $\boldsymbol{S}\in\mathbb{R}^{n\times n}$，将方程组 $\boldsymbol{A}\boldsymbol{x}=\boldsymbol{b}$ 改写为等价的方程组

$$\boldsymbol{S}^{-1}\boldsymbol{A}\boldsymbol{S}^{-\mathrm{T}}\boldsymbol{u} = \boldsymbol{S}^{-1}\boldsymbol{b}, \quad \boldsymbol{x} = \boldsymbol{S}^{-\mathrm{T}}\boldsymbol{u},$$

其中 $\boldsymbol{S}^{-\mathrm{T}}=(\boldsymbol{S}^{-1})^{\mathrm{T}}$. 令 $\boldsymbol{F}=\boldsymbol{S}^{-1}\boldsymbol{A}\boldsymbol{S}^{-\mathrm{T}}$，$\boldsymbol{g}=\boldsymbol{S}^{-1}\boldsymbol{b}$，就得到新的方程组

$$\boldsymbol{F}\boldsymbol{u} = \boldsymbol{g}. \tag{3.4.15}$$

新方程组(3.4.15)的系数矩阵 $\boldsymbol{F}$ 保持了对称正定性质，可用 CG 法求解. 希望 $\boldsymbol{S}$ 的选择使矩阵 $\boldsymbol{F}$ 的条件数比起 $\boldsymbol{A}$ 来有所改善，这就是预处理方法的大意.

习 题

1. 下列向量序列 $\{\boldsymbol{x}^{(k)}\}$ 是否有极限？若有，求出其极限向量.

(1) $\boldsymbol{x}^{(k)}=\left(\mathrm{e}^{-k}\cos k,k\sin\frac{1}{k},3+\frac{1}{k^2}\right)^{\mathrm{T}}$；

(2) $\boldsymbol{x}^{(k)}=\left(k\mathrm{e}^{-k^2},\frac{\cos k}{k},\sqrt{k^2+k}-k\right)^{\mathrm{T}}$.

2. 取 $\boldsymbol{x}^{(0)}$ 为零向量，分别用 J 迭代法和 GS 迭代法求解下列方程组，计算至 $\boldsymbol{x}^{(5)}$ 或准确到 10^{-5} 时停止迭代.

(1) $\begin{cases}10x_1-x_2=9,\\-x_1+10x_2-2x_3=7,\\-2x_2+10x_3=6;\end{cases}$

(2) $\begin{cases}10x_1-x_2+2x_3=6,\\-x_1+11x_2-x_3+3x_4=25,\\2x_1-x_2+10x_3-x_4=-11,\\3x_2-x_3+8x_4=15.\end{cases}$

3. 对于方程组 $\boldsymbol{Ax}=\boldsymbol{b}$,若分别用J迭代法和GS迭代法求解,分析是否收敛?

(1) $\boldsymbol{A}=\begin{bmatrix}1 & 2 & -2\\1 & 1 & 1\\2 & 2 & 1\end{bmatrix}$; (2) $\boldsymbol{A}=\begin{bmatrix}2 & -1 & 1\\2 & 2 & 2\\-1 & -1 & 2\end{bmatrix}$.

4. 用J迭代法和GS迭代法求解方程组

$$\begin{bmatrix}a & 1\\1 & a\end{bmatrix}\begin{bmatrix}x_1\\x_2\end{bmatrix}=\begin{bmatrix}b_1\\b_2\end{bmatrix}\quad(a\neq 0).$$

(1) 用 a 的取值范围分别表示两个方法收敛的充分必要条件.

(2) 若两个方法都收敛,试求它们收敛速度之比.

5. 方程组

$$\begin{bmatrix}a_{11} & a_{12}\\a_{21} & a_{22}\end{bmatrix}\begin{bmatrix}x_1\\x_2\end{bmatrix}=\begin{bmatrix}b_1\\b_2\end{bmatrix},$$

其中系数矩阵行列式不为零,且 $a_{11}a_{22}\neq 0$.

(1) 证明解方程组的J迭代法和GS迭代法同时收敛或不收敛.

(2) 求两种方法收敛速度之比.

6. 分析方程组

$$\begin{bmatrix}1 & a & 0\\a & 1 & a\\0 & a & 1\end{bmatrix}\begin{bmatrix}x_1\\x_2\\x_3\end{bmatrix}=\begin{bmatrix}b_1\\b_2\\b_3\end{bmatrix}$$

J迭代法和GS迭代法的收敛性.

7. 设 $\boldsymbol{A}$ 为不可约的弱对角占优矩阵,试证明方程组 $\boldsymbol{Ax}=\boldsymbol{b}$ 的J迭代法收敛.

8. 对于习题2的方程组(1):

(1) 写出SOR迭代法的计算公式;

(2) 求最优松弛因子 ω_b 及 $\omega=\omega_b$ 时SOR法的渐近收敛率;

(3) 取 $\boldsymbol{x}^{(0)}=(0,0,0)^{\mathrm{T}}$,用 $\omega=\omega_b$ 的SOR法迭代求解,求 $\boldsymbol{x}^{(1)},\boldsymbol{x}^{(2)},\boldsymbol{x}^{(3)}$.

9. 方程组 $\begin{bmatrix}3 & 2\\1 & 2\end{bmatrix}\begin{bmatrix}x_1\\x_2\end{bmatrix}=\begin{bmatrix}3\\-1\end{bmatrix}$,若用迭代公式

$$\boldsymbol{x}^{(k+1)}=\boldsymbol{x}^{(k)}+\alpha(\boldsymbol{Ax}^{(k)}-\boldsymbol{b}),\quad k=0,1,\cdots,$$

迭代求解,问取什么实数范围内的 α 可使迭代收敛?取什么实数 α 可使收敛最快?

*10. (1) $\boldsymbol{B}\in\mathbb{R}^{n\times n}$,若 $\rho(\boldsymbol{B})=0$,试证明对任意的 $\boldsymbol{x}^{(0)}\in\mathbb{R}^n$,迭代公式

$$\boldsymbol{x}^{(k+1)}=\boldsymbol{Bx}^{(k)}+\boldsymbol{f},\quad k=0,1,\cdots,$$

最多 n 次迭代就可得到方程组 $\boldsymbol{x}=\boldsymbol{Bx}+\boldsymbol{f}$ 的精确解(不计舍入误差).(提示:考虑 $\boldsymbol{B}$ 及 $\boldsymbol{B}^k$ 的Jordan标准形)

(2) 用J迭代法求解方程组 $\boldsymbol{Ax}=\boldsymbol{b}$,其中 $\boldsymbol{A}$ 是第3题(1)的矩阵,$\boldsymbol{b}=(-1,2,4)^{\mathrm{T}}$.验

证本题(1)的结论.

11. 已知

$$\boldsymbol{A}=\begin{bmatrix}1 & -0.5\\ -0.5 & 1\end{bmatrix},\quad \boldsymbol{b}=\begin{bmatrix}3\\ 0\end{bmatrix},$$

方程组 $\boldsymbol{Ax}=\boldsymbol{b}$ 对应二次函数 $\varphi(\boldsymbol{x})=\frac{1}{2}(\boldsymbol{Ax},\boldsymbol{x})-(\boldsymbol{b},\boldsymbol{x})$.

(1) 计算 $\varphi(\boldsymbol{x}^*)$,其中 $\boldsymbol{x}^*$ 为方程组的准确解.

(2) 令 $\boldsymbol{x}^{(0)}=(0,0)^{\mathrm{T}}$,用 GS 迭代法计算 $\boldsymbol{x}^{(1)}$.

(3) 验证

$$\varphi(\boldsymbol{x}^{(1)})-\varphi(\boldsymbol{x}^*)=\frac{1}{2}(\boldsymbol{A}(\boldsymbol{x}^{(1)}-\boldsymbol{x}^*),\boldsymbol{x}^{(1)}-\boldsymbol{x}^*),$$

并求上式之值.

12. 取初始向量为零向量,用共轭梯度法解下列方程组:

(1) $\begin{bmatrix}6 & 3\\ 3 & 2\end{bmatrix}\begin{bmatrix}x_1\\ x_2\end{bmatrix}=\begin{bmatrix}0\\ -1\end{bmatrix}$;

(2) $\begin{bmatrix}4 & 3 & 0\\ 3 & 4 & -1\\ 0 & -1 & 4\end{bmatrix}\begin{bmatrix}x_1\\ x_2\\ x_3\end{bmatrix}=\begin{bmatrix}3\\ 5\\ -5\end{bmatrix}$.

计算实习题

1. 考虑方程组 $\boldsymbol{Hx}=\boldsymbol{b}$,其中系数矩阵为 Hilbert 矩阵:

$$\boldsymbol{H}=[h_{ij}]\in\mathbb{R}^{n\times n},\quad h_{ij}=\frac{1}{i+j-1},\quad i,j=1,2,\cdots,n.$$

假设由准确解 $\boldsymbol{x}^*=(1,1,\cdots,1)^{\mathrm{T}}\in\mathbb{R}^n$ 确定向量 $\boldsymbol{b}$.

(1) 选择 $n=6$,分别用 J 迭代方法和 SOR 迭代法($\omega=1,1.25,1.5$ 等)求解.比较计算结果与准确解.

(2) 逐步增大 n($n=8,10,\cdots$),重复(1)的计算,比较结果.结果说明什么?

2. 考虑 Poisson 方程边值问题

$$\begin{cases}-\left(\dfrac{\partial^2 u}{\partial x^2}+\dfrac{\partial^2 u}{\partial y^2}\right)=2\pi^2\sin\pi x\sin\pi y, & (x,y)\in\Omega,\\ u(x,y)=0, & (x,y)\in\partial\Omega,\end{cases}$$

其中 $\Omega=\{(x,y)\mid 0<x,y<1\}$,$\partial\Omega$ 是 Ω 的边界.边值问题的解是 $u(x,y)=\sin\pi x\sin\pi y$.

(1) 按例 3.1.1 模型问题的方法,取 $N=5,10$(也可再取 $N=20$),列出五点差分格式的线性代数方程组.

(2) 取初始向量 $\boldsymbol{u}^{(0)}$ 各分量均为1，分别用J迭代法、SOR迭代法($\omega=1,1.25,1.5,1.75$)和CG法解方程组，迭代至 $\|\boldsymbol{u}^{(k)}-\boldsymbol{u}^{(k-1)}\|_\infty<10^{-6}$ 时结束，给出各种情形的迭代次数和 $\|\boldsymbol{u}^*-\boldsymbol{u}\|_\infty$，其中 $\boldsymbol{u}^*$ 是迭代到最后的结果，$\boldsymbol{u}$ 是解函数 $u(x,y)$ 在点 (x_i,y_j) 上的值作为分量的向量. 对数值结果进行分析.

3. 对 $n=10,20,40$，五对角矩阵

$$\boldsymbol{A}=\begin{bmatrix}20 & -8 & 1 & & & & \\ -8 & 20 & -8 & 1 & & & \\ 1 & -8 & 20 & -8 & 1 & & \\ & \ddots & \ddots & \ddots & \ddots & & \\ & & 1 & -8 & 20 & -8 & 1 \\ & & & 1 & -8 & 20 & -8 \\ & & & & 1 & -8 & 20\end{bmatrix}\in\mathbb{R}^{n\times n},$$

分别用J迭代法和SOR迭代法(取 $\omega=1,1.2,1.4,1.6,1.8$ 等)解方程组 $\boldsymbol{A}\boldsymbol{x}=\boldsymbol{0}$. 取 $\boldsymbol{x}^{(0)}=(1,1,\cdots,1)^{\mathrm{T}}\in\mathbb{R}^n$，迭代至 $\|\boldsymbol{x}^{(k)}\|_\infty\leqslant10^{-6}$ 时停止，比较迭代次数，分析方法的收敛速度.

4. 非奇异矩阵 $\boldsymbol{A}\in\mathbb{R}^{n\times n}$，若已知 $\boldsymbol{A}^{-1}$ 的一个近似矩阵 $\boldsymbol{D}^{(0)}\in\mathbb{R}^{n\times n}$，则由矩阵迭代公式

$$\begin{cases}\boldsymbol{F}^{(k)}=\boldsymbol{I}-\boldsymbol{A}\boldsymbol{D}^{(k-1)},\\ \boldsymbol{D}^{(k)}=\boldsymbol{D}^{(k-1)}(\boldsymbol{I}+\boldsymbol{F}^{(k)}),\end{cases}\quad k=0,1,2,\cdots$$

可以产生矩阵序列 $\{\boldsymbol{D}^{(k)}\}$.

(1) 已知矩阵 $\boldsymbol{A}$ 及其逆矩阵的一个近似 $\boldsymbol{D}^{(0)}$ 为(用手算得)

$$\boldsymbol{A}=\begin{bmatrix}1.8 & -3.8 & 0.7 & -3.7\\ 0.7 & 2.1 & -2.6 & -2.8\\ 7.8 & 8.1 & 1.7 & -4.9\\ 1.9 & -4.3 & -4.9 & -4.7\end{bmatrix},$$

$$\boldsymbol{D}^{(0)}=\begin{bmatrix}-0.211 & -0.460 & 0.163 & 0.270\\ -0.035 & 0.169 & 0.016 & -0.089\\ 0.230 & 0.046 & -0.009 & -0.199\\ -0.293 & -0.388 & 0.061 & 0.185\end{bmatrix}.$$

用以上方法计算序列 $\{\boldsymbol{D}^{(k)}\}$，到 $\|\boldsymbol{F}^{(k)}\|\leqslant10^{-8}$ 时或迭代次数超过100次时结束.

(2) 分析最后得到的 $\boldsymbol{D}^{(k)}$ 是否 $\boldsymbol{A}$ 的一个较好的近似逆矩阵.

第4章

非线性方程和方程组的数值解法

4.1 引言

本章主要讨论数值求解方程

$$f(x)=0, \tag{4.1.1}$$

其中 $x\in\mathbb{R}$，$f\in C[a,b]$，$[a,b]$也可以是无穷区间. 如果实数 x^* 满足方程(4.1.1)，即 $f(x^*)=0$，则称 x^* 是方程(4.1.1)的**根**，或称 x^* 是函数 $f(x)$的**零点**.

如果函数 $f(x)$是多项式函数，即

$$f(x)=a_nx^n+a_{n-1}x^{n-1}+\cdots+a_1x+a_0,$$

其中 $a_n\neq0$，则方程(4.1.1)称为 n 次**代数方程**. 对于 $n=1,2$ 的情形，求根的公式是熟知的. 对 $n=3,4$，可以在数学手册上查到根的公式或求法，而对于 $n\geqslant5$ 的情形，不能用含有 $+$、$-$、$\times$、$\div$ 和根式等运算的一般公式来准确地写出根的表示式. 所以求根要用数值方法. 除了代数方程之外. 另一类方程是**超越方程**，例如，方程 $x=\frac{1}{2}+\sin x$，$3x^2-\mathrm{e}^x=0$ 等.

对于代数方程，有单根和重根的概念. 这可推广到一般的方程(4.1.1). 设 $f(x)$可分解为

$$f(x)=(x-x^*)^m g(x).$$

其中 m 为正整数，函数 g 满足 $g(x^*)\neq0$，则称 x^* 是 $f(x)$的 **m 重零点**，或 x^* 是方程(4.1.1)的 **m 重根**. 如果 g 充分光滑，x^* 是 $f(x)$的 m 重零点，则有

$$f(x^*)=f'(x^*)=\cdots=f^{(m-1)}(x^*)=0,\quad f^{(m)}(x^*)\neq0.$$

很多工程、物理和数学问题中会出现求解非线性方程的问题. 1.2.3 节矿道中的梯子问题就是一例，下面给出两个物理学的例子.

例 4.1.1 一个半径为 r，密度为 ρ 的木质球体投入水中(如图 4.1). 问球浸入水中部分的深度 d 等于多少?

显然,球的质量为$\frac{4}{3}\pi r^3\rho$,而球浸入水中排出的水的质量为

$$\int_0^d \pi[r^2-(x-r)^2]\mathrm{d}x = \frac{1}{3}\pi d^2(3r-d).$$

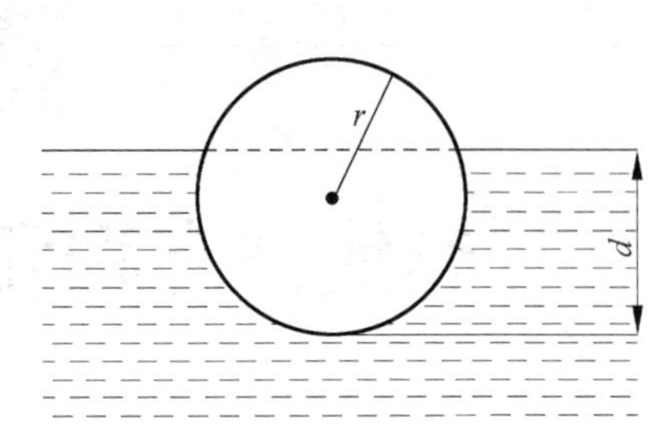

图 4.1

根据 Archimedes(阿基米德)定律,有

$$\frac{1}{3}\pi d^2(3r-d) = \frac{4}{3}\pi r^3\rho,$$

即 d 满足代数方程

$$d^3-3rd^2+4r^3\rho=0.$$

例如,若某种木材 $\rho=0.638\text{kg/cm}^3$,球半径 $r=5\text{cm}$,则 d 满足三次方程

$$d^3-15d^2+319=0. \tag{4.1.2}$$

设 $f(d)=d^3-15d^2+319$,不难验证 $f(0)=319, f(5)=69, f(10)=-181$. 可以看出在区间$(-\infty,0)$和$(10,+\infty)$上,方程(4.1.2)各有一个实根,这都不是物理问题的解. 而方程另有一个根 $d\in(5,10)$,这才是我们感兴趣的解,可以用本章的各种方法来求方程(4.1.2)的这个解. 这样的情形下,球超过一半的部分浸入了水中.

例 4.1.2 细长的弹性杆沿杆长方向(x 轴方向)的纵向小振动可以用以下微分方程描述:

$$-\frac{\partial}{\partial x}\left(A(x)E(x)\frac{\partial u(x,t)}{\partial x}\right)+c(x)u(x,t)$$
$$=f(x,t)-m(x)A(x)\frac{\partial^2 u(x,t)}{\partial t^2},\quad 0<x<l, t>0. \tag{4.1.3}$$

其中 $u(x,t)$表示平衡时坐标为 x 的截面在 t 时刻的位移. $f(x,t)$为 t 时刻在 x 处截面的纵向外加荷载. $A(x)$, $E(x)$和 $m(x)$分别表示在 x 处截面面积、弹性模量和杆的单位体积的质量. $c(x)(\geqslant 0)$表示在 x 处有关弹性支撑的弹性系数. 为了从方程(4.1.3)解 $u(x,t)$,还要给出 $t=0$ 时的初始条件$\left(\text{一般是给出初始位移 } u(x,0) \text{ 和初始速度} \frac{\partial u(x,0)}{\partial t} \text{的分布}\right)$和在 $x=0$ 及 $x=l$ 的边界条件,这就给出了 $u(x,t)$满足的一个**定解问题**,这里我们并不完整地讨论它的解法.

现设 $f(x,t)\equiv 0$. 我们讨论分离变量形式的解

$$u(x,t)=v(x)w(t).$$

如果有这种形式的解,代入方程(4.1.3)得到

$$\frac{-\frac{\mathrm{d}}{\mathrm{d}x}\left(A(x)E(x)\frac{\mathrm{d}v(x)}{\mathrm{d}x}\right)+c(x)v(x)}{m(x)A(x)v(x)} = \frac{-\frac{\mathrm{d}^2 w(t)}{\mathrm{d}t^2}}{w(t)}, \tag{4.1.4}$$

等式的两端应该等于一个与变量 x 和变量 t 无关的常数,记为 λ,有

$$-\frac{\mathrm{d}^2 w(t)}{\mathrm{d}t^2} = \lambda w(t), \tag{4.1.5}$$

$$-\frac{\mathrm{d}}{\mathrm{d}x}\left(A(x)E(x)\frac{\mathrm{d}v(x)}{\mathrm{d}x}\right)+c(x)v(x) = \lambda m(x)A(x)v(x), \tag{4.1.6}$$

为了简化，设 $c(x)\equiv 0$，且 $A(x)$，$E(x)$ 和 $m(x)$ 都是常数，分别记为 A，E 和 m，并设定解问题的边界条件是齐次条件 $u(0,t)=0$ 和 $\left(AE\frac{\partial u}{\partial x}+ru\right)\Big|_{x=l}=0$，即杆的左端固定而右端有弹性支撑．这样函数 $v(x)$ 满足

$$\begin{cases} -E\dfrac{\mathrm{d}^2 v(x)}{\mathrm{d}x^2} = \lambda m v(x), \quad 0 < x < l, & (4.1.7) \\ v(0) = 0, \quad \left(AE\dfrac{\mathrm{d}v}{\mathrm{d}x}+rv\right)\Big|_{x=l} = 0. & (4.1.8) \end{cases}$$

求数 λ 和非零函数 $v(x)$ 满足(4.1.7)，(4.1.8)的问题，是一个微分算子的**特征值问题**．λ 是特征值，$v(x)$ 是特征函数．

可以证明 $\lambda>0$，令 $\mu^2=\frac{\lambda m}{E}$．特征值问题(4.1.7)，(4.1.8)的解，可从微分方程(4.1.7)的通解出发，再考虑 $v(0)=0$ 得到，为 $v(x)=\sin\mu x$（可乘任意常数）．由(4.1.8)式的第二个条件推得 μ 满足方程

$$\tan\mu l = -\frac{AE}{r}\mu, \tag{4.1.9}$$

它有无穷多个根，可以用正切曲线与一条直线交点的横坐标来描述方程的根．设 μ_n 是方程(4.1.9)的第 n 个正根，特征值问题(4.1.7)，(4.1.8)的特征值是 $\lambda_n=\frac{E}{m}\mu_n^2$，特征函数为 $v_n(x)=\sin\mu_n x$，$n=1,2,\cdots$．确定了特征值 λ_n 之后，方程(4.1.5)的解为

$$w_n(t) = c_n\cos\theta_n t + d_n\sin\theta_n t, \quad n = 1,2,\cdots,$$

其中 $\theta_n=\sqrt{\frac{E}{m}}\mu_n$．在物理学和一些工程学科中，$\theta_n$ 称为杆纵振动问题的**固有频率**，$v_n(x)$ 称**基本振型**．如果方程(4.1.3)的外力项 $f(x,t)$ 含有周期性的因式 $\sin\theta t$，且 $\theta=\theta_n$，则会产生**共振现象**．类似的现象也会发生在其他的结构、机械或电学问题之中．这是某些物理学和工程技术学科中一个重要的问题．

求出了 $v_n(x)$ 和 $w_n(t)$ 之后，偏微分方程(4.1.3)的定解问题的解可以用级数 $\sum_{n=1}^{\infty}v_n(x)w_n(t)$ 表示．

本例中与特征值有关的 μ_n 满足一个超越方程(4.1.9)，方程有无穷多个根．如果要较为准确地求出特征值的数值，则可以用本章介绍的各种数值方法来求解方程(4.1.9)．

在第 5 章还要把本例和矩阵的特征值问题联系起来．

4.2　二分法和试位法

如果在区间$[a,b]$上方程(4.1.1)至少有一个根，就称$[a,b]$是方程$f(x)=0$的一个**有根区间**. 例如，若知道$f(a)f(b)<0$，由f的连续性，可知$[a,b]$是一个有根区间. 可以用一些x点上函数值$f(x)$的符号搜索有根区间. 如果在$[a,b]$上方程有且只有一个根，那就把方程的根隔离出来了，这时若能把有根区间不断缩小，便可逐步得出根的近似值.

4.2.1　二分法

假设已找到方程

$$f(x)=0 \tag{4.2.1}$$

的一个有根区间$[a,b]$，满足

$$f(a)f(b)<0,$$

且方程在区间$[a,b]$只有一个根. 我们用区间分半的方法形成有根区间的序列$\{[a_n,b_n]\}$. 先令$[a_1,b_1]=[a,b]$，对于区间$[a_n,b_n]$，其中点为$x_n=\frac{1}{2}(a_n+b_n)$，检验$f(x_n)$的符号，若$f(a_n)f(x_n)<0$，则取新的有根区间$[a_{n+1},b_{n+1}]$为$[a_n,x_n]$，有根区间向左压缩. 若$f(a_n)f(x_n)>0$，则$[a_{n+1},b_{n+1}]$取为$[x_n,b_n]$，有根区间向右压缩. 如图4.2所示.

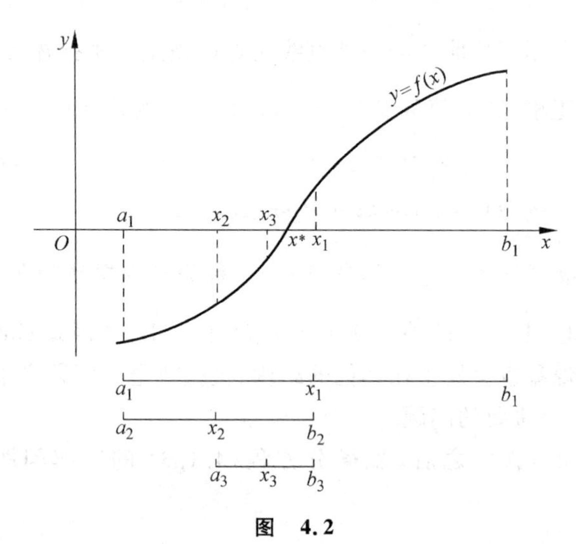

图　4.2

这样就产生了有根区间的序列$\{[a_n,b_n]\}$，满足

$$[a_1,b_1]\supset[a_2,b_2]\supset\cdots\supset[a_n,b_n]\supset\cdots,$$

其中各区间的长度等于上一个区间长度的一半. 区间中点的序列$\{x_n\}$就是方程的根$\boldsymbol{x}^*$

的近似解序列.可以分析,对 $n\geqslant 1$ 时,

$$b_n - a_n = \frac{1}{2^{n-1}}(b-a),$$

而 x_n 是 $[a_n, b_n]$ 的中点,所以有

$$|x_n - x^*| \leqslant \frac{1}{2}(b_n - a_n) = \frac{1}{2^n}(b-a). \tag{4.2.2}$$

这就保证了 $\lim\limits_{n\to\infty} x_n = x^*$.

例 4.2.1 例 4.1.1 中的球体浸入水中深度 d 满足方程

$$x^3 - 15x^2 + 319 = 0.$$

设 $f(x)=x^3-15x^2+319$,有 $f(5)>0$,$f(10)<0$.我们将 $[5,10]$ 作为初始的有根区间,二分法的计算结果如下表:

n	有根区间	x_n	$f(x_n)$的符号
1	[5,10]	7.5	−
2	[5,7.5]	6.25	−
3	[5,6.25]	5.625	+
4	[5.625,6.25]	5.9375	−
5	[5.625,5.9375]	5.781 25	+
6	[5.781 25,5.9375]	5.859 375	+
7	[5.859 375,5.9375]	5.898 437 5	+
8	[5.898 437 5,5.9375]	5.917 968 75	+

计算到 $n=8$,可以按(4.2.2)式估计

$$|x_8 - x^*| \leqslant 2^{-8} \cdot (10-5) \approx 0.0195,$$

所以 x_8 已有两位有效数字,不妨取 $x^* \approx 5.92$.此外,如果要求 $|x_N - x^*| < 0.5\times 10^{-5}$,则只要

$$2^{-N} \cdot (10-5) < 0.5\times 10^{-5},$$

取对数计算得 $N > \frac{6}{\lg 2} = 19.9$,即进行 20 次二分可满足要求.

4.2.2 试位法

仍设 $[a,b]$ 是方程(4.1.1)的一个有根区间,且 $f(a)f(b)<0$,并设在 $[a,b]$ 上的根是惟一的.令 $[a_1,b_1]=[a,b]$.对于区间 $[a_n,b_n]$,要在 (a_n,b_n) 找一点 x_n,它一般不取作 $[a_n, b_n]$ 的中点,而取为点 $(a_n, f(a_n))$ 和 $(b_n, f(b_n))$ 连线与 x 轴的交点,即

$$x_n = b_n - \frac{f(b_n)(b_n - a_n)}{f(b_n) - f(a_n)}. \tag{4.2.3}$$

如果 $f(x_n)=0$,就找到了方程的根.如 $f(x_n)\neq 0$,仍同二分法构造新的有根区间,即

$f(a_n)f(x_n)>0$ 时,令$[a_{n+1},b_{n+1}]=[x_n,b_n]$,否则令$[a_{n+1},b_{n+1}]=[a_n,x_n]$. 如图 4.3 所示.

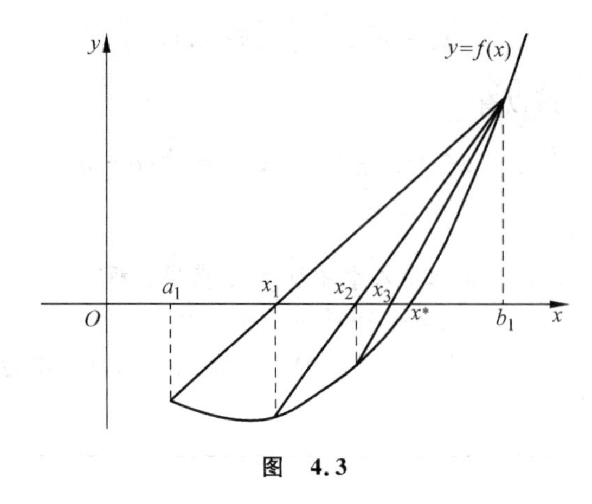

图 4.3

在一定条件下,例如,若 $f(x)$在$[a,b]$是凸函数,可以证明试位法产生的序列$\{x_n\}$收敛到方程的根.

例 4.2.2 用试位法解例 4.2.1 的方程 $x^3-15x^2+319=0$,前几步列表如下:

n	有根区间	x_n	$f(x_n)$的符号
1	[5,10]	6.38	−
2	[5,6.38]	5.943 97	−
3	[5,5.943 97]	5.931 06	−
4	[5,5.931 06]	5.930 76	−

可以得到 $x^*\approx5.9308$. 和例 4.2.1 的结果比较,试位法比二分法要收敛快些. 因为二分法只考虑函数值 $f(a_n)$,$f(b_n)$的符号,而试位法要用函数值来计算,收敛较快是自然的. 本例函数 $f(x)$在区间[5,10]符合 $f''(x)\geqslant0$ 的条件,$\{x_n\}$是收敛的,但是$[a_n,b_n]$的长度并不收敛到零.

4.3 不动点迭代法

4.3.1 不动点和不动点迭代法

为了解方程

$$f(x)=0, \tag{4.3.1}$$

类似线性代数方程组迭代法的构造,把方程(4.3.1)变换为等价的方程

$$x=\varphi(x), \tag{4.3.2}$$

其中 φ 是连续函数. 利用方程(4.3.2)可以构造迭代公式

$$x_{k+1} = \varphi(x_k), \quad k = 0,1,\cdots. \tag{4.3.3}$$

如果$\lim\limits_{k\to\infty} x_k = x^*$，则$x^*$满足方程(4.3.2)。称$\varphi$为**迭代函数**，$x^*$是函数$\varphi$的一个**不动点**，它也就是方程(4.3.1)的一个根。方法(4.3.3)称为**不动点迭代法**。

可以通过不同的途径将方程(4.3.1)变换为方程(4.3.2)的形式。例如，令$\varphi(x)=x-f(x)$或$\varphi(x)=x-Af(x)$，其中A为常数。也可以用其他的方法。

例 4.3.1 已知方程$x^3+4x^2-10=0$在区间[1,2]上有一个根，用不同方法可得到不同的方程(4.3.2)。

方法1：$x=x-x^3-4x^2+10$，即

$$\varphi_1(x) = x - x^3 - 4x^2 + 10.$$

方法2：原方程写成$4x^2=10-x^3$，考虑到所求根为正根，该式两边开方得

$$\varphi_2(x) = \frac{1}{2}(10 - x^3)^{\frac{1}{2}}.$$

方法3：原方程写成$x^2=\frac{10}{x}-4x$，开方得

$$\varphi_3(x) = \left(\frac{10}{x} - 4x\right)^{\frac{1}{2}}.$$

方法4：原方程写成$x^2=\frac{10}{4+x}$，开方得

$$\varphi_4(x) = \left(\frac{10}{4+x}\right)^{\frac{1}{2}}.$$

取$x_0=1.5$，用以上4种方法计算，结果如下表：

n	方法 1	方法 2	方法 3	方法 4
0	1.5	1.5	1.5	1.5
1	−0.875	1.286 953 8	0.8165	1.348 399 7
2	6.732	1.402 540 8	2.9969	1.367 376 4
3	−469.7	1.345 458 4	$(-8.65)^{1/2}$	1.364 957 0
4	1.03×10^8	1.375 170 3		1.365 264 7
5		1.360 094 2		1.365 225 6
⋮		⋮		⋮
8		1.365 916 7		1.365 230 0
⋮		⋮		
15		1.365 223 7		
⋮		⋮		
20		1.365 230 2		
⋮		⋮		
23		1.365 230 0		

显然，方法1是不收敛的，方法3计算过程出现负数开方而不能继续作实数运算. 方法2算出 $x_{23}=1.3652300$，方法4则有 $x_8=1.3652300$. 这个方程更准确的根是 $x^*=1.365230013$.

下面讨论在一个区间上不动点的存在性和惟一性.

定理 4.3.1 设 $\varphi\in C[a,b]$，且

$$a\leqslant\varphi(x)\leqslant b,\quad \forall x\in[a,b],\tag{4.3.4}$$

则 φ 在 $[a,b]$ 上一定存在不动点. 若 φ 满足(4.3.4)式，且存在常数 $L\in(0,1)$，使

$$|\varphi(x)-\varphi(y)|\leqslant L|x-y|,\quad \forall x,y\in[a,b],\tag{4.3.5}$$

则 φ 在 $[a,b]$ 的不动点是惟一的.

证明 由条件(4.3.4)，若有 $\varphi(a)=a$ 或 $\varphi(b)=b$ 成立，显然 φ 在 $[a,b]$ 有不动点. 现在设 $\varphi(a)>a$ 及 $\varphi(b)<b$. 令函数

$$\psi(x)=\varphi(x)-x.$$

显然 $\psi\in C[a,b]$，且满足

$$\psi(a)=\varphi(a)-a>0,\quad \psi(b)=\varphi(b)-b<0,$$

所以存在 $x^*\in(a,b)$，满足 $\psi(x^*)=\varphi(x^*)-x^*=0$，$x^*$ 是 φ 的不动点.

进一步设 φ 满足(4.3.5)式，若 φ 有两个不动点 $x_1^*,x_2^*\in[a,b]$，且 $x_1^*\neq x_2^*$，则

$$|x_1^*-x_2^*|=|\varphi(x_1^*)-\varphi(x_2^*)|\leqslant L|x_1^*-x_2^*|<|x_1^*-x_2^*|,$$

引出矛盾，所以不动点是惟一的. 定理证毕.

条件(4.3.5)通常称为 **Lipschitz(利普希兹)条件**，L 称为 **Lipschitz 常数**. 定理条件规定了 $0<L<1$，所以(4.3.5)式可以看成函数 φ 满足"压缩"的性质. 有时，若 $\varphi\in C^1[a,b]$，利用 φ' 的性质更容易检验. 如果

$$|\varphi'(x)|\leqslant L,\quad \forall x\in(a,b),\tag{4.3.6}$$

则由微分中值定理有

$$|\varphi(x)-\varphi(y)|=|\varphi'(\xi)||x-y|\leqslant L|x-y|,\quad \forall x,y\in[a,b].$$

即有(4.3.5)式成立. 所以定理4.3.1在 $\varphi\in C^1[a,b]$ 的情况下，条件(4.3.5)可由条件(4.3.6)代替.

4.3.2 不动点迭代法在区间[a,b]的收敛性

定理 4.3.2 设 $\varphi\in C[a,b]$，满足条件(4.3.4)和条件(4.3.5)，其中 $L\in(0,1)$，则对任意的 $x_0\in[a,b]$，由迭代法(4.3.3)产生的序列 $\{x_k\}$ 收敛到 φ 在 $[a,b]$ 的不动点，而且对整数 $p\geqslant1$ 有

$$|x_{k+p}-x_k|\leqslant\frac{1}{1-L}|x_{k+1}-x_k|,\tag{4.3.7}$$

$$|x^*-x_k|\leqslant\frac{L}{1-L}|x_k-x_{k-1}|,\tag{4.3.8}$$

$$|x^* - x_k| \leqslant \frac{L^k}{1-L}|x_1 - x_0|. \tag{4.3.9}$$

证明 由定理4.3.1，φ 在$[a,b]$上有惟一的不动点 x^*. 条件(4.3.4)保证了$\{x_k\} \subset [a,b]$. 由(4.3.5)式及递推关系得

$$\begin{aligned}|x_k - x^*| &= |\varphi(x_{k-1}) - \varphi(x^*)| \\ &\leqslant L|x_{k-1} - x^*| \leqslant \cdots \leqslant L^k|x_0 - x^*|,\end{aligned}$$

因为 $L \in (0,1)$，所以 $\lim\limits_{k\to\infty} x_k = x^*$.

再由(4.3.5)式及递推关系

$$\begin{aligned}|x_{k+p} - x_k| &= |x_{k+p} - x_{k+p-1} + x_{k+p-1} - \cdots + x_{k+1} - x_k| \\ &\leqslant |x_{k+p} - x_{k+p-1}| + |x_{k+p-1} - x_{k+p-2}| + \cdots + |x_{k+1} - x_k| \\ &\leqslant (L^{p-1} + L^{p-2} + \cdots + L + 1)|x_{k+1} - x_k| \\ &\leqslant \frac{1}{1-L}|x_{k+1} - x_k|,\end{aligned}$$

即证(4.3.7)式. 再由$|x_{k+1} - x_k| \leqslant L|x_k - x_{k-1}|$及令 $p \to \infty$，可证(4.3.8)式. 再递推可证(4.3.9)式. 定理证毕.

定理描述了对任意的 $x_0 \in [a,b]$，迭代法的收敛性，这可以说是在区间$[a,b]$上的**全局收敛性**. 从(4.3.8)式可以看到，若迭代计算 x_k 满足$|x_k - x_{k-1}| < \varepsilon$，则 x_k 与 x^* 的误差满足$|x_k - x^*| \leqslant \frac{L}{1-L}\varepsilon$. 从(4.3.9)式看到，若 $L \ll 1$，则迭代收敛快；若 $L \approx 1$，则迭代收敛慢.

图 4.4 和图 4.5 表示了迭代法收敛的几何解释. 当然还可以有其他一些形式的图形. 读者可以作出 $\varphi(x) \notin [a,b]$或 $L \geqslant 1$ 等情形的图形作为练习.

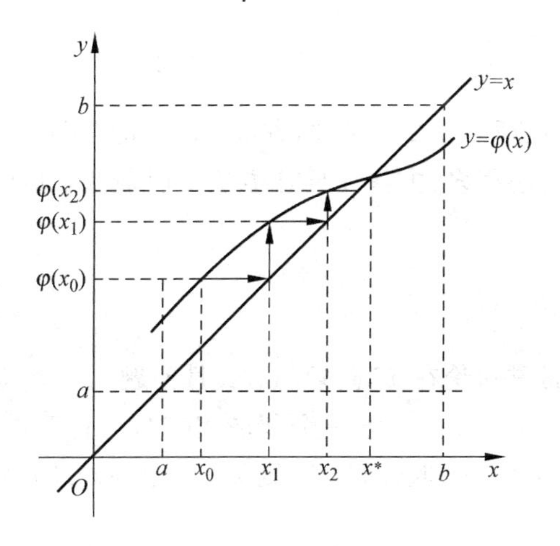

图 4.4

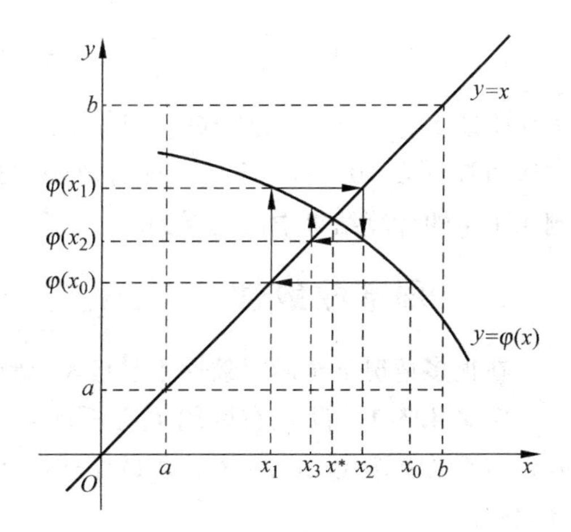

图 4.5

例 4.3.2 例 4.3.1 给出求方程 $x^3+4x^2-10=0$ 在$[1,2]$的根的 4 种迭代法. 分析它们的收敛性如下,注意方程的根 $x^*\approx 1.365$.

方法 1 中 $\varphi_1(x)=x-x^3-4x^2+10$,有 $\varphi_1(1)=6$,$\varphi_1(2)=-12$,不满足条件(4.3.4). 从计算结果看到 $x_0=1.5$,x_1 在区间$[1,2]$之外. 且 $\varphi_1'(x)=1-3x^2-8x$,对所有 $x\in[1,2]$都有$|\varphi_1'(x)|>1$,不满足条件(4.3.5). 虽然不能由定理 4.3.2 说明迭代不收敛,但以上分析使我们不能期望迭代收敛.

方法 3 中 $\varphi_3(x)=\left(\dfrac{10}{x}-4x\right)^{1/2}$,不满足条件(4.3.4),其中$[a,b]=[1,2]$. 因为 $x^*\approx 1.365$,$|\varphi_3'(x^*)|\approx 3.4$,不存在包含 1.365 的区间使$|\varphi_3'(x)|<1$,条件(4.3.5)不满足. 从计算结果看,$x_0=1.5$ 时,序列$\{x_n\}$得不到实数序列,所以也没有理由期望方法收敛.

方法 2 中 $\varphi_2(x)=\dfrac{1}{2}(10-x^3)^{\frac{1}{2}}$,$\varphi_2'(x)=-\dfrac{3}{4}x^2(10-x^3)^{-1/2}$,可看出在区间$[1,2]$上 $\varphi_2'(x)<0$,所以 $\varphi_2(x)$是严格递减的函数. 而且$|\varphi_2'(2)|\approx 2.12$,在区间$[1,2]$上不满足定理条件. 我们可以改为考虑区间$[1,1.5]$,在其上 $\varphi_2(x)$仍为减函数,而且

$$1.28\approx\varphi_2(1.5)\leqslant\varphi_2(x)\leqslant\varphi_2(1)=1.5,$$

即在$[1,1.5]$上有 $1\leqslant\varphi_2(x)\leqslant 1.5$. 进一步验证在$[1,1.5]$上有

$$|\varphi_2'(x)|\leqslant|\varphi_2'(1.5)|\approx 0.66.$$

所以取$[a,b]$为$[1,1.5]$,定理 4.3.2 的条件得到满足,迭代对一切 $x_0\in[1,1.5]$是收敛的.

方法 4 中 $\varphi_4(x)=\left(\dfrac{10}{4+x}\right)^{1/2}$,有

$$|\varphi_4'(x)|=\frac{\sqrt{10}}{2}\left|\frac{-1}{(4+x)^{3/2}}\right|\leqslant\frac{\sqrt{10}}{2}\cdot\frac{1}{5^{3/2}}<0.15,\quad\forall x\in[1,2].$$

也易验证 $1\leqslant\varphi_4(x)\leqslant 2$,$\forall x\in[1,2]$. 所以满足定理 4.3.2 的条件,方法是收敛的. 而且本方法的常数 $L=0.15$,比方法 2 的常数(0.66)要小很多,方法 4 要比方法 2 收敛快,这在例 4.1.1 的计算结果中已经看到.

4.3.3 局部收敛性

在很多情况下全局收敛性不易检验,所以常常讨论在 x^* 附近的收敛性问题.

定义 4.3.1 设 φ 在区间 I 有不动点 x^*,若存在 x^* 的一个邻域 $S\subset I$,对任意的 $x_0\in S$,不动点迭代法(4.3.3)产生的序列$\{x_k\}\subset S$,且$\{x_k\}$收敛到 x^*,则称迭代法(4.3.3)**局部收敛**.

定理 4.3.3 设 x^* 为 φ 的不动点,$\varphi'(x)$在 x^* 的某个邻域 S 上存在且连续,满足$|\varphi'(x^*)|<1$,则迭代法(4.3.3)局部收敛.

证明　因为$\varphi'(x)$连续,故存在x^*的一个闭邻域

$$N(x^*)=[x^*-\delta,x^*+\delta]\subset S,$$

在$N(x^*)$上有$|\varphi'(x)|\leqslant L<1$,而且

$$|\varphi(x)-x^*|=|\varphi(x)-\varphi(x^*)|\leqslant L|x-x^*|<\delta,$$

所以对一切$x\in N(x^*)$,有$x^*-\delta<\varphi(x)<x^*+\delta$.根据定理4.3.2(其中条件(4.3.5)用条件(4.3.6)代替),对任意的$x_0\in N(x^*)$,迭代法(4.3.3)产生的序列$\{x_k\}\subset N(x^*)$,且收敛到x^*.这就是迭代法的局部收敛性,定理证毕.

定理4.3.3的导数条件可以改写为函数$\varphi(x)$满足

$$|\varphi(x)-\varphi(x^*)|\leqslant L|x-x^*|,\quad \forall x\in S, \tag{4.3.10}$$

其中$L\in(0,1)$,S为x^*的一个邻域.

为了描述序列$\{x_k\}$收敛的快慢,引入收敛阶的概念.

定义4.3.2　设序列$\{x_k\}$收敛到x^*,记误差$e_k=x_k-x^*$.若存在实数$p\geqslant1$及非零常数C,使

$$\lim_{k\to\infty}\frac{|e_{k+1}|}{|e_k|^p}=C, \tag{4.3.11}$$

则称$\{x_k\}$为 ***p* 阶收敛**,C称为**渐近误差常数**.

当$p=1$时,也称$\{x_k\}$**线性收敛**,$p>1$时称**超线性收敛**,$p=2$时称**平方收敛**.

如果$\{x_k\}$线性收敛,则(4.3.11)式的常数C满足$0<C<1$.如果$\{x_k\}$超线性收敛,则有

$$\lim_{k\to\infty}\frac{|e_{k+1}|}{|e_k|}=0. \tag{4.3.12}$$

如果φ满足定理4.3.3的条件,且在x^*的邻域S内有$\varphi'(x)\neq0$,则迭代法产生的$\{x_k\}$收敛.若取$x_0\neq x^*$,必有$x_k\neq x^*(k=1,2,\cdots)$,而且

$$e_{k+1}=x_{k+1}-x^*=\varphi(x_k)-\varphi(x^*)=\varphi'(\xi_k)e_k,$$

所以有

$$\lim_{k\to\infty}\frac{|e_{k+1}|}{|e_k|}=|\varphi'(x^*)|\neq0.$$

在这种情况下$\{x_k\}$为线性收敛.反之,若φ'存在且连续,要想得到超线性收敛序列$\{x_k\}$,就必然要求$\varphi'(x^*)=0$.特别是整数阶收敛的情形有下面的定理.

定理4.3.4　设x^*为φ的不动点,整数$p>1$,$\varphi^{(p)}(x)$在x^*的邻域上连续,且满足

$$\varphi^{(k)}(x^*)=0,\quad k=1,2,\cdots,p-1,\quad \varphi^{(p)}(x^*)\neq0, \tag{4.3.13}$$

则由迭代法(4.3.3)产生的序列$\{x_k\}$在x^*的邻域上是p阶收敛的,且有

$$\lim_{k\to\infty}\frac{e_{k+1}}{e_k^p}=\frac{\varphi^{(p)}(x^*)}{p!}. \tag{4.3.14}$$

证明　因为$\varphi'(x^*)=0$,定理4.3.3保证了$\{x_k\}$的局部收敛性.取充分接近x^*的初值x_0,设$x_0\neq x^*$,则有$x_k\neq x^*$,$k=1,2,\cdots$.由Taylor展开式有

$$\varphi(x_k)=\varphi(x^*)+\varphi'(x^*)(x_k-x^*)+\cdots$$

$$+\frac{\varphi^{(p-1)}(x^*)}{(p-1)!}(x_k-x^*)^{p-1}+\frac{\varphi^{(p)}(\xi)}{p!}(x_k-x^*)^p,$$

其中ξ在x_k和x^*之间.利用条件(4.3.13)有

$$\begin{aligned}e_{k+1}&=x_{k+1}-x^*=\varphi(x_k)-\varphi(x^*)\\&=\frac{\varphi^{(p)}(\xi)}{p!}(x_k-x^*)^p=\frac{\varphi^{(p)}(\xi)}{p!}e_k^p.\end{aligned}$$

由$\varphi^{(p)}(x)$的连续性,取极限得(4.3.14)式.定理证毕.

例 4.3.3 在例4.3.1中,$x^*\approx1.365$,

$$\varphi_2'(x)=-\frac{3x^2}{4(10-x^3)^{1/2}},\quad \varphi_4'(x)=-\frac{\sqrt{10}}{2(4+x)^{3/2}},$$

所以$\varphi_2'(x^*)\neq0$,$\varphi_4'(x^*)\neq0$,方法2和方法4都是线性收敛的.

4.4 迭代加速收敛的方法

4.4.1 Aitken 加速方法

线性收敛的序列收敛较慢,常常考虑加速收敛的方法.设$\{x_k\}$线性收敛到x^*,仍记$e_k=x_k-x^*$,有

$$\lim_{k\to\infty}\frac{|e_{k+1}|}{|e_k|}=C,\quad 0<C<1.$$

当k充分大时有

$$x_{k+1}-x^*\approx c(x_k-x^*),\quad x_{k+2}-x^*\approx c(x_{k+1}-x^*),$$

其中$|c|=C$.由

$$\frac{x_{k+2}-x^*}{x_{k+1}-x^*}\approx\frac{x_{k+1}-x^*}{x_k-x^*}$$

可解出

$$x^*\approx\frac{x_kx_{k+2}-x_{k+1}^2}{x_{k+2}-2x_{k+1}+x_k}.$$

在计算了x_k,x_{k+1}和x_{k+2}之后,可用上式右端作为x_{k+2}的一个修正值.利用差分记号$\Delta x_k=x_{k+1}-x_k$,$\Delta^2x_k=x_{k+2}-2x_{k+1}+x_k$,写成

$$\bar{x}_k=\frac{x_kx_{k+2}-x_{k+1}^2}{x_{k+2}-2x_{k+1}+x_k}=x_k-\frac{(\Delta x_k)^2}{\Delta^2x_k},\tag{4.4.1}$$

它是x^*的一个新的近似值.从序列$\{x_k\}$用(4.4.1)式得到序列$\{\bar{x}_k\}$的方法,称为**Aitken加速方法**.

可以证明,只要$\{x_k\}$满足$x_k\neq x^*$,$k=1,2,\cdots$,且$\lim\limits_{k\to\infty}\frac{e_{k+1}}{e_k}=\lambda$,$|\lambda|<1$,则由(4.4.1)式产生的序列$\{\bar{x}_k\}$是完全确定的,而且有

$$\lim_{k\to\infty}\frac{\bar{x}_k - x^*}{x_k - x^*} = 0,$$

即序列$\{\bar{x}_k\}$ 收敛比$\{x_k\}$要快.

4.4.2 Steffensen 迭代方法

Aitken 方法对$\{x_k\}$进行加速计算,得到序列 $\{\bar{x}_k\}$,它不管原来序列$\{x_k\}$是如何产生的.如果我们把关于函数 φ 的不动点迭代与加速技巧结合起来,有如下的 Steffensen 迭代法:

$$\begin{cases} y_k = \varphi(x_k), \\ z_k = \varphi(y_k), \\ x_{k+1} = x_k - \dfrac{(y_k - x_k)^2}{z_k - 2y_k + x_k}. \end{cases} \tag{4.4.2}$$

如果把(4.4.2)式写成一种不动点迭代的形式

$$x_{k+1} = \psi(x_k), \tag{4.4.3}$$

则迭代函数 $\psi(x)$为

$$\begin{aligned} \psi(x) &= x - \frac{[\varphi(x) - x]^2}{\varphi(\varphi(x)) - 2\varphi(x) + x} \\ &= \frac{x\varphi(\varphi(x)) - [\varphi(x)]^2}{\varphi(\varphi(x)) - 2\varphi(x) + x}. \end{aligned} \tag{4.4.4}$$

可以证明,若 x^* 是(4.4.4)式所定义的函数 ψ 的不动点,则 x^* 是函数 φ 的不动点.反之,若 x^* 为 φ 的不动点,φ 有连续的导数,且 $\varphi'(x^*)\neq 1$,则 x^* 为 ψ 的不动点.

关于 Steffensen 方法的收敛性,可以证明,若 φ 在 x^* 的邻域内二阶导数连续,且 $\varphi'(x^*)\neq 1$,则方法(4.4.3)是二阶收敛的.注意,如果 $\varphi'(x^*)$不等于 0 和 1,若方法 $x_{k+1}=\varphi(x_k)$收敛,只能是线性收敛,此时有 $0<|\varphi'(x^*)|<1$.如果有$|\varphi'(x^*)|>1$,则 $x_{k+1}=\varphi(x_k)$是不收敛的.但是这两种情况下若将迭代函数由 φ 改为 ψ,都能得到二阶收敛的方法.即 Steffensen 迭代不但可以提高收敛速度,有时也能把不收敛的方法改进为二阶收敛的方法.

例 4.4.1 例 4.3.1 中方程 $x^3+4x^2-10=0$ 在$[1,2]$上的根 $x^*\approx 1.365\,230\,013$,其中方法 4,即 $\varphi_4(x)=\left(\dfrac{10}{4+x}\right)^{1/2}$,计算到 x_{15} 达到这个精度,它是线性收敛的方法.而对同样的 $x_0=1.5$,Steffensen 方法迭代结果如下表:

k	x_k	y_k	z_k
0	1.5	1.348 399 725	1.367 376 372
1	1.365 265 224	1.365 225 534	1.365 230 583
2	1.365 230 013		

这里 x_2 就达到了上述的精度.

4.5 Newton 迭代法和割线法

4.5.1 Newton 迭代法的计算公式和收敛性

为求解方程 $f(x)=0$ 的根 x^*，设有一个近似值 $x_k\approx x^*$，如果 f''存在且连续，由 Taylor 展开式得

$$f(x^*)=f(x_k)+f'(x_k)(x^*-x_k)+\frac{f''(\xi)}{2}(x^*-x_k)^2.$$

因 $f(x^*)=0$，若 $f'(x_k)\neq 0$，有

$$x^*=x_k-\frac{f(x_k)}{f'(x_k)}-\frac{f''(\xi)(x^*-x_k)^2}{2f'(x_k)},\tag{4.5.1}$$

其中 ξ 在 x^* 与 x_k 之间. 如果把(4.5.1)式的最后一项略去，右端剩下的两项就作为 x^* 的一个新的近似值，记为 x_{k+1}，就有

$$x_{k+1}=x_k-\frac{f(x_k)}{f'(x_k)}.\tag{4.5.2}$$

这就是 **Newton 迭代法**的迭代公式.

Newton 迭代法可作如下的几何解释：求 x^* 就是求曲线 $y=f(x)$ 与 x 轴的交点. x_k 是 x^* 的一个近似解，在曲线 $y=f(x)$ 上的点 $(x_k,f(x_k))$ 上作曲线的切线，切线方程为

$$y-f(x_k)=f'(x_k)(x-x_k),$$

切线与 x 轴交点的横坐标就是(4.5.2)式的 x_{k+1}，把它作为 x^* 新的近似. 如图 4.6 所示.

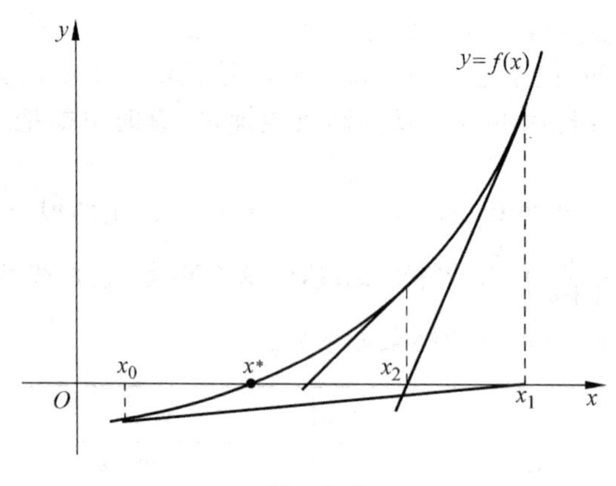

图 4.6

Newton 迭代法(4.5.2)对应的迭代函数及其导数为

$$\varphi(x) = x - \frac{f(x)}{f'(x)},$$

$$\varphi'(x) = \frac{f(x)f''(x)}{[f'(x)]^2}.$$

容易看到 $\varphi'(x^*)=0$，Newton 法是超线性收敛的.

定理 4.5.1 设 $f(x^*)=0, f'(x^*)\neq 0$，且 f 在包含 x^* 的一个区间上有二阶连续导数，则 Newton 迭代法(4.5.2)局部收敛到 x^*，且至少是二阶收敛，并有

$$\lim_{k\to\infty}\frac{x_{k+1}-x^*}{(x_k-x^*)^2} = \frac{f''(x^*)}{2f'(x^*)}. \tag{4.5.3}$$

证明 因 $\varphi(x^*)=x^*, \varphi'(x^*)=0, \varphi''(x^*)=\dfrac{f''(x^*)}{f'(x^*)}$. 若 $f''(x^*)\neq 0$，即 $\varphi''(x^*)\neq 0$，根据定理 4.3.4，方法是二阶收敛到 x^* 的. 且由(4.3.14)式可得(4.5.3)式，这也可从(4.5.1)式得到. 定理证毕.

例 4.5.1 用 Newton 法计算例 4.3.1 的方程 $x^3+4x^2-10=0$ 的根. 计算公式是

$$x_{k+1} = x_k - \frac{x_k^3+4x_k^2-10}{3x_k^2+8x_k}, \quad k=0,1,\cdots.$$

和例 4.3.1 一样取 $x_0=1.5$，计算得 $x_1=1.373\,333\,3, x_2=1.365\,262\,0, x_3=1.365\,230\,0$. 因为例 4.3.1 的方法是一阶的，而 Newton 法是二阶的，所以收敛较快，这里 3 次迭代就相当于例 4.3.1 中 8 次或 23 次迭代所得结果.

4.5.2 Newton 法的进一步讨论

1. 重根情形

设 x^* 是方程 $f(x)=0$ 的 m 重根，$m>1$，即

$$f(x) = (x-x^*)^m g(x),$$

其中 $g(x)$ 有二阶导数，$g(x^*)\neq 0$. 重根情况下有 $f'(x^*)=0$，所以不满足定理 4.5.1 的条件，不能用该定理分析方法的阶，此时有

$$\varphi(x) = x - \frac{f(x)}{f'(x)} = x - \frac{(x-x^*)g(x)}{mg(x)+(x-x^*)g'(x)},$$

$$\varphi'(x) = 1 - \frac{g(x)+(x-x^*)g'(x)}{mg(x)+(x-x^*)g'(x)} - (x-x^*)g(x)\left(\frac{1}{mg(x)+(x-x^*)g'(x)}\right)'.$$

所以有 $\varphi'(x^*)=1-\dfrac{1}{m}$. 因 $m>1$，所以 $\varphi'(x^*)\neq 0$，且 $|\varphi'(x^*)|<1$，Newton 法是收敛的，但只是线性收敛.

如果将迭代函数改取为

$$\varphi(x) = x - \frac{mf(x)}{f'(x)},$$

容易验证 $\varphi(x^*)=x^*$，$\varphi'(x^*)=0$. 迭代法

$$x_{k+1} = x_k - \frac{mf(x_k)}{f'(x_k)}, \quad k = 0,1,\cdots \tag{4.5.4}$$

至少二阶收敛.

另外一种修改的方法是令 $\mu(x)=\dfrac{f(x)}{f'(x)}$，若 x^* 是方程 $f(x)=0$ 的 m 重根，则

$$\mu(x) = \frac{(x-x^*)g(x)}{mg(x)+(x-x^*)g'(x)},$$

所以 x^* 是方程 $\mu(x)=0$ 的单根，对此方程用 Newton 法，迭代函数为

$$\varphi(x) = x - \frac{\mu(x)}{\mu'(x)} = x - \frac{f(x)f'(x)}{[f'(x)]^2 - f(x)f''(x)},$$

得到迭代法

$$x_{k+1} = x_k - \frac{f(x_k)f'(x_k)}{[f'(x_k)]^2 - f(x_k)f''(x_k)}, \quad k = 0,1,\cdots. \tag{4.5.5}$$

这种方法也是至少二阶收敛的.

例 4.5.2 方程 $x^4-4x^2+4=0$ 的根 $x^*=\sqrt{2}$ 是二重根，用 3 种方法求解. 本题 $f(x)=(x^2-2)^2$，$f'(x)=4x(x^2-2)$，$f''(x)=4(3x^2-2)$.

方法 1（Newton 法）：

$$x_{k+1} = x_k - \frac{x_k^2-2}{4x_k}.$$

方法 2（(4.5.4)式的方法，$m=2$）：

$$x_{k+1} = x_k - \frac{x_k^2-2}{2x_k}.$$

方法 3（(4.5.5)式的方法）：

$$x_{k+1} = x_k - \frac{x_k(x_k^2-2)}{x_k^2+2}.$$

3 种方法均取 $x_0=1.5$，各迭代三次结果如下表：

	方法 1	方法 2	方法 3
x_0	1.5	1.5	1.5
x_1	1.458 333 333	1.416 666 667	1.411 764 706
x_2	1.436 607 143	1.414 215 686	1.414 211 438
x_3	1.425 497 619	1.414 213 562	1.414 213 562

方法 2 和方法 3 都是二阶方法，x_3 都达到了 10^{-9} 的精确度，而方法 1 是通常的

Newton 方法,是一阶收敛方法,要近 30 次迭代才能达到同样的精确度.

2. 讨论全局收敛性的一个例子

定理 4.5.1 给出单根情形 Newton 法的局部收敛性及收敛阶的分析.定理和例子表明它的优点是收敛较快,但是要 x_0 取在 x^* 附近才保证序列$\{x_k\}$的收敛性.关于 Newton 法的全局收敛性的一般分析,本书不准备涉及,这里只讨论一个有实用意义的例子.

例 4.5.3 设 $a>0$,求平方根$\sqrt{a}$可以化为解方程 $x^2-a=0$,用 Newton 法解这个方程的计算公式是

$$x_{k+1}=\frac{1}{2}\left(x_k+\frac{a}{x_k}\right),\quad k=0,1,\cdots. \tag{4.5.6}$$

这个公式的每一次迭代只要作一次除法,一次加法和一次二进制的移位运算,计算量少而收敛快,所以是计算机上通过四则运算实现开方的一种有效方法.作为一个使用方便的计算程序,最好不要只考虑方法的局部收敛性.事实上,可以证明只要 $x_0>0$,迭代公式(4.5.6)产生的序列$\{x_k\}$都收敛到$\sqrt{a}$.证明如下.

如果 $0<x_0<\sqrt{a}$,有

$$x_1-\sqrt{a}=\frac{1}{2}\left(x_0+\frac{a}{x_0}\right)-\sqrt{a}=\frac{(x_0-\sqrt{a})^2}{2x_0},$$

故有 $x_1>\sqrt{a}$.同理,对任意的 $x_k>\sqrt{a}$,也可验证 $x_{k+1}>\sqrt{a}$.所以从 $k=1$ 开始总有 $x_k>\sqrt{a}$,而且

$$x_{k+1}-x_k=\frac{a-x_k^2}{2x_k}<0.$$

所以$\{x_k\}$从 $k=1$ 起是一个单调递减有下界的序列,这样$\{x_k\}$就有极限 x^*.在(4.5.6)式中令 $k\to\infty$,可得 $x^*=\sqrt{a}$,以上说明只要任取 $x_0>0$,(4.5.6)式的迭代总是收敛的.

例 4.5.4 用 Newton 迭代法求$\sqrt{3}$的值.按迭代公式(4.5.6),$a=3$.取几个不同的初值 x_0 的计算结果如下表:

x_0	1	3	10
x_1	2	2	5.15
x_2	1.75	1.75	2.866 262 136
x_3	1.732 142 857	1.732 142 857	1.956 460 732
x_4	1.732 050 810	1.732 050 810	1.744 920 939
x_5	1.732 050 808	1.732 050 808	1.732 098 271
x_6			1.732 050 808

*4.5.3 割线法

解方程 $f(x)=0$ 的 Newton 法每步不但要计算 $f(x_k)$，还要计算 $f'(x_k)$. 有时计算导数值比较麻烦，我们可以用函数值的差商近似导数，即

$$f'(x_k)\approx\frac{f(x_k)-f(x_{k-1})}{x_k-x_{k-1}},$$

代入(4.5.2)式得

$$x_{k+1}=x_k-\frac{f(x_k)(x_k-x_{k-1})}{f(x_k)-f(x_{k-1})}.\tag{4.5.7}$$

这就是**割线法**的计算公式. 它的几何意义如图 4.7 所示，通过曲线 $y=f(x)$ 上的两点 $(x_{k-1},f(x_{k-1}))$，$(x_k,f(x_k))$ 作曲线的割线，割线与 x 轴的交点的横坐标就是 x_{k+1}.

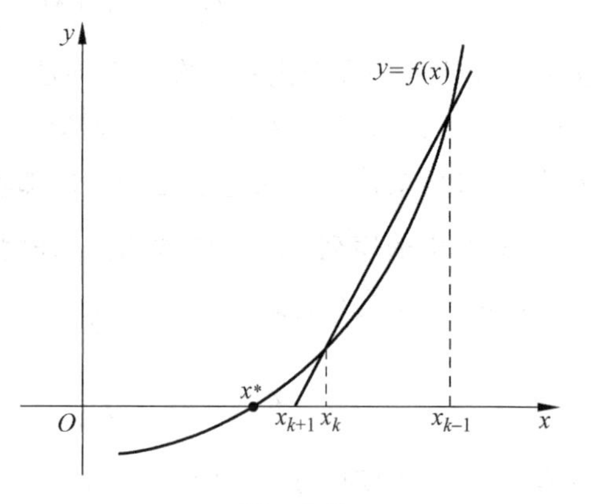

图 4.7

割线法计算 x_{k+1} 时，要用到前两步的近似值 x_{k-1}，x_k 和函数值 $f(x_{k-1})$，$f(x_k)$. 这是一种**两步迭代法**，它需要迭代初值 x_0 和 x_1，同时不能直接用单步迭代法 $x_{k+1}=\varphi(x_k)$ 收敛性分析的结果. 可以证明，割线法是超线性收敛的，收敛阶 $p=\frac{1+\sqrt{5}}{2}\approx1.618$.

例 4.5.5 解方程 $\cos x=x$. 设 $f(x)=\cos x-x$，用 Newton 法的计算公式是

$$x_{k+1}=x_k+\frac{\cos x_k-x_k}{\sin x_k+1}.$$

分别取初值 $x_0=0.5$ 和 $x_0=0.785\,398\,16\left(\approx\frac{\pi}{4}\right)$计算.

割线法的计算公式是

$$x_{k+1}=x_k-\frac{(\cos x_k-x_k)(x_k-x_{k-1})}{(\cos x_k-x_k)-(\cos x_{k-1}-x_{k-1})}.$$

取初值 $x_0=0.5$，$x_1=0.785\,398\,16$，计算结果如下表，可以看到 Newton 法收敛较快.

	Newton 法		割线法
x_0	0.5	0.785 398 16	0.5
x_1	0.755 222 42	0.739 536 13	0.785 398 16
x_2	0.739 141 67	0.739 085 18	0.736 384 14
x_3	0.739 085 13	0.739 085 13	0.739 058 13
x_4	0.739 085 13	0.739 085 13	0.739 085 15
x_5	0.739 085 13	0.739 085 13	0.739 085 13

*4.6 非线性方程组的数值解法

4.6.1 非线性方程组

考虑方程组

$$\begin{cases} f_1(x_1,x_2,\cdots,x_n)=0, \\ f_2(x_1,x_2,\cdots,x_n)=0, \\ \vdots \\ f_n(x_1,x_2,\cdots,x_n)=0, \end{cases} \tag{4.6.1}$$

其中 $f_1,f_2,\cdots,f_n$ 是 $x_1,x_2,\cdots,x_n$ 的连续函数. 用向量的记号, $\boldsymbol{x}=(x_1,x_2,\cdots,x_n)^{\mathrm{T}}$, $\boldsymbol{x}\in\mathbb{R}^n$. (4.6.1)式的每个方程写成

$$f_i(\boldsymbol{x})=0,\quad i=1,2,\cdots,n.$$

引入向量函数

$$\boldsymbol{F}(\boldsymbol{x})=(f_1(\boldsymbol{x}),f_2(\boldsymbol{x}),\cdots,f_n(\boldsymbol{x}))^{\mathrm{T}},$$

(4.6.1)式写成

$$\boldsymbol{F}(\boldsymbol{x})=\boldsymbol{0}. \tag{4.6.2}$$

这就是一般非线性方程组的记号.

例 4.6.1 求 xOy 平面上抛物线 $y=x^2-2x+0.5$ 和椭圆 $x^2+4y^2=4$ 的交点, 可化为求方程组

$$\begin{cases} x^2-2x-y+0.5=0, \\ x^2+4y^2-4=0 \end{cases}$$

的解. 这个方程组就是方程组(4.6.1)中 $n=2, x=x_1, y=x_2$ 的情形. 如果画出两条曲线的图形, 可知方程组有两个解, 在(−0.2,1.0)和(1.9,0.3)附近. 一般地, 两个二次方程的联立方程组, 则可能没有解或有一个或多个解.

设向量函数 $\boldsymbol{F}$ 定义在区域 $D\subset\mathbb{R}^n$. $\boldsymbol{x}_0\in D$, 若 $\lim\limits_{\boldsymbol{x}\to\boldsymbol{x}_0}\boldsymbol{F}(\boldsymbol{x})=\boldsymbol{F}(\boldsymbol{x}_0)$, 就称 $\boldsymbol{F}(\boldsymbol{x})$ 在 $\boldsymbol{x}_0$ 连续. 这意味着对任意实数 $\varepsilon>0$, 存在实数 $\delta>0$, 使得对任意满足 $0<\|\boldsymbol{x}-\boldsymbol{x}_0\|<\delta$ 的 $\boldsymbol{x}\in D$, 有

$$\|\boldsymbol{F}(\boldsymbol{x})-\boldsymbol{F}(\boldsymbol{x}_0)\|<\varepsilon.$$

如果 $\boldsymbol{F}(\boldsymbol{x})$ 在 D 上每点都连续, 就称 $\boldsymbol{F}(\boldsymbol{x})$ 在 D 上连续.

向量函数 $\boldsymbol{F}$ 的 **Jacobi 矩阵**也称 $\boldsymbol{F}$ 的**导数矩阵**, 记为

$$\boldsymbol{F}'(\boldsymbol{x})=\begin{bmatrix}\frac{\partial f_1(\boldsymbol{x})}{\partial x_1} & \frac{\partial f_1(\boldsymbol{x})}{\partial x_2} & \cdots & \frac{\partial f_1(\boldsymbol{x})}{\partial x_n}\\ \frac{\partial f_2(\boldsymbol{x})}{\partial x_1} & \frac{\partial f_2(\boldsymbol{x})}{\partial x_2} & \cdots & \frac{\partial f_2(\boldsymbol{x})}{\partial x_n}\\ \vdots & \vdots & & \vdots\\ \frac{\partial f_n(\boldsymbol{x})}{\partial x_1} & \frac{\partial f_n(\boldsymbol{x})}{\partial x_2} & \cdots & \frac{\partial f_n(\boldsymbol{x})}{\partial x_n}\end{bmatrix}. \tag{4.6.3}$$

4.6.2 非线性方程组的不动点迭代法

为了求解方程组(4.6.2),把它改写为便于迭代的等价形式

$$\boldsymbol{x}=\boldsymbol{\Phi}(\boldsymbol{x}), \tag{4.6.4}$$

其中向量函数$\boldsymbol{\Phi}(\boldsymbol{x})$的定义域为$D$,且设$\boldsymbol{\Phi}$在$D$上连续.

如果$\boldsymbol{x}^*\in D$,满足$\boldsymbol{x}^*=\boldsymbol{\Phi}(\boldsymbol{x}^*)$,$\boldsymbol{x}^*$称为函数$\boldsymbol{\Phi}$的一个**不动点**,$\boldsymbol{x}^*$也就是方程组(4.6.2)的一个解.

根据(4.6.4)式构造的迭代法

$$\boldsymbol{x}^{(k+1)}=\boldsymbol{\Phi}(\boldsymbol{x}^{(k)}),\quad k=0,1,\cdots, \tag{4.6.5}$$

称为**不动点迭代法**.如果由它产生的向量序列$\{\boldsymbol{x}^{(k)}\}$满足$\lim\limits_{k\to\infty}\boldsymbol{x}^{(k)}=\boldsymbol{x}^*$,$\boldsymbol{x}^*$就是$\boldsymbol{\Phi}$的一个不动点,即方程组(4.6.2)的一个解.

定理 4.6.1 函数$\boldsymbol{\Phi}$定义在区域$D\subset\mathbb{R}^n$,假设:

(1) 存在闭集$D_0\subset D$,实数$L\in(0,1)$,使

$$\|\boldsymbol{\Phi}(\boldsymbol{x})-\boldsymbol{\Phi}(\boldsymbol{y})\|\leqslant L\|\boldsymbol{y}-\boldsymbol{x}\|,\quad \forall\,\boldsymbol{x},\boldsymbol{y}\in D_0, \tag{4.6.6}$$

(2) $\boldsymbol{\Phi}(\boldsymbol{x})\in D_0,\forall\,x\in D_0$.

则$\boldsymbol{\Phi}$在D_0有惟一的不动点$\boldsymbol{x}^*$,且对任意的$\boldsymbol{x}^{(0)}\in D_0$,由迭代法(4.6.5)产生的序列$\{\boldsymbol{x}^{(k)}\}$收敛到$\boldsymbol{x}^*$.并有误差估计

$$\|\boldsymbol{x}^*-\boldsymbol{x}^{(k)}\|\leqslant\frac{1}{1-L}\|\boldsymbol{x}^{(k+1)}-\boldsymbol{x}^{(k)}\|\leqslant\frac{L^k}{1-L}\|\boldsymbol{x}^{(1)}-\boldsymbol{x}^{(0)}\|. \tag{4.6.7}$$

定理4.6.1的条件(1)称为$\boldsymbol{\Phi}$的**压缩性质**,可以证明,若$\boldsymbol{\Phi}$是压缩的,则它是连续的.条件(2)表明$\boldsymbol{\Phi}$把区域D_0映入自身.此定理常称为**压缩映射定理**,它讨论迭代法在D_0的全局收敛性.关于局部收敛性,则有下面的定理.

定理 4.6.2 设函数$\boldsymbol{\Phi}$在定义域D内有不动点$\boldsymbol{x}^*$,$\boldsymbol{\Phi}$的分量函数有连续偏导数,且

$$\rho(\boldsymbol{\Phi}'(\boldsymbol{x}^*))<1, \tag{4.6.8}$$

则存在$\boldsymbol{x}^*$的一个邻域S,对任意的$\boldsymbol{x}^{(0)}\in S$,迭代法(4.6.5)产生的序列$\{\boldsymbol{x}^{(k)}\}$收敛到$\boldsymbol{x}^*$.

(4.6.8)式中的$\rho(\boldsymbol{\Phi}'(\boldsymbol{x}^*))$是指函数$\boldsymbol{\Phi}$在$\boldsymbol{x}^*$的导数矩阵的谱半径.如果

$$\boldsymbol{\Phi}(\boldsymbol{x})=(\varphi_1(x_1,x_2,\cdots,x_n),\cdots,\varphi_n(x_1,x_2,\cdots,x_n))^{\mathrm{T}},$$

存在常数 $K\in(0,1)$,使 $\boldsymbol{x}\in D$ 时

$$\left|\frac{\partial\varphi_i(\boldsymbol{x})}{\partial x_j}\right|\leqslant\frac{K}{n},\quad i,j=1,2,\cdots,n,\tag{4.6.9}$$

则矩阵$\boldsymbol{\Phi}'(\boldsymbol{x})$的谱半径小于 1.这可从矩阵的谱半径与 1-范数的关系证明.

类似一元方程迭代法,也有向量序列$\{\boldsymbol{x}^{(k)}\}$收敛阶的概念.设$\{\boldsymbol{x}^{(k)}\}$收敛于 $\boldsymbol{x}^*$,存在常数 $p\geqslant1$ 及 $C>0$,使

$$\lim_{k\to\infty}\frac{\|\boldsymbol{x}^{(k+1)}-\boldsymbol{x}^*\|}{\|\boldsymbol{x}^{(k)}-\boldsymbol{x}^*\|^p}=C,\tag{4.6.10}$$

则称$\{\boldsymbol{x}^{(k)}\}$为 p 阶收敛.

例 4.6.2 解方程组

$$\begin{cases}x_1^2-10x_1+x_2^2+8=0,\\x_1x_2^2+x_1-10x_2+8=0.\end{cases}$$

解 将方程组化为(4.6.4)式的形式,其中

$$\boldsymbol{x}=\begin{bmatrix}x_1\\x_2\end{bmatrix},\quad\boldsymbol{\Phi}(\boldsymbol{x})=\begin{bmatrix}\varphi_1(x)\\\varphi_2(x)\end{bmatrix}=\begin{bmatrix}\frac{1}{10}(x_1^2+x_2^2+8)\\\frac{1}{10}(x_1x_2^2+x_1+8)\end{bmatrix}.$$

设 $D=\{(x_1,x_2)\mid0\leqslant x_1,x_2\leqslant1.5\}$,不难验证 $0<\varphi_1(x)\leqslant1.25$,$0<\varphi_2(x)\leqslant1.2875$.所以对一切 $\boldsymbol{x}\in D$,均有$\boldsymbol{\Phi}(\boldsymbol{x})\in D$.再验证在 D 上$\boldsymbol{\Phi}$ 满足压缩条件.对一切 $\boldsymbol{x},\boldsymbol{y}\in D$,

$$\begin{aligned}|\varphi_1(\boldsymbol{y})-\varphi_1(\boldsymbol{x})|&=\frac{1}{10}|y_1^2-x_1^2+y_2^2-x_2^2|\\&\leqslant0.3(|y_1-x_1|+|y_2-x_2|),\\|\varphi_2(\boldsymbol{y})-\varphi_2(\boldsymbol{x})|&=\frac{1}{10}|y_1y_2^2-x_1x_2^2+y_1-x_1|\\&\leqslant0.45(|y_1-x_1|+|y_2-x_2|),\end{aligned}$$

所以有 $\|\boldsymbol{\Phi}(\boldsymbol{y})-\boldsymbol{\Phi}(\boldsymbol{x})\|_1\leqslant0.75\|\boldsymbol{y}-\boldsymbol{x}\|_1$,即$\boldsymbol{\Phi}$ 满足条件(4.6.6).根据定理 4.6.1,$\boldsymbol{\Phi}$ 在 D 有惟一的不动点,不动点迭代法对 D 内的 $\boldsymbol{x}^{(0)}$ 收敛.选 $\boldsymbol{x}^{(0)}=(0,0)^{\mathrm{T}}$,用迭代法(4.6.5)计算,得 $\boldsymbol{x}^{(1)}=(0.8,0.8)^{\mathrm{T}}$,$\boldsymbol{x}^{(2)}=(0.928,0.9312)^{\mathrm{T}}$,$\cdots$,$\boldsymbol{x}^{(6)}=(0.999\,328,0.999\,329)^{\mathrm{T}}$,$\cdots$,可以看到 $\boldsymbol{x}^*=(1,1)^{\mathrm{T}}$.

对本例有

$$\boldsymbol{\Phi}'(\boldsymbol{x})=\begin{bmatrix}\frac{1}{5}x_1&\frac{1}{5}x_2\\\frac{1}{10}(x_2^2+1)&\frac{1}{5}x_1x_2\end{bmatrix},$$

对一切 $\boldsymbol{x}\in D$ 都有 $\left|\frac{\partial\varphi_i(\boldsymbol{x})}{\partial x_j}\right|\leqslant\frac{K}{2}(i,j=1,2)$,其中 $K=0.9<1$.所以在 D 内 $\rho(\boldsymbol{\Phi}'(\boldsymbol{x}))<1$,满

足定理4.6.2的条件.

4.6.3 非线性方程组的Newton迭代法

对比一元方程的Newton法,可以写出方程组 $\boldsymbol{F}(\boldsymbol{x})=\boldsymbol{0}$ 的Newton迭代法计算公式

$$\boldsymbol{x}^{(k+1)} = \boldsymbol{x}^{(k)} - (\boldsymbol{F}'(\boldsymbol{x}^{(k)}))^{-1}\boldsymbol{F}(\boldsymbol{x}^{(k)}). \tag{4.6.11}$$

如果写成一般的不动点迭代法(4.6.5)的形式,迭代函数为

$$\boldsymbol{\Phi}(\boldsymbol{x}) = \boldsymbol{x} - (\boldsymbol{F}'(\boldsymbol{x}))^{-1}\boldsymbol{F}(\boldsymbol{x}), \tag{4.6.12}$$

其中 $(\boldsymbol{F}'(\boldsymbol{x}))^{-1}$ 为 $\boldsymbol{F}(\boldsymbol{x})$ 导数矩阵的逆矩阵.

定理 4.6.3 设 $\boldsymbol{F}(\boldsymbol{x})$ 的定义域 $D\subset\mathbb{R}^n$,$\boldsymbol{x}^*$ 满足 $\boldsymbol{F}(\boldsymbol{x}^*)=\boldsymbol{0}$. 在 $\boldsymbol{x}^*$ 的某开邻域上 $\boldsymbol{F}'(\boldsymbol{x})$ 存在且连续,$\boldsymbol{F}'(\boldsymbol{x}^*)$ 非奇异,则

(1) Newton法序列 $\{\boldsymbol{x}_k\}$ 在 $\boldsymbol{x}^*$ 的某个邻域 S 上超线性收敛于 $\boldsymbol{x}^*$.

(2) 若再加上条件:存在常数 $K>0$,使

$$\| \boldsymbol{F}'(\boldsymbol{x}) - \boldsymbol{F}'(\boldsymbol{x}^*) \| \leqslant K \| \boldsymbol{x} - \boldsymbol{x}^* \|$$

对一切 $\boldsymbol{x}\in S$ 成立,则 $\{\boldsymbol{x}_k\}$ 至少平方收敛.

Newton法的第 k 步迭代过程在实际计算中可以分为两个步骤. 记向量 $\boldsymbol{x}^{(k+1)} - \boldsymbol{x}^{(k)} = \Delta\boldsymbol{x}^{(k)}$,首先解线性方程组

$$\boldsymbol{F}'(\boldsymbol{x}^{(k)})\Delta\boldsymbol{x}^{(k)} = -\boldsymbol{F}(\boldsymbol{x}^{(k)}),$$

解出向量 $\Delta\boldsymbol{x}^{(k)}$ 后,再令 $\boldsymbol{x}^{(k+1)} = \boldsymbol{x}^{(k)} + \Delta\boldsymbol{x}^{(k)}$. 过程中包括了计算向量 $\boldsymbol{F}(\boldsymbol{x}^{(k)})$ 和矩阵 $\boldsymbol{F}'(\boldsymbol{x}^{(k)})$.

例 4.6.3 用Newton迭代法解例4.6.2的方程组.

解 本题有

$$\boldsymbol{F}(\boldsymbol{x}) = \begin{bmatrix} x_1^2 - 10x_1 + x_2^2 + 8 \\ x_1x_2^2 + x_1 - 10x_2 + 8 \end{bmatrix},$$

$$\boldsymbol{F}'(\boldsymbol{x}) = \begin{bmatrix} 2x - 10 & 2x_2 \\ x_2^2 + 1 & 2x_1x_2 - 10 \end{bmatrix}.$$

选 $\boldsymbol{x}^{(0)}=(0,0)^{\mathrm{T}}$,解方程 $\boldsymbol{F}'(\boldsymbol{x}^{(0)})\Delta\boldsymbol{x}^{(0)}=-\boldsymbol{F}(\boldsymbol{x}^{(0)})$,即

$$\begin{bmatrix} -10 & 0 \\ 1 & -10 \end{bmatrix}\Delta\boldsymbol{x}^{(0)} = \begin{bmatrix} -8 \\ -8 \end{bmatrix}.$$

解得 $\Delta\boldsymbol{x}^{(0)}=\begin{bmatrix} 0.8 \\ 0.88 \end{bmatrix}$,计算 $\boldsymbol{x}^{(1)}=\boldsymbol{x}^{(0)}+\Delta\boldsymbol{x}^{(0)}=\begin{bmatrix} 0.8 \\ 0.88 \end{bmatrix}$. 同理计算 $\boldsymbol{x}^{(2)},\boldsymbol{x}^{(3)},\cdots$,可得下表:

	$\boldsymbol{x}^{(0)}$	$\boldsymbol{x}^{(1)}$	$\boldsymbol{x}^{(2)}$	$\boldsymbol{x}^{(3)}$	$\boldsymbol{x}^{(4)}$
$x_1^{(k)}$	0	0.80	0.991 787 2	0.999 975 2	1.000 000 0
$x_2^{(k)}$	0	0.88	0.991 711 7	0.999 968 5	1.000 000 0

习　题

1. (1) 证明方程 $x^3-x-1=0$ 在$[1,1.5]$有惟一的根.

(2) 用二分法求这个根,要求误差界不超过 10^{-2}.

(3) 若要误差界不超过 10^{-3}或 10^{-4},分析各要多少次二分.

2. 用试位法求 $x^3-x-1=0$ 在$[1,1.5]$的根,要求误差界不超过 10^{-2}.

3. 方程 $x^3-x^2-1=0$ 在$[1,2]$有一个根.对下列 3 种迭代法,试分别取区间$[a,b]\subset[1,2]$,讨论迭代法在$[a,b]$的收敛性.取 $x_0=1.5$,用其中一种收敛最快的方法求这个根,使误差界不超过 10^{-2}.

(1) 方程化为 $x=1+\dfrac{1}{x^2}$,迭代公式 $x_{k+1}=1+\dfrac{1}{x_k^2}$;

(2) 方程化为 $x^3=1+x^2$,迭代公式 $x_{k+1}=\sqrt[3]{1+x_k^2}$;

(3) 方程化为 $x^2=\dfrac{1}{x-1}$,迭代公式 $x_{k+1}=\dfrac{1}{\sqrt{x_k-1}}$.

4. 分析方程 $3x^2-e^x=0$ 有多少个根,且

(1) 对最小的根,确定$[a,b]$及函数 φ,使 $x_{k+1}=\varphi(x_k)$对任意的 $x_0\in[a,b]$收敛;

(2) 对其余的根,也分别确定函数 φ,讨论 $x_{k+1}=\varphi(x_k)$的局部收敛性;

(3) 用上述迭代法求方程的各个根,使误差界不超过 10^{-2}.

5. 用 Steffensen 方法计算习题 3 的(2),(3)小题,使误差界不超过 10^{-3}.

6. 方程 $12-3x+2\cos x=0$ 有一个根,试证明对任意的 $x_0\in\mathbb{R}$,迭代法

$$x_{k+1}=4+\frac{2}{3}\cos x_k$$

产生的序列$\{x_k\}$收敛到方程的根.并取 $x_0=3$.用此迭代法求根,要求误差界不超过 10^{-3}.

7. 设 $f\in C^1(\mathbb{R})$,满足 $0<m\leqslant f'(x)\leqslant M$,且 $f(x)=0$ 有根 x^*.试证明迭代法

$$x_{k+1}=x_k-\lambda f(x_k)$$

产生的序列$\{x_k\}$对任意的 $x_0\in\mathbb{R}$ 及 $\lambda\in\left(0,\dfrac{2}{M}\right)$均收敛到 x^*.

8. 用 Newton 法求下列方程的根,要求误差界不超过 10^{-4}.

(1) 例 4.1.1 的方程 $x^3-15x^2+319=0$ 在$[5,10]$上的根.

(2) 方程 $3x^2-e^x=0$ 在$[-1,0]$和$[0,1]$上的根.

9. 用割线法求习题 8 中(1) 的根.

10. 例 4.1.1 的问题中讨论了方程(4.1.9).现设这种形式的方程 $\tan x=-2x$.试分别求此方程从小到大的第一个和第二个正根,要求误差界不超过 10^{-3}.

11. $x^*=1$ 是方程 $x^3-3x+2=0$ 的根,确定这个根是几重根.用下列迭代法,取 $x_0=1.2$ 各迭代3次,比较其结果.

(1) Newton 法.

(2) $x_{k+1}=x_k-\dfrac{2f(x_k)}{f'(x_k)}, \quad f(x)=x^3-3x+2.$

(3) $x_{k+1}=x_k-\dfrac{\mu(x_k)}{\mu'(x_k)}, \quad \mu(x)=\dfrac{f(x)}{f'(x)}.$

12. 试确定常数 p,q 和 r,使迭代公式

$$x_{k+1}=px_k+q\frac{a}{x_k^2}+r\frac{a^2}{x_k^5}$$

产生的序列 $\{x_k\}$ 收敛到 $\sqrt[3]{a}$,并使收敛阶尽量高.

13. 构造一种不动点迭代法,求方程组

$$\begin{cases}x_1-0.7\sin x_1-0.2\cos x_2=0,\\ x_2-0.7\cos x_1+0.2\sin x_2=0\end{cases}$$

在 $(0.5,0.5)^{\mathrm{T}}$ 附近的解.讨论迭代法的收敛性.选 $\boldsymbol{x}^{(0)}=(0.5,0.5)^{\mathrm{T}}$ 进行计算.

14. 用 Newton 迭代法求平面上抛物线 $y=x^2-2x+0.5$ 和椭圆 $x^2+4y^2=4$ 的交点,分别用初值 $(2,0.25)^{\mathrm{T}}$ 和 $(0,1)^{\mathrm{T}}$.

计算实习题

1. 公元1225年,比萨的数学家 Leonardo(即 Fibonacci(斐波那契),1170—1250)研究了方程

$$x^3+2x^2+10x-20=0,$$

得到一个根 $x^*\approx 1.368\,808\,107$.没有人知道他用什么方法得到这个值.对于这个方程,分别用下列方法:

(1) 迭代法 $x_{k+1}=\dfrac{20}{x_k^2+2x_k+10}$;

(2) 迭代法 $x_{k+1}=\dfrac{20-2x_k^2-x_k^3}{10}$;

(3) 对(1)的 Steffensen 加速方法;

(4) 对(2)的 Steffensen 加速方法;

(5) Newton 法.

求方程的根(可取 $x_0=1$),计算到 Leonardo 所得到的准确度.

2. 对方程组

$$\begin{cases}3x_1-\cos(x_2x_3)-\dfrac{1}{2}=0,\\ x_1^2-81(x_2+0.1)^2+\sin x_3+1.06=0,\\ \mathrm{e}^{-x_1x_2}+20x_3+\dfrac{10\pi-3}{3}=0.\end{cases}$$

(1) 建立一个在区域 $D=\{(x_1,x_2,x_3)\mid |x_i|\leqslant 1,i=1,2,3\}$上满足压缩映射定理的不动点迭代法,计算方程组的解.

(2) 用 Newton 法解方程组,试验不同的初值.

3. 方程 $\tan x=-2x$ 的正根按从小到大的序列排成数列$\{x_n\}$. 选择一种迭代方法,写出恰当的迭代公式和选取迭代初值,计算 $x_1,x_2,\cdots,x_{10}$. 你的结果准确度如何?

4. 通过计算求函数 $f(x)=\mathrm{e}^{-x}\ln x$ 的拐点,要求准确到 0.5×10^{-6}.

*5. 多项式求根是一个病态的问题. 现考虑多项式

$$p(x)=\prod_{i=1}^{6}(x-i)=a_0+a_1x+\cdots+a_5x^5+x^6,$$

$p(x)=0$ 的根是 $1,2,\cdots,6$.

(1) 产生系数 $a_0,a_1,\cdots,a_5$.

(2) 将 a_k 改为扰动后的$\tilde{a}_k=a_k(1+10^{-10}r_k)$,$k=1,\cdots,5$. 取 r_k 为若干个(不大于 100 个)平均值为 0,方差为 1 的正态分布随机数. 利用 MATLAB 的多项式求根函数计算扰动后方程 $p(x)=0$ 的根(将会产生复数根),在复平面上用点表示其根,观察根的扰动.

*第5章

矩阵特征值问题的计算方法

5.1 矩阵特征值问题的性质

5.1.1 矩阵特征值问题

设 $\boldsymbol{A}\in\mathbb{R}^{n\times n}$,**特征值问题**是:求数 $\lambda\in\mathbb{C}$ 和非零向量 $\boldsymbol{x}\in\mathbb{C}^n$,使

$$\boldsymbol{A}\boldsymbol{x}=\lambda\boldsymbol{x}, \tag{5.1.1}$$

其中 $\boldsymbol{x}$ 是 $\boldsymbol{A}$ 属于**特征值** λ 的**特征向量**. 本章讨论数值计算特征值和特征向量的方法. 在很多工程技术科学和自然科学中会出现这类问题.

例 5.1.1 在例 4.1.2 的弹性杆纵向振动问题中,有一个微分算子的特征值问题(4.1.7),(4.1.8). 它属于所谓的 Sturm-Liouville 特征值问题. 它的更一般形式是特征值 λ 和特征函数 $u(x)$ 满足方程

$$-\frac{\mathrm{d}}{\mathrm{d}x}\left(p(x)\frac{\mathrm{d}u}{\mathrm{d}x}\right)+q(x)u=\lambda r(x)u,\quad a<x<b, \tag{5.1.2}$$

其中 $p\in C^1[a,b]$,$q,r\in C[a,b]$,$p(x)\geqslant p_0>0$,$q(x)\geqslant 0$,$r(x)>0$,且在区间$[a,b]$的边界满足齐次的边界条件. 边界条件一般有三类,第一、二、三类齐次边界条件分别是

$$u(a)=0,\quad u(b)=0,$$

$$-p(a)\frac{\mathrm{d}u(a)}{\mathrm{d}x}=0,\quad p(b)\frac{\mathrm{d}u(b)}{\mathrm{d}x}=0,$$

$$-p(a)\frac{\mathrm{d}u(a)}{\mathrm{d}x}+r_1u(a)=0,\quad p(a)\frac{\mathrm{d}u(b)}{\mathrm{d}x}+r_2u(b)=0,$$

式中 $r_1,r_2>0$. 第 4 章的例子中边界条件(4.1.8)是左端边界为第一类条件而右端为第三类条件. Sturm-Liouville 特征值问题存在一个非负的特征值序列$\{\lambda_n\}$和对应的特征函数序列$\{u_n(x)\}$. $\{\lambda_n\}$满足 $0\leqslant\lambda_1\leqslant\lambda_2\leqslant\cdots\leqslant\lambda_n\leqslant\cdots$,且 $\lim\limits_{n\to\infty}\lambda_n=+\infty$. 在第 4 章例子中,在简单的情况下求出了特征值和特征函数的序列,它们联系着工程与科学问题中有重要意义

的固有频率和对应的基本振型.

一般微分算子的特征值问题可以用有限元方法或有限差分方法离散化. 为了简单地说明方法,设方程(5.1.2)中的已知函数均为常数,即 $p(x)=p, q(x)=q, r(x)=r$,且 $[a,b]=[0,l]$,边界条件都取第一类. 这样,我们讨论的问题就是求数 λ 和函数 $u(x)$,满足

$$\begin{cases} -p\dfrac{\mathrm{d}^2u}{\mathrm{d}x^2}+qu=\lambda ru, \quad 0<x<l & (5.1.3) \\ u(0)=0, \quad u(l)=0. & (5.1.4) \end{cases}$$

把 $[0,l]$ 等分为 $N+1$ 等份,记 $h=\dfrac{l}{N+1}$. $[0,l]$ 上的节点是 $x_i=ih(i=0,1,\cdots,N+1)$,其中 $x_0=0$ 和 $x_{N+1}=l$ 是边界点. 由 Taylor 公式,有

$$\frac{\mathrm{d}^2u(x_i)}{\mathrm{d}x^2}=\frac{u(x_{i-1})-2u(x_i)+u(x_{i+1})}{h^2}+O(h^2), \quad i=1,2,\cdots,N,$$

略去 $O(h^2)$ 项,用 u_i 作为 $u(x_i)$ 的近似值,微分方程(5.1.3)离散化为

$$-p\frac{u_{i-1}-2u_i+u_{i+1}}{h^2}+qu_i=\lambda ru_i, \quad i=1,2,\cdots,N. \tag{5.1.5}$$

当 $i=1$ 和 $i=N$ 时,由边界条件(5.1.4),(5.1.5)式中 $u_0=u(0)=0, u_{N+1}=u(l)=0$. (5.1.5)式可以写成矩阵特征值问题

$$\boldsymbol{A}\boldsymbol{u}=\lambda\boldsymbol{u} \tag{5.1.6}$$

其中

$$\boldsymbol{A}=\frac{1}{r}\begin{bmatrix} \dfrac{2p}{h^2}+q & -\dfrac{p}{h^2} & & & \\ -\dfrac{p}{h^2} & \dfrac{2p}{h^2}+q & -\dfrac{p}{h^2} & & \\ & \ddots & \ddots & \ddots & \\ & & -\dfrac{p}{h^2} & \dfrac{2p}{h^2}+q & -\dfrac{p}{h^2} \\ & & & -\dfrac{p}{h^2} & \dfrac{2p}{h^2}+q \end{bmatrix}\in\mathbb{R}^{N\times N}, \tag{5.1.7}$$

$\boldsymbol{u}=(u_1,u_2,\cdots,u_N)^{\mathrm{T}}\in\mathbb{R}^N$. $\boldsymbol{A}$ 是实的对称正定矩阵,它有 n 个正的实特征值,依次排列为

$$0<\tilde{\lambda}_1\leqslant\tilde{\lambda}_2\leqslant\cdots\leqslant\tilde{\lambda}_N.$$

当 N 较大时,用矩阵 $\boldsymbol{A}$ 开头的几个特征值近似 Sturm-Liouville 特征值问题(5.1.3),(5.1.4)无穷多个特征值的开头几个是有意义的. 矩阵特征值 $\tilde{\lambda}_i$ 对应的特征向量则给了特征函数在节点上函数值的近似.

1.6.1 节介绍了矩阵特征值问题的一些性质,下面再作一些补充.

5.1.2 特征值的估计和扰动

定理 5.1.1 设 $\boldsymbol{A}\in\mathbb{C}^{n\times n}$,$\boldsymbol{A}=[a_{ij}]$,则 $\boldsymbol{A}$ 的特征值 λ 满足

$$\lambda\in\bigcup_{i=1}^{n}D_i,$$

其中 D_i 为复平面上以 a_{ii} 为中心,$r_i=\sum\limits_{\substack{j=1\\j\neq i}}^{n}|a_{ij}|$ 为半径的圆盘,即

$$D_i=\{z\,|\,|z-a_{ii}|\leqslant r_i,z\in\mathbb{C}\},\quad i=1,2,\cdots,n. \tag{5.1.8}$$

证明 设 $\boldsymbol{A}\boldsymbol{x}=\lambda\boldsymbol{x}$,$\boldsymbol{x}\neq\boldsymbol{0}$,记 $\boldsymbol{D}=\mathrm{diag}(a_{11},a_{22},\cdots,a_{nn})$,则有

$$(\boldsymbol{A}-\boldsymbol{D})\boldsymbol{x}=(\lambda\boldsymbol{I}-\boldsymbol{D})\boldsymbol{x},$$

若 $\lambda=a_{ii}$,定理显然成立.现设 $\lambda\neq a_{ii}$,$i=1,2,\cdots,n$,对

$$(\lambda\boldsymbol{I}-\boldsymbol{D})^{-1}(\boldsymbol{A}-\boldsymbol{D})\boldsymbol{x}=\boldsymbol{x}$$

两边取∞-范数得到

$$\|\boldsymbol{x}\|_\infty\leqslant\|(\lambda\boldsymbol{I}-\boldsymbol{D})^{-1}(\boldsymbol{A}-\boldsymbol{D})\|_\infty\|\boldsymbol{x}\|_\infty,$$

所以

$$\max_{1\leqslant i\leqslant n}\frac{r_i}{|\lambda-a_{ii}|}=\|(\lambda\boldsymbol{I}-\boldsymbol{D})^{-1}(\boldsymbol{A}-\boldsymbol{D})\|_\infty\geqslant 1.$$

即总有某个 i,$|\lambda-a_{ii}|\leqslant r_i$ 成立,λ 属于某个圆盘,定理结论成立.

定理 5.1.1 称为**圆盘定理**,或 **Gershgorin 定理**.我们可以从 $\boldsymbol{A}$ 的元素估得特征值所在范围.$\boldsymbol{A}$ 的 n 个特征值均落在 n 个圆盘的并集上,但不一定每个圆盘都有一个特征值.进一步还有下面的**第二圆盘定理**.

定理 5.1.2 设定理 5.1.1 所述的 n 个圆盘中,有 m 个圆盘构成一个连通域 S,且 S 与其余 $n-m$ 个圆盘严格分离,则 S 中恰有 $\boldsymbol{A}$ 的 m 个特征值,其中重特征值按其重数重复计算.

对于定理 5.1.2,特别令人感兴趣的是 $m=1$ 的情形,它说明每个孤立的圆盘恰有 $\boldsymbol{A}$ 的一个特征值.

设 $\boldsymbol{A}=[a_{ij}]$,$\boldsymbol{B}=\mathrm{diag}(b_1,b_2,\cdots,b_n)$,其中 $b_i\neq 0(i=1,2,\cdots,n)$.$\boldsymbol{A}$ 与 $\boldsymbol{B}^{-1}\boldsymbol{A}\boldsymbol{B}$ 有相同的特征值,而 $\boldsymbol{B}^{-1}\boldsymbol{A}\boldsymbol{B}$ 的圆盘半径为 $\sum\limits_{\substack{j=1\\j\neq i}}^{n}\left|\dfrac{a_{ij}b_j}{b_i}\right|$.所以适当地选取 $\boldsymbol{B}$,可使某个圆盘半径相对地减小,更便于估计.当然这也同时会使其他某些圆盘半径变大.

例 5.1.2

$$\boldsymbol{A}=\begin{bmatrix}0.5 & 0.2 & -0.3 & 0 & 0\\ 0 & 1.5 & 0.25 & 0 & 0\\ 0 & 0.5 & 2 & -0.5 & 0\\ 0 & 0 & -0.25 & 2.5 & 0\\ 0 & 0 & -0.7 & 0.3 & 3.5\end{bmatrix},$$

圆盘 $D_1=\{z \mid |z-0.5|\leqslant 0.5\}$，$D_2=\{z \mid |z-1.5|\leqslant 0.25\}$，$D_3=\{z \mid |z-2|\leqslant 1\}$，$D_4=\{z \mid |z-2.5|\leqslant 0.25\}$，$D_5=\{z \mid |z-3.5|\leqslant 1\}$. $\boldsymbol{A}$ 的 5 个特征值必在图 5.1 所示的 5 个圆盘的并集之中.

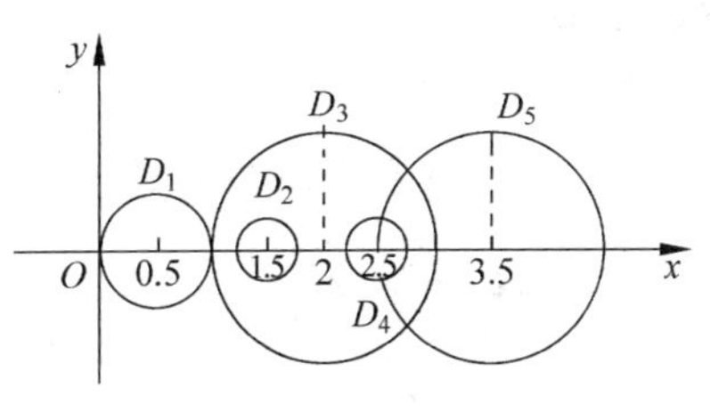

图 5.1

例 5.1.3

$$\boldsymbol{A}=\begin{bmatrix}0.9 & 0.01 & 0.12\\ 0.01 & 0.8 & 0.13\\ 0.01 & 0.02 & 0.4\end{bmatrix}.$$

$\boldsymbol{A}$ 的三个圆盘是：$D_1=\{z \mid |z-0.9|\leqslant 0.13\}$，$D_2=\{z \mid |z-0.8|\leqslant 0.14\}$，$D_3=\{z \mid |z-0.4|\leqslant 0.03\}$. $\boldsymbol{A}$ 的特征值在 $D_1\cup D_2\cup D_3$ 中，而 D_3 与 $D_2\cup D_1$ 是严格分离的，所以 $\boldsymbol{A}$ 有一个特征值在 D_3 中. 而且 $\boldsymbol{A}$ 是实元素的矩阵，若有复特征值，必成对共轭地出现，所以 D_3 中的特征值是实的，即 $\lambda\in[0.37,0.43]$.

现在设 $\boldsymbol{A}$ 有扰动，讨论由此产生的特征值的扰动.

定理 5.1.3（Bauer-Fike 定理） 设 $\boldsymbol{A}\in\mathbb{R}^{n\times n}$，且 $\boldsymbol{A}$ 可对角化，即存在可逆阵 $\boldsymbol{P}\in\mathbb{R}^{n\times n}$，使 $\boldsymbol{P}^{-1}\boldsymbol{A}\boldsymbol{P}=\operatorname{diag}(\lambda_1,\lambda_2,\cdots,\lambda_n)$. 则若 μ 是 $\boldsymbol{A}+\boldsymbol{E}$ 的一个特征值，有

$$\min_{\lambda\in\sigma(\boldsymbol{A})}|\lambda-\mu|\leqslant\|\boldsymbol{P}^{-1}\|\,\|\boldsymbol{P}\|\,\|\boldsymbol{E}\|,$$

其中矩阵范数为 1,2 或∞-范数.

定理中的 $\boldsymbol{E}$ 可看成 $\boldsymbol{A}$ 的扰动矩阵，所以由此产生特征值的扰动可估计为 $\operatorname{cond}(\boldsymbol{P})$ 乘以 $\|\boldsymbol{E}\|$，$\operatorname{cond}(\boldsymbol{P})$ 是矩阵 $\boldsymbol{P}$ 的条件数.

5.2 正交变换和矩阵分解

本节讨论的 Householder 变换和 Givens 变换是计算矩阵特征值问题的有力工具. 其他的矩阵计算问题也常用这些工具，我们利用它们讨论矩阵的分解. 在本节主要讨论实矩阵和实向量，这不难推广到复的情形，这时有关讨论中的正交矩阵应换成酉矩阵，对称矩阵换成 Hermite 矩阵.

5.2.1 Householder 变换

在 1.6 节给出了作为初等矩阵一个例子的 **Householder 矩阵**，这里也称它是 **Householder 变换**，设 $w\in\mathbb{R}^n$，满足 $\|\boldsymbol{w}\|_2=1$，矩阵

$$\boldsymbol{P}=\boldsymbol{I}-2\boldsymbol{w}\boldsymbol{w}^{\mathrm{T}}\tag{5.2.1}$$

就是 Householder 矩阵. 它有如下性质：

(1) $\boldsymbol{P}$ 是对称矩阵,即 $\boldsymbol{P}^{\mathrm{T}}=\boldsymbol{P}$.

(2) $\boldsymbol{P}$ 是正交矩阵,这是因为

$$\begin{aligned}\boldsymbol{P}^{\mathrm{T}}\boldsymbol{P} &= (\boldsymbol{I}-2\boldsymbol{w}\boldsymbol{w}^{\mathrm{T}})(\boldsymbol{I}-2\boldsymbol{w}\boldsymbol{w}^{\mathrm{T}}) \\ &= \boldsymbol{I}-2\boldsymbol{w}\boldsymbol{w}^{\mathrm{T}}-2\boldsymbol{w}\boldsymbol{w}^{\mathrm{T}}+4\boldsymbol{w}(\boldsymbol{w}^{\mathrm{T}}\boldsymbol{w})\boldsymbol{w}^{\mathrm{T}} = \boldsymbol{I}.\end{aligned}$$

推广到复向量 $\boldsymbol{w}\in\mathbb{C}^n$, $\|\boldsymbol{w}\|_2=1$,则 $\boldsymbol{P}$ 是 Hermite 矩阵和酉矩阵.

(3) $n=3$ 的情形见图 5.2. $\boldsymbol{w}$ 为$\mathbb{R}^3$上一个单位向量. 设 S 为过原点且与 $\boldsymbol{w}$ 垂直的平面,对一切向量$\boldsymbol{v}\in\mathbb{R}^3$,可以分解为$\boldsymbol{v}=\boldsymbol{v}_1+\boldsymbol{v}_2$,其中$\boldsymbol{v}_1\in S$, $\boldsymbol{v}_2\perp S$. 不难验证 $\boldsymbol{w}^{\mathrm{T}}\boldsymbol{v}_1=0$, $\boldsymbol{v}_2=\alpha\boldsymbol{w}$ ($\alpha\in\mathbb{R}$),所以

$$\boldsymbol{P}\boldsymbol{v}_1 = \boldsymbol{v}_1-2\boldsymbol{w}(\boldsymbol{w}^{\mathrm{T}}\boldsymbol{v}_1) = \boldsymbol{v}_1,$$

$$\boldsymbol{P}\boldsymbol{v}_2 = \boldsymbol{v}_2-2\boldsymbol{w}(\boldsymbol{w}^{\mathrm{T}}\boldsymbol{v}_2) = \boldsymbol{v}_2-2\alpha\boldsymbol{w} = -\boldsymbol{v}_2.$$

最后得到

$$\boldsymbol{P}\boldsymbol{v} = \boldsymbol{v}_1-\boldsymbol{v}_2.$$

这样,$\boldsymbol{v}$ 经 Householder 变换后的像 $\boldsymbol{P}\boldsymbol{v}$ 是$\boldsymbol{v}$ 关于平面 S 对称的向量. 所以这个变换又称**镜面反射变换**,Householder 矩阵也称**初等镜射矩阵**.

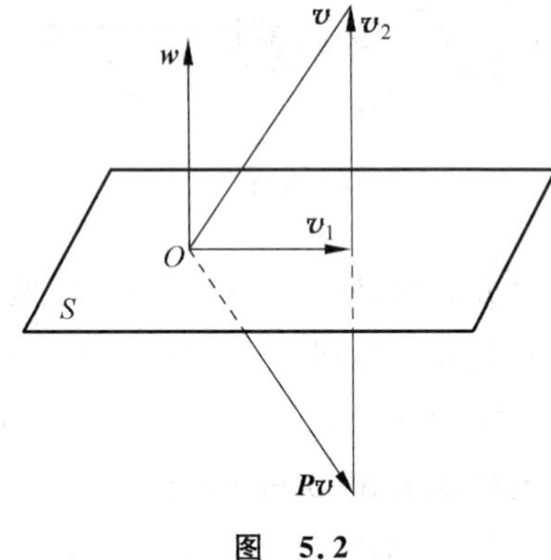

图 5.2

(4) 对 $\boldsymbol{x}\in\mathbb{R}^n$,记 $\boldsymbol{y}=\boldsymbol{P}\boldsymbol{x}$,有

$$\boldsymbol{y} = \boldsymbol{x}-2(\boldsymbol{w}\boldsymbol{w})^{\mathrm{T}}\boldsymbol{x} = \boldsymbol{x}-2(\boldsymbol{w}^{\mathrm{T}}\boldsymbol{x})\boldsymbol{w}, \tag{5.2.2}$$

$$\boldsymbol{y}^{\mathrm{T}}\boldsymbol{y} = \boldsymbol{x}^{\mathrm{T}}\boldsymbol{P}^{\mathrm{T}}\boldsymbol{P}\boldsymbol{x} = \boldsymbol{x}^{\mathrm{T}}\boldsymbol{x}. \tag{5.2.3}$$

(5.2.3)式说明了 $\|\boldsymbol{P}\boldsymbol{x}\|_2=\|\boldsymbol{x}\|_2$,这可从图 5.2 得到几何解释,向量 $\boldsymbol{P}\boldsymbol{x}$ 和 $\boldsymbol{x}$ 的长度相等.

现在讨论这样的问题,如果有长度相等的两个向量 $\boldsymbol{x},\boldsymbol{y}\in\mathbb{R}^n$, $\|\boldsymbol{x}\|_2=\|\boldsymbol{y}\|_2$,能否找到一个 Householder 变换 $\boldsymbol{P}$,使 $\boldsymbol{y}=\boldsymbol{P}\boldsymbol{x}$? 容易看到,要确定 $\boldsymbol{P}$,就要确定单位向量 $\boldsymbol{w}$. 从图 5.2 看,$\boldsymbol{w}$ 显然应取在 $\boldsymbol{x}-\boldsymbol{y}$ 的方向. 取 $\boldsymbol{w}=\dfrac{\boldsymbol{x}-\boldsymbol{y}}{\|\boldsymbol{x}-\boldsymbol{y}\|_2}$,令 $\boldsymbol{P}=\boldsymbol{I}-2\boldsymbol{w}\boldsymbol{w}^{\mathrm{T}}$,不难验证

$$\|\boldsymbol{x}-\boldsymbol{y}\|_2^2 = (\boldsymbol{x}-\boldsymbol{y})^{\mathrm{T}}(\boldsymbol{x}-\boldsymbol{y}) = 2(\boldsymbol{x}-\boldsymbol{y})^{\mathrm{T}}\boldsymbol{x},$$

$$\begin{aligned}\boldsymbol{P}\boldsymbol{x} &= \boldsymbol{x}-2\boldsymbol{w}(\boldsymbol{w}^{\mathrm{T}}\boldsymbol{x}) = \boldsymbol{x}-\frac{2(\boldsymbol{x}-\boldsymbol{y})^{\mathrm{T}}\boldsymbol{x}}{\|\boldsymbol{x}-\boldsymbol{y}\|_2^2}(\boldsymbol{x}-\boldsymbol{y}) \\ &= \boldsymbol{x}-(\boldsymbol{x}-\boldsymbol{y}) = \boldsymbol{y}.\end{aligned}$$

例 5.2.1 已知 $\boldsymbol{x}\in\mathbb{R}^n$,且 $\boldsymbol{x}\neq\boldsymbol{0}$,求 Householder 矩阵 $\boldsymbol{P}$,使

$$\boldsymbol{P}\boldsymbol{x} = k\boldsymbol{e}_1,$$

其中 $\boldsymbol{e}_1=(1,0,\cdots,0)^{\mathrm{T}}$, $k=\pm\|\boldsymbol{x}\|_2$.

解 由上面分析 $\boldsymbol{P}$ 的构造,令

$$\boldsymbol{u} = \boldsymbol{x}-k\boldsymbol{e}_1, \quad \boldsymbol{w} = \frac{\boldsymbol{u}}{\|\boldsymbol{u}\|_2}.$$

下面写出 $P=I-2ww^{\mathrm{T}}$ 的公式. 设 $x=(x_1,x_2,\cdots,x_n)^{\mathrm{T}}$. 为了使 $x-ke_1$ 计算时不损失有效数位,取

$$k=-\operatorname{sgn}(x_1)\|x\|_2, \tag{5.2.4}$$

其中

$$\operatorname{sgn}(x_1)=\begin{cases}1, & x_1\geqslant 0,\\ -1, & x_1<0.\end{cases}$$

这样有

$$u=(x_1+\operatorname{sgn}(x_1)\|x\|_2,x_2,\cdots,x_n)^{\mathrm{T}}, \tag{5.2.5}$$

$$\|u\|_2^2=2\|x\|_2(\|x\|_2+|x_1|). \tag{5.2.6}$$

令

$$\beta=[\|x\|_2(\|x\|_2+|x_1|)]^{-1}, \tag{5.2.7}$$

则

$$P=I-\frac{2uu^{\mathrm{T}}}{\|u\|_2^2}=I-\beta uu^{\mathrm{T}}. \tag{5.2.8}$$

按照(5.2.4)~(5.2.8)式计算 P,可使 $Px=ke_1$ 对一切 $x\neq 0$ 成立.

例如,$x=(3,5,1,1)^{\mathrm{T}}\in\mathbb{R}^4$,有 $\|x\|_2=6$.

按(5.2.4)式,取 $k=-6$. 按(5.2.5)~(5.2.7)式,有 $u=x-ke_1=(9,5,1,1)^{\mathrm{T}}$, $\|u\|_2^2=108$, $\beta=\frac{1}{54}$. 然后按(5.2.8)式得

$$P=I-\beta uu^{\mathrm{T}}=\frac{1}{54}\begin{bmatrix}-27 & -45 & -9 & -9\\ -45 & 29 & -5 & -5\\ -9 & -5 & 53 & -1\\ -9 & -5 & -1 & 53\end{bmatrix}.$$

可以直接验证 $Px=(-6,0,0,0)^{\mathrm{T}}$.

以上是将 x 变换为 ke_1,即除第 1 个分量非零外,其余分量均为零的向量. 类似地也可通过 Householder 变换将 x 变换为接连几个分量为零的向量. 设 $1\leqslant j<k\leqslant n$,非零向量 $x\in\mathbb{R}^n$,并记

$$x=(x_1,\cdots,x_{j-1},x_j,\cdots,x_k,x_{k+1},\cdots,x_n)^{\mathrm{T}},$$

$$\alpha=(x_j^2+\cdots+x_k^2)^{\frac{1}{2}}, \tag{5.2.9}$$

$$u=(0,\cdots,0,x_j+\operatorname{sgn}(x_j)\alpha,x_{j+1},\cdots,x_k,0,\cdots,0)^{\mathrm{T}}, \tag{5.2.10}$$

$$\|u\|_2^2=2\alpha(\alpha+|x_j|). \tag{5.2.11}$$

则由此确定的 Householder 矩阵为

$$P=I-\frac{2uu^{\mathrm{T}}}{\|u\|_2^2}=\begin{bmatrix}I_{j-1} & & \\ & \bar{P} & \\ & & I_{n-k}\end{bmatrix}, \tag{5.2.12}$$

其中 $\bar{\boldsymbol{P}}$ 为 $k-j+1$ 阶的 Householder 矩阵. 容易验证

$$\boldsymbol{P}\boldsymbol{x}=\boldsymbol{x}-\frac{2(\boldsymbol{u}^{\mathrm{T}}\boldsymbol{x})\boldsymbol{u}}{\|\boldsymbol{u}\|_2^2}=\boldsymbol{x}-\boldsymbol{u}$$
$$=(x_1,\cdots,x_{j-1},-\operatorname{sgn}(x_j)\alpha,0,\cdots,0,x_{k+1},\cdots,x_n)^{\mathrm{T}}.$$

5.2.2 Givens 变换

对某实数 θ，记 $s=\sin\theta, c=\cos\theta$，矩阵 $\boldsymbol{J}=\begin{bmatrix} c & s \\ -s & c\end{bmatrix}$是一个 2×2 的正交矩阵. 若 $\boldsymbol{x}\in\mathbb{R}^2$，$\boldsymbol{J}\boldsymbol{x}$ 就表示将向量 $\boldsymbol{x}$ 顺时针旋转 θ 角所得到的向量. 我们推广到 $n\times n$ 的情形.

$$\boldsymbol{J}(i,k,\theta)=\begin{bmatrix} 1 &&&&&&&&& \\ & \ddots &&&&&&&& \\ && 1 &&&&&&& \\ &&& c & & \cdots & & s &&& \\ &&&& 1 &&&&& \\ &&& \vdots && \ddots && \vdots && \\ &&&&&& 1 &&& \\ &&& -s && \cdots && c && \\ &&&&&&&& 1 & \\ &&&&&&&&& \ddots & \\ &&&&&&&&&& 1 \end{bmatrix}\begin{matrix} \\ \\ \\ \text{第 } i \text{ 行} \\ \\ \\ \\ \text{第 } k \text{ 行} \\ \\ \\ \\ \end{matrix} \tag{5.2.13}$$

称为 $n\times n$ 的 **Givens 矩阵**或 **Givens 变换**，或称**旋转矩阵**(**旋转变换**). 显然，$\boldsymbol{J}(i,k,\theta)$是一个正交矩阵.

若 $\boldsymbol{x}\in\mathbb{R}^n$，$\boldsymbol{x}=(x_1,x_2,\cdots,x_n)^{\mathrm{T}}$，$\boldsymbol{y}=\boldsymbol{J}(i,k,\theta)\boldsymbol{x}$ 的分量 $y_1,y_2,\cdots,y_n$ 为

$$\begin{cases} y_j=x_j, & j\neq i,k, \\ y_i=cx_i+sx_k, \\ y_k=-sx_i+cx_k. \end{cases} \tag{5.2.14}$$

如果要使 $y_k=0$，只要选择 θ 满足

$$c=\cos\theta=\frac{x_i}{(x_i^2+x_k^2)^{\frac{1}{2}}},\quad s=\sin\theta=\frac{x_k}{(x_i^2+x_k^2)^{\frac{1}{2}}}.$$

可写成方便计算的形式：

若 $x_k=0$，则 $c=1, s=0$.

若 $x_k\neq 0$，

$$\begin{cases} |x_k|\geqslant|x_i| \text{ 时}, & t=\dfrac{x_i}{x_k}, \quad s=(1+t^2)^{-\frac{1}{2}}, \quad c=st, \\ |x_k|<|x_i| \text{ 时}, & t=\dfrac{x_k}{x_i}, \quad c=(1+t^2)^{-\frac{1}{2}}, \quad s=ct. \end{cases} \tag{5.2.15}$$

这样取的 s,t 可使 $\boldsymbol{J}(i,k,\theta)\boldsymbol{x}$ 的第 k 个分量为零.

设 $1\leqslant i<k\leqslant n$,则 $\boldsymbol{J}(i,k,\theta)\boldsymbol{x}$ 只改变向量 $\boldsymbol{x}$ 的第 i,k 分量,$\boldsymbol{J}(i,k,\theta)\boldsymbol{A}$ 只改变矩阵 $\boldsymbol{A}$ 的第 i,k 行. 同理 $\boldsymbol{A}(\boldsymbol{J}(i,k,\theta))^{\mathrm{T}}$ 只改变 $\boldsymbol{A}$ 的第 i,k 列. $\boldsymbol{J}(i,k,\theta)\boldsymbol{A}(\boldsymbol{J}(i,k,\theta))^{\mathrm{T}}$ 只改变 $\boldsymbol{A}$ 的第 i,k 行和第 i,k 列,这是一个正交相似变换.

例 5.2.2 已知 $\boldsymbol{x}=(1,2,3,4)^{\mathrm{T}}\in\mathbb{R}^4$,求 Givens 矩阵 $\boldsymbol{J}(2,4,\theta)$,使 $\boldsymbol{J}(2,4,\theta)\boldsymbol{x}$ 的第 4 个分量为零.

解 取 $i=2,k=4$. 按(5.2.15)式的第 1 个式子,$t=\dfrac{1}{2}$,$s=\sin\theta=\dfrac{2}{\sqrt{5}}$,$c=\cos\theta=\dfrac{1}{\sqrt{5}}$. 所以

$$\boldsymbol{J}(2,4,\theta)=\begin{bmatrix}1&0&0&0\\0&\dfrac{1}{\sqrt{5}}&0&\dfrac{2}{\sqrt{5}}\\0&0&1&0\\0&-\dfrac{2}{\sqrt{5}}&0&\dfrac{1}{\sqrt{5}}\end{bmatrix},\quad \boldsymbol{J}(2,4,\theta)\boldsymbol{x}=\begin{bmatrix}1\\2\sqrt{5}\\3\\0\end{bmatrix}.$$

5.2.3 矩阵的 QR 分解和 Schur 分解

定理 5.2.1 设 $\boldsymbol{A}\in\mathbb{R}^{n\times n}$,则存在正交矩阵 $\boldsymbol{P}$,使 $\boldsymbol{PA}=\boldsymbol{R}$,其中 $\boldsymbol{R}$ 为上三角矩阵.

要证明这个定理,只要对给定的矩阵 $\boldsymbol{A}$ 给出构造正交矩阵 $\boldsymbol{P}$ 的方法. 下面用两种方法来作出正交矩阵 $\boldsymbol{P}$,使 $\boldsymbol{PA}$ 为一个上三角矩阵.

方法 1(用 Givens 变换): 首先,对于 $\boldsymbol{A}$ 的第 1 列 $\boldsymbol{a}_1=(a_{11},a_{21},\cdots,a_{n1})^{\mathrm{T}}$,可以选 θ_{12} 使得 $\boldsymbol{J}(1,2,\theta_{12})\boldsymbol{a}_1$ 的第 2 个元素为 0,这只要按公式(5.2.15)计算,结果 $\boldsymbol{J}(1,2,\theta_{12})\boldsymbol{a}_1$ 只改变了 $\boldsymbol{a}_1$ 的第 1 和第 2 个分量. 同理选择 $\theta_{1k},k=3,\cdots,n$,使

$$\boldsymbol{J}(1,k,\theta_{1k})\boldsymbol{J}(1,k-1,\theta_{1,k-1})\cdots\boldsymbol{J}(1,2,\theta_{12})\boldsymbol{a}_1$$

的第 k 个元素为 0. 记

$$\boldsymbol{P}_1=\boldsymbol{J}(1,n,\theta_{1n})\boldsymbol{J}(1,n-1,\theta_{1,n-1})\cdots\boldsymbol{J}(1,2,\theta_{12}),$$

则 $\boldsymbol{P}_1\boldsymbol{A}$ 的第 1 列除对角元外元素都为 0. 同理可找到

$$\boldsymbol{P}_2=\boldsymbol{J}(2,n,\theta_{2n})\cdots\boldsymbol{J}(2,3,\theta_{23}),$$

使 $\boldsymbol{P}_2\boldsymbol{P}_1\boldsymbol{A}$ 第 2 列对角元以下元素为 0,而其第 1 列对角元以下元素和 $\boldsymbol{P}_1\boldsymbol{A}$ 一样是 0. 逐步计算,可得

$$\boldsymbol{P}_{n-1}\boldsymbol{P}_{n-2}\cdots\boldsymbol{P}_2\boldsymbol{P}_1\boldsymbol{A}=\boldsymbol{R},$$

其中 $\boldsymbol{R}$ 为上三角矩阵. 令 $\boldsymbol{P}=\boldsymbol{P}_{n-1}\boldsymbol{P}_{n-2}\cdots\boldsymbol{P}_1$,它是一个正交矩阵,有 $\boldsymbol{PA}=\boldsymbol{R}$.

方法 2(用 Householder 变换): 记 $\boldsymbol{A}^{(0)}=\boldsymbol{A}$,它的第 1 列记为 $a_1^{(0)}$,按公式(5.2.5)~(5.2.8),可找到 Householder 矩阵 $\boldsymbol{P}_1\in\mathbb{R}^{n\times n}$,使

$$\boldsymbol{P}_1\boldsymbol{a}_1^{(0)} = k\boldsymbol{e}_1,$$

其中$\boldsymbol{e}_1=(1,0,\cdots,0)^{\mathrm{T}}\in\mathbb{R}^n$. 令$\boldsymbol{A}^{(1)}=\boldsymbol{P}_1\boldsymbol{A}^{(0)}$,其第1列除对角元外均为0. 一般地,设

$$\boldsymbol{A}^{(j-1)} = \begin{bmatrix} \boldsymbol{D}^{(j-1)} & \boldsymbol{B}^{(j-1)} \\ \boldsymbol{0} & \bar{\boldsymbol{A}}^{(j-1)} \end{bmatrix},$$

其中$\boldsymbol{D}^{(j-1)}\in\mathbb{R}^{(j-1)\times(j-1)}$,其对角线以下元素已是0;$\bar{\boldsymbol{A}}^{(j-1)}\in\mathbb{R}^{(n-j+1)\times(n-j+1)}$,设其第1列为$\boldsymbol{a}_1^{(j-1)}$. 可以选择$n-j+1$阶的Householder矩阵$\bar{\boldsymbol{P}}_j$,使

$$\bar{\boldsymbol{P}}_j\boldsymbol{a}_1^{(j-1)} = k_j(1,0,\cdots,0)^{\mathrm{T}} \in \mathbb{R}^{n-j+1}.$$

根据$\bar{\boldsymbol{P}}_j$构造$n\times n$的Householder矩阵

$$\boldsymbol{P}_j = \begin{bmatrix} \boldsymbol{I}_{j-1} & \boldsymbol{0} \\ \boldsymbol{0} & \bar{\boldsymbol{P}}_j \end{bmatrix},$$

就有

$$\boldsymbol{A}^{(j)} = \boldsymbol{P}_j\boldsymbol{A}^{(j-1)} = \begin{bmatrix} \boldsymbol{D}^{(j)} & \boldsymbol{B}^{(j)} \\ \boldsymbol{0} & \bar{\boldsymbol{A}}^{(j)} \end{bmatrix},$$

它和$\boldsymbol{A}^{(j-1)}$有类似的形式,只是$\boldsymbol{D}^{(j)}\in\mathbb{R}^{j\times j}$,且其对角线以下元素都是0. 经过这样$n-1$步的运算得到

$$\boldsymbol{P}_{n-1}\boldsymbol{P}_{n-2}\cdots\boldsymbol{P}_1\boldsymbol{A} = \boldsymbol{A}^{(n-1)} = \boldsymbol{R},$$

其中$\boldsymbol{R}=\boldsymbol{A}^{(n-1)}$为上三角矩阵,$\boldsymbol{P}=\boldsymbol{P}_{n-1}\boldsymbol{P}_{n-2}\cdots\boldsymbol{P}_1$为正交矩阵.

定理5.2.2(QR分解定理) 设$\boldsymbol{A}\in\mathbb{R}^{n\times n}$,则存在正交矩阵$\boldsymbol{Q}\in\mathbb{R}^{n\times n}$和上三角矩阵$\boldsymbol{R}\in\mathbb{R}^{n\times n}$,使

$$\boldsymbol{A} = \boldsymbol{Q}\boldsymbol{R}.$$

如果$\boldsymbol{A}$是非奇异的,且若规定$\boldsymbol{R}$的对角元为正值,则这种分解是惟一的.

证明 从定理5.2.1知,只要令正交矩阵$\boldsymbol{Q}=\boldsymbol{P}^{\mathrm{T}}$,就有$\boldsymbol{A}=\boldsymbol{Q}\boldsymbol{R}$. 但从定理5.2.1的方法1和方法2看到分解可以不惟一. 现在设$\boldsymbol{A}$非奇异,从而上三角矩阵$\boldsymbol{R}$的对角元不能为0. 规定$\boldsymbol{R}$的对角元均为正数,若$\boldsymbol{A}$有两种分解

$$\boldsymbol{A} = \boldsymbol{Q}_1\boldsymbol{R}_1 = \boldsymbol{Q}_2\boldsymbol{R}_2,$$

其中$\boldsymbol{Q}_1,\boldsymbol{Q}_2$为正交矩阵,$\boldsymbol{R}_1,\boldsymbol{R}_1$为上三角矩阵,且对角元都是正数,则

$$\boldsymbol{Q}_2^{\mathrm{T}}\boldsymbol{Q}_1 = \boldsymbol{R}_2\boldsymbol{R}_1^{-1}. \tag{5.2.16}$$

(5.2.16)式左端是一个正交矩阵,所以右端是一个上三角的正交矩阵,有

$$(\boldsymbol{R}_2\boldsymbol{R}_1^{-1})^{\mathrm{T}} = (\boldsymbol{R}_2\boldsymbol{R}_1^{-1})^{-1}.$$

此式左端是下三角矩阵,而右端是上三角矩阵,所以只能是对角矩阵,设

$$\boldsymbol{D} = \boldsymbol{R}_2\boldsymbol{R}_1^{-1} = \mathrm{diag}(d_1,d_2,\cdots,d_n). \tag{5.2.17}$$

因$\boldsymbol{R}_1,\boldsymbol{R}_2$的对角元都是正数,有$d_i>0,i=1,2,\cdots,n$,且$\boldsymbol{D}\boldsymbol{D}^{\mathrm{T}}=\boldsymbol{D}^2=\boldsymbol{I}$,故有$\boldsymbol{D}=\boldsymbol{I}$,从而$\boldsymbol{R}_2=\boldsymbol{R}_1$,代回(5.2.16)式,有$\boldsymbol{Q}_2=\boldsymbol{Q}_1$. 定理证毕.

定理5.2.2描述的矩阵分解称为$\boldsymbol{A}$的**QR分解**. 其实定理5.2.1就保证了$\boldsymbol{A}$可作

QR 分解. 如果 $\boldsymbol{A}$ 非奇异,则 $\boldsymbol{R}$ 也非奇异. 如果不规定 $\boldsymbol{R}$ 对角元为正数,则分解是不惟一的. 从定理 5.2.2 的证明过程中,可以看到(5.2.17)式中对角矩阵 $\boldsymbol{D}$ 的元素应该等于 1 或 -1,而且有

$$\boldsymbol{R}_2 = \boldsymbol{D}\boldsymbol{R}_1, \quad \boldsymbol{Q}_1 = \boldsymbol{Q}_2\boldsymbol{D}.$$

这说明 $\boldsymbol{A}$ 的所有 QR 分解式中,不同的 $\boldsymbol{Q}$ 的每一列和 $\boldsymbol{R}$ 的每一行至多可以差别在一个负号. 而一般按 Givens 变换或 Householder 变换方法作出的 $\boldsymbol{A}=\boldsymbol{QR}$,$\boldsymbol{R}$ 的对角元不一定是正的. 设上三角矩阵 $\boldsymbol{R}=[r_{ij}]$,只要令

$$\bar{\boldsymbol{D}} = \mathrm{diag}\left(\frac{r_{11}}{|r_{11}|}, \cdots, \frac{r_{nn}}{|r_{nn}|}\right).$$

令 $\bar{\boldsymbol{Q}}=\boldsymbol{Q}\bar{\boldsymbol{D}}$,它是一个正交矩阵,同时令 $\bar{\boldsymbol{R}}=\bar{\boldsymbol{D}}^{-1}\boldsymbol{R}$,它是对角元为 $|r_{ii}|$ 的上三角矩阵,这样,$\boldsymbol{A}=\bar{\boldsymbol{Q}}\bar{\boldsymbol{R}}$ 便是符合定理 5.2.2 的惟一 QR 分解.

例 5.2.3 求矩阵 $\boldsymbol{A}=\begin{bmatrix}4 & 4 & 0\\ 3 & 3 & -1\\ 0 & 1 & 1\end{bmatrix}$ 的 QR 分解,使 $\boldsymbol{R}$ 的对角元为正数.

解 先用 Givens 变换方法. $\boldsymbol{A}$ 的第 1 列为 $(4,3,0)^{\mathrm{T}}$,按(5.2.15)式,有

$$\boldsymbol{J}(1,2,\theta_{12}) = \begin{bmatrix}\frac{4}{5} & \frac{3}{5} & 0\\ -\frac{3}{5} & \frac{4}{5} & 0\\ 0 & 0 & 1\end{bmatrix}, \quad \boldsymbol{J}(1,2,\theta_{12})\boldsymbol{A} = \begin{bmatrix}5 & 5 & -\frac{3}{5}\\ 0 & 0 & -\frac{4}{5}\\ 0 & 1 & 1\end{bmatrix}.$$

$\boldsymbol{J}(1,2,\theta_{12})\boldsymbol{A}$ 第 1 列对角线以下元素已全部为 0. 所以 $\boldsymbol{P}_1=\boldsymbol{J}(1,2,\theta_{12})$. $\boldsymbol{P}_1\boldsymbol{A}$ 第 2 列后两元素为 0,1,按公式(5.2.15)可计算

$$\boldsymbol{P}_2 = \boldsymbol{J}(2,3,\theta_{23}) = \begin{bmatrix}1 & 0 & 0\\ 0 & 0 & 1\\ 0 & -1 & 0\end{bmatrix}, \quad \boldsymbol{P}_2\boldsymbol{P}_1\boldsymbol{A} = \begin{bmatrix}5 & 5 & -\frac{3}{5}\\ 0 & 1 & 1\\ 0 & 0 & \frac{4}{5}\end{bmatrix}.$$

$\boldsymbol{R}=\boldsymbol{P}_2\boldsymbol{P}_1\boldsymbol{A}$ 就是一个上三角矩阵,且其对角元均是正数. 容易计算正交矩阵

$$\boldsymbol{Q} = (\boldsymbol{P}_2\boldsymbol{P}_1)^{\mathrm{T}} = \begin{bmatrix}\frac{4}{5} & 0 & \frac{3}{5}\\ \frac{3}{5} & 0 & -\frac{4}{5}\\ 0 & 1 & 0\end{bmatrix}$$

满足 $\boldsymbol{A}=\boldsymbol{QR}$,这就完成了 $\boldsymbol{A}$ 的 QR 分解.

对本题再用 Householder 变换方法分解. 对 $\boldsymbol{A}$ 的第 1 列 $\boldsymbol{a}_1$,利用(5.2.5)～(5.2.8)

式,$k=-5$,$\boldsymbol{u}=(4+5,3,0)^{\mathrm{T}}=(9,3,0)^{\mathrm{T}}$. $\|\boldsymbol{u}\|_2^2=90$,$\beta=\frac{1}{45}$.

$$\boldsymbol{P}_1=\boldsymbol{I}-\beta\boldsymbol{u}\boldsymbol{u}^{\mathrm{T}}=\begin{bmatrix}-\frac{4}{5} & -\frac{3}{5} & 0\\ -\frac{3}{5} & \frac{4}{5} & 0\\ 0 & 0 & 1\end{bmatrix},$$

$$\boldsymbol{P}_1\boldsymbol{A}=\begin{bmatrix}-5 & -5 & \frac{3}{5}\\ 0 & 0 & -\frac{4}{5}\\ 0 & 1 & 1\end{bmatrix}.$$

$\boldsymbol{P}_1\boldsymbol{A}$ 第1列对角线以下元素已为0.对 $\begin{bmatrix}0 & -\frac{4}{5}\\ 1 & 1\end{bmatrix}$ 的第1列,再用公式(5.2.5)~(5.2.8),

得到 $\bar{\boldsymbol{P}}=\begin{bmatrix}0 & -1\\ -1 & 0\end{bmatrix}$.这样

$$\boldsymbol{P}_2=\begin{bmatrix}1 & 0 & 0\\ 0 & 0 & -1\\ 0 & -1 & 0\end{bmatrix},$$

$$\boldsymbol{P}_2\boldsymbol{P}_1\boldsymbol{A}=\begin{bmatrix}-5 & -5 & \frac{3}{5}\\ 0 & -1 & -1\\ 0 & 0 & \frac{4}{5}\end{bmatrix}.$$

$\boldsymbol{R}=\boldsymbol{P}_2\boldsymbol{P}_1\boldsymbol{A}$ 是上三角矩阵,而

$$\boldsymbol{Q}=(\boldsymbol{P}_2\boldsymbol{P}_1)^{\mathrm{T}}=\boldsymbol{P}_1\boldsymbol{P}_2=\begin{bmatrix}-\frac{4}{5} & 0 & \frac{3}{5}\\ -\frac{3}{5} & 0 & -\frac{4}{5}\\ 0 & -1 & 0\end{bmatrix}.$$

满足 $\boldsymbol{QR}=\boldsymbol{A}$,但 $\boldsymbol{R}$ 的对角元并非都是正的.令 $\bar{\boldsymbol{D}}=\mathrm{diag}(-1,-1,1)$,有

$$\bar{\boldsymbol{Q}}=\boldsymbol{Q}\bar{\boldsymbol{D}}=\begin{bmatrix}\frac{4}{5} & 0 & \frac{3}{5}\\ \frac{3}{5} & 0 & -\frac{4}{5}\\ 0 & 1 & 0\end{bmatrix},\quad \bar{\boldsymbol{R}}=\bar{\boldsymbol{D}}^{-1}\boldsymbol{R}=\begin{bmatrix}5 & 5 & -\frac{3}{5}\\ 0 & 1 & 1\\ 0 & 0 & \frac{4}{5}\end{bmatrix}.$$

这就完成了 $\boldsymbol{A}=\bar{\boldsymbol{Q}}\bar{\boldsymbol{R}}$ 的分解，其中 $\bar{\boldsymbol{Q}}$ 为正交矩阵，$\bar{\boldsymbol{R}}$ 为具有正对角元的上三角矩阵. 这个结果和用 Givens 变换得到的结果一样.

除了 QR 分解，矩阵的 Schur 分解也是一种有用的性质和工具. 对复矩阵的情形，若 $\boldsymbol{A}\in\mathbb{C}^{n\times n}$，则存在酉矩阵 $\boldsymbol{Q}$，使 $\boldsymbol{Q}^{\mathrm{H}}\boldsymbol{A}\boldsymbol{Q}$ 为一个上三角矩阵 $\boldsymbol{R}$，其对角线上的元素就是 $\boldsymbol{A}$ 的特征值，$\boldsymbol{A}=\boldsymbol{Q}\boldsymbol{R}\boldsymbol{Q}^{\mathrm{H}}$ 称 $\boldsymbol{A}$ 的 **Schur 分解**. 对于实的矩阵 $\boldsymbol{A}$，其特征值可能是复数，Schur 分解有进一步的形式.

定理 5.2.3(实 Schur 分解定理) 设 $\boldsymbol{A}\in\mathbb{R}^{n\times n}$，则存在正交矩阵 $\boldsymbol{Q}\in\mathbb{R}^{n\times n}$，使

$$\boldsymbol{Q}^{\mathrm{T}}\boldsymbol{A}\boldsymbol{Q}=\begin{bmatrix}\boldsymbol{R}_{11} & \boldsymbol{R}_{12} & \cdots & \boldsymbol{R}_{1m}\\ & \boldsymbol{R}_{22} & \cdots & \boldsymbol{R}_{2m}\\ & & \ddots & \vdots\\ & & & \boldsymbol{R}_{mm}\end{bmatrix},\tag{5.2.18}$$

其中每个对角块 $\boldsymbol{R}_{ii}(i=1,2,\cdots,m)$ 是 1×1 或 2×2 的子矩阵. 若是 1×1 的，其元素就是 $\boldsymbol{A}$ 的一个实特征值. 若是 2×2 的，$\boldsymbol{R}_{ii}$ 的特征值是 $\boldsymbol{A}$ 的一对共轭的复特征值.

记(5.2.18)式右端矩阵为 $\boldsymbol{R}$，它是特殊形式的块上三角矩阵. 由(5.2.18)式有 $\boldsymbol{A}=\boldsymbol{Q}\boldsymbol{R}\boldsymbol{Q}^{\mathrm{T}}$，称为 **$\boldsymbol{A}$ 的实 Schur 分解**. 有了定理 5.2.3，可以考虑实运算的 Schur 型快速计算，希望通过逐次正交变换使 $\boldsymbol{A}$ 趋于实 Schur 型矩阵，以求 $\boldsymbol{A}$ 的特征值.

5.2.4 正交相似变换化矩阵为 Hessenberg 形式

这里通过正交相似变换把一般的矩阵 $\boldsymbol{A}$ 约化为一种特殊的形式，它更接近实 Schur 分解的形式，对这种特殊形式的矩阵用数值方法求特征值将会减少运算工作量.

定义 5.2.1 若 $\boldsymbol{B}=[b_{ij}]\in\mathbb{R}^{n\times n}$，当 $i>j+1$ 时有 $b_{ij}=0$，称 $\boldsymbol{B}$ 为上 Hessenberg 矩阵. 如果还有 $b_{i,i-1}\neq0(i=2,\cdots,n)$，则称 $\boldsymbol{B}$ 为**不可约的上 Hessenberg 矩阵**.

上 Hessenberg 矩阵的次对角线以下元素均为零，即 $\boldsymbol{B}$ 的形状为

$$\boldsymbol{B}=\begin{bmatrix}* & * & \cdots & * & *\\ * & * & \cdots & * & *\\ & * & \cdots & * & *\\ & & \ddots & \vdots & \vdots\\ & & & * & *\end{bmatrix}.$$

如果它的次对角线上的元素都不为零，$\boldsymbol{B}$ 就是不可约的上 Hessenberg 矩阵. 这里可约和不可约矩阵的概念和在第 1 章的准备知识中的叙述有类似之处.

定理 5.2.4 对任意的矩阵 $\boldsymbol{A}\in\mathbb{R}^{n\times n}$，存在正交矩阵 $\boldsymbol{Q}$，使

$$\boldsymbol{B}=\boldsymbol{Q}^{\mathrm{T}}\boldsymbol{A}\boldsymbol{Q}$$

为一个上 Hessenberg 矩阵.

下面给出将 $\boldsymbol{A}$ 通过正交相似变换约化为上 Hessenberg 矩阵 $\boldsymbol{B}$ 的方法. 这同时也就

证明了定理.

记 $\boldsymbol{A}^{(1)}=\boldsymbol{A}$，设其第1列为 $\boldsymbol{a}^{(1)}=(a_{11},a_{21},\cdots,a_{n1})^{\mathrm{T}}$. 可以选择一个 $n-1$ 阶的 Householder 矩阵 $\bar{\boldsymbol{P}}_1$，使得

$$\bar{\boldsymbol{P}}_1\begin{bmatrix}a_{21}\\a_{31}\\\vdots\\a_{n1}\end{bmatrix}=\begin{bmatrix}*\\0\\\vdots\\0\end{bmatrix}\in\mathbb{R}^{n-1},$$

而

$$\boldsymbol{P}_1=\operatorname{diag}(1,\bar{\boldsymbol{P}}_1)=\begin{bmatrix}1&\\&\bar{\boldsymbol{P}}_1\end{bmatrix},$$

计算公式按(5.2.9)～(5.2.12)式即可. 矩阵 $\boldsymbol{P}_1\boldsymbol{A}^{(1)}$ 的第1列第3至第 n 个元素均为零，且用正交矩阵 $\boldsymbol{P}_1$ 对 $\boldsymbol{A}^{(1)}$ 作相似变换，$\boldsymbol{P}_1\boldsymbol{A}^{(1)}\boldsymbol{P}_1^{-1}=\boldsymbol{P}_1\boldsymbol{A}^{(1)}\boldsymbol{P}_1$，其形式为

$$\boldsymbol{A}^{(2)}=(\boldsymbol{P}_1\boldsymbol{A}^{(1)})\boldsymbol{P}_1=\begin{bmatrix}*&*&\cdots&*\\*&*&\cdots&*\\0&*&\cdots&*\\\vdots&\vdots&&\vdots\\0&*&\cdots&*\end{bmatrix}\begin{bmatrix}1&0&\cdots&0\\0&*&\cdots&*\\0&*&\cdots&*\\\vdots&\vdots&&\vdots\\0&*&\cdots&*\end{bmatrix}$$

$$=\left[\begin{array}{cc|c|ccc}*&*&*&\cdots&*\\*&*&*&\cdots&*\\\hline 0&*&*&\cdots&*\\\vdots&\vdots&\vdots&&\vdots\\0&*&*&\cdots&*\end{array}\right].$$

下一步对 $\boldsymbol{A}^{(2)}$ 第2列对角线以下(不含对角线)的 $n-2$ 维向量，找 Householder 矩阵 $\bar{\boldsymbol{P}}_2\in\mathbb{R}^{(n-2)\times(n-2)}$，使 $\bar{\boldsymbol{P}}_2$ 左乘该向量等于 $(*,0,\cdots,0)^{\mathrm{T}}\in\mathbb{R}^{n-2}$. 再用 n 阶 Householder 矩阵 $\boldsymbol{P}_2=\operatorname{diag}(\boldsymbol{I}_2,\bar{\boldsymbol{P}}_2)$ 对 $\boldsymbol{A}^{(2)}$ 作相似变换，$\boldsymbol{A}^{(3)}=\boldsymbol{P}_2\boldsymbol{A}^{(2)}\boldsymbol{P}_2$. 其他各步类似，这样，一般经过 $k-1$ 步 Householder 正交相似变换后，$\boldsymbol{A}^{(k)}$ 的形式为

$$\boldsymbol{A}^{(k)}=(\boldsymbol{P}_1\cdots\boldsymbol{P}_{k-1})^{\mathrm{T}}\boldsymbol{A}(\boldsymbol{P}_1\cdots\boldsymbol{P}_{k-1})=\begin{bmatrix}\multicolumn{2}{c|}{\boldsymbol{B}}&\boldsymbol{C}\\\hline \underset{k-1}{\boldsymbol{O}}&\underset{1}{\boldsymbol{b}}&\underset{n-k}{\boldsymbol{D}}\end{bmatrix}\begin{matrix}k\\n-k\end{matrix},$$

其中 $\boldsymbol{B}$ 是一个 $k\times k$ 的上 Hessenberg 矩阵，$\boldsymbol{D}$ 是一个 $(n-k)\times(n-k)$ 的方阵. 下一步找 $n-k$ 阶的 Householder 矩阵 $\bar{\boldsymbol{P}}_k$，使 $\bar{\boldsymbol{P}}_k\boldsymbol{b}=(*,0,\cdots,0)^{\mathrm{T}}\in\mathbb{R}^{n-k}$. 则 n 阶 Householder 矩阵

$$\boldsymbol{P}_k=\operatorname{diag}(\boldsymbol{I}_k,\bar{\boldsymbol{P}}_k)$$

使 $\boldsymbol{A}^{(k+1)}=\boldsymbol{P}_k^{\mathrm{T}}\boldsymbol{A}^{(k)}\boldsymbol{P}_k$ 的形式为

$$\boldsymbol{A}^{(k+1)}=(\boldsymbol{P}_1\cdots\boldsymbol{P}_k)^{\mathrm{T}}\boldsymbol{A}(\boldsymbol{P}_1\cdots\boldsymbol{P}_k)=\begin{array}{c}\left[\begin{array}{cc:c}\multicolumn{2}{c:}{\boldsymbol{B}'} & \boldsymbol{C}'\\ \hdashline \boldsymbol{O} & \boldsymbol{b}' & \boldsymbol{D}'\end{array}\right]\begin{array}{l}k+1\\ n-k-1\end{array},\\ \quad k\quad 1\quad n-k-1\end{array}$$

$\boldsymbol{A}^{(k+1)}$ 的形式类似 $\boldsymbol{A}^{(k)}$，只是 $\boldsymbol{B}'$ 已是 $(k+1)\times(k+1)$ 的上 Hessenberg 矩阵.

k 从 1 到 $n-2$，经过 $n-2$ 步正交相似变换得到 $n\times n$ 的上 Hessenberg 矩阵

$$\begin{aligned}\boldsymbol{A}^{(n-1)}&=(\boldsymbol{P}_1\boldsymbol{P}_2\cdots\boldsymbol{P}_{n-2})^{\mathrm{T}}\boldsymbol{A}(\boldsymbol{P}_1\boldsymbol{P}_2\cdots\boldsymbol{P}_{n-2})\\&=\begin{bmatrix}a_{11}^{(n-1)} & a_{12}^{(n-1)} & \cdots & a_{1,n-1}^{(n-1)} & a_{1n}^{(n-1)}\\ a_{21}^{(n-1)} & a_{22}^{(n-1)} & \cdots & a_{2,n-1}^{(n-1)} & a_{2n}^{(n-1)}\\ & a_{32}^{(n-1)} & \cdots & a_{3,n-1}^{(n-1)} & a_{3n}^{(n-1)}\\ & & \ddots & \vdots & \vdots\\ & & & a_{n,n-1}^{(n-1)} & a_{nn}^{(n-1)}\end{bmatrix}.\end{aligned}$$

这样，$\boldsymbol{A}^{(n-1)}$ 就是定理 5.2.4 中的矩阵 $\boldsymbol{B}$，而 $\boldsymbol{Q}=\boldsymbol{P}_1\boldsymbol{P}_2\cdots\boldsymbol{P}_{n-2}$.

如果 $\boldsymbol{A}$ 是对称矩阵，则 $\boldsymbol{B}=\boldsymbol{Q}^{\mathrm{T}}\boldsymbol{A}\boldsymbol{Q}$ 也对称. 这时 $\boldsymbol{B}$ 是一个对称的三对角矩阵.

例 5.2.4 设

$$\boldsymbol{A}=\begin{bmatrix}1 & 5 & 7\\ 3 & 0 & 6\\ 4 & 3 & 1\end{bmatrix},$$

求正交矩阵 $\boldsymbol{Q}$，使 $\boldsymbol{Q}^{\mathrm{T}}\boldsymbol{A}\boldsymbol{Q}$ 为上 Hessenberg 矩阵.

解 选 Householder 矩阵 $\boldsymbol{P}\in\mathbb{R}^{3\times3}$，变换 $\boldsymbol{A}$ 的第 1 列，使

$$\boldsymbol{P}(1,3,4)^{\mathrm{T}}=(1,*,0)^{\mathrm{T}}.$$

根据公式(5.2.9)～(5.2.12)，有 $\alpha=\sqrt{3^2+4^2}=5$，$\boldsymbol{u}=(0,8,4)^{\mathrm{T}}$，$\|\boldsymbol{u}\|_2^2=80$，

$$\boldsymbol{P}=\boldsymbol{I}-\frac{2\boldsymbol{u}\boldsymbol{u}^{\mathrm{T}}}{\|\boldsymbol{u}\|_2^2}=\begin{bmatrix}1 & 0 & 0\\ 0 & -\dfrac{3}{5} & -\dfrac{4}{5}\\ 0 & -\dfrac{4}{5} & \dfrac{3}{5}\end{bmatrix},$$

$$\boldsymbol{PAP}=\begin{bmatrix}1 & -\dfrac{43}{5} & \dfrac{1}{5}\\ -5 & \dfrac{124}{25} & -\dfrac{18}{25}\\ 0 & \dfrac{57}{25} & -\dfrac{99}{25}\end{bmatrix}$$

是一个上 Hessenberg 矩阵, $\boldsymbol{Q}=\boldsymbol{P}$ 是对称的正交矩阵. 因为 $n=3$, 只作一次变换就得到了结果.

本题也可作 Givens 变换. 对 $\boldsymbol{A}$ 的第 1 列, 构造 Givens 矩阵 $\boldsymbol{J}(2,3,\theta)$, 使 $\boldsymbol{J}(2,3,\theta)(1,3,4)^{\mathrm{T}}=(1,*,0)^{\mathrm{T}}$. 按公式(5.2.15),

$$\boldsymbol{J}(2,3,\theta)=\begin{bmatrix}1 & 0 & 0\\ 0 & \frac{3}{5} & \frac{4}{5}\\ 0 & -\frac{4}{5} & \frac{3}{5}\end{bmatrix},\quad \boldsymbol{J}(2,3,\theta)\begin{bmatrix}1\\3\\4\end{bmatrix}=\begin{bmatrix}1\\5\\0\end{bmatrix}.$$

令 $\boldsymbol{Q}=[\boldsymbol{J}(2,3,\theta)]^{\mathrm{T}}$, 即

$$\boldsymbol{Q}=\begin{bmatrix}1 & 0 & 0\\ 0 & \frac{3}{5} & -\frac{4}{5}\\ 0 & \frac{4}{5} & \frac{3}{5}\end{bmatrix},$$

有

$$\boldsymbol{Q}^{\mathrm{T}}\boldsymbol{A}\boldsymbol{Q}=\begin{bmatrix}1 & \frac{43}{5} & \frac{1}{5}\\ 5 & \frac{124}{25} & \frac{18}{25}\\ 0 & -\frac{57}{25} & -\frac{99}{25}\end{bmatrix},$$

这里通过正交矩阵 $\boldsymbol{Q}$ 将 $\boldsymbol{A}$ 变换为上 Hessenberg 矩阵.

由以上例子可以看到, 矩阵 $\boldsymbol{A}$ 的上 Hessenberg 形式不是惟一的. 但是可以证明如下的定理.

定理 5.2.5 设 $\boldsymbol{A}\in\mathbb{R}^{n\times n}$, $\boldsymbol{Q}=[\boldsymbol{q}_1,\boldsymbol{q}_2,\cdots,\boldsymbol{q}_n]$ 及 $\boldsymbol{V}=[\boldsymbol{v}_1,\boldsymbol{v}_2,\cdots,\boldsymbol{v}_n]$ 都是正交矩阵($\boldsymbol{q}_i$ 和 $\boldsymbol{v}_i$ 分别是 $\boldsymbol{Q}$ 和 $\boldsymbol{V}$ 的列向量), 使 $\boldsymbol{Q}^{\mathrm{T}}\boldsymbol{A}\boldsymbol{Q}=\boldsymbol{H}$ 与 $\boldsymbol{V}^{\mathrm{T}}\boldsymbol{A}\boldsymbol{V}=\boldsymbol{G}$ 都是上 Hessenberg 矩阵, 其中 $\boldsymbol{H}=[h_{ij}]$, $\boldsymbol{G}=[g_{ij}]$. 记 k 为使 $h_{k+1,k}=0$ 的最小整数($\boldsymbol{H}$ 不可约时约定 $k=n$, $h_{n+1,n}=0$). 如果 $\boldsymbol{q}_1=\boldsymbol{v}_1$, 则有

$$\begin{cases}\boldsymbol{q}_i=\pm\boldsymbol{v}_i,\\ |h_{i,i-1}|=|g_{i,i-1}|,\end{cases}\quad i=2,3,\cdots,k.$$

而且, 若 $k<n$, 则 $g_{k+1,k}=0$.

定理的意义在于: 若 $\boldsymbol{Q}^{\mathrm{T}}\boldsymbol{A}\boldsymbol{Q}=\boldsymbol{H}$ 与 $\boldsymbol{V}^{\mathrm{T}}\boldsymbol{A}\boldsymbol{V}=\boldsymbol{G}$ 均为上 Hessenberg 矩阵, 而且 $\boldsymbol{Q}$ 与 $\boldsymbol{V}$ 的第 1 列相同, 那么 $\boldsymbol{G}$ 和 $\boldsymbol{H}$"本质上相同", 即 $\boldsymbol{G}=\boldsymbol{D}^{-1}\boldsymbol{H}\boldsymbol{D}$, 其中 $\boldsymbol{D}$ 是对角矩阵, 其对角元为 1 或 -1. 这在例 5.2.4 的两种约化结果中可得到验证.

5.3 幂迭代法和逆幂迭代法

5.3.1 幂迭代法

假设 $\boldsymbol{A}\in\mathbb{R}^{n\times n}$，$\boldsymbol{A}$ 可对角化，即存在 n 个线性无关的特征向量 $\boldsymbol{x}_1,\boldsymbol{x}_2,\cdots,\boldsymbol{x}_n$. 设它们对应特征值 $\lambda_1,\lambda_2,\cdots,\lambda_n$，满足

$$|\lambda_1|>|\lambda_2|\geqslant\cdots\geqslant|\lambda_n|. \tag{5.3.1}$$

在以上假设下，$\boldsymbol{A}$ 按模最大的特征值 λ_1 称为**主特征值**(显然它是特征方程 $\det(\lambda\boldsymbol{I}-\boldsymbol{A})=0$ 的实单根，且 $\lambda_1\neq0$)，对应的 $\boldsymbol{x}_1$ 称为**主特征向量**.

对于向量 $\boldsymbol{v}^{(0)}\in\mathbb{R}^n$，有

$$\boldsymbol{v}^{(0)}=\alpha_1\boldsymbol{x}_1+\alpha_2\boldsymbol{x}_2+\cdots+\alpha_n\boldsymbol{x}_n.$$

用矩阵 $\boldsymbol{A}$ 连续左乘 $\boldsymbol{v}^{(0)}$，得

$$\boldsymbol{A}^k\boldsymbol{v}^{(0)}=\lambda_1^k\left[\alpha_1\boldsymbol{x}_1+\sum_{i=2}^{n}\alpha_i\left(\frac{\lambda_i}{\lambda_1}\right)^k\boldsymbol{x}_i\right]. \tag{5.3.2}$$

因为 $\lim\limits_{k\to\infty}\left(\frac{\lambda_i}{\lambda_1}\right)^k=0,i=2,3,\cdots,n$，所以当 k 充分大时，可以略去(5.3.2)式中和号的各项. 这样，如果 $\alpha_1\neq0$，向量 $\boldsymbol{A}^k\boldsymbol{v}^{(0)}$ 除了一个数量因子外，趋向于向量 $\boldsymbol{x}_1$，这提供了计算主特征向量 $\boldsymbol{x}_1$ 的一种方法. 但是当 $|\lambda_1|>1$ 时，$\boldsymbol{A}^k\boldsymbol{v}^{(0)}$ 的 $\boldsymbol{x}_1$ 分量的系数趋于无穷，而 $|\lambda_1|<1$ 时则趋于零，所以实际计算时加上规范化的步骤. 设向量 $\boldsymbol{z}\in\mathbb{R}^n$，$\boldsymbol{z}=(z_1,z_2,\cdots,z_n)^{\mathrm{T}}$，$\|\boldsymbol{z}\|_\infty=|z_i|$，称向量 $\boldsymbol{z}$ 的**最大分量**为

$$\max(\boldsymbol{z})=z_i.$$

幂迭代法(简称**幂法**)的计算公式是

$$\begin{cases}\boldsymbol{z}^{(k)}=\boldsymbol{A}\boldsymbol{v}^{(k-1)},\\ m^{(k)}=\max(\boldsymbol{z}^{(k)}),\quad k=1,2,\cdots.\\ \boldsymbol{v}^{(k)}=\dfrac{\boldsymbol{z}^{(k)}}{m_k},\end{cases} \tag{5.3.3}$$

选取非零向量 $\boldsymbol{v}^{(0)}\in\mathbb{R}^n$(通常可取 $\boldsymbol{v}^{(0)}=(1,1,\cdots,1)^{\mathrm{T}}$)，按(5.3.3)式，可以在 $\|\boldsymbol{v}^{(k)}-\boldsymbol{v}^{(k-1)}\|_\infty<\varepsilon$ 时计算终止. 在迭代过程中，$\boldsymbol{v}^{(k)}$ 的最大分量总是 1. 称 $\{\boldsymbol{v}^{(k)}\}$ 是**规范化的向量序列**.

将公式(5.3.3)逐次回代，有

$$\boldsymbol{v}^{(k)}=\frac{\boldsymbol{A}\boldsymbol{v}^{(k-1)}}{m_k}=\frac{\boldsymbol{A}^k\boldsymbol{v}^{(0)}}{m_km_{k-1}\cdots m_1},$$

式中分母是一个数，所以向量 $\boldsymbol{v}^{(k)}$ 与 $\boldsymbol{A}^k\boldsymbol{v}^{(0)}$ 差别在一个常数因子，而 $\max(\boldsymbol{v}^{(k)})=1$，所以有

$$\boldsymbol{v}^{(k)}=\frac{\boldsymbol{A}^k\boldsymbol{v}^{(0)}}{\max(\boldsymbol{A}^k\boldsymbol{v}^{(0)})}. \tag{5.3.4}$$

由(5.3.2)式,在 $\alpha_1 \neq 0$ 的条件下,当 $k \to \infty$ 时,

$$\boldsymbol{v}^{(k)} \to \frac{\boldsymbol{x}_1}{\max(\boldsymbol{x}_1)}, \tag{5.3.5}$$

$$\boldsymbol{z}^{(k)} = \frac{\boldsymbol{A}\boldsymbol{A}^{k-1}\boldsymbol{v}^{(0)}}{\max(\boldsymbol{A}^{k-1}\boldsymbol{v}^{(0)})},$$

$$m^{(k)} = \frac{\max(\boldsymbol{A}^{k}\boldsymbol{v}^{(0)})}{\max(\boldsymbol{A}^{k-1}\boldsymbol{v}^{(0)})} = \lambda_1 \frac{\max\left(\alpha_1\boldsymbol{x}_1 + \sum_{i=2}^{n}\alpha_i\left(\frac{\lambda_i}{\lambda_1}\right)^k\boldsymbol{x}_i\right)}{\max\left(\alpha_1\boldsymbol{x}_1 + \sum_{i=2}^{n}\alpha_i\left(\frac{\lambda_i}{\lambda_1}\right)^{k-1}\boldsymbol{x}_i\right)}$$

$$= \lambda_1\left[1 + O\left(\left|\frac{\lambda_2}{\lambda_1}\right|^k\right)\right] \to \lambda_1. \tag{5.3.6}$$

这样就得到如下的定理.

定理 5.3.1 设 $\boldsymbol{A} \in \mathbb{R}^{n\times n}$,$\boldsymbol{A}$ 有 n 个线性无关的特征向量 $\boldsymbol{x}_1, \boldsymbol{x}_2, \cdots, \boldsymbol{x}_n$,对应的特征值 $\lambda_1, \lambda_2, \cdots, \lambda_n$ 满足条件(5.3.1),如果幂迭代法(5.3.3)的初始向量 $\boldsymbol{v}^{(0)} = \sum_{i=1}^{n}\alpha_i\boldsymbol{x}_i$ 中的系数 $\alpha_1 \neq 0$,那么幂迭代法产生的向量序列 $\{\boldsymbol{v}^{(k)}\}$ 和数列 $\{m_k\}$ 有极限

$$\lim_{k\to\infty}\boldsymbol{v}^{(k)} = \frac{\boldsymbol{x}_1}{\max(\boldsymbol{x}_1)}, \quad \lim_{k\to\infty} m^{(k)} = \lambda_1.$$

从以上分析看到 $\{m_k\}$ 收敛至 λ_1 的收敛速度决定于收敛因子 $\left|\frac{\lambda_2}{\lambda_1}\right|$. 当 k 大时有

$$|m_k - \lambda_1| \approx k\left|\frac{\lambda_2}{\lambda_1}\right|^k, \quad \frac{|m_{k+1} - \lambda_1|}{|m_k - \lambda_1|} \approx \left|\frac{\lambda_2}{\lambda_1}\right|, \tag{5.3.7}$$

如果 $|\lambda_2| \ll |\lambda_1|$,则幂法的效果较好,若 $|\lambda_2| \approx |\lambda_1|$,则幂法收敛很慢. 此外,条件 $\alpha_1 \neq 0$ 也容易满足,一般取 $\boldsymbol{v}^{(0)} = (1,1,\cdots,1)^{\mathrm{T}}$,迭代过程中有舍入误差的影响,$\boldsymbol{v}^{(k)}$ 的 $\boldsymbol{x}_1$ 分量一般不为零. 在实际计算过程中,如果有对 $\boldsymbol{x}_1$ 的事先估计,就可以选它为 $\boldsymbol{v}^{(0)}$.

进一步有下面的结果.

定理 5.3.2 设 $\boldsymbol{A} \in \mathbb{R}^{n\times n}$,$\boldsymbol{A}$ 有 n 个线性无关的特征向量 $\boldsymbol{x}_1, \boldsymbol{x}_2, \cdots, \boldsymbol{x}_n$,对应的特征值 $\lambda_1, \lambda_2, \cdots, \lambda_n$ 满足

$$\lambda_1 = \lambda_2 = \cdots = \lambda_r, \quad |\lambda_r| > |\lambda_{r+1}| \geqslant \cdots \geqslant |\lambda_n|.$$

如果幂迭代法(5.3.3)的初始向量 $\boldsymbol{v}^{(0)} = \sum_{i=1}^{n}\alpha_i\boldsymbol{x}_i$ 中的系数 $\alpha_1, \alpha_2, \cdots, \alpha_r$ 不全为零,那么幂迭代法产生的向量序列 $\{\boldsymbol{v}^{(k)}\}$ 和数列 $\{m_k\}$ 有极限

$$\lim_{k\to\infty}\boldsymbol{v}^{(k)} = \frac{\sum_{i=1}^{r}\alpha_i\boldsymbol{x}_i}{\max\left(\sum_{i=1}^{r}\alpha_i\boldsymbol{x}_i\right)}, \quad \lim_{k\to\infty} m_k = \lambda_1.$$

例 5.3.1 用幂迭代法求矩阵

$$A=\begin{bmatrix}-4 & 14 & 0\\ -5 & 13 & 0\\ -1 & 0 & 2\end{bmatrix}$$

的主特征值和对应的特征向量.

解 $\boldsymbol{A}$ 有特征值 6,3,2. 选 $\boldsymbol{v}^{(0)}=(1,1,1)^{\mathrm{T}}$,按幂法公式(5.3.3)计算. $\boldsymbol{z}^{(1)}=\boldsymbol{A}\boldsymbol{v}^{(0)}=(10,8,1)^{\mathrm{T}}$,$m_1=\max(\boldsymbol{z}^{(1)})=10$,$\boldsymbol{v}^{(1)}=\dfrac{\boldsymbol{z}^{(1)}}{m_1}=(1,0.8,0.1)^{\mathrm{T}}$. 以下计算列表如下,其中最右一列 $\bar{\lambda}^{(k-2)}$ 是下面讨论加速技巧的计算结果.

k	$(\boldsymbol{v}^{(k)})^{\mathrm{T}}$	m_k	$\bar{\lambda}^{(k-2)}$
0	(1,1,1)		
1	(1,0.8,0.1)	10	
2	(1,0.75,−0.111)	7.2	
3	(1,0.730 769,−0.188 034)	6.5	6.266 667
4	(1,0.722 200,−0.220 850)	6.230 769	6.062 473
⋮	⋮	⋮	⋮
10	(1,0.714 405,−0.249 579)	6.003 352	6.000 017
11	(1,0.714 346,−0.249 790)	6.001 675	6.000 003
12	(1,0.714 316,−0.249 895)	6.000 837	6.000 000
⋮	⋮	⋮	⋮

5.3.2 加速技巧

幂迭代法得到主特征值的近似序列 $\{m_k\}$,它是一个线性收敛的序列,收敛快慢决定于 $\left|\dfrac{\lambda_2}{\lambda_1}\right|$. 经常要使用加速收敛的方法.

将 4.4.1 节的 Aitken 加速方法用到序列 $\{m_k\}$,可令

$$\bar{\lambda}_1^{(k)}=\frac{m_k m_{k+2}-m_{k+1}^2}{m_{k+2}-2m_{k+1}+m_k}. \tag{5.3.8}$$

$\{\bar{\lambda}_1^{(k)}\}$ 是收敛到 λ_1 的数列,它比数列 $\{m_k\}$ 收敛更快. 例 3.1 表中最右一列就是该例 Aitken 加速的结果,计算到 $k=12$,已得到主特征值 λ_1 有 7 位有效数字的结果.

对于主特征向量的近似向量序列,也可以按它们的分量作 Aitken 加速,构成加速收敛的向量序列.

5.3.3 逆幂迭代法

逆幂迭代法(简称**逆幂法**)就是应用到 $\boldsymbol{A}$ 的逆矩阵 $\boldsymbol{A}^{-1}$ 上的幂迭代法. 设 $\boldsymbol{A}\in\mathbb{R}^{n\times n}$,$\boldsymbol{A}$

非奇异，且具有 n 个线性无关的特征向量 $\boldsymbol{x}_1,\boldsymbol{x}_2,\cdots,\boldsymbol{x}_n$，对应的特征值 $\lambda_1,\lambda_2,\cdots,\lambda_n$ 满足

$$|\lambda_1|\geqslant|\lambda_2|\geqslant\cdots\geqslant|\lambda_{n-1}|>|\lambda_n|>0. \tag{5.3.9}$$

这样，$\boldsymbol{A}^{-1}$ 的特征值 $\lambda_1^{-1},\lambda_2^{-1},\cdots,\lambda_n^{-1}$ 满足

$$|\lambda_n^{-1}|>|\lambda_{n-1}^{-1}|\geqslant\cdots\geqslant|\lambda_1^{-1}|,$$

即 λ_n^{-1} 是 $\boldsymbol{A}^{-1}$ 的主特征值. 将幂法用于 $\boldsymbol{A}^{-1}$，在计算时不必求逆矩阵，而用 LU 分解或列主元法等方法解方程，其计算过程可写成

$$\begin{cases}\text{解方程组 } \boldsymbol{A}\boldsymbol{z}^{(k)}=\boldsymbol{v}^{(k-1)},\\ m_k=\max(\boldsymbol{z}^{(k)}),\\ \boldsymbol{v}^{(k)}=\dfrac{\boldsymbol{z}^{(k)}}{m_k},\end{cases}\quad k=1,2,\cdots, \tag{5.3.10}$$

类似于幂法的分析，当 $\boldsymbol{v}^{(0)}=\sum\limits_{i=1}^{n}\alpha_i\boldsymbol{x}_i$ 中 $\alpha_n\neq 0$ 时，

$$\lim_{k\to\infty}\boldsymbol{v}^{(k)}=\frac{\boldsymbol{x}_n}{\max(\boldsymbol{x}_n)},$$

$$\lim_{k\to\infty}m_k=\lim_{k\to\infty}\frac{1}{\lambda_n}\left[1+O\left(\left|\frac{\lambda_n}{\lambda_{n-1}}\right|^k\right)\right]=\frac{1}{\lambda_n}.$$

迭代收敛的快慢决定于 $\left|\dfrac{\lambda_n}{\lambda_{n-1}}\right|$.

现仍设 $\boldsymbol{A}$ 有特征值 $\lambda_1,\lambda_2,\cdots,\lambda_n$，对应特征向量 $\boldsymbol{x}_1,\boldsymbol{x}_2,\cdots,\boldsymbol{x}_n$ 线性无关. 如果选择参数 q，满足 $q\neq\lambda_j,j=1,2,\cdots,n$，则 $(\boldsymbol{A}-q\boldsymbol{I})^{-1}$ 的特征值是

$$\frac{1}{\lambda_1-q},\ \frac{1}{\lambda_2-q},\ \cdots,\ \frac{1}{\lambda_n-q},$$

且若 $\boldsymbol{v}^{(0)}=\alpha_1\boldsymbol{x}_1+\alpha_2\boldsymbol{x}_2+\cdots+\alpha_n\boldsymbol{x}_n$，则对应(5.3.2)式有

$$(\boldsymbol{A}-q\boldsymbol{I})^{-k}\boldsymbol{v}^{(0)}=\frac{\alpha_1}{(\lambda_1-q)^k}\boldsymbol{x}_1+\frac{\alpha_2}{(\lambda_2-q)^k}\boldsymbol{x}_2+\cdots+\frac{\alpha_n}{(\lambda_n-q)^k}\boldsymbol{x}_n.$$

如果选择 q 接近某一特征值 λ_i，且有

$$0<|\lambda_i-q|\ll|\lambda_i-\lambda_j|,\quad j=1,2,\cdots,n,j\neq i, \tag{5.3.11}$$

即比起其他特征值 λ_j，q 更接近 λ_i，这样，$\dfrac{1}{\lambda_i-q}$ 就是 $(\boldsymbol{A}-q\boldsymbol{I})^{-1}$ 的主特征值. 对 $\boldsymbol{A}-q\boldsymbol{I}$ 进行逆幂迭代，计算公式是

$$\begin{cases}\text{解方程组}(\boldsymbol{A}-q\boldsymbol{I})\boldsymbol{z}^{(k)}=\boldsymbol{v}^{(k-1)},\\ m_k=\max(\boldsymbol{z}^{(k)}),\\ \boldsymbol{v}^{(k)}=\dfrac{\boldsymbol{z}^{(k)}}{m_k},\end{cases}\quad k=1,2,\cdots. \tag{5.3.12}$$

当 $\boldsymbol{v}^{(0)}=\sum\limits_{i=1}^{n}\alpha_i\boldsymbol{x}_i$ 中 $\alpha_i\neq 0$ 时，可得到

$$\lim_{k\to\infty}\boldsymbol{v}^{(k)}=\frac{\boldsymbol{x}_i}{\max(\boldsymbol{x}_i)},\quad \lim_{k\to\infty}m_k=\frac{1}{\lambda_i-q}.$$

这样求 λ_i 和 $\boldsymbol{x}_i$ 的方法称为**原点位移的逆幂迭代法**.

方法中 q 的选择,可以利用 Gerschgorin 定理或其他有关特征值的信息.如果已知某个特征向量是一个较好的近似向量 $\boldsymbol{x}$,也可以令 $q=\frac{(\boldsymbol{A}\boldsymbol{x},\boldsymbol{x})}{(\boldsymbol{x},\boldsymbol{x})}$.

例 5.3.2

$$\boldsymbol{A}=\begin{bmatrix}-4 & 14 & 0\\ -5 & 13 & 0\\ -1 & 0 & 2\end{bmatrix}.$$

在例 5.3.1 中已列出幂法计算主特征值及 Aitken 加速的结果.现在仍取 $\boldsymbol{v}^{(0)}=(1,1,1)^{\mathrm{T}}$,令 $q=\frac{(\boldsymbol{A}\boldsymbol{v}^{(0)},\boldsymbol{v}^{(0)})}{(\boldsymbol{v}^{(0)},\boldsymbol{v}^{(0)})}=6.333\,333$,用逆幂迭代法(5.3.12)计算结果如下表:

k	$(\boldsymbol{v}^{(k)})^{\mathrm{T}}$	$m_k^{-1}+q$
0	(1,1,1)	
1	(1,0.720 727,−0.194 042)	6.183 183
2	(1,0.715 518,−0.245 052)	6.017 244
3	(1,0.714 409,−0.249 522)	6.001 719
4	(1,0.714 298,−0.249 953)	6.000 175
5	(1,0.714 287,−0.250 000)	6.000 021
6	(1,0.714 287,−0.249 999)	6.000 005

当然还可以对表中最右边的一列作 Aitken 加速.也可以另选 q 以求其他特征值.

5.4 QR 方法的基本原理

QR 方法是计算中小型矩阵全部特征值的一种有效方法.一般都先把矩阵相似变换化为上 Hessenberg 形式(这样接近实 Schur 分解的形式),再用基于 QR 分解的 QR 迭代运算计算.在某些条件下,迭代产生的矩阵序列趋于一种实 Schur 分解的形式.本节着重一些基本的步骤和分析.

5.4.1 基本的 QR 迭代算法

从定理 5.2.2 可知实矩阵 $\boldsymbol{A}$ 可以分解为 $\boldsymbol{A}=\boldsymbol{QR}$,其中 $\boldsymbol{Q}$ 为正交矩阵,$\boldsymbol{R}$ 为上三角矩阵.如果规定 $\boldsymbol{R}$ 的对角元为正数,则 QR 分解是惟一的.令 $\boldsymbol{B}=\boldsymbol{RQ}$,则有 $\boldsymbol{B}=\boldsymbol{Q}^{\mathrm{T}}\boldsymbol{AQ}$,说明 $\boldsymbol{B}$ 与 $\boldsymbol{A}$ 相似,有相同的特征值.如果对 $\boldsymbol{B}$ 继续作如上运算,则得到如下的基本 **QR**

算法.

$$\begin{cases} 令\ \boldsymbol{A}_1 = \boldsymbol{A}, \\ 对\ k = 1,2,\cdots \\ \quad 作\ \boldsymbol{A}_k\ 的\ \mathrm{QR}\ 分解\ \boldsymbol{A}_k = \boldsymbol{Q}_k\boldsymbol{R}_k, \\ \quad \boldsymbol{A}_{k+1} = \boldsymbol{R}_k\boldsymbol{Q}_k. \end{cases} \tag{5.4.1}$$

定理 5.4.1 设$\{\boldsymbol{A}_k\}$为基本 QR 算法产生的矩阵序列,令

$$\bar{\boldsymbol{Q}}_k = \boldsymbol{Q}_1\boldsymbol{Q}_2\cdots\boldsymbol{Q}_k, \quad \bar{\boldsymbol{R}}_k = \boldsymbol{R}_k\cdots\boldsymbol{R}_2\boldsymbol{R}_1, \tag{5.4.2}$$

则

(1) $\boldsymbol{A}_{k+1} = \boldsymbol{Q}_k^{\mathrm{T}}\boldsymbol{A}_k\boldsymbol{Q}_k$,

$$\boldsymbol{A}_{k+1} = \bar{\boldsymbol{Q}}_k^{\mathrm{T}}\boldsymbol{A}\bar{\boldsymbol{Q}}_k. \tag{5.4.3}$$

(2) $$\boldsymbol{A}^k = \bar{\boldsymbol{Q}}_k\bar{\boldsymbol{R}}_k. \tag{5.4.4}$$

证明 由 $\boldsymbol{A}_k = \boldsymbol{Q}_k\boldsymbol{R}_k$,得 $\boldsymbol{R}_k = \boldsymbol{Q}_k^{\mathrm{T}}\boldsymbol{A}_k$,所以

$$\boldsymbol{A}_{k+1} = \boldsymbol{R}_k\boldsymbol{Q}_k = \boldsymbol{Q}_k^{\mathrm{T}}\boldsymbol{A}_k\boldsymbol{Q}_k.$$

由此递推可得(5.4.3)式,即 $\boldsymbol{A}_{k+1}$ 与 $\boldsymbol{A}$ 相似.由归纳法可以证明(5.4.4)式.即 $\boldsymbol{A}_1 = \boldsymbol{Q}_1\boldsymbol{R}_1 = \bar{\boldsymbol{Q}}_1\bar{\boldsymbol{R}}_1$.假设 $\boldsymbol{A}^{k-1} = \bar{\boldsymbol{Q}}_{k-1}\bar{\boldsymbol{R}}_{k-1}$,则

$$\begin{aligned} \boldsymbol{A}^k &= \boldsymbol{A}\bar{\boldsymbol{Q}}_{k-1}\bar{\boldsymbol{R}}_{k-1} = \bar{\boldsymbol{Q}}_{k-1}(\bar{\boldsymbol{Q}}_{k-1}^{\mathrm{T}}\boldsymbol{A}\bar{\boldsymbol{Q}}_{k-1})\bar{\boldsymbol{R}}_{k-1} \\ &= \bar{\boldsymbol{Q}}_{k-1}\boldsymbol{A}_k\bar{\boldsymbol{R}}_{k-1} = \bar{\boldsymbol{Q}}_{k-1}\boldsymbol{Q}_k\boldsymbol{R}_k\bar{\boldsymbol{R}}_{k-1} = \bar{\boldsymbol{Q}}_k\bar{\boldsymbol{R}}_k. \end{aligned}$$

定理证毕.

关于 QR 算法的收敛性,这里介绍一种简单的情形,定理的证明和更复杂的情形可参阅参考文献[14].

定义 5.4.1 当 $k\to\infty$ 时,若矩阵序列$\{\boldsymbol{A}_k\}$的对角元序列收敛,且严格下三角部分的元素序列收敛到零.称$\{\boldsymbol{A}_k\}$**基本收敛**到上三角矩阵.

以上概念并未指出$\{\boldsymbol{A}_k\}$严格上三角部分的元素序列是否收敛,但对求 $\boldsymbol{A}$ 的特征值而言,基本收敛已经足够了.

定理 5.4.2 $\boldsymbol{A}\in\mathbb{R}^{n\times n}$,设 $\boldsymbol{A}$ 的特征值满足

$$|\lambda_1| > |\lambda_2| > \cdots > |\lambda_n| > 0, \tag{5.4.5}$$

λ_i 对应特征向量 $\boldsymbol{x}_i$,$i=1,2,\cdots,n$(显然它们是线性无关的).以 $\boldsymbol{x}_i$ 为第 i 列的方阵 $\boldsymbol{X} = [\boldsymbol{x}_1,\boldsymbol{x}_2,\cdots,\boldsymbol{x}_n]$.设 $\boldsymbol{X}^{-1}$ 可分解为 $\boldsymbol{X}^{-1} = \boldsymbol{L}\boldsymbol{U}$,其中 $\boldsymbol{L}$ 为单位下三角矩阵,$\boldsymbol{U}$ 为上三角矩阵.则基本 QR 算法(5.4.1)产生的矩阵序列$\{\boldsymbol{A}_k\}$基本收敛到上三角矩阵,其对角元的极限为

$$\lim_{k\to\infty} a_{ii}^{(k)} = \lambda_i, \quad i = 1,2,\cdots,n.$$

例 5.4.1 $\boldsymbol{A} = \begin{bmatrix} 8 & 2 \\ 2 & 5 \end{bmatrix}$,它的特征值 $\lambda_1 = 9$,$\lambda_2 = 4$.可验证 $\boldsymbol{A}$ 满足定理 5.4.2 的条件,

而且 $\boldsymbol{A}$ 是对称矩阵，所以基本 QR 方法产生的矩阵序列应该收敛到一个对角矩阵. 用 Givens 变换方法作 $\boldsymbol{A}_1=\boldsymbol{A}$ 的 QR 分解，得到

$$\boldsymbol{Q}_1=\frac{1}{\sqrt{68}}\begin{bmatrix}8 & -2\\ 2 & 8\end{bmatrix},\quad \boldsymbol{R}_1=\frac{1}{\sqrt{68}}\begin{bmatrix}68 & 26\\ 0 & 36\end{bmatrix},$$

$$\boldsymbol{A}_2=\boldsymbol{R}_1\boldsymbol{Q}_1=\frac{1}{68}\begin{bmatrix}596 & 72\\ 72 & 288\end{bmatrix}\approx\begin{bmatrix}8.7647 & 1.0588\\ 1.0588 & 4.2353\end{bmatrix}.$$

这里看到 $\boldsymbol{A}_2$ 仍是对称矩阵，且其非对角元的绝对值比 $\boldsymbol{A}_1$ 的对应数值要小，对角元则比 $\boldsymbol{A}_1$ 对应数值更接近 $\boldsymbol{A}$ 的特征值，即 $\boldsymbol{A}_2$ 比 $\boldsymbol{A}_1$ 更接近对角形. 继续进行 QR 算法，非对角元更接近零. 作 10 次基本 QR 迭代可以求出有 7 位数字的特征值.

例 5.4.2 $\boldsymbol{A}=\begin{bmatrix}0 & 1\\ 1 & 0\end{bmatrix}$，有特征值 1 和 −1，不满足定理 5.4.2 的条件. 作 $\boldsymbol{A}_1=\boldsymbol{A}$ 的分解 $\boldsymbol{A}_1=\boldsymbol{Q}_1\boldsymbol{R}_1$，得到 $\boldsymbol{Q}_1=\boldsymbol{A},\boldsymbol{R}=\boldsymbol{I}$. 所以 $\boldsymbol{A}_2=\boldsymbol{R}_1\boldsymbol{Q}_1=\boldsymbol{A}$. 由此可得 $\boldsymbol{A}_k=\boldsymbol{A}$. $\{\boldsymbol{A}_k\}$不收敛到对角矩阵.

5.4.2 Hessenberg 矩阵的 QR 方法

一般用 QR 迭代求特征值之前，先通过正交相似变换把 $\boldsymbol{A}$ 化为上 Hessenberg 矩阵 $\boldsymbol{H}$，再对 $\boldsymbol{H}$ 进行 QR 迭代，这样可以大大地节省计算工作量.

上 Hessenberg 矩阵 $\boldsymbol{H}$ 的次对角线以下元素均为零，用 Givens 变换作 $\boldsymbol{H}$ 的 QR 分解较为方便. 例如，用 Givens 矩阵 $\boldsymbol{J}(i,i+1,\theta_i)$ 左乘 $\boldsymbol{H}$，形式为

$$\boldsymbol{J}(i,i+1,\theta_i)\boldsymbol{H}=\begin{bmatrix}1 &&&&&& \\ & \ddots &&&&& \\ && 1 &&&& \\ &&& c_i & s_i && \\ &&& -s_i & c_i && \\ &&&&& 1 & \\ &&&&&& \ddots \\ &&&&&&& 1\end{bmatrix}\begin{bmatrix}h_{11} & h_{12} & \cdots & h_{1i} & \cdots & h_{1,n-1} & h_{1n}\\ h_{21} & h_{22} & \cdots & h_{2i} & \cdots & h_{2,n-1} & h_{2n}\\ & \ddots & \ddots & \vdots & & \vdots & \vdots\\ && \ddots & h_{ii} & \cdots & h_{i,n-1} & h_{in}\\ &&& h_{i+1,i} & \cdots & h_{i+1,n-1} & h_{i+1,n}\\ &&&& \ddots & \vdots & \vdots\\ &&&&& h_{n,n-1} & h_{nn}\end{bmatrix},$$

选择 θ_i，使 $\boldsymbol{J}(i,i+1,\theta_i)\boldsymbol{H}$ 的第 $i+1$ 行第 i 列元素为零，而矩阵 $\boldsymbol{H}$ 的第 i 与第 $i+1$ 行的零元素位置上左乘 $\boldsymbol{J}(i,i+1,\theta_i)$ 后仍为零，其他行则不变. 这样 $i=1,2,\cdots,n-1$，共 $n-1$ 次左乘正交矩阵后得到上三角矩阵 $\boldsymbol{R}$，即

$$\boldsymbol{U}^{\mathrm{T}}=\boldsymbol{J}(n-1,n,\theta_{n-1})\cdots\boldsymbol{J}(2,3,\theta_2)\boldsymbol{J}(1,2,\theta_1),$$

$$\boldsymbol{U}^{\mathrm{T}}\boldsymbol{H}=\boldsymbol{R}.$$

$\boldsymbol{U}$ 是一个正交矩阵，$\boldsymbol{H}$ 的 QR 分解是 $\boldsymbol{H}=\boldsymbol{U}\boldsymbol{R}$. 可以验证 $\boldsymbol{H}_2=\boldsymbol{R}\boldsymbol{U}$ 是一个上 Hessenberg 矩阵，这说明了 QR 算法保持了 Hessenberg 结构形式.

5.4.3 带有原点位移的 QR 方法

将矩阵 $\boldsymbol{A}$ 通过正交相似变换化为上 Hessenberg 矩阵 $\boldsymbol{H}$,对 $\boldsymbol{H}$ 进行 QR 方法的迭代. 设迭代中产生的 $\boldsymbol{H}_k$ 都是不可约的. 否则,在某一步中

$$\boldsymbol{H}_k = \begin{bmatrix} \boldsymbol{H}_{11} & \boldsymbol{H}_{12} \\ \boldsymbol{O} & \boldsymbol{H}_{22} \end{bmatrix} \begin{matrix} p \\ n-p \end{matrix},$$
$$\begin{matrix} p & n-p \end{matrix}$$

就将问题分解为较小型的问题. 如果 $p=n-1$ 或 $p=n-2$,就可求出一个或两个特征值,然后原特征值问题就收缩为较小型问题. 所以实际计算中要对次对角元进行判断,某个次对角元绝对值适当小时就要进行分解或收缩.

在定理 5.4.2 的条件下,对 $\boldsymbol{H}$ 的 QR 迭代,收敛快慢决定于 $\max\left|\frac{\lambda_{j+1}}{\lambda_j}\right|$,类似于幂法. 所以类似地引入原点位移方法. 设 $\boldsymbol{H}_1=\boldsymbol{H}$,方法为

$$\begin{cases} 对\ k = 1,2,\cdots, \\ \quad 作\ \boldsymbol{H}_k - \mu\boldsymbol{I}\ 的\ \mathrm{QR}\ 分解\ \boldsymbol{H}_k - \mu\boldsymbol{I} = \boldsymbol{U}_k\boldsymbol{R}_k, \\ \quad \boldsymbol{H}_{k+1} = \boldsymbol{R}_k\boldsymbol{U}_k + \mu\boldsymbol{I}. \end{cases} \tag{5.4.6}$$

因 $\boldsymbol{R}_k\boldsymbol{U}_k+\mu\boldsymbol{I}=\boldsymbol{U}_k^{\mathrm{T}}(\boldsymbol{U}_k\boldsymbol{R}_k+\mu\boldsymbol{I})\boldsymbol{U}_k=\boldsymbol{U}_k^{\mathrm{T}}\boldsymbol{H}_k\boldsymbol{U}_k$,所以每个 $\boldsymbol{H}_k$ 都与 $\boldsymbol{H}$ 相似,从而与原矩阵 $\boldsymbol{A}$ 相似.

把 $\boldsymbol{A}$ 的特征值$\{\lambda_j\}$按下面次序排序:

$$|\lambda_1 - \mu| \geqslant |\lambda_2 - \mu| \geqslant \cdots \geqslant |\lambda_n - \mu|, \tag{5.4.7}$$

则 $\boldsymbol{H}_k$ 的第 j 个次对角元收敛速度决定于 $\left|\frac{\lambda_{j+1}-\mu}{\lambda_j-\mu}\right|^k$. 如果 μ 十分接近 λ_n,收敛将会很快.

现在假设一种理想的极端的情形,设 μ 为 $\boldsymbol{A}$ 的一个特征值,即(5.4.7)式最右端为零,则 $\boldsymbol{U}_k^{\mathrm{T}}(\boldsymbol{H}_k-\mu\boldsymbol{I})=\boldsymbol{R}_k$ 必为奇异矩阵,所以上三角阵 $\boldsymbol{R}_k$ 的对角线必有零元素. 还可以证明

$$|r_{ii}^{(k)}| \geqslant |h_{i+1,i}^{(k)}|, \quad i = 1,2,\cdots,n-1.$$

这样,在 $\boldsymbol{H}_k$ 不可约的情况下就有 $r_{nn}^{(k)}=0$,从而 $\boldsymbol{H}_{k+1}$ 的最后一行为$(0,\cdots,0,\mu)$. 这就求出 $\boldsymbol{H}_{k+1}$ 的一个特征值 μ.

例 5.4.3

$$\boldsymbol{H} = \begin{bmatrix} 9 & -1 & -2 \\ 2 & 6 & -2 \\ 0 & 1 & 5 \end{bmatrix},$$

$\boldsymbol{H}_1=\boldsymbol{H}$ 有一个特征值 6. 设 $\boldsymbol{H}_1-6\boldsymbol{I}$ 的 QR 分解为 $\boldsymbol{H}_1-6\boldsymbol{I}=\boldsymbol{U}\boldsymbol{R}$,则有

$$H_2 = RU + 6I \approx \begin{bmatrix} 8.5384 & -3.7313 & -1.0090 \\ 0.6343 & 5.4615 & 1.3867 \\ 0.0000 & 0.0000 & 6.0000 \end{bmatrix}.$$

算出了 H 的一个特征值 6. 注意,在很多计算中,由于舍入误差会使 $h_{n,n-1}^{(2)}$ 不能近似取为 0.

以上极端情况当然不能用于实际计算,因为 H 的特征值是待求的,不能把算法(5.4.6)中的位移量 μ 取为 H 的特征值. 但是以上的分析提示了我们,在每步 QR 迭代中 μ 可取为不同的 μ_k,而且就取为对角线上的 $h_{nn}^{(k)}$. 这称为**第一种原点位移**的 QR 迭代,写成

$$\begin{cases} \text{对 } k = 1,2,\cdots, \\ \quad \text{取 } \mu_k = h_{nn}^{(k)}, \\ \quad \text{作 } H_k - \mu_k I \text{ 的 QR 分解 } H_k - \mu_k I = U_k R_k, \\ \quad H_{k+1} = R_k U_k + \mu_k I. \end{cases} \tag{5.4.8}$$

记 $\bar{U}_k = U_1 U_2 \cdots U_k$, $\bar{R}_k = R_k R_{k-1} \cdots R_1$. 原点位移的 QR 算法(5.4.8)有性质

$$H_{k+1} = \bar{U}_k^{\mathrm{T}} H_1 U_k, \tag{5.4.9}$$

$$(H_1 - \mu_{k+1} I)(H_1 - \mu_k I)\cdots(H_1 - \mu_1 I) = \bar{U}_{k+1} \bar{R}_{k+1}. \tag{5.4.10}$$

算法(5.4.8)的收敛判别标准可以取为下两式之一:

$$|h_{n,n-1}^{(k)}| \leqslant \varepsilon \| H_1 \|_\infty,$$

$$|h_{n,n-1}^{(k)}| \leqslant \varepsilon(|h_{nn}^{(k)}| + |h_{n-1,n-1}^{(k)}|).$$

满足上述条件时,可认为 $h_{n,n-1}^{(k)} = 0$,$h_{nn}^{(k)}$ 就作为 H_1 的一个特征值.

第二种原点位移的 QR 迭代是选 μ_k 为矩阵

$$\begin{bmatrix} h_{n-1,n-1}^{(k)} & h_{n-1,n}^{(k)} \\ h_{n,n-1}^{(k)} & h_{n,n}^{(k)} \end{bmatrix}$$

的两个特征值中最接近 $h_{n,n}^{(k)}$ 的一个,用此 μ_k 代替(5.4.8)式中的 $\mu_k = h_{nn}^{(k)}$,得到 QR 迭代公式.

例 5.4.4 用 QR 方法计算矩阵 $A = \begin{bmatrix} 2 & 1 & 0 \\ 1 & 3 & 1 \\ 0 & 1 & 4 \end{bmatrix}$ 的特征值.

解 A 已经是上 Hessenberg 矩阵形式. 令 $H_1 = A$. 用第一种位移方法,选 $\mu_1 = h_{33}^{(1)} = 4$. 则

$$\begin{aligned} R &= J(2,3,\theta_2) J(1,2,\theta_1)(H_1 - \mu_1 I) \\ &= \begin{bmatrix} 2.2361 & -1.3420 & 0.4472 \\ 0 & 1.0954 & -0.3651 \\ 0 & 0 & 0.8165 \end{bmatrix}, \end{aligned}$$

$$\boldsymbol{H}_2 = \boldsymbol{R}\boldsymbol{J}(1,2,e_1)^{\mathrm{T}}\boldsymbol{J}(2,3,\theta_2)^{\mathrm{T}} + \mu_1 \boldsymbol{I} = \begin{bmatrix} 1.4000 & 0.4899 & 0 \\ 0.4899 & 3.2667 & 0.7454 \\ 0 & 0.7454 & 4.3333 \end{bmatrix}.$$

同理,计算得

$$\boldsymbol{H}_3 = \begin{bmatrix} 1.2915 & 0.2017 & 0 \\ 0.2017 & 3.0202 & 0.2724 \\ 0 & 0.2724 & 4.6884 \end{bmatrix},$$

$$\boldsymbol{H}_4 = \begin{bmatrix} 1.2737 & 0.0993 & 0 \\ 0.0993 & 2.9943 & 0.0072 \\ 0 & 0.0072 & 4.7320 \end{bmatrix},$$

$$\boldsymbol{H}_5 = \begin{bmatrix} 1.2694 & 0.0498 & 0 \\ 0.0498 & 2.9986 & 0 \\ 0 & 0 & 4.7321 \end{bmatrix},$$

即可求得一个特征值 $\lambda_3=4.7321$. 将问题收缩为 $\boldsymbol{H}_5$ 左上角的 2×2 子矩阵 $\widetilde{\boldsymbol{H}}_5$,对 $\widetilde{\boldsymbol{H}}_5$ 继续作 QR 迭代,得

$$\widetilde{\boldsymbol{H}}_6 = \boldsymbol{J}(1,2,\theta_1)(\widetilde{\boldsymbol{H}}_5 - \mu_5 \boldsymbol{I})\boldsymbol{J}(1,2,\theta_1)^{\mathrm{T}} + \mu_5 \boldsymbol{I} = \begin{bmatrix} 1.2680 & -4\times 10^{-5} \\ -4\times 10^{-5} & 3.0000 \end{bmatrix}.$$

所以 $\boldsymbol{H}_1$ 另外两个特征值为 $\lambda_2\approx 3.0000$, $\lambda_1=1.2680$. 事实上, $\boldsymbol{A}$ 的特征值是 $\lambda_3=3+\sqrt{3}$ (≈ 4.7321), $\lambda_2=3$, $\lambda_1=3-\sqrt{3}(\approx 1.2679)$.

如果 $\boldsymbol{A}$ 有复特征值(不是实数),以上方法作实运算求不出复数特征值,所以还要进一步处理. 利用复 QR 分解的性质及定理 5.2.5 所描述的性质,可以整理出实运算的**双重步 QR 方法**. 这样避免了复运算,并希望迭代能产生实 Schur 形式的矩阵. 详细的算法请参阅参考文献[1,15]等.

5.5 对称矩阵特征值问题的计算

5.5.1 对称矩阵特征值问题的性质

实对称矩阵 $\boldsymbol{A}$ 的特征值都是实数. 可以假设它的特征向量组成 $\mathbb{R}^n$ 的一组规范正交基. 存在正交矩阵 $\boldsymbol{Q}$,使 $\boldsymbol{Q}^{\mathrm{T}}\boldsymbol{A}\boldsymbol{Q}$ 为对角矩阵,所以对称矩阵的 Schur 形式就是对角矩阵.

定理 5.5.1 设 $\boldsymbol{A}\in\mathbb{R}^{n\times n}$,且 $\boldsymbol{A}^{\mathrm{T}}=\boldsymbol{A}$,则 $\boldsymbol{A}$ 的特征值都是实数,可排列为

$$\lambda_1 \geqslant \lambda_2 \geqslant \cdots \geqslant \lambda_n,$$

对应的特征向量可以构成一个由 n 个向量组成的正交向量组,且

$$\lambda_1 = \max_{x \neq 0} \frac{(\boldsymbol{Ax}, \boldsymbol{x})}{(\boldsymbol{x}, \boldsymbol{x})} = \frac{(\boldsymbol{Ax}_1, \boldsymbol{x}_1)}{(\boldsymbol{x}_1, \boldsymbol{x}_1)}, \tag{5.5.1}$$

$$\lambda_n = \min_{x \neq 0} \frac{(\boldsymbol{Ax}, \boldsymbol{x})}{(\boldsymbol{x}, \boldsymbol{x})} = \frac{(\boldsymbol{Ax}_n, \boldsymbol{x}_n)}{(\boldsymbol{x}_n, \boldsymbol{x}_n)}, \tag{5.5.2}$$

其中 $\boldsymbol{x}_1$ 和 $\boldsymbol{x}_n$ 分别为对应 λ_1 和 λ_n 的特征向量.

对于矩阵 $\boldsymbol{A} \in \mathbb{R}^{n \times n}$,非零向量 $\boldsymbol{x} \in \mathbb{R}^n$,$R(\boldsymbol{x}) = \dfrac{(\boldsymbol{Ax}, \boldsymbol{x})}{(\boldsymbol{x}, \boldsymbol{x})}$称为 **Rayleigh 商**.

定理 5.5.2 设 $\boldsymbol{A} \in \mathbb{R}^{n \times n}$,$\boldsymbol{A}^{\mathrm{T}} = \boldsymbol{A}$. 若正交矩阵 $\boldsymbol{P} \in \mathbb{R}^{n \times n}$,使 $\boldsymbol{B} = \boldsymbol{P}^{\mathrm{T}} \boldsymbol{AP}$,则有

$$\| \boldsymbol{B} \|_{\mathrm{F}} = \| \boldsymbol{A} \|_{\mathrm{F}}.$$

证明 设 $\lambda_1, \lambda_2, \cdots, \lambda_n$ 为 $\boldsymbol{A}$ 的特征值,则

$$\| \boldsymbol{A} \|_{\mathrm{F}}^2 = \sum_{i=1}^{n} \sum_{j=1}^{n} a_{ij}^2 = \mathrm{tr}(\boldsymbol{A}^{\mathrm{T}} \boldsymbol{A}) = \mathrm{tr}(\boldsymbol{A}^2) = \sum_{i=1}^{n} \lambda_i^2,$$

而 $\boldsymbol{B}$ 与 $\boldsymbol{A}$ 有相同的特征值,上式用于矩阵 $\boldsymbol{B}$ 即有 $\| \boldsymbol{B} \|_{\mathrm{F}} = \| \boldsymbol{A} \|_{\mathrm{F}}$. 定理证毕.

5.5.2 Rayleigh 商的应用

1. Rayleigh 商加速

设对称矩阵 $\boldsymbol{A}$ 的特征值满足 $|\lambda_1| > |\lambda_2| \geqslant \cdots \geqslant |\lambda_n|$. 可以用幂迭代法求 λ_1. 由定理 5.3.1,幂法公式(5.3.3)的 m_k 收敛到 λ_1,且有 (5.3.6)式,即

$$m_k = \lambda_1 \left[1 + O\left(\left| \frac{\lambda_2}{\lambda_1} \right| \right)^k \right].$$

一般来说这种收敛速度不能令人满意. 如果幂法的初始向量

$$\boldsymbol{v}^{(0)} = \alpha_1 \boldsymbol{x}_1 + \alpha_2 \boldsymbol{x}_2 + \cdots + \alpha_n \boldsymbol{x}_n,$$

其中 $\boldsymbol{x}_1, \boldsymbol{x}_2, \cdots, \boldsymbol{x}_n$ 为规范正交的特征向量,不难验证,对应 $\boldsymbol{v}^{(k)}$ 的 Rayleigh 商为

$$R(\boldsymbol{v}^{(k)}) = \frac{(\boldsymbol{A} \boldsymbol{v}^{(k)}, \boldsymbol{v}^{(k)})}{(\boldsymbol{v}^{(k)}, \boldsymbol{v}^{(k)})} = \frac{(\boldsymbol{A}^{k+1} \boldsymbol{v}^{(0)}, \boldsymbol{A}^k \boldsymbol{v}^{(0)})}{(\boldsymbol{A}^k \boldsymbol{v}^{(0)}, \boldsymbol{A}^k \boldsymbol{v}^{(0)})}$$

$$= \frac{\sum_{j=1}^{n} \alpha_j^2 \lambda_j^{2k+1}}{\sum_{j=1}^{n} \alpha_j^2 \lambda_j^{2k}} = \lambda_1 \left[1 + O\left(\left| \frac{\lambda_2}{\lambda_1} \right|^{2k} \right) \right]. \tag{5.5.3}$$

所以$\{R(\boldsymbol{v}^{(k)})\}$收敛要比$\{m_k\}$收敛明显的快. 这样利用 $R(\boldsymbol{v}^{(k)})$的方法称 **Rayleigh 商加速方法**.

2. Rayleigh 商迭代

可以证明,对于对称矩阵 $\boldsymbol{A} \in \mathbb{R}^{n \times n}$和任给的非零向量 $\boldsymbol{x} \in \mathbb{R}^n$,$\lambda$ 取值 Rayleigh 商

$R(\boldsymbol{x})$可以使λ的函数$\|(\boldsymbol{A}-\lambda\boldsymbol{I})\boldsymbol{x}\|_2$达到最小.所以,如果知道$\boldsymbol{v}$为近似特征向量,可以用$R(\boldsymbol{v})$作为对应特征值的一个较好的近似.反之,若$\mu$为某近似特征值,则可用逆幂迭代解$(\boldsymbol{A}-\mu\boldsymbol{I})\boldsymbol{y}=\boldsymbol{v}$得到特征向量的近似.这样结合起来可得到如下的**Rayleigh 商迭代法**:

$$\begin{cases}\text{给定}\boldsymbol{v}^{(0)},\text{满足}\ \|\boldsymbol{v}^{(0)}\|_2=1,\\ \text{对}\ k=0,1,\cdots,\\ \qquad \mu_k=R(\boldsymbol{v}^{(k)}),\\ \qquad \text{解}(\boldsymbol{A}-\mu_k\boldsymbol{I})\boldsymbol{y}^{(k+1)}=\boldsymbol{v}^{(k)},\text{得}\ \boldsymbol{y}^{(k+1)},\\ \qquad \boldsymbol{v}^{(k+1)}=\dfrac{\boldsymbol{y}^{(k+1)}}{\|\boldsymbol{y}^{(k+1)}\|_2}.\end{cases}$$

可以证明,Rayleigh 商迭代几乎总是收敛的.当收敛于单特征值和对应的特征向量时,收敛是三次的.

5.5.3 Jacobi 方法

Jacobi 方法是计算对称矩阵全部特征值的一种古典方法.它的基本思想是对矩阵$\boldsymbol{A}$作一系列正交相似变换,使矩阵的非对角元收敛到零.

1. 古典 Jacobi 方法

这里把 Givens 矩阵称为**Jacobi 旋转矩阵**,即

$$\boldsymbol{J}=\boldsymbol{J}(p,q,\theta)=\begin{bmatrix}1 &&&&&&&&\\ &\ddots&&&&&&&\\ &&1&&&&&&\\ &&&c&0&\cdots&0&s&&\\ &&&0&1&\cdots&0&0&&\\ &&&\vdots&\vdots&\ddots&\vdots&\vdots&&\\ &&&0&0&\cdots&1&0&&\\ &&&-s&0&\cdots&0&c&&\\ &&&&&&&&1&\\ &&&&&&&&&\ddots\\ &&&&&&&&&&1\end{bmatrix}\begin{matrix}\\ \\ \\ \text{第}\ p\ \text{行}\\ \\ \\ \\ \text{第}\ q\ \text{行}\\ \\ \\ \\ \end{matrix},\tag{5.5.4}$$

式中$c=\cos\theta, s=\sin\theta$.对称矩阵$\boldsymbol{A}$的非对角元的平方和记为

$$\operatorname{off}(\boldsymbol{A})=\sum_{i=1}^{n}\sum_{\substack{j=1\\ j\neq i}}^{n}a_{ij}^2.\tag{5.5.5}$$

希望通过逐次正交相似变换以减小 off($\boldsymbol{A}$). 作一次变换后, $\boldsymbol{B}=\boldsymbol{JAJ}^{-1}$ 的元素是

$$\begin{cases} b_{pp} = a_{pp}c^2 + a_{qq}s^2 + a_{pq}\sin 2\theta, \\ b_{qq} = a_{pp}s^2 + a_{qq}c^2 - a_{pq}\sin 2\theta, \\ b_{pq} = b_{qp} = \dfrac{1}{2}(a_{qq} - a_{pp})\sin 2\theta + a_{pq}\cos 2\theta, \\ b_{ip} = b_{pi} = a_{ip}c + a_{iq}s, \quad i \neq p,q, \\ b_{iq} = b_{qi} = -a_{ip}s + a_{iq}c, \quad i \neq p,q, \\ b_{ij} = a_{ij}, \quad i \neq p,q, j \neq p,q. \end{cases} \tag{5.5.6}$$

不难验证

$$b_{pp}^2 + b_{qq}^2 + 2b_{pq}^2 = a_{pp}^2 + a_{qq}^2 + 2a_{pq}^2.$$

由定理 5.5.2,有

$$\begin{aligned} \text{off}(\boldsymbol{B}) &= \|\boldsymbol{B}\|_{\mathrm{F}}^2 - \sum_{i=1}^{n} b_{ii}^2 \\ &= \|\boldsymbol{A}\|_{\mathrm{F}}^2 - \sum_{\substack{i=1 \\ i\neq p,q}}^{n} a_{ii}^2 - (b_{pp}^2 + b_{qq}^2) \\ &= \text{off}(\boldsymbol{A}) - 2a_{pq}^2 + 2b_{pq}^2. \end{aligned}$$

对于确定了的(p,q),若要 off($\boldsymbol{B}$)最小,就要选择 s,c,使 $b_{pq}=0$. 根据(5.5.6)式,若 $a_{pq}=0$,我们就选 $\theta=0$,有 $c=1,s=0$,这样有 $b_{pq}=0$. 若 $a_{pq}\neq 0$,令

$$\cot 2\theta = \frac{a_{pp} - a_{qq}}{2a_{pq}} = \tau, \tag{5.5.7}$$

也使 $b_{pq}=0$. 用三角公式转换计算公式,记 $t = \tan\theta$,则它满足

$$t^2 + 2\tau t - 1 = 0,$$

此方程有两个根,为保证$|\theta|\leqslant\frac{\pi}{4}$,取其绝对值较小者为

$$t = \frac{\text{sgn}(\tau)}{|\tau| + \sqrt{1+\tau^2}}, \tag{5.5.8}$$

然后由 t 定出 c 和 s:

$$c = \frac{1}{\sqrt{1+t^2}}, \quad s = tc. \tag{5.5.9}$$

这样,通过(5.5.7)～(5.5.9)式可由 a_{pp}, a_{qq} 和 a_{pq} 用代数运算得到 c 和 s,避免了三角函数的计算,也避免了有效数字的损失. 这样确定的 θ,使(5.5.6)式中的 $b_{pq}=0$,同时有

$$b_{pp} = a_{qq} + \frac{ca_{pq}}{s}, \tag{5.5.10}$$

$$b_{qq} = a_{pp} - \frac{ca_{pq}}{s}, \tag{5.5.11}$$

$$\text{off}(\boldsymbol{B}) = \text{off}(\boldsymbol{A}) - 2a_{pq}^2. \tag{5.5.12}$$

在所选择的 θ 的情况下,(5.5.10)和(5.5.11)式可以代替(5.5.6)式的开头两个式子计算,(5.5.12)式则说明了这样由 $\boldsymbol{A}$ 变换到 $\boldsymbol{B}$,非对角元的平方和减少了 $2a_{pq}^2$.

古典 Jacobi 算法中,设 $\boldsymbol{A}_1=\boldsymbol{A}=[a_{ij}^{(1)}]$. 一般在 $\boldsymbol{A}_k=[a_{ij}^{(k)}]$中选择非对角元中绝对值最大的元 $a_{pq}^{(k)}$,通过(5.5.7)~(5.5.9)式确定 c 和 s,从而确定 $\boldsymbol{J}_k=\boldsymbol{J}(p_k,q_k,\theta_k)$,它使 $\boldsymbol{A}_{k+1}=\boldsymbol{J}_k\boldsymbol{A}_k\boldsymbol{J}_k^{\mathrm{T}}$ 的元素 $a_{pq}^{(k+1)}=0$,这样通过公式(5.5.6)计算出 $\boldsymbol{A}_{k+1}$,从而得到矩阵序列$\{\boldsymbol{A}_k\}$.

在以上计算中,如果第一步变换中使 $a_{pq}^{(1)}=0$,对于这步选择的(p,q),下一步可能 $a_{pq}^{(2)}\neq 0$. 但总的来说,$\text{off}(\boldsymbol{A}_k)$是单调减少的. 若 $\boldsymbol{A}\in\mathbb{R}^{n\times n}$,则非对角元总数的一半为 $N=\dfrac{n(n-1)}{2}$,有

$$2(a_{pq}^{(k)})^2 \geqslant \frac{1}{N}\text{off}(\boldsymbol{A}_k),$$

且

$$\text{off}(\boldsymbol{A}_{k+1}) = \text{off}(\boldsymbol{A}_k) - 2(a_{pq}^{(k)})^2,$$

所以

$$\text{off}(\boldsymbol{A}_{k+1}) \leqslant \left(1-\frac{1}{N}\right)\text{off}(\boldsymbol{A}_k),$$

经过递推有

$$\text{off}(\boldsymbol{A}_k) \leqslant \left(1-\frac{1}{N}\right)^k \text{off}(\boldsymbol{A}).$$

所以 $k\to\infty$时 $\boldsymbol{A}_k$ 所有非对角元趋于零. 还可证明 $\boldsymbol{A}_k$ 的对角元一定有极限. 所以古典 Jacobi 方法使$\{\boldsymbol{A}_k\}$收敛到对角矩阵. 进一步可证明收敛是二次的.

如果用 Jacobi 方法计算了 m 步,

$$\boldsymbol{J}_m\cdots\boldsymbol{J}_1\boldsymbol{A}\boldsymbol{J}_1^{\mathrm{T}}\cdots\boldsymbol{J}_m^{\mathrm{T}} \approx \boldsymbol{D},$$

$\boldsymbol{D}$ 为一个对角矩阵,那么 $\boldsymbol{Q}_m=\boldsymbol{J}_1^{\mathrm{T}}\cdots\boldsymbol{J}_m^{\mathrm{T}}$ 的列向量就是 $\boldsymbol{A}$ 的近似特征向量.

例 5.5.1 用 Jacobi 方法计算 $\boldsymbol{A}$ 的特征值:

$$\boldsymbol{A}=\begin{bmatrix} 2 & -1 & 0 \\ -1 & 2 & -1 \\ 0 & -1 & 2 \end{bmatrix}.$$

解 令 $\boldsymbol{A}_1=\boldsymbol{A}$,其非对角元绝对值最大者为 $a_{12}=a_{21}=-1$,即$(p,q)=(1,2)$. 按公式(5.5.7)~(5.5.9),有 $\tau\equiv\cot 2\theta=0$,$s=c=\dfrac{1}{\sqrt{2}}$. 所以

$$\boldsymbol{J}_1=\begin{bmatrix} \frac{1}{\sqrt{2}} & \frac{1}{\sqrt{2}} & 0 \\ -\frac{1}{\sqrt{2}} & \frac{1}{\sqrt{2}} & 0 \\ 0 & 0 & 1 \end{bmatrix},$$

$$A_2 = J_1 A_1 J_1^{\mathrm{T}} = \begin{bmatrix} 1 & 0 & -\frac{1}{\sqrt{2}} \\ 0 & 3 & -\frac{1}{\sqrt{2}} \\ -\frac{1}{\sqrt{2}} & -\frac{1}{\sqrt{2}} & 2 \end{bmatrix}.$$

再取$(p,q)=(1,3)$,有 $\tau=\frac{1}{\sqrt{2}}$,$c=0.888\,07$,$s=0.459\,70$.

$$J_2 = \begin{bmatrix} 0.888\,07 & 0 & 0.459\,70 \\ 0 & 1 & 0 \\ -0.459\,70 & 0 & 0.888\,07 \end{bmatrix},$$

$$A_3 = J_2 A_2 J_2^{\mathrm{T}} = \begin{bmatrix} 0.633\,98 & -0.325\,05 & 0 \\ -0.325\,05 & 3 & -0.627\,97 \\ 0 & -0.627\,97 & 2.366\,03 \end{bmatrix}.$$

这里可以看到$\{A_k\}$中矩阵非对角元的最大绝对值逐次变小．继续做下去.可得

$$A_{10} = \begin{bmatrix} 0.585\,78 & 0.000\,00 & 0.000\,00 \\ 0.000\,00 & 2.000\,00 & 0.000\,00 \\ 0.000\,00 & 0.000\,00 & 3.414\,21 \end{bmatrix},$$

$$Q = J_1^{\mathrm{T}} J_2^{\mathrm{T}} \cdots J_9^{\mathrm{T}} = \begin{bmatrix} 0.500\,00 & 0.707\,10 & 0.500\,00 \\ 0.707\,10 & 0.000\,00 & -0.707\,10 \\ 0.500\,00 & -0.707\,10 & 0.500\,00 \end{bmatrix}.$$

特征值和特征向量已经求出.

2. Jacobi 方法的进一步发展

为了减少古典 Jacobi 方法中搜索最大绝对值非对角元的时间,可以选择(p,q)依次为

$$(1,2),(1,3),\cdots,(1,n);\ (2,3),\cdots,(2,n);\ \cdots;\ (n-1,n).$$

对每个(p,q)作 Jacobi 变换,使对应(p,q)的非对角元消为零.这样完成了$\frac{n(n-1)}{2}$次变换称为作了一次**扫描**.逐次扫描下去,到 $\mathrm{off}(A_k)<\varepsilon$ 为止.这种方法称为**循环 Jacobi 方法**.

在循环方法的扫描中,如果确定一个界限 ω_i,它是与这次扫描有关的正值小参数.在本次扫描中,如果$|a_{pq}^{(k)}|\leqslant\omega_i$,就让$(p,q)$"过关",不作使 $a_{pq}^{(k)}$ 化为零的变换了.即只对$|a_{pq}^{(k)}|>\omega_i$的元作变换.这样反复扫描,到所有非对角元绝对值都不超过 ω_i 时,再换一个"界限",对新的界限进行扫描.一般第一个界限可为 $\omega_1=\frac{1}{n}[\mathrm{off}(A)]^{\frac{1}{2}}$,其余用 $\omega_i=\frac{\omega_{i-1}}{n}$,

$i=2,3,\cdots$. 这样特殊的循环方法称为**过关 Jacobi 方法**. 可以证明这样得到的矩阵序列 $\{\boldsymbol{A}_k\}$的非对角元都趋于零.

Jacobi 方法特别适合于并行计算. 并行计算机有多个处理器,计算工作(例如一次扫描)可以分配到各个处理器同时进行,以节省时间. 举例来说,设 $\boldsymbol{A}\in\mathbb{R}^{8\times 8}$,而所用的并行机有 4 个处理器. 扫描一次要进行 28 次旋转变换. 可以将这 28 个旋转变换分为 7 组,例如分为以下的 7 组:

组号	$\boldsymbol{J}(p,q,\theta)$中的$(p,q)$			
1	(1,2)	(3,4)	(5,6)	(7,8)
2	(1,3)	(2,4)	(5,7)	(6,8)
3	(1,4)	(2,3)	(5,8)	(6,7)
4	(1,5)	(2,6)	(3,7)	(4,8)
5	(1,6)	(2,5)	(3,8)	(4,7)
6	(1,7)	(2,8)	(3,5)	(4,6)
7	(1,8)	(2,7)	(3,6)	(4,5)

就像有 8 个选手参加的象棋循环赛,每个选手都必须和其他 7 个选手各赛一场,可以安排为表上的 7 个"回合". 每个回合有 4 场比赛,每个选手参加其中一场. 表上每组的 4 个旋转变换可以同时进行计算. 例如在第一组,$\boldsymbol{J}_{12}\boldsymbol{A}\boldsymbol{J}_{12}^{\mathrm{T}}$只与第 1,2 行和第 1,2 列有关,不影响如何确定和计算 $\boldsymbol{J}_{34}$,$\boldsymbol{J}_{56}$和 $\boldsymbol{J}_{78}$. 所以可以在 4 个处理器上同时分别确定 $\boldsymbol{J}_{12}$,$\boldsymbol{J}_{34}$,$\boldsymbol{J}_{56}$和 $\boldsymbol{J}_{78}$,并完成 $\boldsymbol{J}_{12}\boldsymbol{A}\boldsymbol{J}_{12}^{\mathrm{T}}$,$\boldsymbol{J}_{34}\boldsymbol{A}\boldsymbol{J}_{34}^{\mathrm{T}}$,$\boldsymbol{J}_{56}\boldsymbol{A}\boldsymbol{J}_{56}^{\mathrm{T}}$和 $\boldsymbol{J}_{78}\boldsymbol{A}\boldsymbol{J}_{78}^{\mathrm{T}}$的计算. 这样一次扫描所需的时间只是串行计算时间的四分之一.

习 题

1. 利用 Gerschgorin 定理估计下列矩阵特征值的界:

$$(1)\ \begin{bmatrix}-1 & 0 & 0\\ -1 & 0 & 1\\ -1 & -1 & 2\end{bmatrix};\qquad (2)\ \begin{bmatrix}4 & -1 & & & \\ -1 & 4 & -1 & & \\ & \ddots & \ddots & \ddots & \\ & & -1 & 4 & -1\\ & & & -1 & 4\end{bmatrix}.$$

2. 利用 Gerschgorin 定理估计 $\mathrm{cond}(\boldsymbol{A})_2$ 的上界,

$$\boldsymbol{A}=\begin{bmatrix}5.2 & 0.6 & 2.2\\ 0.6 & 6.4 & 0.5\\ 2.2 & 0.5 & 4.7\end{bmatrix}.$$

3. $\boldsymbol{b}=[1,1,1,1]^{\mathrm{T}}$.

(1) 求 Householder 矩阵 $\boldsymbol{P}$,使 $\boldsymbol{Pb}=[c,0,0,0]^{\mathrm{T}}$.

(2) 求 $\boldsymbol{J}$ 为若干个 Givens 矩阵之积,使 $\boldsymbol{Jb}=[c,0,0,0]^{\mathrm{T}}$.

4. 用 Householder 相似变换化 $\boldsymbol{A}$ 为三对角矩阵,并求 $\boldsymbol{A}$ 的全部特征值:

$$\boldsymbol{A}=\begin{bmatrix}17 & 3 & 4\\ 3 & 1 & 12\\ 4 & 12 & 8\end{bmatrix}.$$

5. 用正交相似变换化下列矩阵为上 Hessenberg 矩阵:

(1) $\begin{bmatrix}2 & -1 & 3\\ 2 & 0 & 1\\ -2 & 1 & 4\end{bmatrix}$; (2) $\begin{bmatrix}4 & 1 & -2 & 2\\ 1 & 2 & 0 & 1\\ -2 & 0 & 3 & -2\\ 2 & 1 & -2 & 1\end{bmatrix}$.

6. 作 $\boldsymbol{A}=\begin{bmatrix}1 & 1 & 1\\ 2 & -1 & -1\\ 2 & -4 & 5\end{bmatrix}$ 的 QR 分解.

7. 用幂法求 $\boldsymbol{A}$ 的主特征值和主特征向量,取 $\boldsymbol{x}^{(0)}=[1,1,1]^{\mathrm{T}}$,计算结果准确到 10^{-3}.

$$\boldsymbol{A}=\begin{bmatrix}6 & 2 & 1\\ 2 & 3 & 1\\ 1 & 1 & 1\end{bmatrix}.$$

8. 用逆幂迭代法求习题 7 中矩阵 $\boldsymbol{A}$ 最接近 11 的特征值及对应的特征向量.结果准确到 10^{-3}.

*9. 证明定理 5.3.2.

10. 设 $\boldsymbol{A}=\begin{bmatrix}2 & \varepsilon\\ \varepsilon & 1\end{bmatrix}$,试计算一步 QR 迭代.

(1) 用基本 QR 算法.

(2) 用第一种移位的方法.

11. 对 Hessenberg 矩阵 $\boldsymbol{H}=\begin{bmatrix}4 & 2 & 1\\ 0 & 1 & 0\\ 0 & 2 & 3\end{bmatrix}$,用第一种位移的 QR 方法求其特征值.

12. $\boldsymbol{A}=\begin{bmatrix}3 & 1 & 0\\ 1 & 3 & 1\\ 0 & 1 & 3\end{bmatrix}$,用第二种位移的 QR 方法求其特征值,计算开头的两个迭代步骤.

13. $\boldsymbol{A}=\begin{bmatrix}1 & \sqrt{2} & 2\\ \sqrt{2} & 3 & \sqrt{2}\\ 2 & \sqrt{2} & 1\end{bmatrix}$,用 Jacobi 方法求 $\boldsymbol{A}$ 的特征值和特征向量.

计算实习题

1. 已知矩阵

$$A = \begin{bmatrix} 6 & 3 & 1 \\ 3 & 2 & 1 \\ 1 & 1 & 1 \end{bmatrix}, \quad B = \begin{bmatrix} 10 & 7 & 8 & 7 \\ 7 & 5 & 6 & 5 \\ 8 & 6 & 10 & 9 \\ 7 & 5 & 9 & 10 \end{bmatrix},$$

$$H_n = \begin{bmatrix} 1 & \frac{1}{2} & \cdots & \frac{1}{n} \\ \frac{1}{2} & \frac{1}{3} & \cdots & \frac{1}{n+1} \\ \vdots & \vdots & & \vdots \\ \frac{1}{n} & \frac{1}{n+1} & \cdots & \frac{1}{2n-1} \end{bmatrix}, \quad n = 4,5,6.$$

(1) 用 MATLAB 的函数“eig”求矩阵的全部特征值.

(2) 用基本 QR 算法求矩阵的全部特征值(可以用 MATLAB 的函数“qr”实现矩阵的 QR 分解).

2. $A = \begin{bmatrix} 5 & 4 & 1 & 1 \\ 4 & 5 & 1 & 1 \\ 1 & 1 & 4 & 2 \\ 1 & 1 & 2 & 4 \end{bmatrix}$.

(1) 用幂迭代法求 A 的主特征值和对应的特征向量,并且用加速方法加速,观察加速的效果.

(2) 用(5.3.12)式的逆幂迭代法,试验不同的 q 值,求出 A 不同的特征值和特征向量,比较结果.

3. $A = \begin{bmatrix} 9 & 4.5 & 3 \\ -56 & -28 & -18 \\ 60 & 30 & 19 \end{bmatrix}$.

(1) 用 MATLAB 函数 eig 求出 A 的特征值.

(2) 将 A 的元素 a_{33} 修改为 18.95,其他元素不变,计算修改矩阵的特征值.

(3) 将 A 的元素 a_{33} 修改为 19.05,其他元素不变,计算修改矩阵的特征值.

(4) 从(2)和(3)分析此矩阵元素的扰动对特征值扰动的影响.

第6章

插 值 法

在等时间间隔测量出某河流中水的流速如下表所示：

t	7.0	8.0	9.0	10.0	11.0
v	4.5	4.8	5.1	5.1	5.4

根据数据表，可以粗略地估计出 $t=9.5$ 的流速，也可以预测出 $t=11.3$ 的流速. 这样的问题在科学实验中具有广泛的应用. 本章将给出求解此类问题的简单方法——插值法.

插值法是函数逼近的一种最简单的重要方法，利用插值法可以通过函数在有限个点上的取值情况估算出在其他点上的函数值. 插值法还可以导出数值微分、数值积分以及微分方程数值解等多方面的计算方法.

设函数 $f(x)$在区间$[a,b]$上有定义，并在 $n+1$ 个不同节点 $x_i\in[a,b]$上已知函数值 $y_i=f(x_i)$ $(i=0,1,\cdots,n)$. 插值法就是用一个便于计算的简单函数 $\varphi(x)$去代替 $f(x)$，并使得

$$\varphi(x_i)=f(x_i),\quad i=0,1,\cdots,n.$$

对任意的 $x\in[a,b]$，$\varphi(x)$作为 $f(x)$的近似值. 通常称 $f(x)$为**被插值函数**；$x_0,x_1,\cdots,x_n$ 为**插值节点**；$\varphi(x)$为**插值函数**；$\varphi(x_i)=f(x_i)$ $(i=0,1,\cdots,n)$为**插值条件**. 用代数多项式作为插值函数的插值法称为**多项式插值**，相应的多项式称为**插值多项式**.

本章仅讨论多项式插值与分段多项式插值，包括 Lagrange 插值，Newton 插值，Hermite 插值和三次样条函数插值等基本内容.

6.1 Lagrange 插值

6.1.1 Lagrange 插值多项式

1. 线性插值

先从最简单的插值多项式,即一次插值多项式进行讨论.

设节点 $x_0<x_1$,并给定函数值 $f(x_0),f(x_1)$,要求一个一次插值多项式 $p(x)$,使得满足插值条件

$$p(x_0)=f(x_0),\quad p(x_1)=f(x_1).$$

求 $p(x)$相当于求通过点$(x_0,f(x_0)),(x_1,f(x_1))$的直线

$$p(x)=\frac{x-x_1}{x_0-x_1}f(x_0)+\frac{x-x_0}{x_1-x_0}f(x_1).$$

显然一次多项式 $p(x)$满足插值条件. 如果令

$$l_0(x)=\frac{x-x_1}{x_0-x_1},\quad l_1(x)=\frac{x-x_0}{x_1-x_0},$$

并用 $L_1(x)$来记 $p(x)$,那么有

$$L_1(x)=l_0(x)f(x_0)+l_1(x)f(x_1). \tag{6.1.1}$$

注意到

$$l_0(x)=\begin{cases}1, & x=x_0,\\ 0, & x=x_1;\end{cases}\qquad l_1(x)=\begin{cases}0, & x=x_0,\\ 1, & x=x_1.\end{cases}$$

$l_0(x),l_1(x)$是一次多项式,一般称其为**线性插值基函数**. 它们的图形见图 6.1. 由于 $L_1(x)$是一个一次多项式,所以相应的插值方法称为**线性插值**(方法). $L_1(x)$称为**线性插值多项式**. 形如(6.1.1)的一次插值多项式称为**一次 Lagrange 插值多项式**.

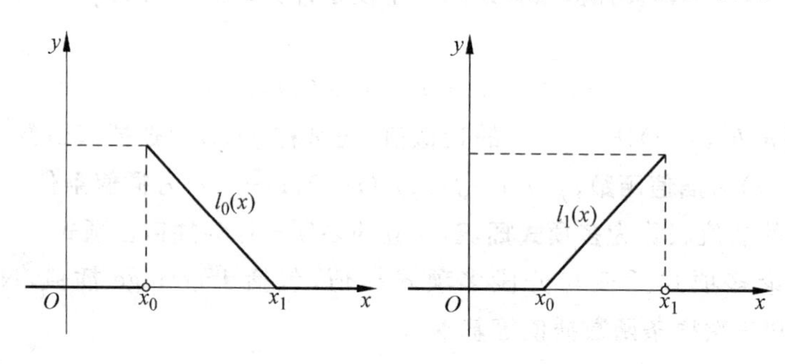

图 6.1

2. 抛物线插值

考虑三个节点的插值问题，设节点 $x_0<x_1<x_2$，给定相应的函数值 $f(x_0)$，$f(x_1)$，$f(x_2)$. 要求一个二次插值多项式 $\varphi(x)$满足插值条件

$$\varphi(x_0)=f(x_0),\quad \varphi(x_1)=f(x_1),\quad \varphi(x_2)=f(x_2).$$

由插值条件知道，$\varphi(x)$经过平面上三个点

$$(x_0,f(x_0)),\quad (x_1,f(x_1)),\quad (x_2,f(x_2)).$$

这个二次多项式，用 $L_2(x)$来表示. 相应于 $L_1(x)$的表达形式，$L_2(x)$在形式上可以写成

$$L_2(x)=l_0(x)f(x_0)+l_1(x)f(x_1)+l_2(x)f(x_2),\tag{6.1.2}$$

其中 $l_0(x)$，$l_1(x)$，$l_2(x)$为二次多项式，并满足

$$l_0(x_0)=1,\quad l_0(x_i)=0,\quad i=1,2,$$
$$l_1(x_1)=1,\quad l_1(x_i)=0,\quad i=0,2,$$
$$l_2(x_2)=1,\quad l_2(x_i)=0,\quad i=0,1.$$

由此可以得出

$$L_2(x_i)=f(x_i),\quad i=0,1,2.$$

即 $L_2(x)$为二次多项式并满足插值条件.

下面来确定 $l_0(x)$，$l_1(x)$，$l_2(x)$的表达式. 先考虑 $l_0(x)$. $l_0(x)$有两个零点 x_1，x_2，因此二次多项式 $l_0(x)$可以表示为

$$l_0(x)=A(x-x_1)(x-x_2),$$

其中 A 为待定系数. 利用条件 $l_0(x_0)=1$，可以得出

$$A=\frac{1}{(x_0-x_1)(x_0-x_2)}.$$

从而有

$$l_0(x)=\frac{(x-x_1)(x-x_2)}{(x_0-x_1)(x_0-x_2)}.$$

同理可得

$$l_1(x)=\frac{(x-x_0)(x-x_2)}{(x_1-x_0)(x_1-x_2)},\quad l_2(x)=\frac{(x-x_0)(x-x_1)}{(x_2-x_0)(x_2-x_1)}.$$

$l_0(x)$，$l_1(x)$，$l_2(x)$称为 $L_2(x)$的插值基函数，它们的图形见图 6.2. $L_2(x)$的图形是经过三个点$(x_0,f(x_0))$，$(x_1,f(x_1))$，$(x_2,f(x_2))$的抛物线，因此求 $L_2(x)$的插值方法也称为**抛物线插值**. $L_2(x)$一般称为**二次 Lagrange 插值多项式**.

3. *n* 次 Lagrange 插值多项式

先考虑一个特殊的插值问题，设插值节点为

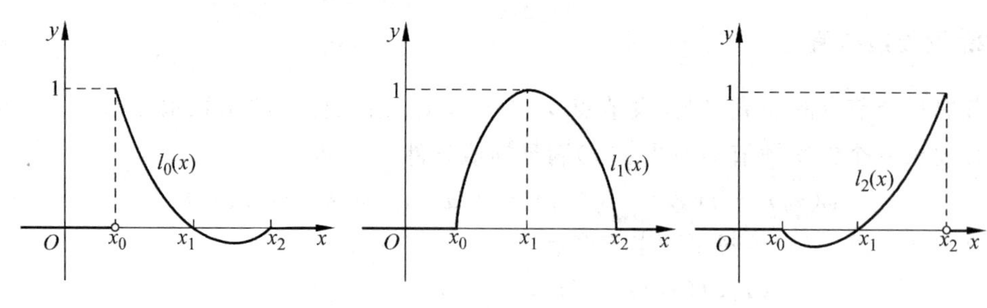

图 6.2

$$x_0 < x_1 < \cdots < x_k < \cdots < x_n.$$

在节点 $x_k(k=0,1,\cdots,n)$上，给定函数 $f(x)$的值

$$f(x_0),f(x_1),\cdots,f(x_k),\cdots,f(x_n).$$

固定指标 $i,i\in\{0,1,\cdots,n\}$，令

$$f(x_i)=1,\quad f(x_j)=0,\quad j=0,1,\cdots,i-1,i+1,\cdots,n.$$

求 n 次插值多项式 $\varphi(x)$使得

$$\varphi(x_k)=f(x_k),\quad k=0,1,\cdots,n.$$

即

$$\begin{cases}\varphi(x_i)=1,\\ \varphi(x_j)=0,\quad j=0,1,\cdots,i-1,i+1,\cdots,n.\end{cases}$$

由此看出，$\varphi(x)$有 n 个零点 $x_0,\cdots,x_{i-1},x_{i+1},\cdots,x_n$，因此 $\varphi(x)$可以表示为

$$\varphi(x)=A(x-x_0)\cdots(x-x_{i-1})(x-x_{i+1})\cdots(x-x_n),$$

其中 A 为待定常数. 利用条件 $\varphi(x_i)=1$，可以得出

$$A=\frac{1}{\prod\limits_{\substack{j=0\\ j\neq i}}^{n}(x_i-x_j)}.$$

从而可以得到 $\varphi(x)$的表达式

$$\varphi(x)=\prod_{\substack{j=0\\ j\neq i}}^{n}\left(\frac{x-x_j}{x_i-x_j}\right).$$

可以看出，$\varphi(x)$为 n 次多项式，满足 $\varphi(x_i)=1,\varphi(x_j)=0,j\neq i,j=0,1,\cdots,n$. 为了以后应用，用 $l_i(x)$来表示这个函数 $\varphi(x)$，$l_i(x)$为 n 次多项式，满足

$$l_i(x_j)=\delta_{ij}=\begin{cases}1,\quad j=i,\\ 0,\quad j\neq i.\end{cases}\tag{6.1.3}$$

对于 $i=0,1,\cdots,n$，$l_i(x)$都有意义并满足(6.1.3)式.

下面讨论 n 次 Lagrange 插值多项式. 设 $f(x)$在 $n+1$ 个不同点 $x_0,x_1,\cdots,x_n$ 上的值

$$f(x_0),f(x_1),\cdots,f(x_n)$$

已知，求 n 次多项式 $L_n\in \mathscr{P}_n$（$\mathscr{P}_n$ 为次数$\leqslant n$ 的多项式全体）使得

$$L_n(x_i)=f(x_i),\quad i=0,1,\cdots,n. \tag{6.1.4}$$

利用上面导出的 $l_i(x)(i=0,1,\cdots,n)$，令

$$L_n(x)=\sum_{i=0}^{n}f(x_i)l_i(x), \tag{6.1.5}$$

由于 $l_i\in\mathscr{P}_n$，所以 $L_n\in\mathscr{P}_n$，并且有

$$L_n(x_k)=\sum_{i=0}^{n}f(x_k)l_i(x_k)=f(x_k),\quad k=0,1,\cdots,n.$$

即 $L_n(x)$满足插值条件(6.1.4)．称 $L_n(x)$为 ***n* 次 Lagrange 插值多项式**，$l_i\in\mathscr{P}_n(i=0,1,\cdots,n)$称为 ***n* 次插值基函数**，$x_i(i=0,1,\cdots,n)$称为**插值节点**，(6.1.4)式称为**插值条件**.

关于 n 次 Lagrange 插值多项式有如下存在惟一性定理.

定理 6.1.1 存在惟一的多项式 $L_n\in\mathscr{P}_n$ 满足插值条件(6.1.4).

证明 公式(6.1.5)给出的 $L_n(x)$是满足插值条件(6.1.4)的 n 次插值多项式，因此存在性已经得到.

下面来证明惟一性．假定还有一个满足插值条件(6.1.4)的 n 次插值多项式 $\widetilde{L}_n\in\mathscr{P}_n$，则 $L_n-\widetilde{L}_n\in\mathscr{P}_n$ 并有 $n+1$ 个零点 $x_0,x_1,\cdots,x_n$，即

$$L_n(x_i)-\widetilde{L}_n(x_i)=f(x_i)-f(x_i)=0,\quad i=0,1,\cdots,n.$$

根据代数学基本定理（n 次多项式只有 n 个零点），$\widetilde{L}_n(x)\equiv L_n(x)$．定理证毕.

例 6.1.1 考虑在$[0,1.2]$上函数 $f(x)=\cos x$.

(1) 用节点 $x_0=0.2,x_1=1.0$ 来构造一次 Lagrange 插值多项式；

(2) 用三个节点 $x_0=0.0,x_1=0.6,x_2=1.2$ 来构造二次 Lagrange 插值多项式；

(3) 用四个节点 $x_0=0.0,x_1=0.4,x_2=0.8,x_3=1.2$ 来构造三次 Lagrange 插值多项式.

解 (1) 对于节点 x_0,x_1 的一次 Lagrange 插值基函数

$$l_0(x)=\frac{x-1.0}{0.2-1.0},\quad l_1(x)=\frac{x-0.2}{1.0-0.2},$$

函数值为

$$f(x_0)=\cos(0.2)=0.980\,067,\quad f(x_1)=\cos(1.0)=0.540\,302.$$

插值结果为

$$\begin{aligned}L_1(x)&=f(x_0)l_0(x)+f(x_1)l_1(x)\\&=-1.225\,083(x-1.0)+0.675\,378(x-0.2).\end{aligned}$$

(2) 对于节点 x_0,x_1,x_2 的二次 Lagrange 插值基函数

$$l_0(x)=\frac{(x-0.6)(x-1.2)}{(0.0-0.6)(0.0-1.2)},\quad l_1(x)=\frac{(x-0.0)(x-1.0)}{(0.6-0.0)(0.6-1.0)},$$

$$l_2(x) = \frac{(x-0.0)(x-0.6)}{(1.0-0.0)(1.0-0.6)},$$

函数值为

$$f(x_0) = \cos(0.0) = 1.0,\quad f(x_1) = \cos(0.6) = 0.82,$$
$$f(x_2) = \cos(1.2) = 0.362\,358,$$

于是有

$$L_2(x) = 1.388\,889(x-0.6)(x-1.2) - 2.292\,599(x-0.0)(x-0.6) + 0.503\,275(x-0.0)(x-0.6).$$

(3) 对于节点 x_0, x_1, x_2, x_3 的基函数为

$$l_0(x) = \frac{(x-0.4)(x-0.8)(x-1.2)}{(0.0-0.4)(0.0-0.8)(0.0-1.2)},$$

$$l_1(x) = \frac{(x-0.0)(x-0.8)(x-1.2)}{(0.4-0.0)(0.4-0.8)(0.4-1.2)},$$

$$l_2(x) = \frac{(x-0.0)(x-0.4)(x-1.2)}{(0.8-0.0)(0.8-0.4)(0.8-1.2)},$$

$$l_3(x) = \frac{(x-0.0)(x-0.4)(x-0.8)}{(1.2-0.0)(1.2-0.4)(1.2-0.8)},$$

函数值为

$$f(x_0) = \cos(0.0) = 1.0,\quad f(x_1) = \cos(0.4) = 0.921\,061,$$
$$f(x_2) = \cos(0.8) = 0.696\,707,\quad f(x_3) = \cos(1.2) = 0.362\,358.$$

利用插值公式(6.1.5)有

$$\begin{aligned} L_3(x) = \sum_{i=0}^{3} f(x_i) l_i(x) &= -2.604\,167(x-0.4)(x-0.8)(x-1.2) \\ &+ 7.195\,789(x-0.0)(x-0.8)(x-1.2) \\ &- 5.443\,021(x-0.0)(x-0.4)(x-1.2) \\ &+ 0.943\,640(x-0.0)(x-0.4)(x-0.8). \end{aligned}$$

$y=\cos x$ 和插值多项式 $y=L_1(x)$,$y=L_2(x)$,$y=L_3(x)$的图像分别见图 6.3(a),(b)和(c).

6.1.2 插值多项式的余项

利用插值公式(6.1.5)可以求得在节点 $x_0, x_1, \cdots, x_n$ 上关于被插值函数 $f(x)$的 n 次插值多项式 $L_n(x)$. 我们希望知道,当 $x \neq x_j (j=0,1,\cdots,n)$时 $f(x)-L_n(x)$的一个估计. 称

$$R_n(x) = f(x) - L_n(x)$$

为**插值余项(或插值误差)**.

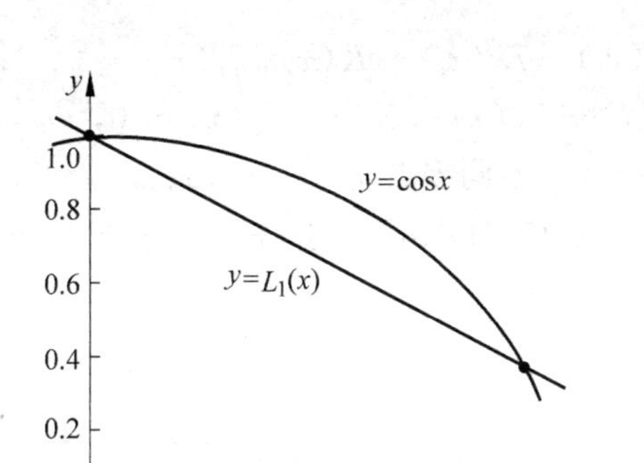

(a)

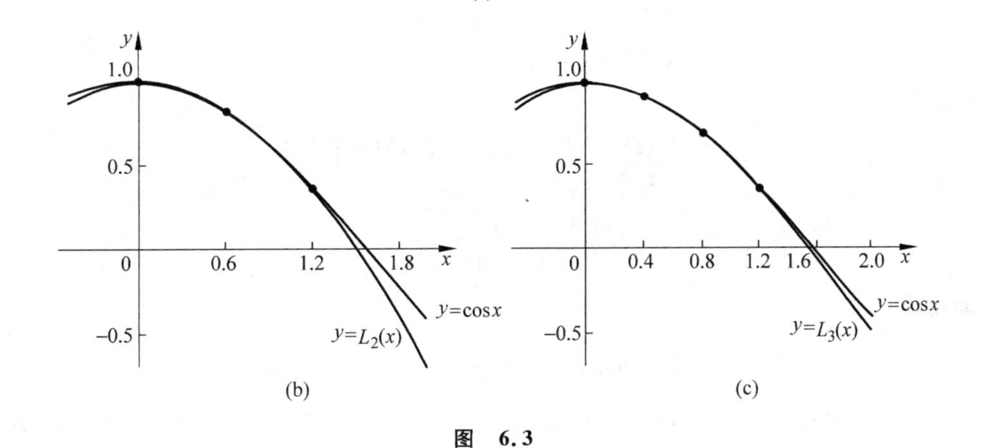

(b) (c)

图 6.3

下面定理给出了 $R_n(x)$ 的表达式.

定理 6.1.2 设 $x_0,x_1,\cdots,x_n$ 为 $[a,b]$ 上的不同节点，$f\in C^{n+1}[a,b]$，$L_n(x)$ 为满足插值条件

$$L_n(x_i) = f(x_i), \quad i = 0,1,\cdots,n$$

的 n 次 Lagrange 插值多项式，那么对于任意的 $x\in[a,b]$，存在 $\xi=\xi(x)\in(a,b)$，使得

$$R_n(x) = f(x) - L_n(x) = \frac{f^{(n+1)}(\xi)}{(n+1)!}\omega_{n+1}(x), \tag{6.1.6}$$

其中 $\omega_{n+1}(x)=(x-x_0)(x-x_1)\cdots(x-x_n)$.

证明 当 $x=x_i$ 时，$R_n(x_i)=f(x_i)-L_n(x_i)=0$，$i=0,1,\cdots,n$，显然满足(6.1.6)式. 以下假定 $x\neq x_i(i=0,1,\cdots,n)$. 由于 $x_0,x_1,\cdots,x_n$ 为 $R_n(x)$ 的零点，因此可以令

$$R_n(x) = K(x)\omega_{n+1}(x).$$

这样当 $K(x)$ 的表达形式确定后，$R_n(x)$ 就完全确定了. 引入变量 t 的辅助函数

$$\varphi(t) = f(t) - L_n(t) - K(x)\omega_{n+1}(t).$$

$$\varphi(x_i) = f(x_i) - L_n(x_i) - K(x)\omega_{n+1}(x_i) = 0, \quad i = 0,1,\cdots,n,$$
$$\varphi(x) = f(x) - L_n(x) - K(x)\omega_{n+1}(x) = 0,$$

由此得出，$\varphi(t)$在$[a,b]$上有 $n+2$ 个不同零点 $x_0,x_1,\cdots,x_n,x$.

由于 $f\in C^{n+1}[a,b]$，所以 $\varphi\in C^{n+1}[a,b]$. 应用 Rolle 定理，存在 $\xi_j^{(1)}\in(a,b)$，$j=1,2,\cdots,n+1$，使得

$$\varphi'(\xi_j^{(1)}) = 0, \quad j = 1,2,\cdots,n+1.$$

多次应用 Rolle 定理有

$$\varphi^{(2)}(\xi_j^{(2)}) = 0, \quad j = 1,2,\cdots,n,$$
$$\vdots$$
$$\varphi^{(n)}(\xi_j^{(n)}) = 0, \quad j = 1,2,$$
$$\varphi^{(n+1)}(\xi) = 0,$$

其中 $\xi\in(a,b)$. 注意到

$$\varphi^{(n+1)}(t) = f^{(n+1)}(t) - K(x)(n+1)!,$$

所以有

$$K(x) = \frac{1}{(n+1)!}f^{(n+1)}(\xi).$$

从而得出

$$R_n(x) = K(x)\omega_{n+1}(x) = \frac{1}{(n+1)!}f^{(n+1)}(\xi)\omega_{n+1}(x).$$

由于 $\varphi^{(n+1)}(t)$的零点 ξ 与 $\varphi(t)$的零点 $x_0,x_1,\cdots,x_n,x$ 有关，因而有 $\xi=\xi(x)$. 定理证毕.

推论 6.1.1 在定理 6.1.2 的条件下，若 $\max\limits_{a\leqslant x\leqslant b}|f^{(n+1)}(x)|\leqslant M_{n+1}$，那么有

$$|R_n(x)| \leqslant \frac{M_{n+1}}{(n+1)!}|\omega_{n+1}(x)|. \tag{6.1.7}$$

推论 6.1.2 设 $a=x_0<x_1<\cdots<x_n=b$，$h=\max\limits_{1\leqslant j\leqslant n}(x_j-x_{j-1})$，$f\in C^{n+1}[a,b]$，$L_n(x)$为 $f(x)$的 n 次插值多项式，那么有

$$\max_{a\leqslant x\leqslant b}|f(x)-L_n(x)| \leqslant \frac{h^{n+1}}{4(n+1)}\max_{a\leqslant x\leqslant b}|f^{(n+1)}(x)|. \tag{6.1.8}$$

证明 任取 $x\in[a,b]$，那么可设 x 属于$[a,b]$的一个子区间$[x_k,x_{k+1}]$，先考虑

$$|(x-x_k)(x-x_{k+1})|,$$

令

$$\varphi(x) = (x-x_k)(x-x_{k+1}),$$

其导数为 $\varphi'(x)=2x-(x_k+x_{k+1})$，$\varphi''(x)=2$. 所以当 $x=\frac{1}{2}(x_k+x_{k+1})$时，$\varphi(x)$达到极小，

$$\varphi\left(\frac{1}{2}(x_k+x_{k+1})\right)=-\frac{1}{4}(x_{k+1}-x_k)^2.$$

从而有

$$|(x-x_k)(x-x_{k+1})|\leqslant\frac{1}{4}(x_{k+1}-x_k)^2\leqslant\frac{1}{4}h^2.$$

注意到

$$|x-x_{k+2}|\leqslant 2h,\cdots,|x-x_k|\leqslant(n-k)h;$$
$$|x-x_{k-1}|\leqslant 2h,\cdots,|x-x_0|\leqslant(k+1)h.$$

从而有

$$\begin{aligned}|\omega_{n+1}(x)|&\leqslant\left|\prod_{j=0}^{k-1}(x-x_j)\right|\cdot|(x-x_k)(x-x_{k+1})|\cdot\left|\prod_{j=k+2}^{n}(x-x_j)\right|\\&\leqslant\frac{1}{4}n!h^{n+1}.\end{aligned}$$

此不等式与(6.1.6)式相结合有

$$|f(x)-L_n(x)|\leqslant\frac{h^{n+1}}{4(n+1)}\max_{a\leqslant x\leqslant b}|f^{(n+1)}(x)|,\quad x\in[a,b],$$

由此得(6.1.8)式. 证毕.

估计式(6.1.8)虽然粗糙,但使用起来较为简单、方便,所以在余项的估计中可采用.

例 6.1.2 设 $x_0,x_1,\cdots,x_n$ 为不同节点,$l_i(x)(i=0,1,\cdots,n)$为 $n+1$ 个 Lagrange 插值基函数,试证明

$$\sum_{i=0}^{n}l_i(x)x_i^k=x^k,\quad k=0,1,\cdots,n.$$

证明 对于 $k=0,1,\cdots,n$,令 $f(x)=x^k$,$f(x)$的 n 次 Lagrange 插值多项式为

$$L_n(x)=\sum_{i=0}^{n}f(x_i)l_i(x)=\sum_{i=0}^{n}x_i^kl_i(x),$$

相应的余项为

$$R_n(x)=f(x)-L_n(x)=\frac{1}{(n+1)!}f^{(n+1)}(\xi)\omega_{n+1}(x),$$

由于 $k\leqslant n$,则

$$\frac{\mathrm{d}^{n+1}}{\mathrm{d}x^{n+1}}(x^k)=0,\quad k=0,1,\cdots,n,$$

所以有 $R_n(x)=0$. 从而得出

$$x^k=L_n(x),$$

即

$$\sum_{i=0}^{n}x_i^kl_i(x)=x^k.$$

特别地,若 $k=0$,有

$$\sum_{i=0}^{n} l_i(x) = 1. \tag{6.1.9}$$

(6.1.9)式说明,基函数之和为1.

例 6.1.3 考虑在[0.0,1.2]上函数 $f(x)=\cos x$,用公式(6.1.8)确定由例6.1.1中Lagrange插值多项式 $L_1(x)$,$L_2(x)$,$L_3(x)$的误差界.

解 首先确定在区间[0.0,1.2]上导数绝对值 $|f^{(2)}(x)|$,$|f^{(3)}(x)|$ 和 $|f^{(4)}(x)|$ 的界.

$$|f^{(2)}(x)| = |-\cos x| \leqslant |-\cos(0.0)| = 1.000\,000,$$

所以 $M_2=1.000\,000$.

$$|f^{(3)}(x)| = |\sin x| \leqslant |\sin(1.2)| = 0.932\,039,$$

所以 $M_3=0.932\,039$.

$$|f^{(4)}(x)| = |\cos x| \leqslant |\cos(0.0)| = 1.000\,000,$$

所以 $M_4=1.000\,000$.

对于 $L_1(x)$,节点之间距离为 $h=1.2$,因此其误差界为

$$|R_1(x)| \leqslant \frac{h^2 M_2}{8} \leqslant \frac{(1.2)^2 \times 1.000\,000}{8} = 0.180\,000.$$

对于 $L_2(x)$,节点之间距离为 $h=0.6$,因此其误差界为

$$|R_2(x)| \leqslant \frac{h^3 M_3}{12} \leqslant \frac{(0.6)^3 \times 0.932\,039}{12} = 0.016\,777.$$

对于 $L_3(x)$,等距节点之间距离 $h=0.4$.因此其误差界为

$$|R_3(x)| \leqslant \frac{h^4 M_4}{16} \leqslant \frac{(0.4)^4 \times 1.000\,000}{16} = 0.001\,600.$$

由例6.1.1可以看出,

$$|R_1(0.6)| = |\cos(0.6) - L_1(0.6)| = 0.144\,157,$$

所以误差界0.180 000是合理的.

$$|R_2(0.3)| = |\cos(0.3) - L_2(0.3)| = 0.006\,629,$$

$$|R_3(0.3)| = |\cos(0.3) - L_3(0.3)| = 0.000\,476,$$

相应的误差界分别为0.016 777和0.001 600,这是相适应的.

例 6.1.4 设 $x_0=a$,$x_1=a+h$,$x_2=a+2h$,$h>0$,$f\in C^3[a,a+2h]$,$L_2(x)$为以 x_0,x_1,x_2 为节点的二次Lagrange插值多项式.试证明

$$|f(x) - L_2(x)| \leqslant \frac{\sqrt{3}}{27} M_3 h^3,$$

其中 $M_3 = \max\limits_{x_0 \leqslant x \leqslant x_2} |f'''(x)|$.

证明 $L_2(x)$的插值余项为

$$R_2(x) = f(x) - L_2(x) = \frac{1}{3!} f'''(\xi(x))(x - x_0)(x - x_1)(x - x_2),$$

$$|R_2(x)| \leqslant \frac{1}{6} M_3 |(x - x_0)(x - x_1)(x - x_2)|.$$

由于 $x \in [x_0, x_2]$,可令 $x = a + th, t \in [0,2]$. 则有

$$(x - x_0)(x - x_1)(x - x_2) = t(t-1)(t-2)h^3.$$

设 $\varphi(t) = t(t-1)(t-2)$,那么 $\varphi'(t) = 3t^2 - 6t + 2$,因此 $\varphi(t)$有驻点 $t = 1 \pm \frac{\sqrt{3}}{3}$.

$$\begin{aligned}\max_{t\in[0,2]} |\varphi(t)| &= \max\left\{|\varphi(0)|, \left|\varphi\left(1 - \frac{\sqrt{3}}{3}\right)\right|, \left|\varphi\left(1 + \frac{\sqrt{3}}{3}\right)\right|, |\varphi(2)|\right\} \\ &= \left|\varphi\left(1 \pm \frac{\sqrt{3}}{3}\right)\right| = \frac{2}{9}\sqrt{3}.\end{aligned}$$

从而有

$$|f(x) - L_2(x)| \leqslant \frac{\sqrt{3}}{27} M_3 h^3.$$

6.2 均差与 Newton 插值多项式

Lagrange 插值多项式结构紧凑,在理论分析中甚为方便. 利用插值基函数也很方便得到插值多项式. 在构造 Lagrange 插值多项式中,也存在不甚方便之处. 例如当插值节点增加(相应的插值多项式的次数增加)、减少(相应的插值多项式的次数减少)时,构造插值多项式的基函数均需重新构造. 这在实际计算中非常不利. 本节讨论的 Newton 插值多项式可以克服这个缺点. Newton 插值公式中要把均差作为工具,因此先对均差稍作讨论.

6.2.1 均差及其性质

设函数 $f(x)$在 $n+1$ 个不同节点 $x_0, x_1, \cdots, x_n$ 上的值为 $f(x_0), f(x_1), \cdots, f(x_n)$. 分别称

$$f[x_k] = f(x_k),$$

$$f[x_k, x_{k+1}] = \frac{f[x_{k+1}] - f[x_k]}{x_{k+1} - x_k},$$

$$f[x_k, x_{k+1}, x_{k+2}] = \frac{f[x_{k+1}, x_{k+2}] - f[x_k, x_{k+1}]}{x_{k+2} - x_k}$$

为 $f(x)$在 x_k 上的**零阶均差**、在 x_k, x_{k+1} 上的**一阶均差**和在 x_k, x_{k+1}, x_{k+2} 上的**二阶均差**.

一般地，称

$$f[x_k,x_{k+1},\cdots,x_{k+j}]=\frac{f[x_{k+1},\cdots,x_{k+j}]-f[x_k,\cdots,x_{k+j-1}]}{x_{k+j}-x_k} \tag{6.2.1}$$

为 $f(x)$在节点 $x_k,x_{k+1},\cdots,x_{k+j}$上的 **$j$ 阶均差**. 其中 $f[x_{k+1},\cdots,x_{k+j}]$，$f[x_k,\cdots,x_{k+j-1}]$分别为 $f(x)$在节点 $x_{k+1},\cdots,x_{k+j}$上和在节点 $x_k,\cdots,x_{k+j-1}$上的 $j-1$ 阶均差.

实际计算函数 $f(x)$的均差时，一般都采用列表法，各阶均差见表 6.1.

表 6.1

x_k	$f(x_k)$	一阶均差	二阶均差	三阶均差
x_0	$f[x_0]$			
x_1	$f[x_1]$	$f[x_0,x_1]$		
x_2	$f[x_2]$	$f[x_1,x_2]$	$f[x_0,x_1,x_2]$	
x_3	$f[x_3]$	$f[x_2,x_3]$	$f[x_1,x_2,x_3]$	$f[x_0,x_1,x_2,x_3]$

例 6.2.1 设 $x_0=2,x_1=3,x_2=5$；$f(x_0)=4,f(x_1)=9,f(x_2)=25$. 试求二阶均差 $f[2,3,5]$.

解 先作均差表如下：

i	x_i	$f[x_i]$	$f[x_i,x_{i+1}]$	$f[x_i,x_{i+1},x_{i+2}]$
0	2	4		
1	3	9	$\frac{9-4}{3-2}=5$	
2	5	25	$\frac{25-9}{5-3}=8$	$\frac{8-5}{5-2}=1$

由表可得 $f[2,3,5]=1$.

下面给出均差的一些基本性质.

性质 1 k 阶均差 $f[x_0,x_1,\cdots,x_k]$是 $f(x_0),f(x_1),\cdots,f(x_k)$的线性组合，实际上

$$f[x_0,x_1,\cdots,x_k]=\sum_{j=0}^{k}\frac{f(x_j)}{(x_j-x_0)\cdots(x_j-x_{j-1})(x_j-x_{j+1})\cdots(x_j-x_k)}. \tag{6.2.2}$$

此性质可用归纳法证明.

由于

$$\omega'_{k+1}(x_j)=\prod_{\substack{i=0\\i\neq j}}^{k}(x_j-x_i),$$

所以(6.2.2)式可以写成

$$f[x_0,x_1,\cdots,x_k]=\sum_{j=0}^{k}\frac{f(x_j)}{\omega'_{k+1}(x_j)}. \tag{6.2.3}$$

由性质 1 就可以得到性质 2。

性质 2(均差对称性) 均差对于定义其节点是对称的,即任意改变节点的次序,$f[x_0,x_1,\cdots,x_k]$的值不变.

性质 3 设 $f\in C^n[a,b]$,且 $x_j\in[a,b]\ (j=0,1,\cdots,n)$为相异节点,那么有

$$f[x_0,x_1,\cdots,x_n]=\frac{1}{n!}f^{(n)}(\xi), \tag{6.2.4}$$

其中 $\xi\in[\min(x_0,x_1,\cdots,x_n),\max(x_0,x_1,\cdots,x_n)]$.

此性质在 Newton 插值公式的余项论述中给出证明.

6.2.2 Newton 插值公式

设 x,x_0,x_1 为不同节点,那么 $f(x)$的二阶均差为

$$f[x,x_0,x_1]=\frac{f[x_0,x_1]-f[x,x_0]}{x_1-x},$$

改写形式为

$$f[x_0,x_1]-f[x,x_0]=(x_1-x)f[x,x_0,x_1].$$

上述表达式中,均差 $f[x,x_0]$用

$$f[x,x_0]=\frac{f(x_0)-f(x)}{x_0-x}$$

代入,并用 x_0-x 乘两边得到

$$(x_0-x)f[x_0,x_1]-[f(x_0)-f(x)]=(x_0-x)(x_1-x)f[x,x_0,x_1],$$

即

$$f(x)=f(x_0)+(x-x_0)f[x_0,x_1]+(x_0-x)(x_1-x)f[x,x_0,x_1].$$

如果令

$$N_1(x)=f(x_0)+(x-x_0)f[x_0,x_1],$$

那么有

$$N_1(x_0)=f(x_0),$$
$$N_1(x_1)=f(x_1).$$

由此可以看出,$N_1(x)$为满足上述插值条件的一次插值多项式. 利用插值多项式的惟一性,$N_1(x)$即为一次 Lagrange 插值多项式 $L_1(x)$. 由此给出了 $L_1(x)$的另一个表达形式. $N_1(x)$称为一次 **Newton 插值多项式**.

下面推导一般 Newton 插值公式. 设 $x,x_0,x_1,\cdots,x_n$ 为不同节点.

$$f[x,x_0,x_1]=\frac{1}{x_1-x}(f[x_0,x_1]-f[x,x_0]),$$

从而有

$$f[x,x_0]=f[x_0,x_1]+(x-x_1)f[x,x_0,x_1],$$

$$f[x,x_0,x_1,x_2]=\frac{1}{x_2-x}(f[x_0,x_1,x_2]-f[x,x_0,x_1]),$$

从而有

$$f[x,x_0,x_1]=f[x_0,x_1,x_2]+(x-x_2)f[x,x_0,x_1,x_2],$$

$$\vdots$$

$$f[x,x_0,\cdots,x_{n-1}]=f[x_0,x_1,\cdots,x_n]+(x-x_n)f[x,x_0,x_1,\cdots,x_n].$$

依次将后面一式代入前面一式,并应用

$$f(x)=f(x_0)+(x-x_0)f[x,x_0],$$

得到

$$\begin{aligned}f(x)=&f(x_0)+f[x_0,x_1](x-x_0)+f[x_0,x_1,x_2](x-x_0)(x-x_1)\\&+\cdots+f[x_0,x_1,\cdots,x_n](x-x_0)(x-x_1)\cdots(x-x_{n-1})\\&+f[x,x_0,x_1,\cdots,x_n](x-x_0)(x-x_1)\cdots(x-x_{n-1})(x-x_n).\end{aligned}$$

令

$$\begin{aligned}N_n(x)=&f(x_0)+f[x_0,x_1](x-x_0)+f[x_0,x_1,x_2](x-x_0)(x-x_1)\\&+\cdots+f[x_0,x_1,\cdots,x_n](x-x_0)(x-x_1)\cdots(x-x_{n-1}),\end{aligned}\tag{6.2.5}$$

那么有

$$f(x)=N_n(x)+f[x,x_0,x_1,\cdots,x_n](x-x_0)(x-x_1)\cdots(x-x_n).\tag{6.2.6}$$

令 $x=x_i(i=0.1,\cdots,n)$. 上式右边第二项为0,由此 $N_n(x)$满足插值条件

$$N_n(x_i)=f(x_i),\quad i=0,1,\cdots,n,$$

并且 $N_n\in\mathscr{P}_n$. 由插值多项式的惟一性. 可以得出

$$N_n(x)=L_n(x),$$

即 $N_n(x)$为满足插值条件的 n 次 Lagrange 插值多项式. (6.2.5)式称为 **n 次 Newton 插值多项式**.

利用(6.2.6)式有

$$R_n(x)=f(x)-N_n(x)=f[x,x_0,\cdots,x_n](x-x_0)\cdots(x-x_n).\tag{6.2.7}$$

此余项称为**均差型余项**.

下面来证明均差性质3,即证(6.2.4)式.

设 $x_0,x_1,\cdots,x_n$ 为 n 个不同节点. 不妨设 $x_i\in[a,b](i=0,1,\cdots,n)$, $f\in C^n[a,b]$, $N_n(x)$为相应的 n 次 Newton 插值多项式. 令

$$g(x)=f(x)-N_n(x).$$

由插值条件知, $N_n(x_i)=f(x_i)$, $i=0,1,\cdots,n$. 因此 $g(x)$有 $n+1$ 个零点,仿照定理 6.1.2 的证明,即不断应用 Rolle 定理,推出存在 $\xi\in(a,b)$使得

$$f^{(n)}(\xi) - N_n^{(n)}(\xi) = 0.$$

而由 $N_n(x)$ 的表达式(6.2.5)知

$$N_n^{(n)}(x) = n!f[x_0, x_1, \cdots, x_n],$$

从而有

$$f[x_0, x_1, \cdots, x_n] = \frac{1}{n!}f^{(n)}(\xi), \quad \xi \in (a, b),$$

更确切地,$\xi \in (\min\limits_{0\leqslant i\leqslant n}\{x_i\}, \quad \max\limits_{0\leqslant i\leqslant n}\{x_i\})$.

考虑 Newton 插值多项式的余项(6.2.7).如果假定 $f\in C^{n+1}[a,b]$,那么有

$$f[x, x_0, x_1, \cdots, x_n] = \frac{1}{(n+1)!}f^{(n+1)}(\xi),$$

其中 ξ 依赖于 $x_0, x_1, \cdots, x_n, x$. 由于 $x_0, x_1, \cdots, x_n$ 是给定的节点,因此一般记 $\xi = \xi(x)$.这样

$$R_n(x) = f(x) - N_n(x) = \frac{1}{(n+1)!}f^{(n+1)}(\xi(x))\omega_{n+1}(x).$$

这个形式的余项称为**微分型余项**,它就是 n 次 Lagrange 插值多项式 $L_n(x)(N_n(x))$ 的余项(6.1.6).

均差型余项可由 $f(x)$ 的值求出.但没有更多信息.微分型余项要求 $f\in C^{n+1}[a,b]$,即要求 $f(x)$ 的光滑性,以此可对余项进行估计.

例 6.2.2 设 $x_k = k, k=0,1,2,3, f(x)=\cos x$ 在 x_k 上给定函数值.试构造均差表和构造出 1 次、2 次和 3 次 Newton 插值多项式.

解 先列出均差表.

x_k	$f(x_k)$	一阶均差	二阶均差	三阶均差
0.0	1.000 000 0			
1.0	0.540 302 3	−0.459 697 7		
2.0	−0.416 146 8	−0.956 449 1	−0.248 375 7	
3.0	−0.989 992 5	−0.573 845 7	0.191 301 7	0.146 559 2

$$N_1(x) = 1.000\,000\,0 - 0.459\,697\,7(x - 0.0),$$

$$N_2(x) = 1.000\,000\,0 - 0.459\,697\,7(x - 0.0) - 0.248\,375\,7(x - 0.0)(x - 1.0),$$

$$\begin{aligned} N_3(x) = {} & 1.000\,000\,0 - 0.459\,697\,7(x - 0.0) - 0.248\,375\,7(x - 0.0)(x - 1.0) \\ & + 0.146\,559\,2(x - 0.0)(x - 1.0)(x - 2.0). \end{aligned}$$

注意,$N_1(x)$ 的节点为 0.0,1.0;$N_2(x)$ 的节点为 0.0,1.0,2.0;$N_3(x)$ 的节点为 0.0,1.0,2.0,3.0;取 $x=0.5$.实际误差为

$$|f(0.5)-N_1(0.5)|=0.1074314,$$
$$|f(0.5)-N_2(0.5)|=0.0453377,$$
$$|f(0.5)-N_3(0.5)|=0.0096222.$$

误差估计界为

$$|f(0.5)-N_1(0.5)|\leqslant\left|\frac{f''(\xi)}{2!}(0.5-0.0)(0.5-1.0)\right|\leqslant 0.125,$$

$$|f(0.5)-N_2(0.5)|\leqslant\left|\frac{f^{(1)}(\xi)}{3!}(0.5-0.0)(0.5-1.0)(0.5-2.0)\right|\leqslant 0.0625,$$

$$|f(0.5)-N_3(0.5)|\leqslant\left|\frac{f^{(4)}(\xi)}{4!}(0.5-0.0)(0.5-1.0)(0.5-2.0)(0.5-3.0)\right|$$
$$\leqslant 0.0390625.$$

在插值区间内 $\cos x$ 与 $N_1(x)$，$N_2(x)$，$N_3(x)$ 的差异分别见图 6.4(a)，(b)和(c).

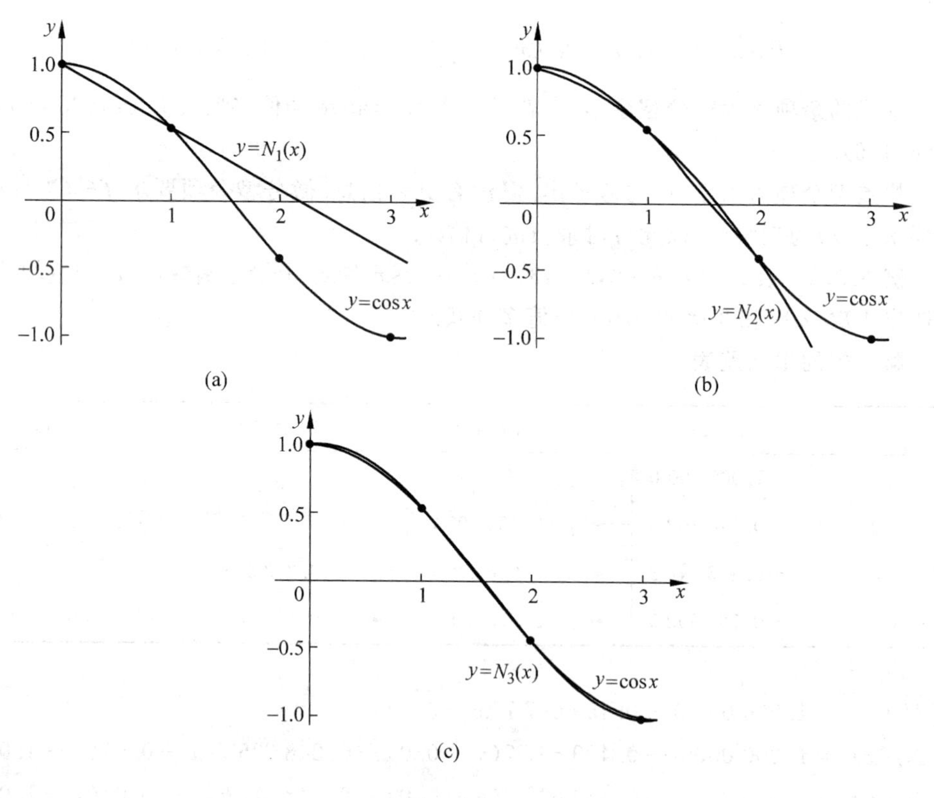

图 6.4

*6.2.3 差分及其性质

在实际计算中,经常碰到插值节点等距分布的情形,引入差分概念将使 Newton 插值公式简化.

设函数 $f(x)$ 在等距节点 $x_k=x_0+kh$ 上的值为 $f(x_k)$, $k=0,1,\cdots,n$,其中 h 为一常数,称为步长.下面引入一些常用记号:

$$\Delta f(x_k)=f(x_{k+1})-f(x_k),$$
$$\nabla f(x_k)=f(x_k)-f(x_{k-1}).$$

$\Delta f(x_k)$, $\nabla f(x_k)$ 分别称为 $f(x)$ 在 x_k 处以 h 为步长的**向前差分**和**向后差分**.上面引入的差分为一阶差分.一般地,m 阶差分可以递推地定义:

$$\Delta^m f(x_k)=\Delta^{m-1}f(x_{k+1})-\Delta^{m-1}f(x_k),$$
$$\nabla^m f(x_k)=\nabla^{m-1}f(x_k)-\nabla^{m-1}f(x_{k-1}).$$

为了表示方便,再引入两个常用的算子符号.

$$Ef(x_k)=f(x_{k+1}),\quad E^{-1}f(x_k)=f(x_{k-1}),$$
$$If(x_k)=f(x_k),$$

E 称为步长为 h 的**移位算子**,I 为**单位算子**.由此可以推导出一些有用的等式.例如

$$f(x_{k+n})=E^n f(x_k)=(I+\Delta)^n f(x_k)$$
$$=\sum_{j=0}^{n}\binom{n}{j}\Delta^j f(x_k),$$

$$\Delta^n f(x_k)=(E-I)^n f(x_k)=\sum_{j=0}^{n}(-1)^j\binom{n}{j}f(x_{n+k-j}),$$

$$\nabla^n f(x_k)=(I-E^{-1})^n f(x_k)=\sum_{j=0}^{n}(-1)^{n-j}\binom{n}{j}f(x_{k+j-n}),$$

其中

$$\binom{n}{j}=\frac{n(n-1)\cdots(n-j+1)}{j!}. \tag{6.2.8}$$

容易导出均差与差分的关系:

$$f[x_0,x_1]=\frac{f(x_1)-f(x_0)}{x_1-x_0}=\frac{1}{h}\Delta f(x_0),$$

$$f[x_0,x_1,x_2]=\frac{1}{2h}\left[\frac{\Delta f(x_1)-\Delta f(x_0)}{h}\right]=\frac{1}{2h^2}\Delta^2 f(x_0).$$

一般地,当 $k\geqslant 1$ 时有

$$f[x_0,x_1,\cdots,x_k]=\frac{1}{k!h^k}\Delta^k f(x_0). \tag{6.2.9}$$

同样地，对于向后差分，有

$$f[x_n,x_{n-1}]=\frac{1}{h}\nabla f(x_n),$$

$$f[x_n,x_{n-1},x_{n-2}]=\frac{1}{2h^2}\nabla^2 f(x_n).$$

一般地，有

$$f[x_n,x_{n-1},\cdots,x_{n-k}]=\frac{1}{k!h^k}\nabla^k f(x_n). \tag{6.2.10}$$

*6.2.4 等距节点的 Newton 插值公式

在 Newton 插值公式(6.2.5)中，节点等距分布，用差分来代替均差就可以得出等距节点的 Newton 插值公式.

设 $f(x_k)=f(x_0+kh)$ $(k=0,1,\cdots,n)$已知，需要求在

$$x=x_0+th,\quad 0<t<1$$

处的近似值. 插值节点取为 $x_0,x_1,\cdots,x_n$，对于等距节点，有

$$\omega_{k+1}(x)=\prod_{j=0}^{k}(x-x_j)=t(t-1)\cdots(t-k)h^{k+1}.$$

将此式以及均差和差分的关系式(6.2.9)代入 Newton 插值公式(6.2.5)，得

$$\begin{aligned}N_n(x_0+th)=&f(x_0)+t\Delta f(x_0)+\frac{1}{2!}t(t-1)\Delta^2 f(x_0)+\cdots\\&+\frac{1}{n!}t(t-1)\cdots(t-n+1)\Delta^n f(x_0).\end{aligned} \tag{6.2.11}$$

此公式称为 **Newton 向前插值公式**. 利用二项式系数的记号(6.2.8)式，(6.2.11)式可简写为

$$N_n(x_0+th)=\sum_{k=0}^{n}\binom{t}{k}\Delta^k f(x_0). \tag{6.2.12}$$

插值公式(6.2.12)的余项可由(6.1.6)式直接得到：

$$R_n(x)=\frac{t(t-1)\cdots(t-n)}{(n+1)!}h^{n+1}f^{(n+1)}(\xi),\quad \xi\in(x_0,x_n). \tag{6.2.13}$$

如果插值节点重排次序为 $x_n,x_{n-1},\cdots,x_1,x_0$. 相应的 Newton 插值公式为

$$\begin{aligned}N_n(x)=&f[x_n]+f[x_n,x_{n-1}](x-x_n)+f[x_n,x_{n-1},x_{n-2}](x-x_n)(x-x_{n-1})\\&+\cdots+f[x_n,x_{n-1},\cdots,x_1,x_0](x-x_n)(x-x_{n-1})\cdots(x-x_1).\end{aligned}$$

考虑到节点等距，$x=x_n+th=x_i+(t+n-i)h$，那么有

$$\begin{aligned}N_n(x)=&N_n(x_n+th)\\=&f[x_n]+thf[x_n,x_{n-1}]+t(t+1)h^2 f[x_n,x_{n-1},x_{n-2}]+\cdots\\&+t(t+1)\cdots(t+n-1)h^n f[x_n,x_{n-1},\cdots,x_0].\end{aligned}$$

利用均差与差分关系(6.2.10)式,可以把上式写成

$$N_n(x)=f[x_n]+t\nabla f(x_n)+\frac{t(t+1)}{2}\nabla^2 f(x_n)+\cdots$$

$$+\frac{t(t+1)\cdots(t+n-1)}{n!}\nabla^n f(x_n).$$

如果把二项式系数记号推广到 t 的全部实数,并记

$$\binom{-t}{k}=\frac{-t(-t-1)\cdots(-t-k-1)}{k!}=(-1)^k\frac{t(t+1)\cdots(t+k-1)}{k!},$$

那么

$$N_n(x)=f[x_n]+(-1)\binom{-t}{1}\nabla f(x_n)+(-1)^2\binom{-t}{2}\nabla^2 f(x_n)+\cdots$$

$$+(-1)^n\binom{-t}{n}\nabla^n f(x_n).$$

由此得到 **Newton 向后差分公式**

$$N_n(x)=f[x_n]+\sum_{k=1}^{n}(-1)^k\binom{-t}{k}\nabla^k f(x_n). \tag{6.2.14}$$

(6.2.14)式的余项为

$$R_n(x)=\frac{t(t+1)\cdots(t+n)}{(n+1)!}h^{n+1}f^{(n+1)}(\xi),\quad \xi\in(x_0,x_n). \tag{6.2.15}$$

例 6.2.3 设 $x_0=1.0,h=0.05,x_k=x_0+kh(k=0,1,\cdots,6)$. $f(x)=\sqrt{x}$在 $x_k(k=0,1,\cdots,6)$上的值给出,试用三次等距节点 Newton 插值公式来求 $f(1.01)$和 $f(1.28)$的近似值.

解 用 Newton 向前插值公式(6.2.11)(或(6.2.12)式)来计算 $f(1.01)$的近似值. 先构造相应于均差表的差分表,见表 6.2 的上半部分.

表 6.2

k	x_k	$f(x_k)$	$\Delta f(x_k)$	$\Delta^2 f(x_k)$	$\Delta^3 f(x_k)$
0	1.00	1.000 00			
			0.024 70		
1	1.05	1.024 70		−0.000 59	
			0.024 11		0.000 05
2	1.10	1.048 81		−0.000 54	
			0.023 57		
3	1.15	1.072 38			

续表

k	x_k	$f(x_k)$	$\Delta f(x_k)$	$\Delta^2 f(x_k)$	$\Delta^3 f(x_k)$
			0.023 07		
4	1.20	1.095 44		−0.000 48	
			0.022 59		0.000 03
5	1.25	1.118 03		−0.000 45	
			0.022 14		
6	1.30	1.140 17			
			$\nabla f(x_k)$	$\nabla^2 f(x_k)$	$\nabla^3 f(x_k)$

要计算 $f(1.01)$的近似值，由于 $h=0.05$，所以取 $t=\frac{1}{5}$.

$$
\begin{aligned}
N_3(1.01) &= N_3\left(1.00+\frac{1}{5}\times 0.05\right)\\
&=1.000\,00+\frac{1}{5}\times 0.024\,70\\
&\quad+\frac{1}{2}\times\frac{1}{5}\times\left(\frac{1}{5}-1.00\right)\times(-0.000\,59)\\
&\quad+\frac{1}{3!}\times\frac{1}{5}\times\left(\frac{1}{5}-1.00\right)\times\left(\frac{1}{5}-2.00\right)\times 0.000\,05\\
&=1.004\,99.
\end{aligned}
$$

用 Newton 向后插值公式(6.2.14)来计算 $f(1.28)$的近似值，取 $x_6=1.30$，$h=0.05$，$t=-0.4$.

$$
\begin{aligned}
N_3(1.28) &= N_3(1.30-0.4\times 0.05)\\
&=1.140\,17-\binom{0.4}{1}\times 0.022\,14\\
&\quad+\binom{0.4}{2}\times(-0.000\,45)-\binom{0.4}{3}\times 0.000\,03\\
&=1.131\,37.
\end{aligned}
$$

计算 $f(1.01)=\sqrt{1.01}$和 $f(1.28)=\sqrt{1.28}$的值为 1.004 987 56 和 1.131 370 85，由此看出利用 3 次 Newton 向前插值公式和向后插值公式是相当精确的.

6.3 Hermite 插值

插值多项式要求与被插值函数在插值节点上取值相等. 现在推广这个概念，除了上述要求之外，还要求在节点上它们的导数值，甚至于高阶导数值相等，满足这种条件的插值多项式称为**密切多项式**或称 **Hermite 多项式**. 我们仅讨论在插值节点上函数及其一阶导数的值给定,构造插值多项式使其值和导数值与函数值和导数值相等的情况. 这样的插值方法称为 Hermite 插值或密切插值,相应的多项式称为 Hermite 多项式.

6.3.1 Hermite 插值多项式

设给定 $n+1$ 个不同的插值节点,不妨设,$a\leqslant x_0<x_1<\cdots<x_n\leqslant b$,且 $y_j=f(x_j)$,$m_j=f'(x_j)$,$j=0,1,\cdots,n$ 给定. 要求一个 $2n+1$ 次的插值多项式 $H_{2n+1}\in\mathscr{P}_{2n+1}$ 使得

$$\begin{cases} y_j = H_{2n+1}(x_j), \\ m_j = H'_{2n+1}(x_j), \quad j=0,1,\cdots,n. \end{cases} \tag{6.3.1}$$

Hermite 插值多项式 $H_{2n+1}(x)$ 可以采用类似于 Lagrange 插值方法来确定. 先构造插值基函数 $\alpha_j(x)$,$\beta_j(x)$,$j=0,1,\cdots,n$,每个基函数为 $2n+1$ 次多项式,并满足如下条件:

$$\begin{cases} \alpha_j(x_k) = \delta_{jk}, \quad \alpha'_j(x_k) = 0, \\ \beta_j(x_k) = 0, \quad \beta'_j(x_k) = \delta_{jk}. \end{cases} \tag{6.3.2}$$

利用 $\alpha_j(x)$,$\beta_j(x)(j=0,1,\cdots,n)$ 构造多项式

$$H_{2n+1}(x) = \sum_{j=0}^{n}[y_j\alpha_j(x) + m_j\beta_j(x)]. \tag{6.3.3}$$

由于 $\alpha_j,\beta_j\in\mathscr{P}_{2n+1}$,所以 $H_{2n+1}\in\mathscr{P}_{2n+1}$. 由条件(6.3.2)可以得到

$$\begin{cases} H_{2n+1}(x_k) = y_k, \\ H'_{2n+1}(x_k) = m_k. \end{cases}$$

下面来确定 $\alpha_j(x)$,$\beta_j(x)(j=0,1,\cdots,n)$ 满足条件(6.3.2). 考虑到 Lagrange 插值基函数

$$l_j(x) = \prod_{\substack{i=0\\ i\neq j}}^{n}\left(\frac{x-x_i}{x_j-x_i}\right), \quad j=0,1,\cdots,n$$

为 n 次多项式,并有 $l_j(x_k)=\delta_{jk}(k=0,1,\cdots,n)$. 令

$$\alpha_j(x) = (ax+b)l_j^2(x),$$

那么 $\alpha_j\in\mathscr{P}_{2n+1}$,$j=0,1,\cdots,n$. 要使 $\alpha_j(x)$ 满足条件(6.3.2)的第一式,必须要求

$$\begin{cases} ax_j + b = 1, \\ a + 2l'_j(x_j) = 0, \end{cases}$$

解出 $a=-2l'_j(x_j)$,$b=1+2x_jl'_j(x_j)$.

为了确定 $l'_j(x_j)$,先对

$$l_j(x) = \prod_{\substack{i=0\\ i\neq j}}^{n}\left(\frac{x-x_i}{x_j-x_i}\right)$$

两边取对数,得

$$\ln l_j(x) = \sum_{\substack{i=0\\ i\neq j}}^{n} \ln\left(\frac{x-x_i}{x_j-x_i}\right),$$

两边再对 x 求导，得

$$\frac{1}{l_j(x)} l_j'(x) = \sum_{\substack{i=0\\ i\neq j}}^{n} \left(\frac{x_j-x_i}{x-x_i}\right)\left(\frac{1}{x_j-x_i}\right).$$

令 $x=x_j$，有

$$l_j'(x_j) = \sum_{\substack{i=0\\ i\neq j}}^{n} \frac{1}{x_j-x_i}.$$

由此得到

$$a = -2\sum_{\substack{i=0\\ i\neq j}}^{n} \frac{1}{x_j-x_i}, \quad b = 1+2x_j\sum_{\substack{i=0\\ i\neq j}}^{n} \frac{1}{x_j-x_i},$$

从而

$$\alpha_j(x) = \left(1-2(x-x_j)\sum_{\substack{i\neq j\\ i=0}}^{n} \frac{1}{x_j-x_i}\right) l_j^2(x). \tag{6.3.4}$$

同理可得

$$\beta_j(x) = (x-x_j) l_j^2(x). \tag{6.3.5}$$

(6.3.4)式，(6.3.5)式以及(6.3.3)式完全确定了满足插值条件(6.3.1)的 $H_{2n+1} \in \mathscr{P}_{2n+1}$.

现在讨论惟一性. 设 $G_{2n+1} \in \mathscr{P}_{2n+1}$ 满足插值条件(6.3.1)，令 $p_{2n+1}(x) = H_{2n+1}(x) - G_{2n+1}(x)$，那么 $p_{2n+1} \in \mathscr{P}_{2n+1}$，$p_{2n+1}(x_j)=0$，$p_{2n+1}'(x_j)=0$，$j=0,1,\cdots,n$. 即 $p_{2n+1}(x)$ 有 $n+1$ 个二重根 $x_j(j=0,1,\cdots,n)$. 所以 $2n+1$ 次多项式 $p_{2n+1}(x)\equiv 0$. 因此 $G_{2n+1}(x) = H_{2n+1}(x)$.

上面的讨论已经得到 Hermite 插值多项式的存在惟一性.

定理 6.3.1 设 $f\in C^1[a,b]$，相异节点 $x_0,x_1,\cdots,x_n\in[a,b]$，那么存在惟一多项式 $H_{2n+1}\in\mathscr{P}_{2n+1}$，满足插值条件(6.3.1)，$H_{2n+1}(x)$ 可由(6.3.4)式、(6.3.5)式和(6.3.3)式表示.

$H_{2n+1}(x)$ 称为 **$2n+1$ 次 Hermite 插值多项式**. 当 $n=1$ 时，三次 Hermite 插值多项式在应用中很重要，现列出详细计算公式. 取插值节点 x_k, x_{k+1}，三次 Hermite 插值多项式 $H_3(x)$ 满足

$$\begin{cases} H_3(x_k) = y_k, & H_3(x_{k+1}) = y_{k+1}, \\ H_3'(x_k) = m_k, & H_3'(x_{k+1}) = m_{k+1}. \end{cases} \tag{6.3.6}$$

相应的插值基函数为

$$
\begin{cases}
\alpha_k(x) = \left(1 + 2\dfrac{x - x_k}{x_{k+1} - x_k}\right)\left(\dfrac{x - x_{k+1}}{x_k - x_{k+1}}\right)^2, \\
\alpha_{k+1}(x) = \left(1 + 2\dfrac{x - x_{k+1}}{x_k - x_{k+1}}\right)\left(\dfrac{x - x_k}{x_{k+1} - x_k}\right)^2,
\end{cases} \tag{6.3.7}
$$

$$
\begin{cases}
\beta_k(x) = (x - x_k)\left(\dfrac{x - x_{k+1}}{x_k - x_{k+1}}\right)^2, \\
\beta_{k+1}(x) = (x - x_{k+1})\left(\dfrac{x - x_k}{x_{k+1} - x_k}\right)^2.
\end{cases} \tag{6.3.8}
$$

于是有

$$
H_3(x) = y_k\alpha_k(x) + y_{k+1}\alpha_{k+1}(x) + m_k\beta_k(x) + m_{k+1}\beta_{k+1}(x). \tag{6.3.9}
$$

例 6.3.1 设 $f(x)=\ln x$，给定 $f(1)=0.0$，$f(2)=0.693\,147$，$f'(1)=1.0$，$f'(2)=0.5$. 用三次 Hermite 插值多项式 $H_3(x)$ 来计算 $f(1.5)$ 的近似值.

解 利用(6.3.7)式和(6.3.8)式直接得到

$$
\alpha_0(x) = (2x-1)(2-x)^2,\quad \alpha_1(x) = (5-2x)(x-1)^2,
$$

$$
\beta_0(x) = (x-1)(x-2)^2,\quad \beta_1(x) = (x-2)(x-1)^2,
$$

再用公式(6.3.9)得到三次 Hermite 插值多项式

$$
H_3(x) = 0.693\,147(5-2x)(x-1)^2 + (x-1)(x-2)^2 + \frac{1}{2}(x-2)(x-1)^2.
$$

由此得出 $f(1.5)$ 的近似值为 $H_3(1.5)=0.409\,074$，而 $f(1.5)=0.405\,465$.

由(6.3.4)，(6.3.5)和(6.3.3)式确定的 Hermite 插值多项式的余项，仿照 Lagrange 插值多项式的余项的证明可以得到.

定理 6.3.2 设 $f\in C^{2n+2}[a,b]$，$x_0,x_1,\cdots,x_n\in[a,b]$ 为相异节点，$H_{2n+1}(x)$ 为满足插值条件(6.3.1)的 $2n+1$ 次 Hermite 插值多项式，那么对任意 $x\in[a,b]$，存在 $\xi=\xi(x)\in[a,b)$ 使得

$$
R_{2n+1}(x) = f(x) - H_{2n+1}(x) = \frac{f^{(2n+2)}(\xi)}{(2n+2)!}\omega_{n+1}^2(x). \tag{6.3.10}
$$

对于三次 Hermite 插值多项式(6.3.9)的余项为

$$
R_3(x) = f(x) - H_3(x) = \frac{1}{4!}f^{(4)}(\xi)(x-x_k)^2(x-x_{k+1})^2,
$$

其中 ξ 在 x_k, x_{k+1} 之间.

利用误差(余项)的表达式，可以给出例 6.3.1 中的误差估计

$$
|f(1.5) - H_3(1.5)| \leqslant \max_{x\in[1,2]}|f^{(4)}(x)|\cdot\frac{1}{4!}(1.5-1)^2(1.5-2)^2 = 0.015\,625.
$$

而例 6.3.1 中实际误差 $|f(1.5)-H_3(1.5)|=0.003\,608\,9$.

6.3.2 重节点均差

利用插值基函数 $\alpha_j(x)$，$\beta_j(x)$，$j=0,1,\cdots,n$(见(6.3.4)式和(6.3.5)式)给出了 $2n+1$ 次 Hermite 插值多项式(6.3.3)，这样的方法称为 **Lagrange 形式的插值方法**. 相应于6.2节中的 Newton 插值方法，我们也可以给出 Hermite 插值多项式的另一种形式，即 **Hermite 插值多项式的 Newton 形式插值方法**. 为讨论这种插值方法，先讨论重节点的均差.

先叙述一个关于均差的定理(见参考文献[1]).

定理 6.3.3 设 $f\in C^n[a,b]$，$x_0,x_1,\cdots,x_n$ 为 $[a,b]$ 上的相异节点，那么 $f[x_0,x_1,\cdots,x_n]$ 是其变量 $x_0,x_1,\cdots,x_n$ 的连续函数.

下面引入重节点均差概念.

如果 $[a,b]$ 上节点 $x_0,x_1,\cdots,x_n$ 互异，(6.2.1)式给出了各阶均差的递推定义. 节点有重复时，先看一阶均差. 若 $f\in C^1[a,b]$，$x\in[a,b]$，则当 $x\to x_0$ 时 $f[x_0,x]$ 的极限存在：

$$\lim_{x\to x_0}f[x_0,x]=\lim_{x\to x_0}\frac{f(x)-f(x_0)}{x-x_0}=f'(x_0).$$

定义重节点 x_0 上一阶均差为

$$f[x_0,x_0]=\lim_{x\to x_0}f[x_0,x],$$

其值等于 $f'(x_0)$.

对于重节点的二阶均差，当 $x_1\neq x_0$ 时，仍按递推性质有

$$f[x_0,x_0,x_1]=\frac{f[x_0,x_1]-f[x_0,x_0]}{x_1-x_0}.$$

当 $x_1\to x_0$ 时，认为

$$f[x_0,x_0,x_0]=\lim_{\substack{x_1\to x_0\\x_2\to x_0}}f[x_0,x_1,x_2].$$

若 $f\in C^2[a,b]$，x_0,x_1,x_2 互异时，

$$f[x_0,x_1,x_2]=\frac{1}{2!}f''(\xi),\quad \xi\in[\min(x_0,x_1,x_2),\max(x_0,x_1,x_2)].$$

所以当 $x_1\to x_0$，$x_2\to x_0$ 时有 $\xi\to x_0$，$f[x_0,x_0,x_0]$ 存在，而且

$$f[x_0,x_0,x_0]=\frac{1}{2!}f''(x_0).$$

类似地，其他有重节点的均差，都可以用递推和极限的形式给出，重节点均差有如下性质(详细的分析可参阅参考文献[1,20]).

定理 6.3.4 设 $f\in C^n[a,b]$，$[a,b]$ 上节点 $x_0\leqslant x_1\leqslant\cdots\leqslant x_n$，则

$$f[x_0,x_1,\cdots,x_n]=\begin{cases}\dfrac{f[x_1,x_2,\cdots,x_n]-f[x_0,x_1,\cdots,x_{n-1}]}{x_n-x_0}, & x_n\neq x_0,\\ \dfrac{1}{n!}f^{(n)}(x_0), & x_n=x_0.\end{cases}$$

下面讨论均差 $f[x_0,x_1,\cdots,x_n,x]$ 对 x 的导数. 设 $x_0\in[a,b]$, $x\in(a,b)$, 取 h 充分小, 使 $x+h\in(a,b)$. 令 $f\in C^2[a,b]$, 那么 $f[x_0,x]$ 是 x_0,x 的连续函数. 考虑

$$\begin{aligned}\lim_{h\to 0}\frac{f[x_0,x+h]-f[x_0,x]}{h}&=\lim_{h\to 0}\frac{f[x_0,x+h]-f[x,x_0]}{x+h-x}\\&=\lim_{h\to 0}f[x,x_0,x+h]\\&=f[x,x_0,x]=f[x_0,x,x].\end{aligned}$$

由此得出, $f\in C^2[a,b]$ 有 $\dfrac{\mathrm{d}}{\mathrm{d}x}f[x_0,x]=f[x_0,x,x]$. 更一般地有下面定理.

定理 6.3.5 设 $f\in C^{n+2}[a,b]$, $x_0,x_1,\cdots,x_n,x\in[a,b]$, 那么

$$\frac{\mathrm{d}}{\mathrm{d}x}f[x_0,x_1,\cdots,x_n,x]=f[x_0,x_1,\cdots,x_n,x,x].$$

证明

$$\begin{aligned}&\frac{\mathrm{d}}{\mathrm{d}x}f[x_0,x_1,\cdots,x_n,x]\\&=\lim_{h\to 0}\frac{f[x_0,x_1,\cdots,x_n,x+h]-f[x_0,x_1,\cdots,x_n,x]}{h}\\&=\lim_{h\to 0}\frac{f[x_0,x_1,\cdots,x_n,x+h]-f[x,x_0,x_1,\cdots,x_n]}{x+h-x}\\&=\lim_{h\to 0}f[x,x_0,\cdots,x_n,x+h]=f[x_0,x_1,\cdots,x_n,x,x].\end{aligned}$$

6.3.3 Newton 形式的 Hermite 插值多项式

考虑 $f(x)$ 在相异节点 $z_0,z_1,z_2,\cdots,z_{2n+1}\in[a,b]$ 上的 Newton 插值多项式

$$\begin{aligned}N_{2n+1}(x)=&f(z_0)+f[z_0,z_1](x-z_0)+f[z_0,z_1,z_2](x-z_0)(x-z_1)+\cdots\\&+f[z_0,z_1,\cdots,z_{2n+1}](x-z_0)(x-z_1)\cdots(x-z_{2n}),\end{aligned}$$

相应的余项为

$$\begin{aligned}R_{2n+1}(x)=&f(x)-N_{2n+1}(x)\\=&f[z_0,z_1,\cdots,z_{2n+1},x](x-z_0)(x-z_1)\cdots(x-z_{2n})(x-z_{2n+1}).\end{aligned}$$

令 $z_{2i},z_{2i+1}\to x_i$, $i=0,1,\cdots,n$, 那么有

$$\begin{aligned}N_{2n+1}(x)=&f(x_0)+f[x_0,x_0](x-x_0)+f[x_0,x_0,x_1](x-x_0)^2+\cdots\\&+f[x_0,x_0,x_1,x_1,\cdots,x_n,x_n](x-x_0)^2\cdots(x-x_{n-1})^2(x-x_n),\end{aligned}\tag{6.3.11}$$

$$R_{2n+1}(x)=f(x)-N_{2n+1}(x)$$
$$=f[x_0,x_0,\cdots,x_n,x_n,x](x-x_0)^2\cdots(x-x_{n-1})^2(x-x_n)^2. \qquad (6.3.12)$$

下面将证明(6.3.11)式满足 Hermite 插值多项式的插值条件(6.3.1). 由于 $f(x)=N_{2n+1}(x)+R_{2n+1}(x)$, $R_{2n+1}(x_i)=0, i=0,1,\cdots,n$, 所以有 $N_{2n+1}(x_i)=f(x_i), i=0,1,\cdots,n$, 即满足(6.3.1)式的第一个条件. 为了用比较简单的方法来证明满足插值条件(6.3.1)的第二个条件,所以我们对 $f(x)$作了较强的要求. 不妨设 $f(x)$是$[a,b]$上光滑的函数. 对

$$f(x)=N_{2n+1}(x)+R_{2n+1}(x)$$

两边求导有 $f'(x)=N'_{2n+1}(x)+R'_{2n+1}(x)$.

$$R'_{2n+1}(x)=\frac{\mathrm{d}}{\mathrm{d}x}\{f[x_0,x_0,\cdots,x_n,x_n,x](x-x_0)^2\cdots(x-x_{n-1})^2(x-x_n)^2\}$$
$$=f[x_0,x_0,\cdots,x_n,x_n,x,x][(x-x_0)^2\cdots(x-x_{n-1})^2(x-x_n)^2]$$
$$+2f[x_0,x_0,\cdots,x_n,x_n,x]\prod_{j=0}^{n}(x-x_j)\frac{\mathrm{d}}{\mathrm{d}x}\left(\prod_{j=0}^{n}(x-x_j)\right).$$

由此可得

$$R'_{2n+1}(x_i)=0,\quad i=0,1,\cdots,n.$$

所以有

$$N'_{2n+1}(x_i)=f'(x_i),\quad i=0,1,\cdots,n,$$

即 $N_{2n+1}(x)$满足(6.3.1)中第二个条件. 由于 Hermite 插值多项式的惟一性,所以有

$$N_{2n+1}(x)=H_{2n+1}(x).$$

如果 $f(x)$充分光滑,那么插值余项(6.3.12)式就是(6.3.10)式.

特别地,对于三次 Hermite 插值多项式 $H_3(x)$,满足插值条件

$$H_3(x_i)=f(x_i),$$
$$H'_3(x_i)=f'(x_i),\quad i=0,1.$$

根据(6.3.11)式,$H_3(x)$可以写作

$$H_3(x)=f(x_0)+f[x_0,x_0](x-x_0)+f[x_0,x_0,x_1](x-x_0)^2$$
$$+f[x_0,x_0,x_1,x_1](x-x_0)^2(x-x_1), \qquad (6.3.13)$$

相应的余项为

$$R_3(x)=f(x)-H_3(x)=f[x_0,x_0,x_1,x_1,x](x-x_0)^2(x-x_1)^2.$$

如果 $f\in C^4[x_0,x_1]$,那么有

$$R_3(x)=\frac{1}{4!}f^{(4)}(\xi)(x-x_0)^2(x-x_1)^2.$$

例 6.3.2 用 Newton 型 Hermite 插值多项式解例 6.3.1 的问题.

解 先列重节点的均差表:

x_i	$f(x_i)$	一阶重节点差商	二阶重节点差商	三阶重节点差商
1	0.0			
1	0.0	1.0		
2	0.693 147	0.693 147	−0.306 853	
2	0.693 147	0.5	−0.193 147	0.113 706

$$\begin{aligned}H_3(x) &= f(x_0)+f[x_0,x_0](x-x_0)+f[x_0,x_0,x_1](x-x_0)^2\\&\quad+f[x_0,x_0,x_1,x_1](x-x_0)^2(x-x_1)\\&=0.0+1.0(x-1)-0.306\,853(x-1)^2+0.113\,706(x-1)^2(x-2),\end{aligned}$$

$H_3(1.5)=0.409\,074$.

两种方法结果相同.

例 6.3.3 试求多项式 $p(x)$，满足插值条件

$$p(x_i)=f(x_i),\quad i=0,1,2,\quad p'(x_1)=f'(x_1).$$

解 具有导数条件的节点 x_1 作为重节点处理. 用 Newton 形式的 Hermite 插值方法来解.

x_0	$f(x_0)$			
x_1	$f(x_1)$	$f[x_0,x_1]$		
x_1	$f(x_1)$	$f'(x_1)$	$f[x_0,x_1,x_1]$	
x_2	$f(x_2)$	$f[x_1,x_2]$	$f[x_1,x_1,x_2]$	$f[x_0,x_1,x_1,x_2]$

$$\begin{aligned}p(x) &= f(x_0)+f[x_0,x_1](x-x_0)+f[x_0,x_1,x_1](x-x_0)(x-x_1)\\&\quad+f[x_0,x_1,x_1,x_2](x-x_0)(x-x_1)^2,\end{aligned}$$

相应的插值余项为

$$R(x)=f[x_0,x_1,x_1,x_2,x](x-x_0)(x-x_1)^2(x-x_2),$$

$$f(x)=p(x)+R(x).$$

令 $x=x_i$，那么有 $f(x_i)=p(x_i)$，$i=0,1,2$.

$$p'(x)=f'(x)-R'(x),$$

而

$$\begin{aligned}R'(x) &= f[x_0,x_1,x_1,x_2,x,x](x-x_0)(x-x_1)^2(x-x_2)\\&\quad+f[x_0,x_1,x_1,x_2,x][(x-x_1)^2(x-x_2)+2(x-x_0)(x-x_1)(x-x_2)\\&\quad+(x-x_0)(x-x_1)^2],\end{aligned}$$

$$R'(x_1)=0.$$

所以有 $p'(x_1)=f'(x_1)$，即 $p(x)$ 满足插值条件.

如果 $f\in C^4[\min(x_0,x_1,x_0),\max(x_0,x_1,x_2)]$，那么余项可以写为

$$R(x)=\frac{1}{4!}f^{(4)}(\xi(x))(x-x_0)(x-x_1)^2(x-x_2).$$

6.4 分段低次插值方法

6.4.1 Runge 现象

设在$[a,b]$上的函数在节点

$$a\leqslant x_0<x_1<\cdots<x_n\leqslant b$$

上的取值为 $f(x_0),f(x_1),\cdots,f(x_n)$. 由此可以构造 n 次插值多项式 $L_n(x)$：

$$L_n(x)=\sum_{j=0}^{n}l_j(x)f(x_j). \tag{6.4.1}$$

相应的余项为

$$R_n(x)=\frac{1}{(n+1)!}f^{(n+1)}(\xi(x))\omega_{n+1}(x). \tag{6.4.2}$$

由例 6.1.3 知，$R_2(x)$ 比 $R_1(x)$ 小，$R_3(x)$ 比 $R_2(x)$ 小. 是否可以推出，当 n 充分大时，$R_n(x)$将充分小？利用关于插值多项式余项的推论 6.1.2 可以知道，当 $f(x)$的任意阶导数被同一常数 M 界住，即

$$\max_{x\in[a,b]}|f^{(n)}(x)|\leqslant M,\quad n=0,1,2,\cdots,$$

那么当 n 充分大，余项 $R_n(x)$可充分小. 但是很多函数不能满足这样的条件. 此时情况将会如何？

考虑函数

$$f(x)=\frac{1}{1+x^2},\quad x\in[-5,5],$$

在区间$[-5,5]$上给出等距节点 $x_j=-5+jh(j=0,1,\cdots,10)$；$h=1.0$. 可以得

$$L_{10}(x)=\sum_{j=0}^{10}l_j(x)f(x_j),$$

$L_{10}(x)$为 $f(x)$的 10 次 Lagrange 插值多项式. $f(x)$与 $L_{10}(x)$的图形见图 6.5. 由图形可以看出，存在常数 $c\approx 3.63$ 使得当$|x|\leqslant c$ 时，$|f(x)-L_{10}(x)|$较小，而当$|x|>c$ 时，$|f(x)-L_{10}(x)|$较大. 此现象最早由 C. Runge(1901)研究，所以称为 **Runge 现象**. 可以证明当$|x|\leqslant c$ 时，$\lim\limits_{n\to\infty}R_n(x)=0$.

为了克服这种现象，可以采用分段低次插值方法或选择非等距的特殊节点(后者将在第 7 章给出).

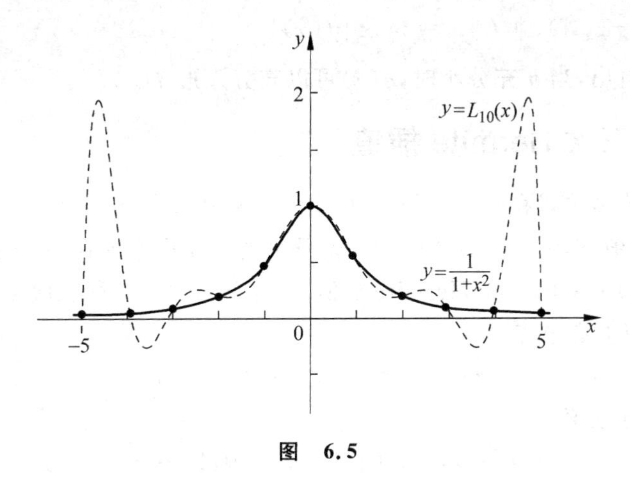

图 6.5

6.4.2 分段线性插值

分段线性插值就是通过相邻插值节点之间的线性插值来构成的插值形式.

设在区间$[a,b]$上取定 $n+1$ 个节点

$$a = x_0 < x_1 < \cdots < x_n = b,$$

在节点上给定函数值 $f(x_k), k=0,1,\cdots,n$. 如果函数 $\varphi(x)$满足条件:

(1) $\varphi \in C[a,b]$;

(2) 满足插值条件 $\varphi(x_k)=f(x_k), k=0,1,\cdots,n$;

(3) 在每个小区间$[x_k, x_{k+1}]$$(k=0,1,\cdots,n-1)$上 $\varphi(x)$是线性多项式,即

$$\varphi(x) = \frac{x - x_{k+1}}{x_k - x_{k+1}} f(x_k) + \frac{x - x_k}{x_{k+1} - x_k} f(x_{k+1}), \quad k = 0,1,\cdots,n-1. \tag{6.4.3}$$

那么称 $\varphi(x)$为 $f(x)$的**分段线性插值多项式**.

分段线性插值多项式 $\varphi(x)$依赖于节点个数 $n+1$,还依赖于节点 $x_0, x_1, \cdots, x_n$ 之间的距离 $h_k = x_k - x_{k-1}$.

利用线性插值多项式的误差估计

$$| f(x) - \varphi(x) | \leqslant \frac{h_{k+1}^2}{8} \max_{x \in [x_k, x_{k+1}]} | f''(x) |, \quad x \in [x_k, x_{k+1}],$$

可以得到下面定理.

定理 6.4.1 设 $f \in C^2[a,b]$, $\varphi(x)$为 $f(x)$在 $n+1$ 个节点

$$a = x_0 < x_1 < \cdots < x_n = b$$

上的分段线性插值多项式,那么有

$$\| f - \varphi \|_\infty \leqslant \frac{h^2}{8} \| f'' \|_\infty, \tag{6.4.4}$$

其中 $h=\max\limits_{1\leqslant k\leqslant n}(x_k-x_{k-1})$，$\|f\|_\infty=\max\limits_{x\in[a,b]}|f(x)|$.

由定理可以看出，当 h 充分小时，$\varphi(x)$ 可以充分逼近 $f(x)$.

6.4.3 分段三次 Hermite 插值

分段线性插值多项式在整个区间 $[a,b]$ 上其导数在节点 $x_k(k=1,2,\cdots,n-1)$ 上是间断的. 为使分段插值多项式在整个区间上导数连续，自然考虑在每个小区间 $[x_k,x_{k+1}]$ $(k=0,1,\cdots,n-1)$ 上采用三次 Hermite 插值. 这样就导出了分段三次 Hermite 插值.

设 $f\in C^1[a,b]$，在节点

$$a=x_0<x_1<\cdots<x_n=b$$

上给定函数值和导数值

$$f(x_k),\quad f'(x_k),\quad k=0,1,\cdots,n.$$

如果函数 $\psi(x)$ 满足下列条件：

(1) $\psi\in C^1[a,b]$；

(2) $\psi(x)$ 满足插值条件

$$\psi(x_k)=f(x_k),\quad \psi'(x_k)=f'(x_k),\quad k=0,1,\cdots,n;$$

(3) 在每个小区间 $[x_k,x_{k+1}]$ $(k=0,1,\cdots,n-1)$ 上 $\psi(x)$ 是一个三次多项式.

则称 $\psi(x)$ 为 $f(x)$ 以 $a=x_0<x_1<\cdots<x_n=b$ 为节点的**分段三次 Hermite 插值多项式**.

在小区间 $[x_k,x_{k+1}]$ 上 $\psi(x)$ 的表达式可以用 Lagrange 形式(6.3.9)，也可以用 Newton 形式(6.3.13). 这里采用 Newton 形式：

$$\begin{aligned}\psi(x)=&f(x_k)+f[x_k,x_k](x-x_k)+f[x_k,x_k,x_{k+1}](x-x_k)^2\\&+f[x_k,x_k,x_{k+1},x_{k+1}](x-x_k)^2(x-x_{k+1}),\quad x\in[x_k,x_{k+1}].\end{aligned}\tag{6.4.5}$$

上式对于 $k=0,1,\cdots,n-1$ 均成立.

利用三次 Hermite 插值多项式的误差估计

$$|f(x)-\psi(x)|\leqslant\frac{1}{384}h_{k+1}^4\max_{x_k\leqslant x\leqslant x_{k+1}}|f^{(4)}(x)|,\quad x\in[x_k,x_{k+1}],$$

可以得到下面定理.

定理 6.4.2 设 $f\in C^4[a,b]$，$\psi(x)$ 为 $f(x)$ 在节点

$$a=x_0<x_1<\cdots<x_n=b$$

上分段三次 Hermite 插值多项式，那么有

$$\|f-\psi\|_\infty\leqslant\frac{h^4}{384}\|f^{(4)}\|_\infty,\tag{6.4.6}$$

其中 $h=\max\limits_{1\leqslant k\leqslant n}(x_k-x_{k-1})$.

例 6.4.1 设 $f(x)=\dfrac{1}{1+x_2}$，$x\in[-5,5]$. 将区间 $[-5,5]$ 等分成 10 个小区间 $[x_j,$

$x_{j+1}]$, $j=0,1,\cdots,9$; $x_j=-5+jh$, $h=1$. 试构造分段线性插值多项式 $\varphi(x)$ 并估计其误差.

解 在区间 $[x_j,x_{j+1}]$ 上线性插值多项式为

$$\varphi(x)=\frac{x-x_{j+1}}{x_j-x_{j+1}}f(x_j)+\frac{x-x_j}{x_{j+1}-x_j}f(x_{j+1})$$

$$=-(x-x_{j+1})\frac{1}{1+x_j^2}+(x-x_j)\frac{1}{1+x_{j+1}^2},\quad x\in[x_j,x_{j+1}].$$

其实,上面表达式对 $j=0,1,\cdots,9$ 均成立.

对于中点 $x_{m,j}=\frac{1}{2}(x_j+x_{j+1})$, $j=0,1,\cdots,9$,结果如下表:

x_m	±0.5	±1.5	±2.5	±3.5	±4.5
$f(x_m)$	0.800 00	0.307 69	0.137 93	0.075 47	0.047 06
$\varphi(x_m)$	0.750 00	0.350 00	0.150 00	0.079 41	0.048 64

利用定理 6.4.1 可以给出误差估计. 注意到

$$f''(x)=\frac{-2+6x^2}{(1+x^2)^3},\quad x\in(-5,5).$$

求其极大值相当于求函数

$$\psi(y)=\frac{-2+6y}{(1+y)^3},\quad y\in(0,25)$$

的极大值.

$$\|\psi\|_\infty=\max\{|\psi(0)|,\psi(25)|,|\psi(\bar{y})|\},$$

其中 $\bar{y}$ 为内部最大值点,易求出 $\bar{y}=1$,从而有 $\|\psi\|_\infty=2$. 由(6.4.4)式得

$$\max_{x\in[-5,5]}|f(x)-\varphi(x)|\leqslant\frac{1}{8}\times 2=\frac{1}{4}.$$

6.5 三次样条插值函数

在 6.4 节中讨论了分段低次插值多项式,它们都较好地逼近给定的函数. 对于分段三次 Hermite 插值多项式,在整个区间上有连续的一阶导数. 但在实际问题中,要给出被插值函数的导数较为困难,而仅给出函数值较为一般. 此外,在实际问题中,要求分段低次插值多项式具有更好的光滑性,如二阶导数均连续. 下面要讨论的三次样条插值函数可以满足实际问题的要求,并较为简单.

样条(spline)是以前绘图员用来画光滑曲线的工具,为了把一些给定的点连成一条光滑曲线,往往用一条富有弹性的细长材料(工具)把这些点连接起来成为一条光滑曲

线.这样的曲线抽象成具有良好性质的样条插值函数.

6.5.1 三次样条插值函数

定义 6.5.1 设区间$[a,b]$上给定一个剖分

$$\Delta: a = x_0 < x_1 < \cdots < x_n = b.$$

$s(x)$为$[a,b]$上满足下面条件的函数:

(1) $s \in C^2[a,b]$;

(2) $s(x)$在每个子区间$[x_k, x_{k+1}]$($k=0,1,\cdots,n-1$)上是三次多项式.

那么称 $s(x)$为关于剖分Δ的一个**三次样条函数**.

如果再给定函数 $f(x)$在剖分Δ的节点上的函数值$f(x_k)$,$k=0,1,\cdots,n$,并满足插值条件

$$s(x_k) = f(x_k), \quad k = 0,1,\cdots,n, \tag{6.5.1}$$

那么称 $s(x)$为函数 $f(x)$在$[a,b]$上关于剖分Δ的**三次样条插值函数**.

$s(x)$在每个小区间$[x_j, x_{j+1}]$($j=0,1,\cdots,n-1$)为三次多项式,可设为

$$a_j x^3 + b_j x^2 + c_j x + d_j,$$

其中系数 a_j, b_j, c_j 及 d_j($j=0,1,\cdots,n-1$)待定.如果这些系数确定并满足条件(1),(2)以及(6.5.1),那么三次样条插值函数就完全确定了.需要确定的系数共有 $4n$ 个,因此必须有 $4n$ 个条件.

由 $s \in C^2[a,b]$.那么应有

$$\begin{aligned} &s(x_j^-) = s(x_j^+), \\ &s'(x_j^-) = s'(x_j^+), \\ &s''(x_j^-) = s''(x_j^+), \quad j = 1,2,\cdots,n-1 \end{aligned}$$

再加上插值条件(6.5.1),这样共有 $4n-2$ 个条件,要完全确定 a_j, b_j, c_j, d_j($j=1,2,\cdots,n$),还缺两个条件.这两个条件通常可在区间$[a,b]$的端点 $a=x_0$,$b=x_n$ 上各加上一个条件(称为边界条件)来补充.通常有两种方法.

(1) 在两端点给出一阶导数值,

$$s'(x_0) = f'(x_0), \quad s'(x_n) = f'(x_n). \tag{6.5.2}$$

此边界条件一般称为**Ⅰ型边界条件**.

(2) 在两端点给出二阶导数值,

$$s''(x_0) = f''(x_0), \quad s''(x_n) = f''(x_n), \tag{6.5.3}$$

此边界条件一般称为**Ⅱ型边界条件**.其特殊情况为

$$s''(x_0) = 0, \quad s''(x_n) = 0. \tag{6.5.3$'$}$$

(6.5.3)$'$式称为**自然边界条件**.具有自然边界条件的样条函数称为**自然样条函数**.

除了上述两种边界条件外,对于被插值函数 $f(x)$是以 $b-a$ 为周期的函数(此时有

$f(x_0)=f(x_n)$)，那么相应的样条插值函数也应满足相应的周期. 此时边界条件应为

$$s(x_0^+) = s(x_n^-), \quad s'(x_0^+) = s'(x_n^-), \quad s''(x_0^+) = s''(x_n^-). \tag{6.5.4}$$

这样确定的样条函数 $s(x)$ 称为**周期样条函数**.

下面我们仅讨论第Ⅰ型和第Ⅱ型边界条件.

例 6.5.1 试确定参数 a,b,c,d,e,f,g 和 h 使 $s(x)$ 是自然三次样条插值函数，其中

$$s(x) = \begin{cases} ax^3 + bx^2 + cx + d, & x \in [-1,0], \\ ex^3 + fx^2 + gx + h, & x \in [0,1]. \end{cases}$$

插值条件为 $s(-1)=1, s(0)=2$ 和 $s(1)=-1$.

解 由插值条件有 $d=2, h=2, -a+b-c=-1$ 和 $e+f+g=-3$. 对 $s(x)$ 求导，得

$$s'(x) = \begin{cases} 3ax^2 + 2bx + c, & x \in [-1,0], \\ 3ex^2 + 2fx + g, & x \in [0,1]. \end{cases}$$

利用 $s'(x)$ 的连续性有 $c=g$. 再对 $s'(x)$ 求导，得

$$s''(x) = \begin{cases} 6ax + 2b, & x \in [-1,0], \\ 6ex + 2f, & x \in [0,1]. \end{cases}$$

由 $s''(x)$ 的连续性，有 $b=f$. 由于 $s(x)$ 是自然三次样条插值函数，所以，满足 $s''(-1)=0$，$s''(1)=0$，得 $3a=b, 3e=-f$. 由以上推导的这些方程，可以得到 $a=-1, b=-3, c=-1$，$d=2, e=1, f=-3, g=-1$ 和 $h=2$，即

$$s(x) = \begin{cases} -x^3 - 3x^2 - x + 2, & x \in [-1,0], \\ x^3 - x^2 - x + 2, & x \in [0,1]. \end{cases}$$

6.5.2 三次样条插值函数的计算方法

对于给定的剖分 Δ，设 $h_j = x_{j+1} - x_j, j=0,1,\cdots,n-1; M_j = s''(x_j), j=0,1,\cdots,n$. 在每个子区间 $[x_j, x_{j+1}]$ $(j=0,1,\cdots,n-1)$ 上 $s(x)$ 是一个三次多项式. 所以 $s''(x)$ 在 $[x_j, x_{j+1}]$ 上是一个线性函数. 它可以表示为

$$s''(x) = M_j \frac{x_{j+1} - x}{h_j} + M_{j+1} \frac{x - x_j}{h_j}. \tag{6.5.5}$$

对(6.5.5)式积分有

$$s'(x) = -\frac{M_j}{2h_j}(x_{j+1} - x)^2 + \frac{M_{j+1}}{2h_j}(x - x_j)^2 + c_1,$$

其中 c_1 为积分常数. 再对上式积分有

$$s(x) = \frac{M_j}{6h_j}(x_{j+1} - x)^3 + \frac{M_{j+1}}{6h_j}(x - x_j)^3 + c_1 x + c_2.$$

利用插值条件

$$s(x_j) = f(x_j), \quad s(x_{j+1}) = f(x_{j+1}),$$

可以得到

$$c_1=\frac{1}{h_j}\left[\left(f(x_{j+1})-\frac{M_{j+1}}{6}h_j^2\right)-\left(f(x_j)-\frac{M_j}{6}h_j^2\right)\right],$$

$$c_2=\frac{1}{h_j}\left[x_{j+1}\left(f(x_j)-\frac{M_j}{6}h_j^2\right)-x_j\left(f(x_{j+1})-\frac{M_{j+1}}{6}h_j^2\right)\right].$$

把 c_1,c_2 代入 $s(x)$ 的表达式,有

$$s(x)=M_j\frac{(x_{j+1}-x)^3}{6h_j}+M_{j+1}\frac{(x-x_j)^3}{6h_j}+\left(f(x_j)-\frac{M_jh_j^2}{6}\right)\frac{x_{j+1}-x}{h_j}$$
$$+\left(f(x_{j+1})-\frac{M_{j+1}h_j^2}{6}\right)\frac{x-x_j}{h_j},\quad x\in[x_j,x_{j+1}]. \tag{6.5.6}$$

这是三次样条插值函数的表达式,但式中 $M_j(j=0,1,\cdots,n)$ 是未知的.当 M_j 求出后,$s(x)$ 就完全确定了.

为了确定 $M_j(j=0,1,\cdots,n)$,可利用条件

$$s'(x_j^+)=s'(x_j^-),\quad j=1,2,\cdots,n-1.$$

当 $x\in[x_j,x_{j+1}]$ 时,有

$$s'(x)=-M_j\frac{(x_{j+1}-x)^2}{2h_j}+M_{j+1}\frac{(x-x_j)^2}{2h_j}+\frac{f(x_{j+1})-f(x_j)}{h_j}-\frac{M_{j+1}-M_j}{6}h_j,$$

$$s'(x_j^+)=\lim_{x\to x_j}s'(x)$$
$$=-M_j\frac{h_j}{2}+\frac{1}{h_j}(f(x_{j+1})-f(x_j))-\frac{M_{j+1}-M_j}{6}h_j.$$

当 $x\in[x_{j-1},x_j]$ 时,$s(x)$ 的表达式(6.5.6)平移一个下标,即用 $j-1$ 代替 j,得

$$s'(x_j^-)=M_j\frac{h_{j-1}}{2}+\frac{1}{h_{j-1}}(f(x_j)-f(x_{j-1}))-\frac{M_j-M_{j-1}}{6}h_{j-1}.$$

由 $s'(x_j^-)=s'(x_j^+)$ 得方程组

$$\mu_jM_{j-1}+2M_j+\lambda_jM_{j+1}=d_j,\quad j=1,2,\cdots,n-1, \tag{6.5.7}$$

其中

$$\mu_j=\frac{h_{j-1}}{h_{j-1}+h_j},\quad \lambda_j=1-\mu_j=\frac{h_j}{h_{j-1}+h_j},$$
$$d_j=6f[x_{j-1},x_j,x_{j+1}].$$

采用第Ⅱ型边界条件(6.5.3),即 $M_0=f''(x_0),M_n=f''(x_n)$ 为已知,那么(6.5.7)式中第一个方程为

$$2M_1+\lambda_1M_2=d_1-\mu_1M_0,$$

最后一个方程为

$$\mu_{n-1}M_{n-2}+2M_{n-1}=d_{n-1}-\lambda_{n-1}M_n.$$

把(6.5.7)式写成矩阵形式有

$$\begin{bmatrix} 2 & \lambda_1 & & & \\ \mu_2 & 2 & \lambda_2 & & \\ & \ddots & \ddots & \ddots & \\ & & \mu_{n-2} & 2 & \lambda_{n-2} \\ & & & \mu_{n-1} & 2 \end{bmatrix} \begin{bmatrix} M_1 \\ M_2 \\ \vdots \\ M_{n-2} \\ M_{n-1} \end{bmatrix} = \begin{bmatrix} d_1 - \mu_1 M_0 \\ d_2 \\ \vdots \\ d_{n-2} \\ d_{n-1} - \lambda_{n-1} M_n \end{bmatrix}. \tag{6.5.8}$$

这是以三对角矩阵为系数矩阵的方程组，并满足用追赶法求解条件．事实上，方程组(6.5.8)的系数矩阵是严格对角占优矩阵．解出 $M_1, M_2, \cdots, M_{n-1}$，代入 $s(x)$ 的表达式(6.5.6)，这样就完全给出了$[a,b]$上的 $s(x)$ 表达．

例 6.5.2 设 $f(x)$ 为定义在区间$[0,3]$上的函数，剖分节点为 $x_j=0+j$ $(j=0,1,2,3)$．设 $f(x_0)=0.0, f(x_1)=0.5, f(x_2)=2.0, f(x_3)=1.5$．试求三次样条插值函数 $s(x)$，使其满足插值条件 $s(x_j)=f(x_j)$ $(j=0,1,2,3)$和Ⅱ型边界条件 $s''(x_0)=-0.3, s''(x_3)=3.3$．

解 由剖分节点知 $h_0=h_1=h_2=1, \lambda_1=\lambda_2=\dfrac{1}{2}, \mu_1=\mu_2=\dfrac{1}{2}$．

$$d_1 = 6f[x_0,x_1,x_2] = 3, \quad d_2 = 6f[x_1,x_2,x_3] = -6.$$

由方程组(6.5.8)得

$$\begin{bmatrix} 2 & \lambda_1 \\ \mu_2 & 2 \end{bmatrix} \begin{bmatrix} M_1 \\ M_2 \end{bmatrix} = \begin{bmatrix} d_1 - \mu_1 M_0 \\ d_2 - \lambda_2 M_3 \end{bmatrix}.$$

由题意，$M_0=-0.3, M_3=3.3$，由此得

$$\begin{bmatrix} 2 & 0.5 \\ 0.5 & 2 \end{bmatrix} \begin{bmatrix} M_1 \\ M_2 \end{bmatrix} = \begin{bmatrix} 3.15 \\ -7.65 \end{bmatrix},$$

解得 $M_1=2.7, M_2=-4.5$．把 M_0, M_1, M_2, M_3 代入 $s(x)$ 的表达式(6.5.6)有

$$s(x) = \begin{cases} 0.5x^3 - 0.15x^2 + 0.15x, & x \in [0,1], \\ -1.2(x-1)^3 + 1.35(x-1)^2 + 1.35(x-1) + 0.5, & x \in [1,2], \\ 1.3(x-2)^3 - 2.25(x-2)^2 + 0.45(x-2) + 2.0, & x \in [2,3]. \end{cases}$$

$s(x)$ 的图形见图 6.6．

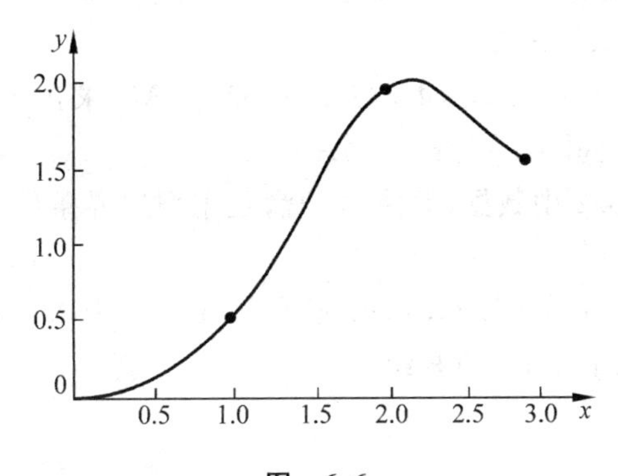

图 6.6

下面讨论 $s(x)$ 关于第Ⅰ型边界条件 $s'(x_0)=f'(x_0)$，$s'(x_n)=f'(x_n)$ 的计算. 由 $s(x)$ 的表达式(6.5.6)得

$$s'(x_0^+)=-M_0\frac{h_0}{2}+\frac{f(x_1)-f(x_0)}{h_0}-\frac{M_1-M_0}{6}h_0$$
$$=-\frac{h_0}{3}M_0-\frac{h_0}{6}M_1+\frac{f(x_1)-f(x_0)}{h_0},$$
$$s'(x_n^-)=M_n\frac{h_{n-1}}{2}+\frac{f(x_n)-f(x_{n-1})}{h_{n-1}}-\frac{M_n-M_{n-1}}{6}h_{n-1}$$
$$=\frac{h_{n-1}}{6}M_{n-1}+\frac{h_{n-1}}{3}M_n+\frac{1}{h_{n-1}}(f(x_n)-f(x_{n-1})).$$

令 $s'(x_0^+)=s'(x_0)=f'(x_0)$，得

$$2M_0+M_1=\frac{6}{h_0}(f[x_0,x_1]-f'(x_0)).$$

利用重节点均差有

$$2M_0+M_1=6f[x_0,x_0,x_1].$$

同理可得

$$M_{n-1}+2M_n=6f[x_{n-1},x_n,x_n].$$

由此形成 $M_0,M_1,\cdots,M_{n-1},M_n$ 为未知量的 $n+1$ 个方程形成的方程组

$$\begin{bmatrix} 2 & 1 & & & & \\ \mu_1 & 2 & \lambda_1 & & & \\ & \mu_2 & 2 & & & \\ & & \ddots & \ddots & \ddots & \\ & & & \mu_{n-1} & 2 & \lambda_{n-1} \\ & & & & 1 & 2 \end{bmatrix}\begin{bmatrix} M_0 \\ M_1 \\ M_2 \\ \vdots \\ M_{n-1} \\ M_n \end{bmatrix}=\begin{bmatrix} d_0 \\ d_1 \\ d_2 \\ \vdots \\ d_{n-1} \\ d_n \end{bmatrix}, \tag{6.5.9}$$

其中

$$d_0=6f[x_0,x_0,x_1],\quad d_i=6f[x_{i-1},x_i,x_{i+1}],\quad i=1,2,\cdots,n-1,$$
$$d_n=6f[x_{n-1},x_n,x_n].$$

方程组(6.5.9)可用追赶法求解. $M_0,M_1,\cdots,M_{n-1},M_n$ 求出后，利用 $s(x)$ 的表达式(6.5.6)就可以求得在区间 $[a,b]$ 上 $s(x)$ 的表达.

例 6.5.3 取例 6.5.2 中数据，但使 $s(x)$ 满足Ⅰ型边界条件 $s'(x_0)=f'(x_0)=0.2$，$s'(x_3)=f'(x_3)=-1$.

解 $d_0=6f[x_0,x_0,x_1]=1.8$，d_1,d_2 已在例 6.5.2 中求出，$d_1=3$，$d_2=-1$，$d_3=6f[x_2,x_3,x_3]=-3.0$，由此可得方程组

$$\begin{bmatrix} 2 & 1 & & \\ 0.5 & 2 & 0.5 & \\ & 0.5 & 2 & 0.5 \\ & & 1 & 2 \end{bmatrix} \begin{bmatrix} M_0 \\ M_1 \\ M_2 \\ M_3 \end{bmatrix} = \begin{bmatrix} 1.8 \\ 3.0 \\ -1.0 \\ -3.0 \end{bmatrix},$$

解出 $M_0=-0.36, M_1=2.52, M_2=-3.72, M_3=0.36$. 把 $M_i(i=0,1,2,3)$代入表达式(6.5.6)有

$$s(x)=\begin{cases} 0.48x^3-0.18x^2+0.2x, & x\in[0,1], \\ -1.04(x-1)^3+1.26(x-1)^2+1.28(x-1)+0.5, & x\in[1,2], \\ 0.68(x-2)^3-1.86(x-2)^2+0.68(x-2)+2.0, & x\in[2,3]. \end{cases}$$

可以看出,此表达式与例 6.5.2 的表达式有较大差异. $s(x)$的图示见图 6.7.

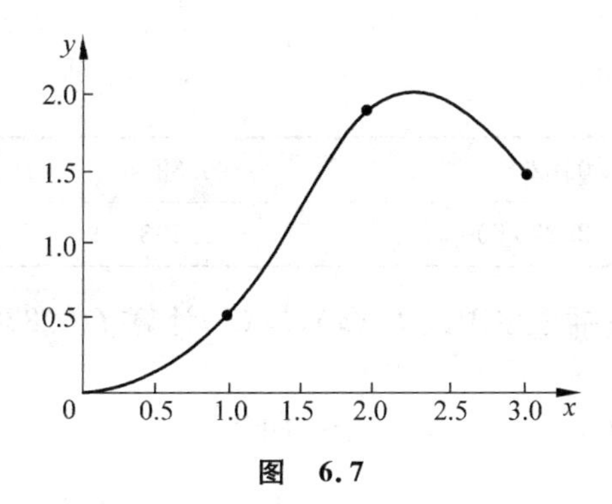

图 6.7

6.5.3 三次样条插值函数的误差

三次样条插值函数 $s(x)$与被插值函数 $f(x)$之间的误差可由下面定理给出,其证明可参考参考文献[1].

定理 6.5.1 设 $f\in C^4[a,b]$, $s(x)$是 $f(x)$在$[a,b]$上关于剖分 $\Delta: a=x_0<x_1<\cdots<x_n=b$ 的满足Ⅰ型边界条件的三次样条插值函数,那么有

$$|f(x)-s(x)|\leqslant \frac{5}{384}h^4 \max_{x\in[a,b]} |f^{(4)}(x)|, \quad x\in[a,b],$$

其中 $h=\max\limits_{0\leqslant j\leqslant n-1}(x_{j+1}-x_j)$.

此定理也说明了当 $h\to 0$ 时,三次样条插值函数 $s(x)$一致收敛到被插值函数 $f(x)$.

习　题

1. 设 $f(8.3)=17.56492$，$f(8.6)=18.50515$，$f(8.7)=18.82091$，试用一次、二次 Lagrange 插值多项式计算 $f(8.4)$ 的近似值.

2. 设 $f(x)=\ln(1+x)$，已知

x	0	0.6	0.9
$f(x)$	0	0.470 004	0.641 854

试用一次、二次 Lagrange 插值多项式 $L_1(x)$，$L_2(x)$ 计算 $f(0.45)$ 的近似值. 并给出实际误差及估计误差界.

3. 设 $f(x)=e^x$，已知

x	0.82	0.83	0.84
$f(x)$	2.270 500	2.293 319	2.316 367

试用一次、二次 Lagrange 插值多项式 $L_1(x)$，$L_2(x)$ 计算 $f(0.826)$ 的近似值. 并给出实际误差及估计误差界.

4. 设 $f\in C^2[a,b]$，$f(a)=f(b)=0$，试证明

$$|f(x)|\leqslant\frac{1}{8}(b-a)^2\max_{a\leqslant x\leqslant b}|f''(x)|.$$

5. 设 $l_0(x),l_1(x),\cdots,l_n(x)$ 是以 $x_0,x_1,\cdots,x_n$ 为节点的 n 次 Lagrange 插值基函数，试证明：

(1) $\sum\limits_{k=0}^{n}x_k^j l_k(x)=x^j,\quad j=0,1,\cdots,n.$

(2) $\sum\limits_{k=0}^{n}l_k(0)x_k^j=\begin{cases}0, & j=1,2,\cdots,n,\\(-1)^n x_0x_1\cdots x_n, & j=n+1.\end{cases}$

6. 设 $f(x)=x^5+4x^3+1$，试求均差 $f[0,1,2]$，$f[0,1,2,3,4,5]$，$f[0,1,2,3,4,5,6]$.

7. 给定数据

x	1	$\frac{3}{2}$	0	2
$f(x)$	3	$\frac{13}{4}$	3	$\frac{5}{3}$

试构造出函数 $f(x)$ 的均差表和三次 Newton 插值多项式，并写出余项.

8. 给定 $f(x)=\sinh x$ 的函数表如下：

x_i	0.00	0.20	0.30	0.50
$f(x_i)$	0	0.201 336 0	0.304 520 3	0.521 095 3

试用三次 Newton 插值多项式 $N_3(x)$来计算 $f(0.23)$的近似值，并给出实际误差.

9. 设 $f(x)=e^{0.1x^2}$，用三次 Hermite 插值多项式 $H_3(x)$来计算 $f(1.25)$的近似值. $f(x)$，$f'(x)$给出函数值如下：

x	$f(x)=e^{0.1x^2}$	$f'(x)=0.2xe^{0.1x^2}$
1	1.105 170 918	0.221 034 183 6
1.5	1.252 322 716	0.375 696 814 8

10. 求次数不高于三次的多项式 $p(x)$使其满足 $p(0)=p'(0)=0$，$p(1)=1$，$p(2)=1$，并写出其插值余项.

11. 求 $f(x)=x^2$ 在$[a,b]$上的分段线性插值函数 $\varphi(x)$，并给出误差估计.

12. 确定 a，b 和 c 使得

$$s(x)=\begin{cases}x^3, & 0\leqslant x\leqslant 1,\\ \dfrac{1}{2}(x-1)^3+a(x-1)^2+b(x-1)+c, & 1\leqslant x\leqslant 3\end{cases}$$

是一个三次样条函数.

13. 设 $f(x)$为定义在$[-3,4]$上的函数，在$[-3,4]$上取节点 $x_0=-3$，$x_1=-2$，$x_2=1$，$x_3=4$，并给出 $f(x_0)=2$，$f(x_1)=0$，$f(x_2)=3$，$f(x_3)=1$ 和 $f'(x_0)=-1$，$f'(x_3)=1$. 试求三次样条插值函数 $s(x)$，使其满足Ⅰ型边界条件.

14. 在习题 13 中，用条件 $f''(x_0)=f''(x_3)=0$ 来代替条件 $f'(x_0)=-1$，$f'(x_3)=1$. 试求三次样条插值函数 $s(x)$，使其满足自然边界条件.

计算实习题

对于给定的数据构造 Newton 插值多项式(或 Lagrange 插值多项式)和三次样条插值多项式.

1. 设 $f(x)=\dfrac{1}{1+9x^2}$，$x\in[-1,1]$，取 $x_i=-1+\dfrac{1}{5}i$，$i=0,1,\cdots,10$. 试求出 $N_{10}(x)$和 $s(x)$(采用自然边界条件)，用图示出 $f(x)$，$N_{10}(x)$，$s(x)$.

2. 由实验得出下列数据：

x	0.0	0.5	1.0	6.0	7.0	9.0
y	0.0	1.6	2.0	1.5	1.5	0.0

试用5次Lagrange插值多项式$L_5(x)$及三次样条插值函数$s(x)$(自然边界条件)对数据进行插值.用图示出$\{(x_i, y_i), i=0,1,\cdots,5\}$,$L_5(x)$及$s(x)$.

3. 表6.3给出了飞行中鸭子的上部形状的节点数据.试用三次样条插值函数(自然边界条件)和20次Lagrange插值多项式对数据进行插值.用图示出给定的数据,以及$s(x)$和$L_{20}(x)$.

表 6.3

x	0.9	1.3	1.9	2.1	2.6	3.0	3.9	4.4	4.7
$y=f(x)$	1.3	1.5	1.85	2.1	2.6	2.7	2.4	2.15	2.05
x	5.0	6.0	7.0	8.0	9.2	10.5	11.3	11.6	12.0
$y=f(x)$	2.1	2.25	2.3	2.25	1.95	1.4	0.9	0.7	0.6
x	12.6	13.0	13.3						
$y=f(x)$	0.5	0.4	0.25						

第7章

函数逼近

函数逼近一般包含两类问题.第一类问题是当一个函数 $f(x),x\in[a,b]$给定,此函数已有解析式表示.人们往往要求在一个便于计算的、简单的函数类 Φ 中按“误差最小”的要求确定一个函数 $\varphi\in\Phi$ 来计算给定函数 $f(x)$的近似值.例如,$f(x)=\mathrm{e}^x,x\in[0,1]$,取 $\Phi=\mathscr{P}_1$ 以误差最小

$$\min_{p_1\in\mathscr{P}_1}\|\mathrm{e}^x-p_1(x)\|$$

来确定 $p_1^*(x)$,由 $p_1^*(x)$来计算 $f(x)=\mathrm{e}^x$ 的近似值.上式中的范数 $\|\cdot\|$ 可以是 $\|\cdot\|_\infty$,即 $\|f\|_\infty=\max\limits_{x\in[0,1]}|f(x)|$,也可以是 $\|\cdot\|_2$,即 $\|f\|_2=\sqrt{\int_0^1[f(x)]^2\mathrm{d}x}$. 在本章中仅讨论 $\|\cdot\|_2$.

第二类问题是给定的函数 $f(x)$为仅在离散节点上有函数值来定义的离散函数.在给定的、简单的、便于计算的函数类 Φ 中按“误差最小”的标准选择一个函数 $\varphi\in\Phi$ 来表示给定的数据.例如,对于某种给定的液体,测得在某种温度下的表面张力如下表:

T	0	20	40	80
S	68.0	66.4	64.6	61.8

已知液体的表面张力 S 是温度 T 的线性函数.因此可以取 $\Phi=\mathscr{P}_1$.按“误差最小”

$$\min_{p_1\in\Phi}\sum_{i=0}^{N}|S(T_i)-p_1(T_i)|^2$$

的要求来确定 $p_1^*(T)$.这样可用 $p_1^*(T)$近似表示 $S(T)$,本章讨论这两类问题.

7.1 正交多项式

正交多项式是函数逼近的重要工具,它在数值积分中也有重要的应用.

7.1.1 正交多项式的概念及性质

先讨论与正交多项式相关的一些概念及方法.

定义 7.1.1 设定义在$[a,b]$上的函数组$\varphi_0(x),\varphi_1(x),\cdots,\varphi_n(x)$,若

$$c_0\varphi_0(x)+c_1\varphi_1(x)+\cdots+c_n\varphi_n(x)=0,\quad \forall x\in[a,b],$$

可以推出$c_0=c_1=\cdots=c_n=0$,则称$\varphi_0(x),\varphi_1(x),\cdots,\varphi_n(x)$在$[a,b]$上是**线性无关**的.否则称函数组$\varphi_0(x),\varphi_2(x),\cdots,\varphi_n(x)$在$[a,b]$上是**线性相关**的.

在第1章中曾给出,$\{1,x,x^2,\cdots,x^n\}$为$\mathscr{P}_n$的一组基,即它们是线性无关的,更一般地,有下面定理.

定理 7.1.1 设$\varphi_j(x)(j=0,1,\cdots,n)$为$[a,b]$上的$j$次多项式,那么$\{\varphi_0(x),\varphi_1(x),\cdots,\varphi_n(x)\}$在任何区间$[a,b]$上是线性无关的.

证明 假定$c_0,c_1,\cdots,c_n$是实数,并有

$$p(x)=c_0\varphi_0(x)+c_1\varphi_1(x)+\cdots+c_n\varphi_n(x)=0,\quad \forall x\in[a,b].$$

由于多项式$p(x)$在$[a,b]$上为零,所以$p(x)\equiv 0$.从而x的所有幂的系数是零,因此x^n的系数为零.由于$p(x)$包含x^n的项仅在$c_n\varphi_n(x)$中,因此有$c_n=0$.这样

$$p(x)=\sum_{j=0}^{n-1}c_j\varphi_j(x).$$

在此表达式中,包含x^{n-1}的项仅在$c_{n-1}\varphi_{n-1}(x)$中;因此有$c_{n-1}=0$.由此推出得$c_{n-2}=c_{n-3}=\cdots=c_1=c_0=0$.所以$\{\varphi_0(x),\varphi_1(x),\cdots,\varphi_n(x)\}$在$[a,b]$上是线性无关的.定理证毕.

下面叙述一个经常用到的结论.

定理 7.1.2 设$\varphi_j\in\mathscr{P}_n,j=0,1,\cdots,n$是线性无关的多项式,那么任一多项式$p\in\mathscr{P}_n$可惟一地由$\varphi_0(x),\varphi_2(x),\cdots,\varphi_n(x)$的线性组合来表示.

特别地,任意一个n次多项式可由$\{1,x,\cdots,x^n\}$的线性组合惟一地表示.

定义 7.1.2 设$f,g\in C[a,b]$,$\rho(x)$为$[a,b]$上的权函数,若满足

$$(f,g)=\int_a^b\rho(x)f(x)g(x)\mathrm{d}x=0,$$

则称$f(x)$与$g(x)$在$[a,b]$上是**正交**的.

定义 7.1.3 设$\varphi_n(x)$是$[a,b]$上首项系数$a_n\neq 0$的n次多项式,$\rho(x)$为$[a,b]$上的权函数.如果多项式序列$\{\varphi_n(x),n\geqslant 0\}$满足

$$(\varphi_i,\varphi_j)=\int_a^b\rho(x)\varphi_i(x)\varphi_j(x)\mathrm{d}x=\begin{cases}0, & i\neq j,\\ A_j, & i=j,\end{cases}$$

则称多项式序列$\{\varphi_n(x), n\geqslant 0\}$**为在$[a,b]$上带权函数$\rho(x)$正交**,并称$\varphi_n(x)$为$[a,b]$上**带权函数$\rho(x)$的$n$次正交多项式**.

设$\{\varphi_n(x): n\geqslant 0\}$是在$[a,b]$上带权函数$\rho(x)$的正交多项式序列,那么$\varphi_0(x),\varphi_1(x),\cdots,\varphi_n(x)$是线性无关的.

事实上,若

$$c_0\varphi_0(x)+c_1\varphi_1(x)+\cdots+c_n\varphi_n(x)=0,$$

用$\rho(x)\varphi_j(x)(0\leqslant j\leqslant n)$乘上式并积分有

$$c_0\int_a^b\rho(x)\varphi_0(x)\varphi_j(x)\mathrm{d}x+c_1\int_a^b\rho(x)\varphi_1(x)\varphi_j(x)\mathrm{d}x+\cdots$$

$$+c_j\int_a^b\rho(x)\varphi_j(x)\varphi_j(x)\mathrm{d}x+\cdots+c_n\int_a^b\rho(x)\varphi_n(x)\varphi_j(x)\mathrm{d}x=0.$$

利用正交性有

$$c_j\int_a^b\rho(x)\varphi_j(x)\varphi_j(x)\mathrm{d}x=0,$$

再由权函数的定义知$\int_a^b\rho(x)\varphi_j^2(x)\mathrm{d}x>0$,从而得$c_j=0\,(0\leqslant j\leqslant n)$,由此得出$\varphi_0(x),\varphi_1(x),\cdots,\varphi_n(x)$是线性无关的.

由上述性质我们可以得到下面定理.

定理 7.1.3 设$\{\varphi_0(x),\varphi_1(x),\cdots,\varphi_n(x)\}$为$[a,b]$上带权函数$\rho(x)$的正交多项式集合,则对任一$p_n\in\mathscr{P}_n$,有

$$p_n(x)=\sum_{j=0}^n c_j\varphi_j(x).$$

定理 7.1.4 设$\varphi_n(x)$为$[a,b]$上带权函数$\rho(x)$的n次正交多项式,那么对任意$p\in\mathscr{P}_{n-1}$有

$$(\varphi_n,p)=\int_a^b\rho(x)\varphi_n(x)p(x)\mathrm{d}x=0.$$

下面关于正交多项式零点的结论在数值积分中有重要作用.

定理 7.1.5 设$\varphi_n(x)$为$[a,b]$上带权函数$\rho(x)$的n次正交多项式,那么$\varphi_n(x)$在开区间(a,b)内有n个不同的零点.

证明 假定$\varphi_n(x)$在(a,b)内的零点都是偶数重的,那么$\varphi_n(x)$在$[a,b]$上保持定号,这与

$$\int_a^b\rho(x)\varphi_n(x)\varphi_0(x)\mathrm{d}x=0$$

矛盾,因而$\varphi_n(x)$在(a,b)内的零点不可能都是偶数重的.

设$x_j(j=1,2,\cdots,l)$为(a,b)内$\varphi_n(x)$的奇数重零点.不妨设

$$a<x_1<x_2<\cdots<x_l<b,$$

则 $\varphi_n(x)$ 在 $x_j(j=1,2,\cdots,l)$ 处变号，令

$$q(x)=\prod_{j=1}^{l}(x-x_j),$$

那么 $\varphi_n(x)q(x)$ 在 $[a,b]$ 上不变号，由此得

$$(\varphi_n,q)=\int_a^b\rho(x)\varphi_n(x)q(x)\mathrm{d}x\neq 0.$$

若 $l<n$，那么利用正交性有

$$(\varphi_n,q)=\int_a^b\rho(x)\varphi_n(x)q(x)\mathrm{d}x=0.$$

这与 $(\varphi_n,q)\neq 0$ 矛盾，由此得出 $l=n$，即 n 个零点是单重的，定理证毕.

定理 7.1.6(递推关系) 设 $\{\varphi_n(x),n\geqslant 0\}$ 是 $[a,b]$ 上带权函数 $\rho(x)$ 的正交多项式序列，那么对于 $n\geqslant 1$，有

$$\varphi_{n+1}(x)=(\alpha_n x+\beta_n)\varphi_n(x)+\gamma_{n-1}\varphi_{n-1}(x), \tag{7.1.1}$$

其中

$$\varphi_n(x)=a_n x^n+a_{n-1}x^{n-1}+\cdots+a_1 x+a_0,$$

$$\alpha_n=\frac{a_{n+1}}{a_n},\quad \beta_n=-\frac{a_{n+1}}{a_n}\frac{(\varphi_n,x\varphi_n)}{(\varphi_n,\varphi_n)}, \tag{7.1.2}$$

$$\gamma_{n-1}=-\frac{a_{n+1}a_{n-1}}{a_n^2}\frac{(\varphi_n,\varphi_n)}{(\varphi_{n-1},\varphi_{n-1})}.$$

类似于定理 1.6.7(Gram-Schmidt 正交化方法)，可以由 $[a,b]$ 上的线性无关多项式 $\{x^j,j=0,1,\cdots\}$ 来构造 $[a,b]$ 上带权函数 $\rho(x)$ 的正交多项式序列 $\{\varphi_n(x),n\geqslant 0\}$. 令

$$\begin{cases}\varphi_0(x)=1,\\ \varphi_k(x)=x^k-\displaystyle\sum_{j=0}^{k-1}\frac{(x^k,\varphi_j)}{(\varphi_j,\varphi_j)}\varphi_j(x), \quad k=1,2,\cdots,\end{cases} \tag{7.1.3}$$

其中

$$(x^k,\varphi_j)=\int_a^b\rho(x)x^k\varphi_j(x)\mathrm{d}x,\quad (\varphi_j,\varphi_j)=\int_a^b\rho(x)[\varphi_j(x)]^2\mathrm{d}x.$$

由(7.1.3)式构造的 $\{\varphi_k(x),k=1,2,\cdots\}$ 是正交多项式序列，且首项系数为 1.

7.1.2 Legendre 多项式

在区间 $[-1,1]$ 上对于权函数 $\rho(x)\equiv 1$ 的正交多项式序列中的多项式 $\mathrm{P}_n(x)(n=0,1,\cdots)$ 称为 **Legendre 多项式**，其表达式为

$$\begin{cases}\mathrm{P}_0(x)=1,\\ \mathrm{P}_n(x)=\dfrac{1}{2^n n!}\dfrac{\mathrm{d}^n}{\mathrm{d}x^n}[(x^2-1)^n], \quad n\geqslant 1.\end{cases} \tag{7.1.4}$$

可以直接验证得出如下性质：

(1) **正交性**

$$(\mathrm{P}_n,\mathrm{P}_m)=\int_{-1}^{1}\mathrm{P}_m(x)\mathrm{P}_n(x)\mathrm{d}x=\begin{cases}0, & m\neq n,\\ \dfrac{2}{2n+1}, & m=n.\end{cases}\tag{7.1.5}$$

(2) **奇偶性**

$$\mathrm{P}_n(-x)=(-1)^n\mathrm{P}_n(x).\tag{7.1.6}$$

(3) **递推关系**

$$(n+1)\mathrm{P}_{n+1}(x)=(2n+1)x\mathrm{P}_n(x)-n\mathrm{P}_{n-1}(x),\tag{7.1.7}$$

其中 $\mathrm{P}_{-1}(x)=0$.

(4) $\mathrm{P}_n(x)$**的首项系数为**

$$\frac{(2n)!}{2^n\cdot(n!)^2}.$$

根据正交多项式性质可知，$\mathrm{P}_n(x)$所有的零点都是单重实的，且位于开区间$(-1,1)$之内. 下面给出 $\mathrm{P}_n(x)(n=0,1,\cdots,5)$的具体表达式.

$$\begin{aligned}
\mathrm{P}_0(x)&=1,\\
\mathrm{P}_1(x)&=x,\\
\mathrm{P}_2(x)&=\frac{1}{2}(3x^2-1),\\
\mathrm{P}_3(x)&=\frac{1}{2}(5x^3-3x),\\
\mathrm{P}_4(x)&=\frac{1}{8}(35x^4-30x^2+3),\\
\mathrm{P}_5(x)&=\frac{1}{8}(63x^5-70x^3+15x).
\end{aligned}$$

7.1.3 Chebyshev 多项式

在区间$[-1,1]$上对于权函数 $\rho(x)=\dfrac{1}{\sqrt{1-x^2}}$的正交多项式序列中的多项式 $\mathrm{T}_n(x)$ $(n=0,1,\cdots)$称为**Chebyshev 多项式**，其表达式为

$$\mathrm{T}_n(x)=\cos(n\arccos x),\quad n\geqslant 0.\tag{7.1.8}$$

Chebyshev 多项式具有如下性质：

(1) **正交性**

$$(\mathrm{T}_n,\mathrm{T}_m)=\int_{-1}^{1}\frac{1}{\sqrt{1-x^2}}\mathrm{T}_n(x)\mathrm{T}_m(x)\mathrm{d}x=\begin{cases}0, & n\neq m,\\ \dfrac{\pi}{2}, & n=m\neq 0,\\ \pi, & n=m=0.\end{cases}\tag{7.1.9}$$

(2) **奇偶性**

$$\mathrm{T}_n(-x) = (-1)^n \mathrm{T}_n(x), \quad n = 0,1,\cdots. \tag{7.1.10}$$

(3) **递推关系**

$$\mathrm{T}_{n+1}(x) = 2x\mathrm{T}_n(x) - \mathrm{T}_{n-1}(x), \quad n = 1,2,\cdots. \tag{7.1.11}$$

由 Chebyshev 多项式的表达式可得 $\mathrm{T}_0(x)$,$\mathrm{T}_1(x)$,再利用递推关系式(7.1.11)可以得出 $\mathrm{T}_n(x)$,$n=2,3,\cdots$.

$$\begin{aligned}
\mathrm{T}_0(x) &= 1,\\
\mathrm{T}_1(x) &= x,\\
\mathrm{T}_2(x) &= 2x^2 - 1,\\
\mathrm{T}_3(x) &= 4x^3 - 3x,\\
\mathrm{T}_4(x) &= 8x^4 - 8x^2 + 1,\\
\mathrm{T}_5(x) &= 16x^5 - 20x^3 + 5x,\\
&\vdots
\end{aligned}$$

(4) $\mathrm{T}_n(x)$的**首项系数**为 2^{n-1},$n=1,2,\cdots$.

(5) $\mathrm{T}_n(x)$在$(-1,1)$内有 n 个不同的零点,

$$x_j = \cos\frac{(2j-1)\pi}{2n}, \quad j = 1,2,\cdots,n.$$

若令 $\widetilde{\mathrm{T}}_0(x)=1$,$\widetilde{\mathrm{T}}_n(x)=\frac{1}{2^{n-1}}\mathrm{T}_n$,$n\geqslant 1$. 那么 $\widetilde{\mathrm{T}}_n(x)(n\geqslant 0)$是首项系数为 1 的 Chebyshev 多项式序列. 记 $\widetilde{\mathscr{P}}_n$ 为所有次数小于等于 n 的,首项系数为 1 的多项式集合.

定理 7.1.7 设 $\widetilde{\mathrm{T}}_n(x)$是首项系数为 1 的 Chebyshev 多项式,那么有

$$\max_{x\in[-1,1]} |\widetilde{\mathrm{T}}_n(x)| \leqslant \max_{x\in[-1,1]} |\varphi_n(x)|, \quad \varphi_n \in \widetilde{\mathscr{P}}_n, \tag{7.1.12}$$

并且

$$\max_{x\in[-1,1]} |\widetilde{\mathrm{T}}_n(x)| = \frac{1}{2^{n-1}}. \tag{7.1.13}$$

(定理证明见参考文献[1])

7.1.4 Chebyshev 多项式零点插值

设 $x_0,x_1,\cdots,x_n\in[-1,1]$,$f\in C^{n+1}[-1,1]$,$L_n(x)$为相应的 n 次 Lagrange 插值多项式,那么插值余项

$$R_n(x) = f(x) - L_n(x) = \frac{f^{(n+1)}(\xi(x))}{(n+1)!}(x-x_0)(x-x_1)\cdots(x-x_n).$$

$$\begin{aligned}
&\max_{x\in[-1,1]} |f(x) - L_n(x)|\\
\leqslant{}& \frac{1}{(n+1)!}\max_{x\in[-1,1]} |f^{(n+1)}(x)| \cdot \max_{x\in[-1,1]} |(x-x_0)(x-x_1)\cdots(x-x_n)|.
\end{aligned}$$

显然，$\| f^{(n+1)} \|_{\infty} = \max\limits_{x\in[-1,1]} | f^{(n+1)}(x) |$是由被插值函数$f(x)$所确定的. 对于$(x-x_0)(x-x_1)\cdots(x-x_n)\in \widetilde{\mathscr{P}}_{n+1}$，利用定理 7.1.7 有

$$\max_{x\in[-1,1]} | \widetilde{\mathrm{T}}_{n+1}(x) | \leqslant \max_{x\in[-1,1]} | (x-x_0)(x-x_1)\cdots(x-x_n) |.$$

由此可以得出，如果插值节点$x_0, x_1, \cdots, x_n$取为$\mathrm{T}_{n+1}(x)$的$n+1$个零点

$$\widetilde{x}_{k+1} = \cos\frac{2k+1}{2(n+1)}\pi, \quad k=0,1,\cdots,n,$$

则有

$$\frac{1}{2^n} = \max_{x\in[-1,1]} | (x-\widetilde{x}_1)(x-\widetilde{x}_2)\cdots(x-\widetilde{x}_{n+1}) |$$

$$\leqslant \max_{x\in[-1,1]} | (x-x_0)(x-x_1)\cdots(x-x_n) |.$$

上面讨论可导出极小化插值误差.

定理 7.1.8 设插值节点$x_0, x_1, \cdots, x_n$为$n+1$次 Chebyshev 多项式$\mathrm{T}_{n+1}(x)$的零点，$L_n(x)$为所得的插值多项式，那么

$$\max_{x\in[-1,1]} | f(x) - L_n(x) | \leqslant \frac{1}{2^n(n+1)!} \| f^{(n+1)} \|_{\infty}, \quad \forall f \in C^{n+1}[-1,1].$$

由于 Chebyshev 多项式$\mathrm{T}_n(x)$是在$[-1,1]$上定义的，因此对于一般区间$[a,b]$，要用变量替换方法变换到$[-1,1]$. 事实上，令

$$x = \frac{1}{2}[(b-a)t + a + b],$$

那么，当$t\in[-1,1]$时有$x\in[a,b]$.

例 7.1.1 设$f(x)=x\mathrm{e}^x, x\in[0,1.5]$，分别用等距节点的三次 Lagrange 插值多项式$L_3(x)$和用四次 Chebyshev 多项式零点作插值节点的三次 Lagrange 插值多项式$\widetilde{L}_3(x)$来近似$f(x)$.

解 取等距节点$x_0=0.0, x_1=0.5, x_2=1.0, x_3=1.5$，得出三次 Lagrange 插值多项式

$$L_3(x) = 1.3333x^3 - 2.0000x^2 + 0.66667x.$$

四次 Chebyshev 多项式$\mathrm{T}_4(t)$的 4 个零点为

$$t_k = \cos\frac{(2k-1)\pi}{8}, \quad k=1,2,3,4,$$

$t_k\in(-1,1)$. 作变换

$$x_k = \frac{1}{2}[(1.5-0.0)t_k + (1.5+0.0)] = 0.75 + 0.75t_k,$$

$x_k\in(0,1.5)$. 具体写出有

$$x_0=1.44291, \quad x_1=1.03701, x_2=0.46299, \quad x_3=0.05709.$$

由此得到三次 Lagrange 插值多项式

$$\widetilde{L}_3(x)=1.3811x^3+0.044\,652x^2+1.3031x-0.014\,352.$$

为比较起见，表7.1列出了 $f(x)$，$L_3(x)$ 和 $\widetilde{L}_3(x)$ 在不同的 x 值上的函数值. 可以看到，在 $x=0.65,0.75,0.85$ 这3个点上，$|f(x)-L_3(x)|$ 比 $|f(x)-\widetilde{L}_3(x)|$ 要小，但在这9个 x 值上

$$\max_{1\leqslant i\leqslant 9}|f(x_i)-\widetilde{L}_3(x_i)|<\max_{1\leqslant i\leqslant 9}|f(x_i)-L_3(x_i)|,$$

并且相差很大.

表 7.1

x	$f(x)=xe^x$	$L_3(x)$	$\lvert xe^x-L_3(x)\rvert$	$\widetilde{L}_3(x)$	$\lvert xe^x-\widetilde{L}_3(x)\rvert$
0.15	0.1743	0.1969	0.0226	0.1868	0.0125
0.25	0.3210	0.3435	0.0225	0.3358	0.0148
0.35	0.4967	0.5121	0.0154	0.5064	0.0097
0.65	1.245	1.233	0.012	1.231	0.014
0.75	1.588	1.572	0.016	1.571	0.017
0.85	1.989	1.976	0.013	1.974	0.015
1.15	3.632	3.650	0.018	3.644	0.012
1.25	4.363	4.391	0.028	4.382	0.019
1.35	5.208	5.237	0.029	5.224	0.016

例 7.1.2 设 $f(x)=\dfrac{1}{1+x^2}$，$x\in[-5,5]$. 分别用等距节点的10次 Lagrange 插值多项式 $L_{10}(x)$ 和用11次 Chebyshev 多项式零点作插值节点的10次 Lagrange 插值多项式 $\widetilde{L}_{10}(x)$ 来近似 $f(x)$.

解 用等距节点构造10次 Lagrange 插值多项式 $L_{10}(x)$ 在第6章中已作讨论，出现了 Runge 现象.

在$[-1,1]$上11次 Chebyshev 多项式 $T_{11}(x)$ 的零点为

$$t_k=\cos\left[(21-2k)\frac{\pi}{22}\right],\quad k=0,1,\cdots,10.$$

作变换

$$x_k=5t_k,\quad k=0,1,\cdots,10,$$

它们为$(-5,5)$内的插值节点，由此得到 $f(x)$ 在$[-5,5]$上的10次 Lagrange 插值多项式 $\widetilde{L}_{10}(x)$. $f(x)$，$L_{10}(x)$ 和 $\widetilde{L}_{10}(x)$ 的图示见图7.1. 可以看出，$\widetilde{L}_{10}(x)$ 没有出现 Runge 现象.

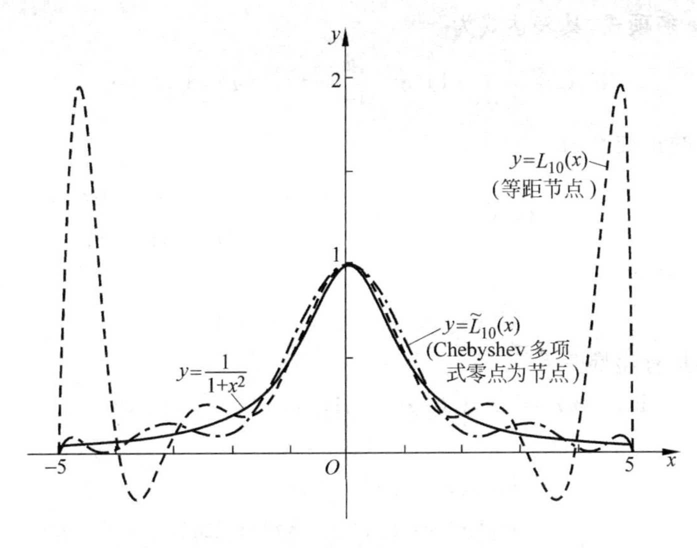

图 7.1

7.1.5 Laguerre 多项式

在区间$[0,+\infty)$上带权函数$\rho(x)=\mathrm{e}^{-x}$的正交多项式序列中的多项式$\mathrm{L}_n(x)(n\geqslant 0)$称为 **Laguerre 多项式**，其表达式为

$$\mathrm{L}_n(x)=\mathrm{e}^x\frac{\mathrm{d}^n}{\mathrm{d}x^n}(x^n\mathrm{e}^{-x}),\quad n=0,1,\cdots. \tag{7.1.14}$$

Laguerre 正交多项式具有如下性质：

(1) **正交性**

$$(\mathrm{L}_n,\mathrm{L}_m)=\int_0^\infty \mathrm{e}^{-x}\mathrm{L}_n(x)\mathrm{L}_m(x)\mathrm{d}x=\begin{cases}0, & m\neq n,\\ (n!)^2, & m=n.\end{cases} \tag{7.1.15}$$

(2) **递推关系**

$$\mathrm{L}_{n+1}(x)=(1+2n-x)\mathrm{L}_n(x)-n^2\mathrm{L}_{n-1}(x),\quad n=1,2,\cdots. \tag{7.1.16}$$

由(7.1.14)式得出$\mathrm{L}_0(x)=1,\mathrm{L}_1(x)=1-x$. 再用(7.1.16)式可以得出

$$\begin{aligned}\mathrm{L}_2(x)&=x^2-4x+2,\\ \mathrm{L}_3(x)&=-x^3+9x^2-18x+6,\\ &\vdots\end{aligned}$$

7.1.6 Hermite 多项式

在区间$(-\infty,\infty)$上带权函数$\rho(x)=\mathrm{e}^{-x^2}$的正交多项式序列中的多项式$\mathrm{H}_n(x)(n\geqslant$

0)称为 **Hermite 多项式**,其表达式为

$$\mathrm{H}_n(x)=(-1)^n\mathrm{e}^{x^2}\frac{\mathrm{d}^n}{\mathrm{d}x^n}\mathrm{e}^{-x^2},\quad n=0,1,\cdots. \tag{7.1.17}$$

$\{\mathrm{H}_n(x),n\geqslant 0\}$的正交性为

$$\int_{-\infty}^{\infty}\mathrm{e}^{-x^2}\mathrm{H}_m(x)\mathrm{H}_n(x)\mathrm{d}x=\begin{cases}0, & m\neq n,\\ 2^n n!\sqrt{\pi}, & m=n.\end{cases} \tag{7.1.18}$$

利用(7.1.17)式可得

$$\mathrm{H}_0(x)=1,\quad \mathrm{H}_1(x)=2x.$$

$\{\mathrm{H}_n(x),n\geqslant 0\}$具有递推关系

$$\mathrm{H}_{n+1}(x)=2x\mathrm{H}_n(x)-2n\mathrm{H}_{n-1}(x),\quad n=1,2,\cdots. \tag{7.1.19}$$

由此可得

$$\mathrm{H}_3(x)=8x^3-12x,$$
$$\mathrm{H}_4(x)=16x^4-48x^2+12.$$

*7.2 最佳平方逼近

7.2.1 最佳平方逼近的概念及计算

设 $f\in C[a,b]$,$f(x)$的 2-范数(见(1.6.10)式)为

$$\|f\|_2=\sqrt{\int_a^b\rho(x)[f(x)]^2\mathrm{d}x},$$

其中 $\rho(x)$为$[a,b]$上的权函数. 又设 $\varphi_0(x),\varphi_1(x),\cdots,\varphi_n(x)$为$[a,b]$上线性无关的连续函数. 令

$$\Phi=\mathrm{span}\{\varphi_0,\varphi_1,\cdots,\varphi_n\},$$

即 Φ 为 $\varphi_0(x),\varphi_1(x),\cdots,\varphi_n(x)$所有的线性组合,所以任取 $s\in\Phi$,有

$$s(x)=\sum_{j=0}^{n}a_j\varphi_j(x).$$

定义 7.2.1 设 $f\in C[a,b]$,如果存在 $s^*\in\Phi$ 使得

$$\|f-s^*\|_2=\min_{s\in\Phi}\|f-s\|_2, \tag{7.2.1}$$

那么称 $s^*(x)$为 $f(x)$在 Φ 中的**最佳平方逼近**.

由(7.2.1)式可以看出,求 $s^*(x)$等价于求多元函数

$$F(a_0,a_1,\cdots,a_n)=\int_a^b\rho(x)\Big[f(x)-\sum_{j=0}^{n}a_j\varphi_j(x)\Big]^2\mathrm{d}x$$

的极小值. $F(a_0,a_1,\cdots,a_n)$是关于 $a_0,a_1,\cdots,a_n$ 的二次函数. 利用多元函数求极小值的必要条件有

$$\frac{\partial F}{\partial a_k} = 0, \quad k = 0,1,\cdots,n,$$

即

$$\int_a^b \rho(x)\Big[\sum_{j=0}^n a_j\varphi_j(x) - f(x)\Big]\varphi_k(x)\mathrm{d}x = 0, \quad k = 0,1,\cdots,n.$$

移项有

$$\sum_{j=0}^n (\varphi_k,\varphi_j)a_j = (f,\varphi_k), \quad k = 0,1,\cdots,n, \tag{7.2.2}$$

其中

$$(\varphi_k,\varphi_j) = \int_a^b \rho(x)\varphi_k(x)\varphi_j(x)\mathrm{d}x, \quad (f,\varphi_k) = \int_a^b \rho(x)f(x)\varphi_k(x)\mathrm{d}x.$$

(7.2.2)式是关于 $a_0,a_1,\cdots,a_n$ 的线性方程组,称为**法方程**.(7.2.2)式的系数矩阵

$$\boldsymbol{A} = \begin{bmatrix} (\varphi_0,\varphi_0) & (\varphi_0,\varphi_1) & \cdots & (\varphi_0,\varphi_n) \\ (\varphi_1,\varphi_0) & (\varphi_1,\varphi_1) & \cdots & (\varphi_1,\varphi_n) \\ \vdots & \vdots & & \vdots \\ (\varphi_n,\varphi_0) & (\varphi_n,\varphi_1) & \cdots & (\varphi_n,\varphi_n) \end{bmatrix}$$

为 Gram 矩阵.由于 $\varphi_0(x),\varphi_1(x),\cdots,\varphi_n(x)$在$[a,b]$上是线性无关的.所以 $\boldsymbol{A}$ 为非奇异的(定理 1.6.6).由此线性方程组(7.2.2)有惟一解

$$a_k = a_k^*, \quad k = 0,1,\cdots,n.$$

令

$$s^*(x) = \sum_{j=0}^n a_j^*\varphi_j(x). \tag{7.2.3}$$

下面将证明 $s^*(x)$满足(7.2.1)式,即对任意 $s\in\Phi$ 有

$$\| f-s^* \|_2 \leqslant \| f-s \|_2. \tag{7.2.4}$$

因为 a_j^* $(j=0,1,\cdots,n)$为线性方程组(7.2.2)的解.所以有

$$\Big(\sum_{j=0}^n a_j^*\varphi_j - f,\varphi_k\Big) = 0, \quad k = 0,1,\cdots,n.$$

对任意 $s \in \Phi, s(x) = \sum_{k=0}^n a_k\varphi_k(x)$.由此式得到

$$(s^* - f,s) = 0.$$

特别$(s^*-f,s^*)=0$,因此有

$$(s^* - f,s-s^*) = 0.$$

对任意 $s\in\Phi$,

$$\begin{aligned}\| f-s \|_2^2 &= \| f-s^* + s^* - s \|_2^2 \\ &= \| f-s^* \|_2^2 + 2(f-s^*,s^*-s) + \| s^*-s \|_2^2\end{aligned}$$

$$=\|f-s^*\|_2^2+\|s^*-s\|_2^2\geqslant\|f-s^*\|_2^2.$$

这证明了(7.2.4)式，即证明$s^*(x)$为$f(x)$在Φ中的最佳平方逼近.

令$\delta(x)=f(x)-s^*(x)$，称$\|\delta\|_2$为**最佳平方逼近的误差**：

$$\|\delta\|_2^2=(f-s^*,f-s^*)=(f,f-s^*)-(s^*,f-s^*).$$

由前面推导有$(s^*,f-s^*)=0$，因此

$$\|\delta\|_2^2=(f,f-s^*)=(f,f)-(f,s^*).$$

注意到$s^*(x)=\sum_{j=0}^{n}a_j^*\varphi_j(x)$，所以得

$$\|\delta\|_2=\sqrt{\|f\|_2^2-\sum_{j=0}^{n}a_j^*(f,\varphi_j)}. \tag{7.2.5}$$

考虑特殊情况，$[a,b]=[0,1]$，$\Phi=\mathscr{P}_n=\operatorname{span}\{1,x,x^2,\cdots,x^n\}$，即$\varphi_k(x)=x^k(k=0,1,\cdots,n)$，$\rho(x)\equiv1$. 对于$f\in C[a,b]$，求在$\mathscr{P}_n$中的最佳平方逼近. 此时$s^*(x)$为$n$次多项式，一般称$s^*(x)$为$f(x)$在$\mathscr{P}_n$中的$n$次**最佳平方逼近多项式**.

为求$s^*(x)$，首先给出法方程(7.2.2).

$$(\varphi_k,\varphi_j)=\int_0^1 x^{k+j}\mathrm{d}x=\frac{1}{k+j+1},$$

$$(f,\varphi_k)=\int_0^1 f(x)x^k\mathrm{d}x\equiv d_k,$$

方程(7.2.2)的系数矩阵为

$$\boldsymbol{H}_{n+1}(0,1)=\begin{bmatrix}1&\frac{1}{2}&\cdots&\frac{1}{n+1}\\ \frac{1}{2}&\frac{1}{3}&\cdots&\frac{1}{n+2}\\ \vdots&\vdots&&\vdots\\ \frac{1}{n+1}&\frac{1}{n+2}&\cdots&\frac{1}{2n+1}\end{bmatrix}=(h_{ij})_{(n+1)\times(n+1)}. \tag{7.2.6}$$

矩阵(7.2.6)称为**Hilbert 矩阵**. 记$\boldsymbol{a}=(a_0,a_1,\cdots,a_n)^{\mathrm{T}}$，$\boldsymbol{d}=(d_0,d_1,\cdots,d_n)^{\mathrm{T}}$. 那么法方程可写为

$$\boldsymbol{Ha}=\boldsymbol{d}, \tag{7.2.7}$$

解之得，$a_j=a_j^*(j=0,1,\cdots,n)$，

$$p_n^*(x)=\sum_{j=0}^{n}a_j^*x^j$$

为$f(x)$在$\mathscr{P}_n$中的n次最佳平方逼近多项式.

例 7.2.1 设$f(x)=\sin\pi x$，$x\in[0,1]$. 求$f(x)$在$[0,1]$上关于$\rho(x)\equiv1$，在$\mathscr{P}_2=\operatorname{span}\{1,x,x^2\}$中的最佳平方逼近多项式.

解 $(\varphi_0,\varphi_0)=\int_0^1 1\mathrm{d}x=1,\quad (\varphi_0,\varphi_1)=\int_0^1 x\mathrm{d}x=\frac{1}{2},$

$$(\varphi_0,\varphi_2)=\int_0^1 x^2\mathrm{d}x=\frac{1}{3},\quad (\varphi_1,\varphi_1)=\int_0^1 x^2\mathrm{d}x=\frac{1}{3},$$

$$(\varphi_1,\varphi_2)=\int_0^1 x^3\mathrm{d}x=\frac{1}{4},\quad (\varphi_2,\varphi_2)=\int_0^1 x^4\mathrm{d}x=\frac{1}{5}.$$

$$(f,\varphi_0)=\int_0^1 \sin\pi x\mathrm{d}x=\frac{2}{\pi},\quad (f,\varphi_1)=\int_0^1 x\sin\pi x\mathrm{d}x=\frac{1}{\pi},$$

$$(f,\varphi_2)=\int_0^1 x^2\sin\pi x\mathrm{d}x=\frac{\pi^2-4}{\pi^3}.$$

法方程为

$$\begin{bmatrix}1 & \frac{1}{2} & \frac{1}{3}\\ \frac{1}{2} & \frac{1}{3} & \frac{1}{4}\\ \frac{1}{3} & \frac{1}{4} & \frac{1}{5}\end{bmatrix}\begin{bmatrix}c_0\\ c_1\\ c_2\end{bmatrix}=\begin{bmatrix}\frac{2}{\pi}\\ \frac{1}{\pi}\\ \frac{\pi^2-4}{\pi^3}\end{bmatrix},$$

解之得

$$c_0=\frac{12\pi^2-120}{\pi^3}\approx-0.050\,465,$$

$$c_1=-c_2=\frac{720-60\pi^2}{\pi^3}\approx 4.122\,51.$$

因此

$$p_2^*(x)=-4.122\,51x^2+4.122\,51x-0.050\,465.$$

$p_2^*(x)$与 $\sin\pi x$ 的图形见图 7.2.

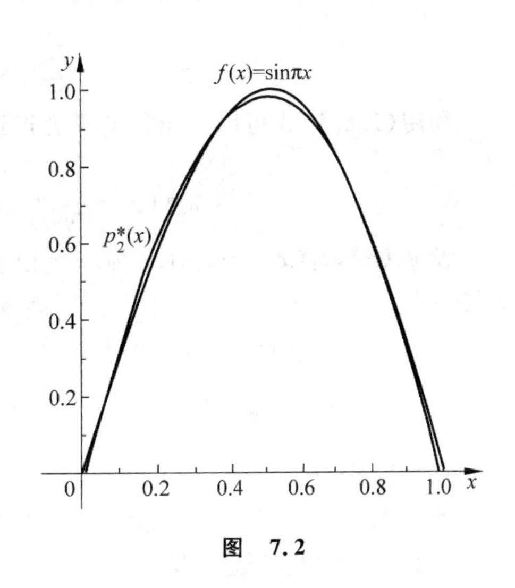

图 7.2

7.2.2 用正交函数组作最佳平方逼近

令 $\Phi=\mathscr{P}_n=\mathrm{span}\{1,x,\cdots,x^n\}$,对于 $f\in C[0,1]$,$\rho(x)\equiv 1$,在 Φ 中求 n 次最佳平方逼近多项式时,法方程的系数矩阵 $\boldsymbol{H}_{n+1}$ 为 Hilbert 矩阵. 由第 3 章知 $\boldsymbol{H}_{n+1}$ 是严重病态的,例如

$$\mathrm{cond}_2(\boldsymbol{H}_3)\approx 5\times 10^2,\quad \mathrm{cond}_2(\boldsymbol{H}_5)\approx 5\times 10^5,$$

$$\mathrm{cond}_2(\boldsymbol{H}_8)\approx 1.5\times 10^{10},\quad \mathrm{cond}_2(\boldsymbol{H}_{10})\approx 1.6\times 10^{13}.$$

这种情况下,当 n 稍大时,很难求出相应的线性方程组的解.

解决办法为采用正交函数组. 设$\{\varphi_0(x),\varphi_1(x),\cdots,\varphi_n(x)\}$为$[a,b]$上带权函数 $\rho(x)$ 的正交函数组. 此时

$$
\begin{aligned}
(\varphi_i,\varphi_j) &= \int_a^b \rho(x)\varphi(x)\varphi_j(x)\,\mathrm{d}x \\
&= \begin{cases} 0, & i \neq j, \\ \|\varphi_i\|_2^2, & i = j, \end{cases}
\end{aligned}
$$

所以法方程(7.2.2)的系数矩阵为非奇异的对角矩阵,即

$$
\begin{aligned}
\boldsymbol{G}_{n+1} &= G(\varphi_0,\varphi_1,\cdots,\varphi_n) \\
&= \mathrm{diag}\{\|\varphi_0\|_2^2,\|\varphi_1\|_2^2,\cdots,\|\varphi_n\|_2^2\}.
\end{aligned}
$$

这样(7.2.3)式的解为

$$
a_k^* = \frac{1}{\|\varphi_k\|_2^2}(f,\varphi_k), \quad k = 0,1,\cdots,n.
$$

于是,$f \in C[a,b]$在$\Phi = \mathrm{span}\{\varphi_0,\varphi_1,\cdots,\varphi_n\}$中的最佳平方逼近函数为

$$
s^*(x) = \sum_{k=0}^{n} \frac{1}{\|\varphi_k\|_2^2}(f,\varphi_k)\varphi_k(x). \tag{7.2.8}
$$

利用(7.2.5)式可以得出最佳平方逼近的误差

$$
\|\delta\|_2 = \sqrt{\|f\|_2^2 - \sum_{k=0}^{n}\left[\frac{(f,\varphi_k)}{\|\varphi_k\|_2}\right]^2}. \tag{7.2.9}
$$

设$\psi_0(x),\psi_1(x),\cdots,\psi_n(x)$为$[a,b]$上的函数组并且是线性无关的.由Gram-Schmidt方法,有

$$
\begin{aligned}
\varphi_0(x) &= \psi_0(x), \\
\varphi_k(x) &= \psi_k(x) - \sum_{j=1}^{k-1}\frac{(\psi_k,\varphi_j)}{(\varphi_j,\varphi_j)}\psi_j(x), \quad k = 1,2,\cdots,n,
\end{aligned}
$$

得到正交函数组$\{\varphi_0,\varphi_1,\cdots,\varphi_n\}$.

例 7.2.2 用在$[0,1]$上,$\rho(x)\equiv 1$的正交多项式对例7.2.1中的函数$f(x)=\sin\pi x$,$x\in[0,1]$作二次最佳逼近多项式.

解 用Gram-Schmidt正交化方法(7.1.3)构造正交多项式$\varphi_0(x),\varphi_1(x),\varphi_2(x)$.

$$
\varphi_0(x) = 1;
$$

$$
(\varphi_0,\varphi_0) = \int_0^1 1\,\mathrm{d}x = 1, \quad (x,\varphi_0) = \frac{1}{2}, \quad \varphi_1(x) = x - \frac{1}{2};
$$

$$
(\varphi_1,\varphi_1) = \frac{1}{12}, \quad (x^2,\varphi_1) = \frac{1}{12}, \quad (x^2,\varphi_0) = \frac{1}{3}, \quad \varphi_2(x) = x^2 - x + \frac{1}{6}.
$$

$$
(f,\varphi_0) = \int_0^1 \sin\pi x\,\mathrm{d}x = \frac{2}{\pi}, \quad a_0^* = 0;
$$

$$
a_0^* = \frac{1}{\|\varphi_0\|^2}(f,\varphi_0) = \frac{1}{(\varphi_0,\varphi_0)}(f,\varphi_0) = \frac{2}{\pi}.
$$

$$
(f,\varphi_1) = \int_0^1 \sin\pi x\cdot\left(x - \frac{1}{2}\right)\mathrm{d}x = 0,
$$

$$a_1^* = 0.$$

$$(f,\varphi_2) = \int_0^1 \sin\pi x \cdot \left(x^2 - x + \frac{1}{6}\right)\mathrm{d}x = -\frac{4}{\pi^3} + \frac{1}{3\pi},$$

$$(\varphi_2,\varphi_2) = \int_0^1 \left(x^2 - x + \frac{1}{6}\right)^2 \mathrm{d}x = \frac{1}{180},$$

$$a_2^* = \frac{1}{(\varphi_2,\varphi_2)}(f,\varphi_2) = 180\left(\frac{1}{3\pi} - \frac{4}{\pi^3}\right),$$

$$\begin{aligned} s^*(x) &= a_0^*\varphi_0(x) + a_1^*\varphi_1(x) + a_2^*\varphi_2(x) \\ &= \frac{2}{\pi} + 180\left(\frac{1}{3\pi} - \frac{4}{\pi^3}\right)\left(x^2 - x + \frac{1}{6}\right) \\ &= 180\left(\frac{1}{3\pi} - \frac{4}{\pi^3}\right)x^2 - 180\left(\frac{1}{3\pi} - \frac{4}{\pi^3}\right)x + \frac{2}{\pi} + 30\left(\frac{1}{3\pi} - \frac{4}{\pi^3}\right). \end{aligned}$$

可以看出,其结果与例 7.2.1 一样.

7.2.3 用 Legendre 正交多项式作最佳平方逼近

令 $\Phi = \mathrm{span}\{1, x, \cdots, x^n\}$,应用 Gram-Schmidt 方法可以得到正交多项式 $\varphi_0(x), \cdots, \varphi_n(x)$. 在用正交多项式作最佳平方逼近中,最常用的是 Legendre 正交多项式. 设区间为 $[-1,1]$, $\rho(x) \equiv 1$, $\Phi = \mathrm{span}\{\mathrm{P}_0, \mathrm{P}_1, \cdots, \mathrm{P}_n\}$,其中 $\mathrm{P}_j(x)(j=0,1,\cdots,n)$ 为 Legendre 正交多项式,并假定它们作了归一化处理,即满足

$$(\mathrm{P}_i,\mathrm{P}_j) = \int_{-1}^1 \mathrm{P}_i(x)\mathrm{P}_j(x)\mathrm{d}x = \begin{cases} 1, & i = j, \\ 0, & i \neq j. \end{cases}$$

利用 Legendre 正交多项式性质(7.1.4)知,

$$\mathrm{P}_j(x) = \frac{1}{j!2^j}\sqrt{\frac{2j+1}{2}}\frac{\mathrm{d}^j}{\mathrm{d}x^j}[(x^2-1)^j], \quad j = 0,1,\cdots,n. \tag{7.2.10}$$

设 $f \in C[-1,1]$,那么 $f(x)$ 在 $\Phi = \mathrm{span}\{\mathrm{P}_0, \mathrm{P}_1, \cdots, \mathrm{P}_n\}$ 中最佳平方逼近多项式为

$$s_n^*(x) = \sum_{j=0}^n a_j^* \mathrm{P}_j(x), \tag{7.2.11}$$

其中

$$a_j^* = \int_{-1}^1 f(x)\mathrm{P}_j(x)\mathrm{d}x. \tag{7.2.12}$$

可以证明,

$$\lim_{n\to\infty} \| f - s_n^* \|_2 = 0,$$

即 $s_n^*(x)$ 以范数 $\|\cdot\|_2$ 收敛于 $f(x)$.

对于首项系数为 1 的 Legendre 多项式

$$\widetilde{\mathrm{P}}_0(x) = 1,$$

$$\widetilde{\mathrm{P}}_n(x) = \frac{n!}{(2n)!}\frac{\mathrm{d}^n}{\mathrm{d}x^n}[(x^2-1)^n], \quad n \geqslant 1,$$

具有如下重要定理.

定理 7.2.1 在所有首项系数为1的 n 次多项式中,Legendre 多项式在$[-1,1]$上与零的平方误差最小.

证明 设 $Q_n(x)$是任意一个首项系数为1的 n 次多项式,$\widetilde{\mathrm{P}}_n(x)$为首项系数为1的 Legendre 多项式,那么

$$Q_n(x) = \widetilde{\mathrm{P}}_n(x) + \sum_{k=0}^{n-1} a_k \widetilde{\mathrm{P}}_k(x),$$

$$\begin{aligned}\| Q_n - 0 \|_2^2 &= \int_{-1}^{1} [Q_n(x)]^2 \mathrm{d}x \\ &= \| \widetilde{\mathrm{P}}_n \|_2^2 + \sum_{k=0}^{n-1} a_k^2 \| \widetilde{\mathrm{P}}_k \|_2^2 \\ &\geqslant \| \widetilde{\mathrm{P}}_n \|_2^2.\end{aligned}$$

上式中等号成立的充分必要条件是 $a_0 = a_1 = \cdots = a_n = 0$. 定理证毕.

对于一般区间$[a,b]$,设 $f \in C[a,b]$,那么可以作变量替换

$$x = \frac{b-a}{2}t + \frac{b+a}{2}, \quad t \in [-1,1].$$

于是令 $F(t) = f\left(\frac{b-a}{2}t + \frac{b+a}{2}\right)$,从而有 $F \in C[-1,1]$. 对 $F(t)$可以用 Legendre 多项式来作其最佳平方逼近.

例 7.2.3 设 $f(x) = \mathrm{e}^x$,在$[-1,1]$上用 Legendre 多项式作 $f(x)$的三次最佳平方逼近多项式.

解 利用归一化处理的 Legendre 正交多项式组 $\mathrm{P}_j(x), j=0,1,2,3$. 由(7.1.12)式得

$$a_0^* = 1.661\,985, \quad a_1^* = 0.901\,117,$$
$$a_2^* = 0.226\,302, \quad a_3^* = 0.037\,660.$$

再利用(7.2.11)式得

$$s_3^*(x) = \sum_{j=0}^{3} a_j^* \mathrm{P}_j(x) = 0.996\,293 + 0.997\,995x + 0.536\,722x^2 + 0.176\,139x^3.$$

*7.3 有理函数逼近

前面讨论了用多项式逼近函数 $f \in C[a,b]$的问题. 多项式便于计算并且种类也很多,多项式的导数和积分存在并且容易确定. 但用多项式来逼近,有时也存在一些不足.

比如,多项式逼近也会出现不应有的振荡.此外,当函数 $f(x)$在某点附近无界时,用多项式来逼近效果很差.这些不足用有理函数逼近可以得到改进.

7.3.1 有理分式

设 $f\in C[a,b]$,采用$[a,b]$上的有理分式

$$R_{n,m}(x)=\frac{P_n(x)}{Q_m(x)},\quad a\leqslant x\leqslant b \tag{7.3.1}$$

来逼近 $f(x)$,其中

$$P_n(x)=p_0+p_1x+\cdots+p_nx^n, \tag{7.3.2}$$

$$Q_m(x)=q_0+q_1x+\cdots+q_mx^m. \tag{7.3.3}$$

一般令 $q_0=1$,假定 $P_n(x)$,$Q_m(x)$无公因子.

对于 $f\in C[a,b]$,用 $R_{n,m}(x)$来逼近 $f(x)$有不同要求.比如,要求

$$\max_{a\leqslant x\leqslant b}|f(x)-R_{n,m}(x)|$$

最小.这是相当困难的问题,我们不作讨论.我们考虑满足插值条件

$$R_{n,m}(x_j)=f(x_j),\quad j=0,1,\cdots,m+n$$

的问题.由于 $R_{n,m}(x)$有 $n+m+1$ 个待定系数,利用上述 $n+m+1$ 个条件理应完全确定了 $R_{n,m}(x)$.

特别地,取 $n=0,m=1$,则

$$R_{0,1}(x)=\frac{p_0}{q_0+q_1x}.$$

由于 $q_0=1$,那么

$$R_{0,1}(x)=\frac{p_0}{1+q_1x}.$$

有两个待定系数.取两个插值条件为

$$f(x_0)=0,\quad f(x_1)=1,$$

利用第一个条件应有

$$R_{0,1}(x_0)=\frac{p_0}{1+q_1x_0}=f(x_0)=0,$$

得出 $p_0=0$.因而有 $R_{0,1}(x)\equiv 0$.由此有 $R_{0,1}(x_1)=0$,这样并不能满足 $f(x_1)=1$ 这个条件.

可以看出,有理插值并非都有解.下面仅讨论在 $x=0$ 处满足关于函数及函数导数的条件的情形,即所谓 Padé 逼近问题.

7.3.2 Padé 逼近

Padé 逼近要求 $f(x)$及其各阶导数在 $x=0$ 处连续.选择 $x=0$ 有两个原因,首先可使

其计算更为简单，其次通过变量替换可以把计算平移到包含零的区间.

$f(x)$可在$x=0$处 Taylor 级数展开(Maclaurin 级数)为

$$f(x)=a_0+a_1x+a_2x+\cdots+a_kx^k+\cdots, \tag{7.3.4}$$

其中

$$a_k=\frac{1}{k!}f^{(k)}(0).$$

定义 7.3.1 设$f\in C[-a,a]$，并在$x=0$附近充分光滑.如果存在有理函数

$$R_{n,m}(x)=\frac{P_n(x)}{Q_m(x)},$$

其中$P_n(x)$，$Q_m(x)$分别由(7.3.2)式和(7.3.3)式给出，并且$P_n(x)$，$Q_m(x)$无公因式，且满足条件

$$R_{n,m}(0)=f(0),\quad R_{n,m}{}^{(j)}(0)=f^{(j)}(0),\quad j=1,2,\cdots,n+m, \tag{7.3.5}$$

则称$R_{n,m}(x)$为函数$f(x)$在$x=0$处的**(n,m)阶 Padé 逼近**，记作$R(n,m)$.

注意到，若$m=0$，$Q_0(x)=1$，那么$R_{n,m}(x)=P_n(x)$，即为$f(x)$的 Maclaurin 级数展开取前$n+1$项.

若n,m事先给定，$R_{n,m}(x)$共有$n+m+1$个系数要确定，(7.3.5)式正好有$n+m+1$个条件.

设$R_{n,m}(x)$是$f(x)$在$x=0$处的 Padé 逼近.为确定$R_{n,m}(x)$，只要确定$P_n(x)$和$Q_m(x)$就可以了.

$$f(x)-R_{n,m}(x)=\frac{f(x)Q_m(x)-P_n(x)}{Q_m(x)}. \tag{7.3.6}$$

定理 7.3.1 设$f(x)$充分光滑，则有

$$f(x)Q_m(x)-P_n(x)=\sum_{j=n+m+1}^{\infty}c_jx^j. \tag{7.3.7}$$

证明 对$f(x)Q_m(x)-P_n(x)$进行 Maclaurin 级数展开，即

$$f(x)Q_m(x)-P_n(x)=\sum_{j=0}^{\infty}c_jx^j.$$

要证$c_0=c_1=\cdots=c_{n+m}=0$，考虑$0\leqslant j\leqslant n+m$，

$$\begin{aligned}c_j&=\frac{1}{j!}\frac{\mathrm{d}^j}{\mathrm{d}x^j}[f(x)Q_m(x)-P_n(x)]\bigg|_{x=0}\\&=\frac{1}{j!}\left[\frac{\mathrm{d}^j}{\mathrm{d}x^j}(f(x)Q_m(x))-P_n^{(j)}(x)\right]\bigg|_{x=0}\\&=\frac{1}{j!}\left(\sum_{i=0}^{i}\binom{j}{i}f^{(i)}(0)Q_m^{(j-i)}(0)-P_n^{(j)}(0)\right).\end{aligned}$$

利用 Padé 逼近条件

$$f(0)=R_{n,m}(0),\quad f^{(i)}(0)=R_{n,m}^{(i)}(0),\quad i=1,2,\cdots,m+n,$$

有

$$\begin{aligned}
c_j &=\frac{1}{j!}\left[\sum_{i=0}^{j}\binom{j}{i}R_{n,m}^{(i)}(0)Q_m^{(j-i)}(0)-P_n^{(j)}(0)\right]\\
&=\frac{1}{j!}\left[\sum_{i=0}^{j}\binom{j}{i}\frac{\mathrm{d}^i}{\mathrm{d}x^i}\left(\frac{P_n(x)}{Q_m(x)}\right)\Bigg|_{x=0}\cdot Q_m^{(j-i)}(0)-P_n^{(j)}(0)\right]\\
&=\frac{1}{j!}\left[\sum_{i=0}^{j}\binom{j}{i}\frac{\mathrm{d}^i}{\mathrm{d}x^i}\left(\frac{P_n(x)}{Q_m(x)}\right)\Bigg|_{x=0}Q_m^{(j-i)}(0)-P_n^{(j)}(0)\right]\\
&=\frac{1}{j!}\left[\frac{\mathrm{d}^j}{\mathrm{d}x^j}\left(\frac{P_n(x)}{Q_m(x)}Q_m(x)\right)\Bigg|_{x=0}-P_n^{(j)}(0)\right]\\
&=0,
\end{aligned}$$

即有 $c_0=c_1=\cdots=c_{n+m}=0$. 定理证毕.

由定理 7.3.1 知,对于给定的充分光滑的 $f(x)$,利用 Maclaurin 级数展开 $f(x)$,从而 $f(x)=\sum_{j=0}^{\infty}a_jx^j$ 中 a_j 均为已知. 由 $a_j(j=0,1,\cdots)$ 求出 $P_n(x),Q_m(x)$中的 $p_j(j=0,1,\cdots,n),q_j(j=1,2,\cdots,m)$,只要根据(7.3.7)式,即

$$(a_0+a_1x+a_2x^2+\cdots)(1+q_1x+q_2x^2+\cdots+q_mx^m)$$
$$-(p_0+p_1x+\cdots+p_nx^n)=c_{n+m+1}x^{n+m+1}+\cdots$$

就可以了.

比较 x^i 的系数,可得

$$\begin{cases}
x^0 & a_0-p_0=0,\\
x^1 & q_1a_0+a_1-p_1=0,\\
x^2 & q_2a_0+q_1a_1+a_2-p_2=0,\\
x^3 & q_3a_0+q_2a_1+q_1a_2+q_0a_3-p_3=0,\\
\vdots & \\
x^n & q_ma_{n-m}+q_{m-1}a_{n-m+1}+\cdots+q_0a_n-p_n=0,
\end{cases}\tag{7.3.8}$$

$$\begin{cases}
x^{n+1} & q_ma_{n-m+1}+q_{m-1}a_{n-m+2}+\cdots+q_1a_n+q_0a_{n+1}=0,\\
x^{n+2} & q_ma_{n-m+2}+q_{m-1}a_{n-m+3}+\cdots+q_1a_{n+1}+q_0a_{n+2}=0,\\
\vdots & \\
x^{n+m} & q_ma_n+q_{m-1}a_{n+1}+\cdots+q_1a_{n+m-1}+q_0a_{n+m}=0,
\end{cases}\tag{7.3.9}$$

其中 $q_0=1$.

注意,(7.3.8)式,(7.3.9)式的每个方程中,每项下标之和是一样的,即为 x 的幂.

方程组(7.3.9)有 m 个未知数,m 个方程,解得 $q_1,q_2,\cdots,q_m$;有了 $q_j(j=1,2,\cdots,m)$ 再解方程组(7.3.8)得 $p_0,p_1,\cdots,p_n$. 这样就得到 $f(x)$的 Padé 逼近

$$R_{n,m}(x)=\frac{P_n(x)}{Q_m(x)}.$$

例 7.3.1 求 $f(x)=e^x$ 的 Padé 逼近 $R_{3,2}(x)$.

解 e^x 的 Maclaurin 级数展开为

$$e^x=\sum_{j=0}^{\infty}\frac{1}{j!}x^j=1+x+\frac{1}{2}x^2+\frac{1}{6}x^3+\frac{1}{24}x^4+\frac{1}{120}x^5+\cdots,$$

$$Q_2(x)=1+q_1x+q_2x^2,$$

$$P_3(x)=p_0+p_1x+p_2x+p_3x^3.$$

方程组(7.3.9)为

$$\begin{cases} x^4 \qquad \dfrac{1}{2}q_2+\dfrac{1}{6}q_1+\dfrac{1}{24}=0, \\ x^5 \qquad \dfrac{1}{6}q_2+\dfrac{1}{24}q_1+\dfrac{1}{120}=0, \end{cases}$$

解得 $q_1=-\frac{2}{5},q_2=\frac{1}{20}$.

方程组(7.3.8)为

$$\begin{cases} x^3 \qquad \dfrac{1}{6}+\dfrac{1}{2}q_1+q_2=p_3, \\ x^2 \qquad \dfrac{1}{2}+q_1+q_2=p_2, \\ x^1 \qquad 1+q_1=p_1, \\ x^0 \qquad 1=p_0, \end{cases}$$

得出

$$p_0=1,\quad p_1=\frac{3}{5},\quad p_2=\frac{3}{20},\quad p_3=\frac{1}{60}.$$

于是

$$R_{3,2}(x)=\frac{P_3(x)}{Q_2(x)}=\frac{1+\frac{3}{5}x+\frac{3}{20}x^2+\frac{1}{60}x^3}{1-\frac{2}{5}x+\frac{1}{20}x^2}=\frac{60+36x+9x^2+x^3}{60-24x+3x^2}.$$

如果令 $x=0.5$,那么

$$R_{3,2}(0.5)=1.648\,718,$$

$$e^{0.5}=1.648\,721.$$

Maclaurin 级数部分和

$$P_5(x)=1+x+\frac{1}{2}x^2+\frac{1}{6}x^3+\frac{1}{24}x^4+\frac{1}{120}x^5.$$

$$P_5(0.5) = 1.648\,698.$$

可以看出,Padé 逼近比 Maclaurin 级数展开更好.

$f(x)=e^x$ 对不同的 n,m 的 Padé 逼近见表 7.2.

表 7.2

$n \backslash m$	0	1	2	3
0	1	$\frac{1}{1-x}$	$\frac{2}{2-2x+x^2}$	$\frac{6}{6-6x+3x^2-x^3}$
1	$1+x$	$\frac{2+x}{2-x}$	$\frac{6+2x}{6-4x+x^2}$	$\frac{24+6x}{24-18x+6x^2-x^3}$
2	$\frac{2+2x+x^2}{2}$	$\frac{6+4x+x^2}{6-2x}$	$\frac{12+6x+x^2}{12-6x+x^2}$	$\frac{60+24x+3x^2}{60-36x+9x^2-x^3}$
3	$\frac{6+6x+3x^2+x^3}{6}$	$\frac{24+18x+16x^2+x^3}{24-6x}$	$\frac{60+36x+9x^2+x^3}{60-24x+3x^2}$	$\frac{120+60x+12x^2+x^3}{120-60x+12x^2-x^3}$

令 $x=1$,则

$$R_{1,1}(1) = 3,\ R_{2,2}(1) = 2.111\,11,\ R_{3,3}(1) = 2.718\,31.$$

7.3.3 连分式

利用连分式可以减少运算次数,从而可以节省计算量.这里仅举例[19]说明,不作进一步讨论.

设 $f(x)=\cos x$,可以用例 7.3.1 的方法得到 $\cos x$ 的 Padé 逼近 $R_{4,4}(x)$.

$$R_{4,4}(x) = \frac{15\,120 - 6900x^2 + 313x^4}{15\,120 + 660x^2 + 13x^4}. \tag{7.3.10}$$

计算一个值 $R_{4,4}(x)$,需要至少 12 次算术运算.利用连分式可以减少运算次数.由(7.3.10)式开始,求出商和余项,

$$\begin{aligned} R_{4,4}(x) &= \frac{\dfrac{15\,120}{313} - \dfrac{6900}{313}x^2 + x^4}{\dfrac{15\,120}{13} + \dfrac{660}{13}x^2 + x^4} \\ &= \frac{313}{13} - \frac{269\,280}{169}\,\frac{\dfrac{12\,600}{823} + x^2}{\dfrac{15\,120}{13} + \dfrac{660}{13}x^2 + x^4} \\ &= \frac{313}{13} - \frac{269\,280}{69}\,\frac{1}{\dfrac{\dfrac{15\,120}{13} + \dfrac{660}{13}x^2 + x^4}{\dfrac{12\,600}{823} + x^2}}. \end{aligned}$$

为了计算,将分数转化成小数形式

$$R_{4,4}(x)=24.076\,923\,08-\frac{1753.136\,094\,67}{35.459\,388\,73+x^2+620.199\,282\,77/(15.309\,842\,04+x^2)}.$$

为计算上式,首先要计算并保存 x^2,然后从分母的右端项开始,依次进行加、除、加、加、除和减运算.这样总共进行7步求得连分式 $R_{4,4}(x)$.

在计算机上计算有理分式时,往往先把该有理分式化成连分式,然后再按此连分式进行计算,这样做常常会减少乘、除法的次数.从而减少计算工作量.

7.4 曲线拟合的最小二乘法

给定一组数据 (x_j,y_j),$y_j=f(x_j)$,$j=0,1,\cdots,m$.由第6章的插值方法可以构造出 m 次多项式 $L_m(x)$,使得

$$L_m(x_j)=f(x_j),\quad j=0,1,\cdots,m.$$

如果 m 不大并且 $\{x_j\}$,$\{y_j\}$ 均有相当多的有效数字,那么用插值方法得出的插值多项式是可行的.但有些情况,特别是实际测量中获得的数据有效位数不多,此外,一般 m 也很大,因此用插值方法得到的插值多项式不能很好地逼近实际情况.

曲线拟合的最小二乘法并不是要求一个函数(可以是多项式)通过点 (x_j,y_j),$j=0,1,\cdots,m$,而是要求这个函数经过这些点的"附近",使其某类误差最小.在7.2节中,对于 $f\in C[a,b]$,在给定的函数类 Φ 中求出了函数 $s^*(x)$ 使其平方误差最小.下面用相似的方法.若 $f(x)$ 只在一组离散点集 $\{x_j,j=0,1,\cdots,m\}$ 上给定,将求出 $s^*(x)$,使其与 $f(x)$ 满足

$$\sum_{j=0}^{m}\rho(x_j)[f(x_j)-s^*(x_j)]^2=\min_{s\in\Phi}\sum_{j=0}^{m}\rho(x_j)[f(x_j)-s(x_j)]^2,$$

其中 Φ 为给定的函数类.

7.4.1 最小二乘法及其计算

设 $f(x)$ 为定义在 $m+1$ 个节点 $a=x_0<x_1<\cdots<x_m=b$ 上的离散函数,即 $f(x)$ 完全由函数表

$$(x_j,f(x_j)),\quad j=0,1,\cdots,m$$

所确定.

设 $\varphi_0(x),\varphi_1(x),\cdots,\varphi_n(x)$ 为 $C[a,b]$ 上线性无关的函数集合,令 $\Phi=\mathrm{span}\{\varphi_0,\varphi_1,\cdots,\varphi_n\}$.

定义 7.4.1 设 $f(x)$ 为在 $m+1$ 个节点 $a=x_0<x_1<\cdots<x_m=b$ 上给定的离散函数,

最小二乘法为求 $s^* \in \Phi$,使得

$$\sum_{j=0}^{m}\rho(x_j)[f(x_j)-s^*(x_j)]^2=\min_{s\in\Phi}\sum_{j=0}^{m}\rho(x_j)[f(x_j)-s(x_j)]^2, \qquad (7.4.1)$$

其中 $\rho(x)$为$[a,b]$上的权函数.那么称 $s^*(x)$为函数 $f(x)$在 $m+1$ 个节点上的**最小二乘解**,也称为**最小二乘曲线拟合**.

注意到,权函数 $\rho(x)$仅需定义在 $m+1$ 个节点上,因此也称为**离散权函数**.

定义 7.4.1 中,$s(x)=\sum_{k=0}^{n}a_k\varphi_k(x)$,$s(x)$ 是待求的 $a_0,a_1,\cdots,a_n$ 的线性函数.因此称上述最小二乘问题为**线性最小二乘问题**.

由于 $s\in\Phi$,所以 $s(x)$可以表示为

$$s(x)=\sum_{i=0}^{n}a_i\varphi_i(x).$$

对于

$$\min_{s\in\Phi}\sum_{j=0}^{m}\rho(x_j)[f(x_j)-s(x_j)]^2=\min_{s\in\Phi}\sum_{j=0}^{m}\rho(x_j)\left[f(x_j)-\sum_{i=0}^{n}a_i\varphi_i(x_j)\right]^2,$$

相当于求多元函数

$$F(a_0,a_1,\cdots,a_n)=\sum_{j=0}^{m}\rho(x_j)\left[f(x_j)-\sum_{i=0}^{n}a_i\varphi_i(x_j)\right]^2 \qquad (7.4.2)$$

的极小值,这与 7.2 节讨论最佳平方逼近问题类似.

多元函数 $F(a_0,a_1,\cdots,a_n)$达到极小值的必要条件为

$$\frac{\partial F}{\partial a_k}=0,\quad k=0,1,\cdots,n.$$

即

$$\frac{\partial F}{\partial a_k}=-2\sum_{j=0}^{m}\rho(x_j)\left[f(x_j)-\sum_{i=0}^{n}a_i\varphi_i(x_j)\right]\varphi_k(x_j)=0,\quad k=0,1,\cdots,n.$$

引入离散函数的内积

$$(\varphi_i,\varphi_k)=\sum_{j=0}^{m}\rho(x_j)\varphi_i(x_j)\varphi_k(x_j),$$

$$(f,\varphi_k)=\sum_{j=0}^{m}\rho(x_j)f(x_j)\varphi_k(x_j).$$

可以得到

$$\sum_{i=0}^{n}(\varphi_i,\varphi_k)a_i=(f,\varphi_k),\quad k=0,1,\cdots,n.$$

具体写出有

$$\begin{bmatrix} (\varphi_0,\varphi_0) & (\varphi_0,\varphi_1) & \cdots & (\varphi_0,\varphi_n) \\ (\varphi_1,\varphi_0) & (\varphi_1,\varphi_1) & \cdots & (\varphi_1,\varphi_n) \\ \vdots & \vdots & & \vdots \\ (\varphi_n,\varphi_0) & (\varphi_n,\varphi_1) & \cdots & (\varphi_n,\varphi_n) \end{bmatrix} \begin{bmatrix} a_0 \\ a_1 \\ \vdots \\ a_n \end{bmatrix} = \begin{bmatrix} (f,\varphi_0) \\ (f,\varphi_1) \\ \vdots \\ (f,\varphi_n) \end{bmatrix}. \tag{7.4.3}$$

方程组(7.4.3)称为**法方程**.若系数矩阵非奇异,那么可惟一解出 $\boldsymbol{a}^*=(a_0^*,a_1^*,\cdots,a_n^*)^{\mathrm{T}}\in\mathbb{R}^{n+1}$,

$$s^*(x)=\sum_{i=0}^{n}a_i^*\varphi_i(x).$$

我们知道,这是由 $\sum_{j=0}^{m}\rho(x_j)[f(x_j)-s(x_j)]^2$ 极小的必要条件解出的.仿照最佳平方逼近中的证明,可以推导如下:

$$\begin{aligned}\sum_{j=0}^{m}\rho(x_j)[f(x_j)-s(x_j)]^2 &=(f-s,f-s)\\ &=(f-s^*+s^*-s,f-s^*+s^*-s)\\ &=(f-s^*,f-s^*)+2(f-s^*,s^*-s)+(s^*-s,s^*-s).\end{aligned}$$

由于 $a_0^*,a_1^*,\cdots,a_n^*$ 满足法方程

$$\sum_{i=0}^{n}a_i(\varphi_i,\varphi_k)=(f,\varphi_k),$$

从而有

$$\left(\sum_{i=0}^{n}a_i^*\varphi_i-f,\varphi_k\right)=0.$$

由此得出

$$(s^*-f,\varphi_k)=0.$$

从而有

$$(s^*-f,s)=0,\quad (s^*-f,s^*)=0.$$

这样有

$$(s^*-f,s^*-f)\leqslant(s-f,s-f).$$

令

$$\|f\|_2^2=(f,f).$$

那么有

$$\|s^*-f\|_2\leqslant\|s-f\|_2,\quad \forall s\in\Phi.$$

这说明,由方程组(7.4.3)解出的即为所求.令 $\delta^*(x)=s^*(x)-f(x)$, $\|\delta^*(x)\|_2$ 称为**最小二乘曲线拟合的误差,简称误差**.

为求法方程(7.4.3)的解,要求系数矩阵是非奇异的.但我们必须注意到, $\varphi_0(x)$,

$\varphi_1(x),\cdots,\varphi_n(x)$在$[a,b]$上线性无关不能保证系数矩阵非奇异，进一步的讨论可参见参考文献[1].

若取 $\Phi=\mathrm{span}\{1,x,x^2,\cdots,x^n\}$，那么法方程(7.4.3)的系数矩阵是非奇异的，此时一般称为多项式拟合.为了书写方便，令

$$(x^k,x^l)=\sum_{j=0}^{m}\rho(x_j)x_j^k x_j^l,$$

$$(x^l,f)=\sum_{j=0}^{m}\rho(x_j)x_j^l f(x_j),$$

那么法方程可以写为

$$\begin{bmatrix}(1,1) & (1,x) & \cdots & (1,x^n)\\ (x,1) & (x,x) & \cdots & (x,x^n)\\ \vdots & \vdots & & \vdots\\ (x^n,1) & (x^n,x) & \cdots & (x^n,x^n)\end{bmatrix}\begin{bmatrix}a_0\\ a_1\\ \vdots\\ a_n\end{bmatrix}=\begin{bmatrix}(1,f)\\ (x,f)\\ \vdots\\ (x^n,f)\end{bmatrix}. \tag{7.4.4}$$

例 7.4.1 根据下列离散数据，试用二次多项式进行曲线拟合，并求出误差.

j	0	1	2	3	4
x_j	0	0.25	0.50	0.75	1.00
$y_j=f(x_j)$	1.0000	1.2840	1.6487	2.1170	2.7183

解 此例中 $n=2,m=4$，易求出法方程

$$\begin{bmatrix}5 & 2.5 & 1.875\\ 2.5 & 1.875 & 1.562\\ 1.875 & 1.562 & 1.382\end{bmatrix}\begin{bmatrix}a_0\\ a_1\\ a_2\end{bmatrix}=\begin{bmatrix}8.7680\\ 5.4514\\ 4.4015\end{bmatrix}.$$

解此方程组得 $a_0=1.0051,a_1=0.864\,68,a_2=0.843\,16$.于是得到拟合数据的二次多项式

$$s^*(x)=p_2^*(x)=1.0051+0.864\,68x+0.843\,16x^2.$$

$p_2^*(x)$的图形见图 7.3.可计算出误差

$$e_2=\sqrt{\sum_{j=0}^{4}(y_j-p_2^*(x_j))^2}$$

$$=\sqrt{2.74\times10^{-4}}=1.66\times10^{-2}.$$

对于给定的离散数据，也可以用一次多项式，此时 $n=1,m=4$.仿照前面的计算可得

$$p_1^*(x)=0.8997+1.7078x.$$

同样，对于 $n=3,m=4$，得

$$p_3^*(x)=1.0000+1.0141x+0.4253x^2+0.2789x^3.$$

对于数据的拟合曲线 $p_1^*(x),p_3^*(x)$可以计算出误差

$$
\begin{aligned}
e_1 &= \sqrt{\sum_{j=0}^{4}[f(x_j) - p_1^*(x)]^2} \\
&= \sqrt{0.8392} = 0.916, \\
e_3 &= \sqrt{\sum_{j=0}^{4}[f(x_j) - p_3^*(x)]^2} \\
&= \sqrt{0.6036 \times 10^{-6}} = 7.769 \times 10^{-4}.
\end{aligned}
$$

对于这一问题,可以看出,$p_3^*(x)$比 $p_2^*(x)$好,$p_2^*(x)$比 $p_1^*(x)$好.

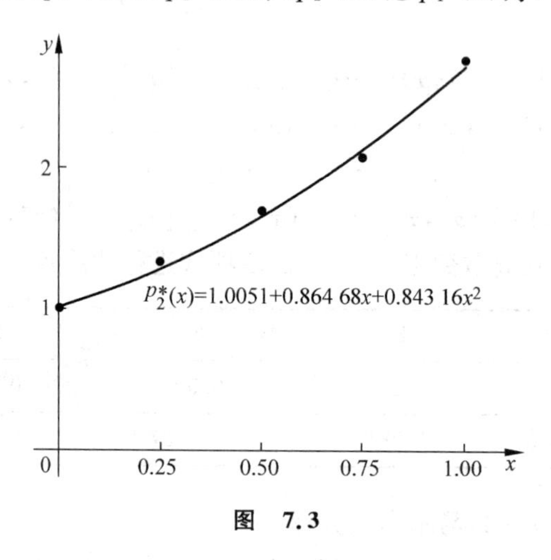

图 7.3

7.4.2 线性化方法

对于给定的数据 $x_0, x_1, \cdots, x_m; y_0, y_1, \cdots, y_m$,其中 $y_j = f(x_j), j = 0, 1, \cdots, m$. 为了拟合上述数据,首先要选择函数类 Φ. 从例 7.4.1 中看到,不同的函数类 Φ,即 $\Phi_1 = \mathrm{span}\{1, x\}$,$\Phi_2 = \mathrm{span}\{1, x, x^2\}$和 $\Phi_3 = \mathrm{span}\{1, x, x^2, x^3\}$,拟合的结果相差很大. 如果对$(x_j, y_j)$,$j = 0, 1, \cdots, m$,即数据图形有一个基本了解,那么确定 Φ 是有好处的.

如果列出的数据呈现指数状分布,即

$$
s(x) = b\mathrm{e}^{ax}, \tag{7.4.5}
$$

那么这是一个非线性模型. 对于给定的数据,用最小二乘法来确定 a, b 应使

$$
F(a, b) = \sum_{j=0}^{m} \rho(x_j)[f(x_j) - b\mathrm{e}^{ax_j}]^2
$$

最小. 仿照前面法方程的推导应有

$$
\frac{\partial F}{\partial b} = 2\sum_{j=0}^{m} \rho(x_j)[f(x_j) - b\mathrm{e}^{ax_j}](-\mathrm{e}^{ax_j}) = 0,
$$

$$\frac{\partial F}{\partial a} = 2\sum_{j=0}^{m}\rho(x_j)[f(x_j) - be^{ax_j}](-bx_j e^{ax_j}) = 0.$$

由此得方程组

$$\begin{cases}\sum_{j=0}^{m}\rho(x_j)[f(x_j) - be^{ax_j}]e^{ax_j} = 0, \\ \sum_{j=0}^{m}\rho(x_j)[f(x_j) - be^{ax_j}]bx_j e^{ax_j} = 0.\end{cases}$$

这是一个非线性方程组，很多情况可能无法解出 a 和 b.

对于数据呈指数状分布的情况，通常使用的办法是先对(7.4.5)式两边取对数. 这样有

$$\ln s(x) = \ln b + ax.$$

上式是一个线性问题，取 $\Phi = \text{span}\{1, x\}$，用最小二乘方法可以求得 $\ln s^*(x)$，从而得 $s^*(x) = e^{\ln s^*(x)}$. 这种方法一般称为**线性化方法**.

例 7.4.2 设数据$(x_j, f(x_j))$，$j=0,1,\cdots,4$ 由表 7.3 的第 2,3 行给出，试用线性化方法对数据进行最小二乘曲线拟合.

解 由数据$(x_j, f(x_j))$，$j=0,1,\cdots,4$ 知，图形呈指数关系. 在表 7.3 的第 4 行列出了 $\ln f(x_j)$，$j=0,1,\cdots,4$. 可以看出，$\ln f(x_j)$与 x_j 之间呈现线性关系. 因此可由 $s(x) = be^{ax}$转化为 $\ln s(x) = \ln b + ax$. 取 $\Phi = \text{span}\{1, x\}$，$\rho(x) \equiv 1$，可以得到

$$\begin{cases}5\ln b + 7.5a = 9.404, \\ 7.5\ln b + 11.875a = 14.422.\end{cases}$$

解之，有 $\ln b = 1.122$，$a = 0.5056$，于是有

$$\ln s_1^*(x) = 1.122 + 0.5056x.$$

表 7.3

j	0	1	2	3	4
x_j	1.00	1.25	1.50	1.75	2.00
y_j	5.10	5.79	6.53	7.45	8.46
$\ln y_j$	1.629	1.756	1.876	2.008	2.135
$s^*(x_j)$	5.09	5.78	6.56	7.44	8.44

从而有

$$s_1^*(x) = 3.071e^{0.5056x}.$$

表 7.3 的第 3 行和第 5 行中，在节点上给出了 y_i 与 $s_1^*(x_i)$$(i=0,1,\cdots,4)$的值. 从而易得误差为

$$e = \sqrt{\sum_{j=0}^{4}[y_j - s_1^*(x_j)]^2} = 0.04.$$

$f(x_j)$与$s_1^*(x)$的图形见图7.4.

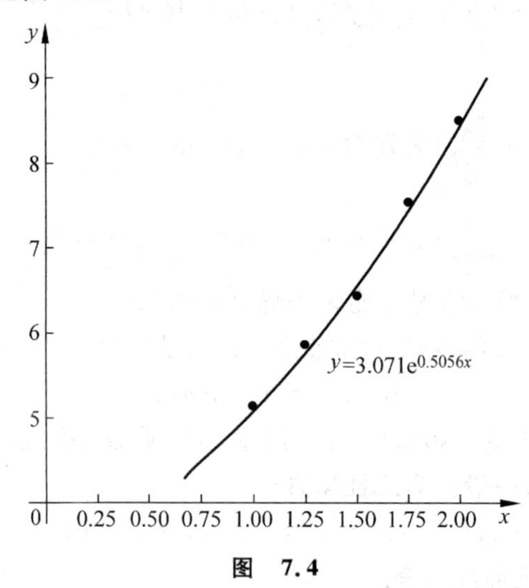

图 7.4

非线性模型可以是多种多样的.在很多情况下,可以使用数据线性化来拟合各种曲线.例如前面例7.4.2,把$y=ae^{bx}$的指数模型化为线性模型$\ln y=\ln a+bx$.表7.4中列出了通常使用的线性化方法.

表 7.4

函数 $y=f(x)$	线性化形式 $Y=aX+b$	变量与常数变换
$y=\frac{a}{x}+b$	$y=a\frac{1}{x}+b$	$X=\frac{1}{x},Y=y$
$y=\frac{d}{x+c}$	$y=\frac{-1}{c}xy+\frac{d}{c}$	$X=xy,Y=y$ $a=\frac{-1}{c},b=\frac{d}{c}$
$y=\frac{1}{ax+b}$	$\frac{1}{y}=ax+b$	$X=x,Y=\frac{1}{y}$
$y=\frac{x}{ax+b}$	$\frac{1}{y}=a\frac{1}{x}+b$	$X=\frac{1}{x},Y=\frac{1}{y}$ $a=b,b=a$
$y=a\ln x+b$	$y=a\ln x+b$	$X=\ln x,Y=y$
$y=ce^{ax}$	$\ln y=ax+\ln c$	$X=x,Y=\ln y$ $b=\ln c$

续表

函数 $y=f(x)$	线性化形式 $Y=aX+b$	变量与常数变换
$y=cx^a$	$\ln y=a\ln x+\ln c$	$X=\ln x, Y=\ln y$ $b=\ln c$
$y=(ax+b)^{-2}$	$y^{-\frac{1}{2}}=ax+b$	$X=x, Y=y^{-\frac{1}{2}}$
$y=cxe^{-dx}$	$\ln\frac{y}{x}=-dx+\ln c$	$X=x, Y=\ln\frac{y}{x}$ $b=\ln c, a=-d$
$y=\frac{l}{1+ce^{ax}}$	$\ln\left(\frac{l}{y}-1\right)=ax+\ln c$	$X=x, Y=\ln\left(\frac{l}{y}-1\right)$ $b=\ln c$，l 为给定常数

例 7.4.3 用 $y=\dfrac{1}{a+bx}$来拟合例 7.4.2 中所列的数据(x_j, y_j)，$j=0,1,2,3,4$.

解 采用线性化方法

$$\frac{1}{y}=a+bx.$$

$\Phi=\mathrm{span}\{1,x\}$. 系数矩阵与例 7.4.2 一样，即

$$\mathbf{A}=\begin{bmatrix} 5 & 7.50 \\ 7.50 & 11.875 \end{bmatrix}.$$

右端项

$$(Y,1)=\sum_{i=0}^{4}\frac{1}{y_i}=\frac{1}{5.10}+\frac{1}{5.79}+\frac{1}{6.53}+\frac{1}{7.45}+\frac{1}{8.46}=0.774\,36,$$

$$(Y,x)=\sum_{i=0}^{4}\frac{x_i}{y_i}=\frac{1.00}{5.10}+\frac{1.25}{5.79}+\frac{1.50}{6.53}+\frac{1.75}{7.45}+\frac{2.00}{8.46}=1.112\,98.$$

解方程组

$$\begin{cases} 5a+7.50b=0.774\,36, \\ 7.50a+11.875b=1.112\,98, \end{cases}$$

得 $a=0.271\,39$，$b=-0.077\,68$. 所以得到拟合曲线为

$$s^*(x)=\frac{1}{0.271\,39-0.077\,68x}.$$

$s^*(x_i)(0\leqslant i\leqslant 4)$的值依次为 5.16，5.74，6.46，7.38，8.62. 可以看出，结果没有例 7.4.2 好.

7.4.3 用正交多项式作最小二乘曲线拟合

用最小二乘法得到的法方程(7.4.3)的系数矩阵一般都是病态的. 对于例 7.4.1 中，

取 $\Phi=\text{span}\{1,x,x^2\}$时,系数矩阵的条件数为 386.79;取 $\Phi=\text{span}\{1,x,x^2,x^3\}$时,系数矩阵的条件数为 8.3909×10^3;取 $\Phi=\text{span}\{1,x,x^2,x^3,x^4\}$时,系数矩阵的条件数为 2.3336×10^5. 可以看出,法方程是病态方程组.

如果 $\Phi=\text{span}\{\varphi_0,\varphi_1,\cdots,\varphi_n\}$中 $\varphi_0,\varphi_1,\cdots,\varphi_n$ 关于点集$\{x_j,j=0,1,\cdots,m\}$是带权 $\rho(x_j)(j=0,1,\cdots,m)$正交的,即

$$(\varphi_i,\varphi_k)=\sum_{j=0}^{m}\rho(x_j)\varphi_i(x_j)\varphi_k(x_j)=\begin{cases}0, & i\neq k,\\ A_k>0, & i=k,\end{cases}$$

那么法方程(7.4.3)的求解很容易,直接可得

$$a_k^*=\frac{(f,\varphi_k)}{(\varphi_k,\varphi_k)}=\frac{\sum_{j=0}^{m}\rho(x_j)f(x_j)\varphi_k(x_j)}{\sum_{j=0}^{m}\rho(x_j)\varphi_k^2(x_j)},\quad i=0,1,\cdots,n, \tag{7.4.6}$$

$$s^*(x)=\sum_{k=0}^{n}a_k^*\varphi_k(x). \tag{7.4.7}$$

此时

$$\|\delta\|_2=\sqrt{\sum_{j=0}^{m}\rho(x_j)[f(x_j)-s^*(x_j)]^2}=\sqrt{\|f\|_2^2-\sum_{i=0}^{n}\frac{(f,\varphi_k)^2}{(\varphi_k,\varphi_k)}}.$$

设 $x_0,x_1,\cdots,x_m$ 为给定节点,$\rho(x)$为权函数. 不妨设 $\rho(x_j)>0,j=0,1,\cdots,m$. 用递推公式来构造带权 $\rho(x_j)(j=0,1,\cdots,m)$的正交多项式序列$\{p_k,k\leqslant n\}$. 所谓正交即为

$$\sum_{j=0}^{m}\rho(x_j)p_l(x_j)p_k(x_j)=\begin{cases}0, & l\neq k,\\ A_l>0, & l=k,\end{cases}$$

$$\begin{cases}p_0(x)=1,\\ p_1(x)=(x-\alpha_1)p_0(x),\\ p_{k+1}(x)=(x-\alpha_{k+1})p_k(x)-\beta_k p_{k-1}(x),\end{cases} \tag{7.4.8}$$

其中 $p_k(x)$是最高项系数为 1 的 k 次多项式.

$$\begin{cases}\alpha_{k+1}=\dfrac{(xp_k,p_k)}{(p_k,p_k)}=\dfrac{\sum_{j=0}^{m}\rho(x_j)x_jp_j^2(x_j)}{\sum_{j=0}^{m}\rho(x_j)p_k^2(x_j)}, & k=0,1,\cdots,n-1,\\[2ex] \beta_k=\dfrac{(p_k,p_k)}{(p_{k-1},p_{k-1})}=\dfrac{\sum_{j=0}^{m}\rho(x_j)p_k^2(x_j)}{\sum_{j=0}^{m}\rho(x_j)p_{k-1}^2(x_j)}, & k=1,2,\cdots,n-1.\end{cases} \tag{7.4.9}$$

定理 7.4.1 由(7.4.8)、(7.4.9)式形成的多项式$\{p_k,k\leqslant n\}$是带权 $\rho(x)$正交的.

证明 用归纳法证明.

$$(p_0,p_1)=(p_0,(x-\alpha_1)p_0)=(p_0,xp_0)-\alpha_1(p_0,p_0)$$
$$=(1,x)-\frac{(1,x)}{(1,1)}(1,1)=0,$$

所以 $p_0(x)$ 与 $p_1(x)$ 是正交的.

假定 $(p_l,p_s)=0, l\neq s, s=0,1,\cdots,l-1, l=1,2,\cdots,k$,对 $k<n$ 均成立,要证明

$$(p_{k+1},p_s)=0,\quad s=0,1,\cdots,k.$$

而

$$(p_{k+1},p_s)=((x-\alpha_{k+1})p_k,p_s)-\beta_k(p_{k-1},p_s)$$
$$=(xp_k,p_s)-\alpha_{k+1}(p_k,p_s)-\beta_k(p_{k-1},p_s),$$

由归纳假定,当 $0\leqslant s\leqslant k-2$ 时,

$$(p_k,p_s)=0,\quad (p_{k-1},p_s)=0,$$
$$(xp_k,p_s)=\sum_{j=0}^{m}x_jp_k(x_j)p_s(x_j)=\sum_{j=0}^{m}p_k(x_j)x_jp_s(x_j)$$
$$=(p_k,xp_s)=0.$$

于是,当 $s\leqslant k-2$ 时,有 $(p_{k+1},p_s)=0$.

考虑

$$(p_{k+1},p_{k-1})=(xp_k,p_{k-1})-\alpha_{k+1}(p_k,p_{k-1})-\beta_k(p_{k-1},p_{k-1}),\tag{7.4.10}$$

由假定 $(p_k,p_{k-1})=0$,所以有

$$(xp_k,p_{k-1})=(p_k,xp_{k-1})=\left(p_k,p_k+\sum_{j=0}^{k-1}c_jp_j\right)=(p_k,p_k).$$

由 β_k 的表达式及(7.4.10)式得 $(p_{k+1},p_{k-1})=0$.

$$(p_{k+1},p_k)=(xp_k,p_k)-\alpha_{k+1}(p_k,p_k)-\beta_k(p_{k-1},p_k)$$
$$=(xp_k,p_k)-\frac{(xp_k,p_k)}{(p_k,p_k)}(p_k,p_k)=0.$$

定理证毕.

例 7.4.4 用正交多项式方法求例 7.4.1 中离散数据的二次多项式曲线拟合.

解 先按公式(7.4.8)、(7.4.9)求出在点集{0.00,0.25,0.50,0.75,1.00}上关于权函数 $\rho(x)\equiv1$ 的正交多项式 $p_0(x),p_1(x),p_2(x)$.

$p_0(x)=1$;$\alpha_1=\frac{1}{2}$,得 $p_1(x)=x-\frac{1}{2}$;$\alpha_2=\frac{1}{2}$,$\beta_1=\frac{1}{8}$,得 $p_2(x)=\left(x-\frac{1}{2}\right)\left(x-\frac{1}{2}\right)-\frac{1}{8}$.

由正交多项式 $\{p_0,p_1,p_2\}$ 求出曲线拟合的二次多项式的系数 a_0^*,a_1^*,a_2^*.

$$(p_0,p_0)=5,$$

$$(f,p_0)=\sum_{j=0}^{4}f(x_j)p_0(x_j)$$

$$=1.0000+1.2840+1.6487+2.1170+2.7183=8.7680,$$

$$a_0^*=\frac{(f,p_0)}{(p_0,p_0)}=1.7536.$$

$$(p_1,p_1)=\sum_{j=0}^{4}p_1(x_j)p_1(x_j)=\sum_{j=0}^{4}\left(x_j-\frac{1}{2}\right)^2=\frac{5}{8},$$

$$(f,p_1)=\sum_{j=0}^{4}f(x_j)p_1(x_j)=1.0674,$$

$$a_1^*=\frac{(f,p_1)}{(p_1,p_1)}=1.707\,84.$$

$$(p_2,p_2)=\sum_{j=0}^{4}p_2(x_j)^2=\sum_{j=0}^{4}\left[\left(x_j-\frac{1}{2}\right)^2-\frac{1}{8}\right]^2=0.054\,687\,5,$$

$$(f,p_2)=\sum_{j=0}^{4}f(x_j)p_2(x_j)=0.046\,137\,5,$$

$$a_2^*=0.843\,657.$$

由此得出二次拟合多项式

$$\begin{aligned}s^*(x)&=a_0^*\,p_0(x)+a_1^*\,p_1(x)+a_2^*\,p_2(x)\\&=1.7536p_0(x)+1.707\,84p_1(x)+0.843\,657p_2(x)\\&=1.7536+1.707\,84\left(x-\frac{1}{2}\right)+0.843\,657\left[\left(x-\frac{1}{2}\right)^2-\frac{1}{8}\right].\\&=1.005\,137+0.864\,183x+0.843\,657x^2.\end{aligned}$$

与例 7.4.1 相比较,此例计算中采用更多有效数字,故较为准确.更精确(有效数字取多)地计算例 7.4.1 有

$$s^*(x)=1.005\,137\,143+0.864\,182\,857\,1x+0.843\,657\,142\,9x^2.$$

习 题

1. 用 Gram-Schmidt 方法(7.1.3)构造$[-1,1]$上带权 $\rho(x)\equiv 1$ 的前三个正交多项式 $P_0(x)$,$P_1(x)$,$P_2(x)$.

2. 设 $T_n(x)$为 n 次 Chebyshev 多项式,令 $T_n^*(x)=T_n(2x-1)$,$x\in[0,1]$,试证明$\{T_n^*\}$是$[0,1]$上权函数 $\rho(x)=\dfrac{1}{\sqrt{x-x^2}}$的正交多项式.

3. 试证明对每一个 Chebyshev 多项式 $\mathrm{T}_n(x)$ ($n\geqslant 1$)有

$$\int_{-1}^{1}\frac{[\mathrm{T}_n(x)]^2}{\sqrt{1-x^2}}\mathrm{d}x=\frac{\pi}{2}.$$

4. 设 $f(x)=x^2+3x+2, x\in[0,1]$. 试求 $f(x)$在$[0,1]$上关于 $\rho(x)\equiv 1, \Phi=\mathrm{span}\{1,x\}$的最佳平方逼近多项式. 若取 $\Phi=\mathrm{span}\{1,x,x^2\}$,那么最佳平方逼近多项式是什么?

5. 设 $f(x)=\mathrm{e}^x, x\in[-1,1]$,试求 $f(x)$在$[-1,1]$上关于 $\rho(x)\equiv 1, \Phi=\mathrm{span}\{1,x\}$的最佳平方逼近多项式.

6. 在习题 5 中,区间$[-1,1]$改变为$[0,2]$,那么相应的最佳平方逼近多项式是什么?

7. 设 $f(x)=\mathrm{e}^x, x\in[0,2]$. 试用$[0,2]$上权函数 $\rho(x)\equiv 1$ 的正交多项式作 $f(x)$的二次最佳平方逼近多项式.

8. 设 $f(x)=x\ln x, x\in[1,3]$,试用$[1,3]$上权函数 $\rho(x)\equiv 1$ 的正交多项式作 $f(x)$的一次最佳平方逼近多项式.

9. 已知一组数据:

x_i	-1	0	1	2	3	4	5	6
y_i	10	9	7	5	4	3	0	-1

试用 $y=ax+b$ 来拟合上述数据.

10. 已知一组数据:

x_i	0	1	2	3	4
y_i	1.5	2.5	3.5	5.0	7.5

试用 $y=c\mathrm{e}^{ax}$ 来拟合上述数据(采用线性化方法).

11. 求 $f(x)=\dfrac{1}{x}\ln(1+x)$的 Padé 逼近 $R_{1,1}(x)$.

12. 求 $f(x)=\dfrac{1}{\sqrt{x}}\tan\sqrt{x}$的 Padé 逼近 $R_{2,2}(x)$.

计算实习题

用多项式拟合离散数据以及用 Padé 逼近来近似函数.

1. 给定数据表

i	0	1	2	3	4	5	6
x_i	0	0.25	0.5	0.75	1.00	1.25	1.5
y_i	1.0000	1.2840	1.6487	2.1170	2.7183	3.4903	4.4817

试求出3次、4次多项式的曲线拟合,并用正交多项式方法再求出3次、4次多项式曲线拟合.画出计算曲线并打印出法方程系数矩阵条件数.

2. 由实验给出如下数据表:

x	0.0	0.1	0.2	0.3	0.5	0.8	1.0
y	1.0	0.41	0.50	0.61	0.91	2.02	2.46

试求出3次、4次多项式的曲线拟合;再根据数据曲线形状,求出不同形式的曲线拟合.用图示出数据曲线及拟合的曲线.

3. 建立 $\tan x$ 的 Padé 逼近 $R_{5,4}(x)$,将 $R_{5,4}(x)$ 与 $\tan x$ 的 Taylor 展开 $T_9(x)$(9次)作比较,并计算其在 $x=0.4, 0.8$ 及 1.2 处的值.

第8章

数值积分与数值微分

在科学与工程问题中，经常碰到定积分的计算. 例如，在电磁场理论中，已经证明在圆形的导线回路中电流所产生的磁场强度为

$$H(x)=\frac{4Ir}{r^2-x^2}\int_0^{\frac{\pi}{2}}\sqrt{1-\left(\frac{x}{r}\right)^2\sin^2\theta}\,\mathrm{d}\theta,$$

其中 I 是电流，r 是回路半径，x 是从中心到要计算磁场强度那点的距离($0\leqslant x\leqslant r$). 如果 I,r,x 给定，那么 $H(x)$包含了一个定积分.

定积分

$$\int_a^b f(x)\mathrm{d}x$$

的数值求解是本章主要内容.

在数学上，设 $f(x)$在$[a,b]$上可积，$F(x)$是 $f(x)$在$[a,b]$上的一个原函数，那么对于每个 $x\in[a,b]$ 有 Newton-Leibniz 公式

$$\int_a^x f(t)\mathrm{d}t=F(x)-F(a).$$

由此看来，求出原函数后，定积分计算问题就解决了. 但是，对于解决实际问题来说，Newton-Leibniz 公式是远远不够的. 首先，在整个可积函数类中，能够用初等函数表示不定积分的只占很小一部分. 即对于绝大部分理论上存在定积分的函数，例如 e^{-x^2}，$\frac{\sin x}{x}$($x\neq 0$)等并不能用 Newton-Leibniz 公式求得定积分的值. 其次，即使被积函数十分简单，但其不定积分可能十分复杂，例如，被积函数 $f(x)=\frac{1}{x^6+1}$，它的不定积分为

$$\frac{1}{3}\arctan x+\frac{1}{6}\arctan\left(\frac{x^2-1}{x}\right)+\frac{1}{4\sqrt{3}}\ln\frac{x^2+x\sqrt{3}+1}{x^2-x\sqrt{3}+1}+C,$$

这个表达式比较复杂，并且不可能求得精确值. 因此计算中将出现困难. 最后，我们还应

注意到，在实际问题中，许多函数只是通过测量、试验等方法给出若干个离散点上的函数值，这也将难以利用 Newton-Leibniz 公式.

由于上述原因，必须考虑定积分的近似方法. 数值积分是最重要的一种近似求积分的方法. 一般来说，找出 $f(x)$的一个近似函数 $\varphi(x)$，而 $\varphi(x)$的定积分比较容易求得，由此有 $\int_a^b f(x)\mathrm{d}x \approx \int_a^b \varphi(x)\mathrm{d}x$.

本章讨论 Newton-Cotes 求积公式、自适应积分法、外推算法、Gauss 求积公式等数值积分的方法和性质分析，对数值微分也作简单讨论.

8.1 Newton-Cotes 求积公式

8.1.1 梯形公式和 Simpson 公式

要计算定积分

$$I(f) = \int_a^b f(x)\mathrm{d}x, \tag{8.1.1}$$

比较简单的办法是用$[a,b]$上线性插值函数 $L_1(x)$来近似被积函数 $f(x)$. 设插值节点 $x_0=a, x_1=b$，那么

$$L_1(x) = \frac{x-b}{a-b}f(a) + \frac{x-a}{b-a}f(b),$$

$$I(f) \approx I_1(f) = \int_a^b L_1(x)\mathrm{d}x = \frac{b-a}{2}[f(a)+f(b)]. \tag{8.1.2}$$

公式(8.1.2)称为**梯形公式**，也可用 $T(f)$来表示.

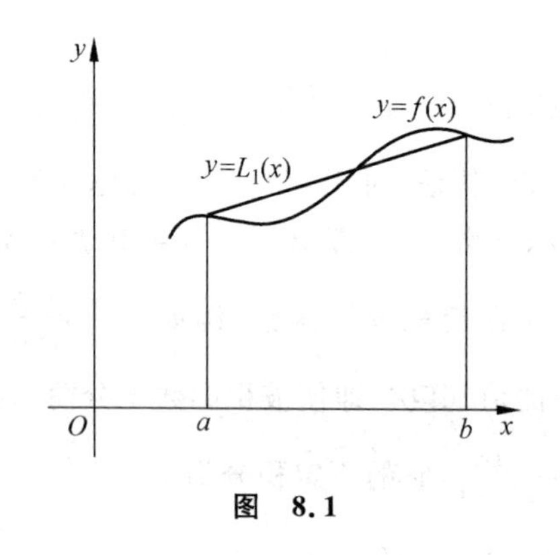

图 8.1

用 $I_1(f)$近似 $I(f)$的几何意义，就是用梯形面积近似曲线 $f(x)$下的面积 $\int_a^b f(x)\mathrm{d}x$，如图 8.1 所示.

为讨论梯形求积公式(8.1.2)的误差 $E_1(f)=I(f)-I_1(f)$，我们需要微积分中的积分中值定理.

定理 8.1.1(积分第一中值定理) 设 $f(x)$，$g(x)$在$[a,b]$上连续，且 $g(x)$在$[a,b]$上不变号，则存在 $\xi\in[a,b]$，使得

$$\int_a^b f(x)g(x)\mathrm{d}x = f(\xi)\int_a^b g(x)\mathrm{d}x.$$

定理 8.1.2 设 $f\in C^2[a,b]$，那么梯形求积公式的误差可以表示成下面形式：

$$\int_a^b f(x)\mathrm{d}x-\frac{b-a}{2}[f(a)+f(b)]=-\frac{h^3}{12}f''(\xi), \tag{8.1.3}$$

其中 $\xi\in[a,b]$，$h=b-a$.

证明 误差

$$E_1(f)=\int_a^b f(x)\mathrm{d}x-\frac{b-a}{2}[f(a)+f(b)]=\int_a^b [f(x)-L_1(x)]\mathrm{d}x$$

$$=\int_a^b (x-a)(x-b)\,\frac{f(x)-L_1(x)}{(x-a)(x-b)}\mathrm{d}x.$$

注意到，被积函数的第一个因子在$[a,b]$上非正，第二个因子在(a,b)内是连续的，利用L'Hospital(洛必达)法则可知在$[a,b]$上也连续. 利用定理 8.1.1 有

$$E_1(f)=\frac{f(z)-L_1(z)}{(z-a)(z-b)}\int_a^b (x-a)(x-b)\mathrm{d}x,\quad z\in[a,b].$$

注意到

$$\int_a^b (x-a)(x-b)\mathrm{d}x=-\frac{h^3}{6},$$

并利用线性插值多项式余项表达式得

$$E_1(f)=-\frac{h^3}{12}f''(\xi),\quad \xi\in[a,b]. \tag{8.1.4}$$

推论 8.1.1 设 $f\in C^2[a,b]$，那么有

$$|I(f)-I_1(f)|\leqslant\frac{1}{12}\|f''\|_\infty(b-a)^3,$$

其中 $\|f''\|_\infty=\max\limits_{a\leqslant x\leqslant b}|f''(x)|$.

例 8.1.1 用梯形公式(8.1.2)计算 $I=\int_0^1\frac{1}{1+x}\mathrm{d}x$ 的近似值.

解 I 的准确值为 $\ln 2\approx 0.693\,147$，而由公式(8.1.2)得

$$I_1(f)=\frac{1}{2}\left(1+\frac{1}{2}\right)=\frac{3}{4}=0.75,$$

计算的误差为 $I-I_1(f)\approx-0.0569$.

$$f(x)=\frac{1}{1+x},\quad f''(x)=\frac{2}{(1+x)^3},\quad \|f''\|_\infty=2,$$

利用推论 8.1.1 得估计

$$|I(f)-I_1(f)|\leqslant\frac{1}{12}\times2\times1=\frac{1}{6}\approx0.166\,67.$$

为了使计算定积分 $I(f)$ 更精确些，用 $f(x)$ 在$[a,b]$上的二次插值函数 $L_2(x)$ 来替代推导梯形公式中的一次插值多项式 $L_1(x)$. 插值节点取 $x_0=a$，$x_1=\frac{a+b}{2}$，$x_2=b$，这样得到 $f(x)$ 在$[a,b]$上的二次插值多项式

$$L_2(x)=\frac{(x-x_1)(x-x_2)}{(x_0-x_1)(x_0-x_2)}f(x_0)+\frac{(x-x_0)(x-x_2)}{(x_1-x_0)(x_1-x_2)}f(x_1)+\frac{(x-x_0)(x-x_1)}{(x_2-x_0)(x_2-x_1)}f(x_2).$$

$$I(f)\approx\int_a^b L_2(x)\mathrm{d}x=\frac{b-a}{6}\left[f(a)+4f\left(\frac{a+b}{2}\right)+f(b)\right].$$

令

$$I_2(f)=\frac{b-a}{6}\left[f(a)+4f\left(\frac{a+b}{2}\right)+f(b)\right],\tag{8.1.5}$$

称 $I_2(f)$ 为 **Simpson 求积公式**，也可用 $S(f)$ 来表示. 方法说明见图 8.2.

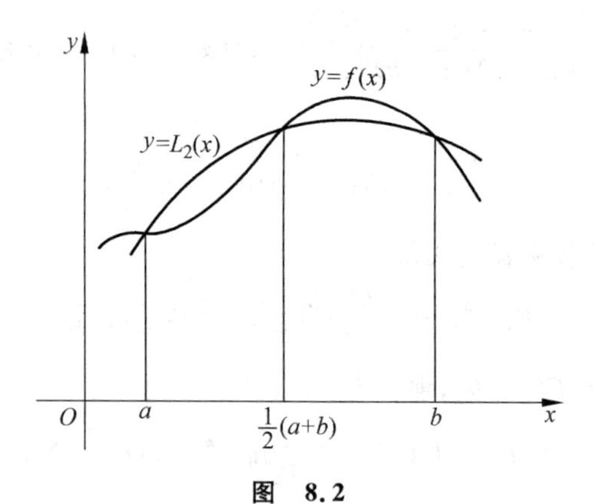

图 8.2

定理 8.1.3 设 $f\in C^4[a,b]$，那么 Simpson 求积公式(8.1.5)的误差为

$$E_2[f]=I(f)-I_2(f)=-\frac{(b-a)^5}{2880}f^{(4)}(\xi),\quad \xi\in[a,b].\tag{8.1.6}$$

* **证明**

$$E_2(f)=\int_a^b[f(x)-L_2(x)]\mathrm{d}x,\tag{8.1.7}$$

其中 $L_2(x)$ 是节点为 $x_0=a, x_1=\frac{1}{2}(a+b), x_2=b$ 的二次 Lagrange 插值多项式.

考虑三次多项式

$$p_3(x)=L_2(x)+\frac{4}{(b-a)^2}[L_2'(x_1)-f'(x_1)]\omega_3(x),$$

其中 $\omega_3(x)=(x-x_0)(x-x_1)(x-x_2)$. 显然 $p_3(x)$ 满足插值条件

$$p_3(x_k)=f(x_k),\quad k=0,1,2,\quad p_3'(x_1)=f'(x_1).$$

由于 $\int_a^b\omega_3(x)\mathrm{d}x=0$，所以从(8.1.7)式和 $p_3(x)$ 表达式得到

$$E_2(f) = \int_a^b [f(x) - p_3(x)] \mathrm{d}x.$$

改写上式为

$$E_2(f) = \int_a^b (x - x_0)(x - x_1)^2 (x - x_2) \frac{f(x) - p_3(x)}{(x - x_0)(x - x_1)^2 (x - x_2)} \mathrm{d}x.$$

上式中被积函数的第一个因子$(x-x_0)(x-x_1)^2(x-x_2)$在$[a,b]$上非正，由 L'Hospital 法则知第二个因子在$[a,b]$上是连续的，因此用定理 8.1.1 有

$$E_2(f) = \frac{f(z) - p_3(z)}{(z - x_0)(z - x_1)^2 (z - x_2)} \int_a^b (x - x_0)(x - x_1)^2 (x - x_2) \mathrm{d}x,$$

应用例 6.3.3 有

$$f(z) - p_3(z) = \frac{f^{(4)}(\xi)}{4!}(z - x_0)(z - x_1)^2 (z - x_2), \quad \xi \in [a,b].$$

而

$$\int_a^b (x - x_0)(x - x_1)^2 (x - x_2) \mathrm{d}x = -\frac{1}{120}(b - a)^5.$$

这样就得到(8.1.6)式.

推论 8.1.2 设 $f \in C^4[a,b]$，那么有

$$|I(f) - I_2(f)| \leqslant \frac{(b-a)^5}{2880} \| f^{(4)} \|_\infty. \tag{8.1.8}$$

例 8.1.2 用 Simpson 求积公式(8.1.5) 计算积分 $I = \int_0^1 \frac{1}{1+x} \mathrm{d}x$.

解 用 Simpson 公式，有

$$I_2(f) = \frac{1}{6}\left(1 + \frac{4}{1+\frac{1}{2}} + \frac{1}{2}\right) = \frac{25}{36} \approx 0.694\,44.$$

计算的误差

$$E_2(f) = I(f) - I_2(f) = \ln 2 - 0.694\,44 = -0.001\,30.$$

利用(8.1.8)式有

$$|E_2(f)| \leqslant \frac{1}{120} = 0.0083.$$

例 8.1.3 用梯形公式和 Simpson 求积公式计算积分 $\int_{1.1}^{1.5} \mathrm{e}^x \mathrm{d}x$ 的近似值，并讨论误差.

解
$$I_1(f) = \frac{0.4}{2}(\mathrm{e}^{1.1} + \mathrm{e}^{1.5}) = 1.497\,17,$$

$$I(f) = \mathrm{e}^{1.5} - \mathrm{e}^{1.1} = 1.477\,52,$$

计算误差为$-0.019\,65$.

$$|E_1(e^x)| \leqslant \frac{(0.4)^3}{12}e^{1.5} = 0.023\,90,$$

$$I_2(f) = \frac{0.4}{6}[e^{1.1} + 4e^{1.3} + e^{1.5}] = 1.477\,54,$$

计算误差

$$I(f) - I_2(f) = -0.2 \times 10^{-4},$$

$$|E_2(e^x)| \leqslant \frac{(0.4)^5}{2880}e^{1.5} = 0.159\,35 \times 10^{-4}.$$

注意到,估计误差比计算误差要小,这是不符合实际情况的,其原因是舍入误差引起的. 如果用更多位数数字来运算,那么情况就不一样.

$$I_2(e^x) = \frac{0.4}{6}(e^{1.1} + 4e^{1.3} + e^{1.5}) = 1.477\,536,$$

$$I(e^x) = 1.477\,523,$$

计算误差为-0.13×10^{-4}. 此时符合实际情况了.

8.1.2 插值型求积公式

在梯形公式和 Simpson 求积公式的推导中,分别是由$[a,b]$上的一次插值多项式和二次插值多项式来近似被积函数$f(x)$而得到的. 现在推广这种做法.

在积分区间$[a,b]$上给定 $n+1$ 个节点 $a\leqslant x_0<x_1<\cdots<x_n\leqslant b$ 和相应的函数值 $f(x_0),f(x_1),\cdots,f(x_n)$,由此可以构造出 $f(x)$的 n 次 Lagrange 插值多项式

$$L_n(x) = \sum_{k=0}^{n} f(x_k)l_k(x),$$

其中 $l_k(x) = \prod\limits_{\substack{j=0\\j\neq k}}^{n}\left(\frac{x-x_j}{x_k-x_j}\right)$ 为插值基函数,是 n 次多项式. 设插值余项为 $R_n(x)$,则有

$$f(x) = L_n(x) + R_n(x), \quad x \in [a,b].$$

从而有

$$\int_a^b f(x)\mathrm{d}x = \sum_{k=0}^{n} A_k f(x_k) + E_n(f), \tag{8.1.9}$$

其中

$$A_k = \int_a^b l_k(x)\mathrm{d}x, \quad k = 0,1,\cdots,n,$$

$$E_n(f) = \int_a^b R_n(x)\mathrm{d}x.$$

在(8.1.9)式中,$x_k(k=0,1,\cdots,n)$称为**求积节点**,$A_k(k=0,1,\cdots,n)$称为**求积系数**. 可以看出,求积系数仅依赖于求积区间及求积节点,而不依赖于被积函数 $f(x)$. $E_n(f)$称为

求积公式的误差.

一般称

$$\int_a^b f(x)\mathrm{d}x \approx \sum_{k=0}^{n} A_k f(x_k) \tag{8.1.10}$$

为**插值型求积公式**. 可以看出,梯形公式、Simpson 公式均是插值型求积公式.

8.1.3 代数精度

利用 Lagrange 插值多项式的余项可得求积公式(8.1.9)的余项

$$E_n(f) = \frac{1}{(n+1)!}\int_a^b f^{(n+1)}(\xi(x))\omega_{n+1}(x)\mathrm{d}x. \tag{8.1.11}$$

由此可知,如果 $f(x)$为次数小于或等于 n 的多项式,则有 $E_n(f)=0$. 此时有 $\int_a^b f(x)\mathrm{d}x = \sum_{k=0}^{n} A_k f(x_k)$. 从梯形求积公式、Simpson 求积公式也可以看出前者对一次多项式、后者对三次多项式求积公式误差为零. 这一现象反映了数值求积公式精度. 我们采用代数精度这一概念来描述.

定义 8.1.1 如果求积公式(8.1.10),对所有 $p\in \mathscr{P}_m$ 准确成立,即 $E_n(p)=0$,而对某个 $q\in \mathscr{P}_{m+1}$ 有 $E_n(q)\neq 0$,那么称求积公式具有 ***m* 次代数精度**.

设 $f,g\in C[a,b]$,利用(8.1.9)式有

$$E_n(\alpha f + \beta g) = \alpha E_n(f) + \beta E_n(g),$$

由此可知,对任一 $p\in \mathscr{P}_m$,$E_n(p)=0$ 等价于

$$E_n(x^k) = 0, \quad k = 0,1,\cdots,m. \tag{8.1.12}$$

而对任一 $p\in \mathscr{P}_m$ 有 $E_n(p)=0$,且对某个 $q\in \mathscr{P}_{m+1}$ 有 $E_n(q)\neq 0$ 等价于 $E_n(x^k)=0,k=0,1,\cdots,m$ 且 $E_n(x^{m+1})\neq 0$. 由此引入等价定义.

定义 8.1.2 如果 $E_n(x^k)=0,k=0,1,\cdots,m$,则称求积公式(8.1.10)**至少具有 *m* 次代数精度**,如果还有 $E_n(x^{m+1})\neq 0$,则称求积公式(8.1.10)具有 ***m* 次代数精度**.

根据代数精度的定义及余项表达式(8.1.11)可以得到下面定理.

定理 8.1.4 对于插值型求积公式(8.1.10),其代数精度至少为 n.

同样由(8.1.11)式知,梯形公式具有 1 次代数精度,Simpson 求积公式具有 3 次代数精度.

例 8.1.4 试确定求积公式

$$\int_{-h}^{h} f(x)\mathrm{d}x \approx Af(-h) + Bf(x_1)$$

中求积系数 A,B 及求积节点 x_1,使求积公式的代数精度尽可能高.

解 令 $f(x)=1$,使求积公式准确成立得 $2h=A+B$;令 $f(x)=x$,使求积公式准确

成立得 $0=-Ah+Bx_1$；令 $f(x)=x^2$，使求积公式准确成立得 $\frac{2}{3}h^3=Ah^2+Bx_1^2$. 由三个方程求解 A,B,x_1，得 $A=\frac{h}{2}$，$B=\frac{3}{2}h$，$x_1=\frac{1}{3}h$. 从而得到求积公式

$$\int_{-h}^{h} f(x)\mathrm{d}x \approx \frac{h}{2}\left[f(-h)+3f\left(\frac{1}{3}h\right)\right],$$

此时知，求积公式的代数精度至少为 2. 当 $f(x)=x^3$ 时，$\int_{-h}^{h} f(x)\mathrm{d}x = 0$，而 $\frac{h}{2}\left(-h^3+\frac{1}{9}h^3\right)\neq 0$，从而得出求积公式的代数精度为 2.

8.1.4 Newton-Cotes 求积公式

将区间$[a,b]$ n 等分. 令 $h=\frac{1}{n}(b-a)$，$x_k=a+kh$，$k=0,1,\cdots,n$. 作 $f(x)$在$[a,b]$上的 n 次插值多项式

$$L_n(x)=\sum_{k=0}^{n} f(x_k)l_k(x),\quad l_k(x)=\prod_{\substack{j=0\\ j\neq k}}^{n}\frac{x-x_j}{x_k-x_j}.$$

$$\begin{aligned}\int_a^b f(x)\mathrm{d}x &\approx \int_a^b \sum_{k=0}^{n} f(x_k)l_k(x)\mathrm{d}x\\ &= \sum_{k=0}^{n} f(x_k)\int_a^b l_k(x)\mathrm{d}x\\ &= (b-a)\sum_{k=0}^{n}\frac{1}{b-a}\int_a^b l_k(x)\mathrm{d}x\cdot f(x_k).\end{aligned}$$

令

$$C_k^{(n)}=\frac{1}{b-a}\int_a^b l_k(x)\mathrm{d}x,$$

那么有

$$\int_a^b f(x)\mathrm{d}x \approx (b-a)\sum_{k=0}^{n} C_k^{(n)} f(x_k). \tag{8.1.13}$$

公式(8.1.13)称为 **Newton-Cotes 求积公式**，$C_k^{(n)}$ $(k=0,1,\cdots,n)$称为 **Cotes 求积系数**. 由于节点是等距的，所以可得出

$$C_k^{(n)}=\frac{(-1)^{n-k}}{k!(n-k)!}\frac{1}{n}\int_0^n \prod_{\substack{j=0\\ j\neq k}}^{n}(t-j)\mathrm{d}t. \tag{8.1.14}$$

由(8.1.14)式知，Cotes 系数 $C_k^{(n)}$ $(k=0,1,\cdots,n)$不但与被积函数无关而且与求积区间也无关. 由(8.1.14)式可知，$C_k^{(n)}=C_{n-k}^{(n)}$，$k=0,1,\cdots,\left[\frac{n}{2}\right]$. 利用(8.1.14)式可求出 Cotes 系

数.部分结果见表 8.1.

表 8.1

n	$C_k^{(n)}$				
1	$\frac{1}{2}$				
2	$\frac{1}{6}$	$\frac{4}{6}$			
3	$\frac{1}{8}$	$\frac{3}{8}$			
4	$\frac{7}{90}$	$\frac{16}{45}$	$\frac{2}{15}$		
5	$\frac{19}{288}$	$\frac{25}{96}$	$\frac{25}{144}$		
6	$\frac{41}{840}$	$\frac{9}{35}$	$\frac{9}{280}$	$\frac{34}{105}$	
7	$\frac{751}{17\,280}$	$\frac{3577}{17\,280}$	$\frac{1323}{17\,280}$	$\frac{2989}{17\,280}$	
8	$\frac{989}{28\,350}$	$\frac{5888}{28\,350}$	$\frac{-928}{28\,350}$	$\frac{10\,496}{28\,350}$	$\frac{-4540}{28\,350}$

* 说明:根据 $C_k^{(n)}=C_{n-k}^{(n)}, k=0,1,\cdots,\left[\frac{n}{2}\right]$,故未列出对称部分数据.

$n=1, n=2$ 分别为梯形公式和 Simpson 公式.当 $n=3$ 时,Newton-Cotes 公式为 **Simpson 3/8 公式**,令 $h=\frac{1}{3}(b-a)$,那么有

$$\int_a^b f(x)\mathrm{d}x \approx \frac{3}{8}h[f(a)+3f(a+h)+3f(b-h)+f(b)]. \tag{8.1.15}$$

当 $n=4$ 时,Newton-Cotes 公式称为 **Boole 公式**也称 **Cotes 公式**.令 $h=\frac{1}{4}(b-a)$,那么有

$$\int_a^b f(x)\mathrm{d}x \approx \frac{2h}{45}\left[7f(a)+32f(a+h)+12f\left(\frac{a+b}{2}\right)\right.$$
$$\left.+32f(b-h)+7f(b)\right]. \tag{8.1.16}$$

Newton-Cotes 求积公式(8.1.13)的误差由下面定理给出.

定理 8.1.5 Newton-Cotes 求积公式(8.1.13)的误差 $E_n(f)$ 分两种情况:

(1) n 为偶数,设 $f\in C^{n+2}[a,b]$,则

$$E_n(f)=C_n h^{n+3} f^{(n+2)}(\eta), \quad \eta\in[a,b], \tag{8.1.17}$$

其中

$$C_n=\frac{1}{(n+2)!}\int_0^n \mu^2(\mu-1)\cdots(\mu-n)\mathrm{d}\mu.$$

(2) n 为奇数，设 $f\in C^{n+1}[a,b]$，则

$$E_n(f)=C_nh^{n+2}f^{(n+1)}(\eta),\quad \eta\in[a,b], \tag{8.1.18}$$

其中

$$C_n=\frac{1}{(n+1)!}\int_0^n\mu(\mu-1)\cdots(\mu-n)\mathrm{d}\mu.$$

特别地，对 $n=3$ 有

$$E_3(f)=-\frac{3}{80}h^5f^{(4)}(\eta).$$

对 $n=4$ 有

$$E_4(f)=-\frac{8}{945}h^7f^{(6)}(\eta).$$

例 8.1.5 用 Newton-Cotes 求积公式，取 $n=1,2,3,4$，计算积分 $I(f)=\int_{1.1}^{1.5}\mathrm{e}^x\mathrm{d}x$ 的近似值.

解 在例 8.1.3 中，已经用梯形公式和 Simpson 公式计算了这个积分.

$I_1(f)=1.497\,18$，实际误差 $E_1(f)=I(f)-I_1(f)=-0.019\,656\,9$.

$I_2(f)=1.477\,536$，实际误差 $E_2(f)=-0.13\times10^{-4}$.

取 $n=3$，即为 Simpson $\frac{3}{8}$公式，用公式(8.1.15)有

$$\begin{aligned}I_3(f)&=0.4\left(\frac{1}{8}\mathrm{e}^{1.1}+\frac{3}{8}\mathrm{e}^{\frac{3.7}{3}}+\frac{3}{8}\mathrm{e}^{\frac{4.1}{3}}+\mathrm{e}^{1.5}\right)\\&=1.477\,528\,859,\end{aligned}$$

实际误差为 -0.5813×10^{-5}.

取 $n=4$，即用 Cotes 公式计算有

$$I_4(f)=1.477\,523\,049,$$

实际误差为 -0.3×10^{-9}.

可以看出，$I_3(f)$不比 $I_2(f)$改进很多，但 $I_4(f)$比 $I_3(f)$改进很多.

8.1.5 开型 Newton-Cotes 求积公式

在求积公式

$$\int_a^bf(x)\mathrm{d}x\approx\sum_{k=0}^nA_kf(x_k)$$

中，节点 $x_k\in[a,b]$，$k=0,1,\cdots,n$，并假定 $x_0\leqslant x_1\leqslant\cdots\leqslant x_n$. 若 $x_0=a$，$x_n=b$，那么求积公式称为**闭型求积公式**，如果 $a<x_0$，$x_n<b$，则称求积公式为**开型求积公式**.

考虑等距节点，令

$$h=\frac{b-a}{n+2},\quad x_{-1}=a.$$

$x_k=a+(k+1)h, k=0,1,\cdots,n, x_{n+1}=b$. 用 $x_0,x_1,\cdots,x_n$ 作为求积的节点,那么有

$$\int_a^b f(x)\mathrm{d}x=(b-a)\sum_{k=0}^{n}b_k f(x_k)+\bar{E}_n(f),\tag{8.1.19}$$

其中

$$b_k=\frac{1}{b-a}\int_a^b l_k(x)\mathrm{d}x,\quad k=0,1,\cdots,n,$$

$l_k(x)(k=0,1,\cdots,n)$ 为节点 $x_0,x_1,\cdots,x_n$ 上的 n 次插值基函数. 公式(8.1.19)称为**开型 Newton-Cotes 求积公式**.

定理 8.1.6 开型 Newton-Cotes 求积公式(8.1.19)的误差 $\bar{E}_n(f)$ 分两种情况.

(1) n 为偶数, $f\in C^{n+2}[a,b]$, 则

$$\bar{E}_n(f)=\tilde{b}_n h^{n+3}f^{(n+2)}(\eta),\quad \eta\in[a,b],\tag{8.1.20}$$

其中

$$\tilde{b}_n=\frac{1}{(n+2)!}\int_{-1}^{n+1}\mu^2(\mu-1)\cdots(\mu-n)\mathrm{d}\mu.$$

(2) n 为奇数, $f\in C^{n+1}[a,b]$, 则

$$\bar{E}_n(f)=\tilde{b}_n h^{n+2}f^{(n+1)}(\eta),\quad \eta\in[a,b],\tag{8.1.21}$$

其中

$$\tilde{b}_n=\frac{1}{(n+1)!}\int_{-1}^{n+1}\mu(\mu-1)\cdots(\mu-n)\mathrm{d}\mu.$$

下面给出几个简单例子.

$n=0$ 的开型 Newton-Cotes 求积公式称为**中点公式或中矩形公式**,即

$$\int_a^b f(x)\mathrm{d}x=(b-a)f\left(\frac{a+b}{2}\right)+\frac{1}{3}h^3 f''(\eta),\quad \eta\in[a,b],\tag{8.1.22}$$

其中 $h=\frac{1}{2}(b-a)$.

$n=1$ 的开型 Newton-Cotes 公式

$$\int_a^b f(x)\mathrm{d}x=\frac{b-a}{2}[f(x_0)+f(x_1)]+\frac{3}{4}h^3 f''(\eta),\quad \eta\in[a,b],\tag{8.1.23}$$

其中 $h=\frac{1}{3}(b-a), x_0=a+h, x_1=a+2h$.

公式(8.1.23)称为**两点公式**.

$n=2$ 的三点公式

$$\begin{aligned}\int_a^b f(x)\mathrm{d}x=&\frac{b-a}{3}[2f(x_0)-f(x_1)+2f(x_2)]\\&+\frac{14}{45}h^5 f^{(4)}(\eta),\quad \eta\in[a,b],\end{aligned}\tag{8.1.24}$$

其中

$$h=\frac{b-a}{4},\quad x_0=a+h,\quad x_1=a+2h,\quad x_2=a+3h.$$

例 8.1.6 用(闭)Newton-Cotes 求积公式和开型 Newton-Cotes 公式计算积分 $\int_0^{\frac{\pi}{4}}\sin x\mathrm{d}x=1-\frac{\sqrt{2}}{2}\approx 0.292\,893\,22$.

解 闭型公式:

$n=1$(梯形公式), 0.277 680 18, 误差 0.015 213 03;

$n=2$(Simpson 公式), 0.292 932 64, 误差 0.000 039 42.

开型公式:

$n=0$(中点公式), 0.300 558 87, 误差 0.007 665 65;

$n=1$(两点公式), 0.297 987 54, 误差 0.005 094 32;

$n=2$, 0.292 858 66, 误差 0.000 034 56.

8.1.6 Newton-Cotes 求积公式的数值稳定性

考虑闭型求积公式

$$\int_a^b f(x)\mathrm{d}x=(b-a)\sum_{k=0}^{n}C_k^{(n)}f(x_k)+E_n(f).$$

特别取 $f(x)\equiv 1$,那么有

$$\sum_{k=0}^{n}C_k^{(n)}=1. \tag{8.1.25}$$

设 $C_k^{(n)}(k=0,1,\cdots,n)$无误差,但计算 $f(x_k)$时有误差,记为 $\tilde{f}(x_k)$. 反映在数值求积公式中(相差因子$(b-a)$),有

$$\sum_{k=0}^{n}C_k^{(n)}\tilde{f}(x_k)\approx\sum_{k=0}^{n}C_k^{(n)}f(x_k).$$

令

$$\varepsilon=\max_{0\leqslant k\leqslant n}|\tilde{f}(x_k)-f(x_k)|,$$

则有

$$\begin{aligned}&\left|\sum_{k=0}^{n}C_k^{(n)}\tilde{f}(x_k)-\sum_{k=0}^{n}C_k^{(n)}f(x_k)\right|\\=&\left|\sum_{k=0}^{n}C_k^{(n)}(\tilde{f}(x_k)-f(x_k))\right|\\\leqslant&\sum_{k=0}^{n}|C_k^{(n)}|\cdot|\tilde{f}(x_k)-f(x_k)|\leqslant\varepsilon\sum_{k=0}^{n}|C_k^{(n)}|.\end{aligned}$$

当 $C_k^{(n)}>0(k=0,1,\cdots,n)$时，有

$$\left|\sum_{k=0}^{n}C_k^{(n)}\tilde{f}(x_k)-\sum_{k=0}^{n}C_k^{(n)}f(x_k)\right|\leqslant\varepsilon.$$

由此，当 $n\leqslant 7$ 时，$C_k^{(n)}>0$，此时 Newton-Cotes 求积公式是稳定的.

对于 $n\geqslant 8$ 时，求积系数值也较大，而且符号有正有负. 此时由于相互抵消会丢失不少有效位数字，由此导致数值不稳定，因此不宜采用高阶 Newton-Cotes 求积公式.

8.2 复合求积公式

考虑定积分

$$I(f)=\int_1^{10}\frac{1}{x}\mathrm{d}x\approx 2.302\,585.$$

如果用梯形公式来求其近似值，

$$I_1(f)=\frac{9}{2}\left(\frac{1}{10}+1\right)=4.9.$$

如果用 Simpson 求积公式，

$$I_2(f)=\frac{9}{6}\left(1+\frac{4}{5.5}+\frac{1}{10}\right)=2.740\,909.$$

可以看出，用 $I_1(f)$，$I_2(f)$来计算 $I(f)$均不很准确，如果要得到 $I(f)$很准确的值，必须采用高阶的 Newton-Cotes 求积公式. 前面已讨论过，高阶的 Newton-Cotes 公式($n\geqslant 8$)是不可取的.

提高精度的另一个办法是先把整个积分区间分成若干个子区间(通常是等分)，再在每个子区间上采用低阶求积公式，这种方法称为**复合求积方法**.

8.2.1 复合梯形求积公式

将积分区间$[a,b]$分为 n 等份，$x_k=a+kh$，$h=\dfrac{b-a}{n}$，$k=0,1,\cdots,n$. 在每个子区间$[x_{k-1},x_k]$，$(k=1,2,\cdots,n)$上采用梯形公式，则有

$$\begin{aligned}\int_a^b f(x)\mathrm{d}x&=\sum_{k=1}^{n}\int_{x_{k-1}}^{x_k}f(x)\mathrm{d}x\\&=\frac{h}{2}\sum_{k=1}^{n}[f(x_{k-1})+f(x_k)]+\tilde{E}_n(f).\end{aligned}$$

令

$$T_n(f)=\frac{h}{2}\sum_{k=1}^{n}[f(x_{k-1})+f(x_k)]$$

$$=\frac{h}{2}\left[f(a)+2\sum_{k=1}^{n-1}f(x_k)+f(b)\right], \tag{8.2.1}$$

此公式称为**复合梯形公式**.

下面讨论由复合梯形公式(8.2.1)计算$\int_a^b f(x)\mathrm{d}x$的误差.由梯形公式的误差有

$$\int_{x_{k-1}}^{x_k} f(x)\mathrm{d}x=\frac{h}{2}[f(x_{k-1})+f(x_k)]-\frac{h^3}{12}f''(\eta_k),\quad \eta_k\in[x_{k-1},x_k].$$

对上式求和有

$$\int_a^b f(x)\mathrm{d}x=T_n(f)-\frac{h^3}{12}\sum_{k=1}^{n}f''(\eta_k).$$

由于$h=\dfrac{b-a}{n}$,所以

$$\widetilde{E}_n(f)=-\frac{b-a}{12}h^2\frac{1}{n}\sum_{k=1}^{n}f''(\eta_k).$$

注意到

$$\min_{1\leqslant k\leqslant n}f''(\eta_k)\leqslant\frac{1}{n}\sum_{k=1}^{n}f''(\eta_k)\leqslant\max_{1\leqslant k\leqslant n}f''(\eta_k),$$

从而有

$$\min_{x\in[a,b]}f''(x)\leqslant\frac{1}{n}\sum_{k=1}^{n}f''(\eta_k)\leqslant\max_{x\in[a,b]}f''(x).$$

由于$f\in C^2[a,b]$,所以存在$\eta\in[a,b]$,使得

$$f''(\eta)=\frac{1}{n}\sum_{k=1}^{n}f''(\eta_k).$$

这样得到

$$E_n(f)=-\frac{b-a}{12}h^2f''(\eta),\quad \eta\in[a,b]. \tag{8.2.2}$$

由(8.2.2)式可知,误差是$O(h^2)$,当$h\to0(n\to\infty)$时有$E_n(f)$趋于0,从而有

$$\lim_{n\to\infty}T_n(f)=\int_a^b f(x)\mathrm{d}x.$$

这就是复合梯形公式的收敛性.事实上,要得到复合梯形公式的收敛性,对被积函数$f(x)$的条件可以减弱.

设$f\in C[a,b]$,把$T_n(f)$改写为

$$T_n(f)=\frac{1}{2}\left[\frac{b-a}{n}\sum_{k=0}^{n-1}f(x_k)+\frac{b-a}{n}\sum_{k=1}^{n}f(x_k)\right],$$

由于$f(x)$为连续函数,因此$f(x)$在$[a,b]$上可积.上式中令$n\to\infty$有

$$\lim_{n\to\infty}T_n(f)=\int_a^b f(x)\mathrm{d}x.$$

用复合梯形求积公式(8.2.1)计算定积分还不够精确,还可以使每个子区间$[x_{k-1},x_k]$$(k=1,2,\cdots,n)$对分,这样得$2n$个子区间.对$2n$个子区间再用复合梯形公式可以计算出$T_{2n}(f)$.注意到,计算$T_n(f)$中的分点也是计算$T_{2n}(f)$中的分点,因此,在计算$T_{2n}(f)$时,只要把新分点

$$x_{k-\frac{1}{2}} = x_k - \frac{1}{2}h, \quad h = \frac{1}{n}(b-a), \quad k = 1,2,\cdots,n$$

上的函数值$f(x_{k-\frac{1}{2}})$加到$T_n(f)$中,即

$$T_{2n}(f) = \frac{1}{2}T_n(f) + \frac{1}{2}h\sum_{k=1}^{n} f(x_{k-\frac{1}{2}}).$$

若令

$$H_n(f) = h\sum_{k=1}^{n} f(x_{k-\frac{1}{2}}), \tag{8.2.3}$$

那么有

$$T_{2n}(f) = \frac{1}{2}[T_n(f) + H_n(f)]. \tag{8.2.4}$$

8.2.2 复合 Simpson 求积公式

将区间$[a,b]$分为n等份,$x_k=a+kh$,$h=\frac{1}{n}(b-a)$,$k=0,1,\cdots,n$.在每个子区间$[x_{k-1},x_k]$上采用 Simpson 公式,有

$$\begin{aligned}\int_a^b f(x)\mathrm{d}x &= \sum_{k=1}^{n}\int_{x_{k-1}}^{x_k} f(x)\mathrm{d}x \\ &= \frac{h}{6}\sum_{k=1}^{n}[f(x_{k-1}) + 4f(x_{k-\frac{1}{2}}) + f(x_k)] + \widetilde{E}_n(f),\end{aligned}$$

其中$x_{k-\frac{1}{2}}=\frac{1}{2}(x_{k-1}+x_k)$.令

$$S_n(f) = \frac{h}{6}\sum_{k=1}^{n}[f(x_{k-1}) + 4f(x_{k-\frac{1}{2}}) + f(x_k)], \tag{8.2.5}$$

此公式称为**复合 Simpson 求积公式**.

(8.2.5)式可以化简为

$$S_n(f) = \frac{h}{6}\Big[f(a) + 4\sum_{k=1}^{n} f(x_{k-\frac{1}{2}}) + 2\sum_{k=1}^{n-1} f(x_k) + f(b)\Big].$$

由(8.2.5)式可知,

$$\int_a^b f(x)\mathrm{d}x = S_n(f) + \widetilde{E}_n(f). \tag{8.2.6}$$

设$f\in C^4[a,b]$,由 Simpson 求积公式(8.1.5)及其误差(8.1.6)式有

$$\int_{x_{k-1}}^{x_k} f(x)\mathrm{d}x = \frac{h}{6}[f(x_{k-1}) + 4f(x_{k-\frac{1}{2}}) + f(x_k)]$$

$$-\frac{1}{90}\left(\frac{h}{2}\right)^5 f^{(4)}(\eta_n), \quad \eta_k \in [x_{k-1}, x_k].$$

对 k 从 1 到 n 求和有

$$\widetilde{E}_n(f) = -\frac{1}{2880}(b-a)h^4 \frac{1}{n}\sum_{k=1}^{n} f^{(4)}(\eta_k).$$

仿照复合梯形求积公式误差的推导,有

$$\int_a^b f(x)\mathrm{d}x = S_n(f) - \frac{1}{2880}(b-a)h^4 f^{(4)}(\eta), \quad \eta \in [a,b]. \tag{8.2.7}$$

由上式可以得出,复合 Simpson 公式的误差为 $O(h^4)$,并且 $S_n(f)$ 当 $n \to \infty$ 时收敛到 $\int_a^b f(x)\mathrm{d}x$. 对于复合 Simpson 求积公式的收敛性,与复合梯形公式一样,仅要求 $f \in C[a,b]$.

考虑到复合梯形公式的表达式(8.2.1)及 $H_n(f)$ 的表达式(8.2.3),可以得出

$$S_n(f) = \frac{1}{3}T_n(f) + \frac{2}{3}H_n(f). \tag{8.2.8}$$

由上式得出,复合 Simpson 求积公式可以由复合梯形公式再加上 $H_n(f)$ 得到.

例 8.2.1 用复合梯形公式和复合 Simpson 公式计算积分

$$I = \int_0^\pi \mathrm{e}^x \cos x \mathrm{d}x$$

的近似值.

解 积分的精确值 $I \approx -12.070\,346\,316\,4$. 数值计算见表 8.2.

表 8.2

n	复合梯形公式		复合 Simpson 公式	
	$T_n(f)$	$\widetilde{E}_n(f)$	$S_n(f)$	$\widetilde{E}_n(f)$
2	−17.389 259	5.32	−11.592 840	−4.78E−1*
4	−13.336 023	1.27	−11.984 944	−8.54E−2
8	−12.382 162	3.12E−1	−12.064 209	−6.14E−3
16	−12.148 004	7.77E−2	−12.069 951	−3.95E−4
32	−12.089 742	1.94E−2	−12.070 321	−2.49E−5
64	−12.075 194	4.85E−3	−12.070 345	−1.56E−6
128	−12.071 558	1.21E−3	−12.070 346 22	−9.73E−8
256	−12.070 649	3.03E−4	−12.070 346 31	−6.08E−9

* 说明: −4.78E−1 表示 -4.78×10^{-1}.

由计算结果(见表 8.2)可以看出,复合 Simpson 公式明显优于复合梯形公式.

例 8.2.2 若用复合梯形公式求 $I=\int_0^1 e^{-x}dx$ 的近似值,问要将积分区间[0,1]分成多少等份才能保证计算的误差不超过$\frac{1}{2}\times 10^{-4}$?若用复合 Simpson 求积公式呢?

解 由复合梯形公式余项(8.2.2)有

$$E_n(f)=-\frac{b-a}{12}h^2f''(\eta),$$

$$=-\frac{1}{12}\left(\frac{1}{n}\right)^2f''(\eta),\quad \eta\in[a,b].$$

$f(x)=e^{-x}, f''(x)=e^{-x}, \max\limits_{x\in[0,1]} e^{-x}=1$,由此得

$$|E_n(f)|\leqslant\frac{1}{12n^2}\leqslant\frac{1}{2}\times 10^{-4}.$$

当 $n\geqslant 40.8$,上式满足.取 $n=41$,即用复合梯形公式求 I 的近似值时,需将[0,1]等分为 41 等份可保证计算误差小于等于$\frac{1}{2}\times 10^{-4}$.

对于复合 Simpson 求积公式,采用误差公式(8.2.7),可以推出

$$|E_n(f)|\leqslant\frac{1}{2880}\left(\frac{1}{n}\right)^4\leqslant\frac{1}{2}\times 10^{-4}.$$

当 $n\geqslant 2$ 时,满足要求,因此取 $n=2$,即把区间[0,1]分成 2 等份即可.

从这个例子可以看出,用复合 Simpson 公式优于复合梯形公式.

8.3 Romberg 求积公式

8.3.1 外推技巧

用复合梯形公式(8.2.1)求定积分 $I(f)=\int_a^b f(x)dx$,将区间$[a,b]$分 n 等份,$h=\frac{b-a}{n}$.(8.2.1)式记成

$$T_n(f)=\frac{h}{2}\sum_{k=1}^{n}[f(x_{k-1})+f(x_k)].$$

由于 n 与 h 相联系,因此也可以用 h 来表示,令 $T_f(h)=T_n(f)$,由于 $f(x)$为被积函数,有时仅记为 $T(h)$.

如果 $f\in C^{2m+2}[a,b]$,那么可以证明

$$I(f)-T(h)=a_2h^2+a_4h^4+a_6h^6+\cdots+O(h^{2m+2}).\tag{8.3.1}$$

若 h 减少一半,即 n 增加一倍,由(8.3.1)式得

$$I(f)-T\left(\frac{h}{2}\right)=a_2\left(\frac{h}{2}\right)^2+a_4\left(\frac{h}{2}\right)^4+a_6\left(\frac{h}{2}\right)^6+\cdots+O(h^{2m+2}). \qquad (8.3.2)$$

(8.3.2)式的4倍减去(8.3.1)式有

$$4\left[I(f)-T\left(\frac{h}{2}\right)\right]-[I(f)-T(h)]=-\frac{3}{4}a_4h^4-\frac{15}{16}a_6h^6+\cdots+O(h^{2m+2}),$$

从而可得出(其中右端 h 幂次的系数重新记)

$$I(f)-\frac{1}{3}\left[4T\left(\frac{h}{2}\right)-T(h)\right]=b_1h^4+b_2h^6+\cdots+O(h^{2m+2}). \qquad (8.3.3)$$

注意到,用 $\frac{1}{3}\left[4T\left(\frac{h}{2}\right)-T(h)\right]$ 来计算 $I(f)$,其误差阶比复合梯形公式提高了,即由 $O(h^2)$ 提高到 $O(h^4)$. 利用 $T(h)$ 和 $T\left(\frac{h}{2}\right)$ 的线性组合 $\frac{1}{3}\left[4T\left(\frac{h}{2}\right)-T(h)\right]$,使得逼近 $I(f)$ 的误差阶由 $O(h^2)$ 提高到 $O(h^4)$,这种方法称为**外推算法**,也称为 **Richardson 外推算法**.

容易得出,$\frac{1}{3}\left[4T\left(\frac{h}{2}\right)-T(h)\right]$ 就是把区间 $[a,b]$ 等分为 n 个区间的复合 Simpson 公式,即

$$S(h)=\frac{1}{3}\left[4T\left(\frac{h}{2}\right)-T(h)\right].$$

由(8.3.3)式得

$$I(f)-S(h)=b_1h^4+b_2h^6+\cdots+O(h^{2m+2}). \qquad (8.3.4)$$

同样地,h 减少一半,即 n 增加一倍,有

$$I(f)-S\left(\frac{h}{2}\right)=b_1\left(\frac{h}{2}\right)^4+b_2\left(\frac{h}{2}\right)^6+\cdots+O(h^{2m+2}). \qquad (8.3.5)$$

用16乘(8.3.5)式并减去(8.3.4)式有

$$16\left[I(f)-S\left(\frac{h}{2}\right)\right]-[I(f)-S(h)]=-\frac{3}{4}b_2h^6+\cdots+O(h^{2m+2}),$$

从而得出

$$I(f)-\frac{16S\left(\frac{h}{2}\right)-S(h)}{15}=C_2h^6+\cdots+O(h^{2m+2}).$$

容易得到,$\frac{1}{15}\left[16S\left(\frac{h}{2}\right)-S(h)\right]$ 就是把区间 n 等分为 n 个区间的复合 Boole 公式,

$$B(h)=\frac{1}{15}\left[16S\left(\frac{h}{2}\right)-S(h)\right]. \qquad (8.3.6)$$

可以看出,用复合 Boole 公式逼近 $\int_a^b f(x)\mathrm{d}x$ 的误差阶是 $O(h^6)$. 由 $S(h)$,$S\left(\frac{h}{2}\right)$ 的线性组

合得 $B(h)$，逼近 $I(f)$ 的误差阶由 $O(h^4)$ 提高到 $O(h^6)$. 这也是一次外推算法. 上述过程也可以看成用复合梯形公式作两次外推过程得到复合 Boole 公式.

Romberg 求积公式基于下面定理.

定理 8.3.1 设 $T(h,k-1)$，$T\left(\frac{h}{2},k-1\right)$ 是 Q 的两个逼近，并有

$$Q=T(h,k-1)+\alpha_1 h^{2k}+\alpha_2 h^{2k+2}+\cdots, \tag{8.3.7}$$

$$Q=T\left(\frac{h}{2},k-1\right)+\alpha_1\left(\frac{1}{2}\right)^{2k}h^{2k}+\alpha_2\left(\frac{1}{2}\right)^{2k+2}h^{2k+2}+\cdots, \tag{8.3.8}$$

那么

$$Q=\frac{4^k T\left(\frac{h}{2},k-1\right)-T(h,k-1)}{4^k-1}+O(h^{2k+2}). \tag{8.3.9}$$

证明 用 4^k 乘(8.3.8)式的两边，减去(8.3.7)式就得到(8.3.9)式.

此时记

$$T(h,k)=\frac{4^k T\left(\frac{h}{2},k-1\right)-T(h,k-1)}{4^k-1}. \tag{8.3.10}$$

8.3.2 Romberg 求积公式

在 Romberg 求积中，h 取为 $\frac{1}{2^j}(b-a)$，$j=0,1,\cdots$，因此可以用 j 来表明 h 的大小，例如 $j=0$，那么 $h=b-a$，$j=1$，$h=\frac{1}{2}(b-a)$，等等. 外推指标用 k 表示，当 $k=0$ 时，表示没有外推. 令

$$T(j,0)=T\left(\frac{b-a}{2^j}\right),$$

$$T(j,1)=\frac{4^1\cdot T(j,0)-T(j-1,0)}{4^1-1},\quad j\geqslant 1,$$

$$T(j,2)=\frac{4^2\cdot T(j,1)-T(j-1,1)}{4^2-1},\quad j\geqslant 2,$$

$$T(j,k)=\frac{4^k\cdot T(j,k-1)-T(j-1,k-1)}{4^k-1},\quad j\geqslant k,$$

其中，$T(j,0)=T\left(\frac{b-a}{2^j}\right)$ 是复合梯形公式. $n=2^j$，$h=\frac{b-a}{2^j}$（j 从 0 开始），由 $T(j,0)$ 外推得 $T(j,1)$，$j\geqslant 1$；由 $T(j,1)$ 外推得 $T(j,2)$，$j\geqslant 2$；…；由 $T(j,k-1)$ 外推得 $T(j,k)$，$j\geqslant k$. 这样可建立三角形数组，称之为 T-表，见表 8.3.

表 8.3

$n=2^0=1$;	$j=0$	① $T(0,0)$				
$2^1=2$;	1	② $T(1,0)$	→ ③ $T(1,1)$			
$2^2=4$;	2	④ $T(2,0)$	→ ⑤ $T(2,1)$	→ ⑥ $T(2,2)$		
$2^3=8$;	3	⑦ $T(3,0)$	→ ⑧ $T(3,1)$	→ ⑨ $T(3,2)$	→ ⑩ $T(3,3)$	
$2^4=16$;	4	⑪ $T(4,0)$	→ ⑫ $T(4,1)$	→ ⑬ $T(4,2)$	→ ⑭ $T(4,3)$	→ ⑮ $T(4,4)$

由表 8.3 看出，第 1 列为复合梯形公式，第 2 列为复合 Simpson 公式，第 3 列为复合 Boole 公式. 一般称这样的外推算法为 **Romberg 算法**.

Romberg 算法 具体计算过程

(1) $h=b-a, T(0,0)=\frac{h}{2}[f(a)+f(b)]$.

(2) 将区间$[a,b]$分半，$T(1,0)=T\left(\frac{b-a}{2}\right)$,

$$T(1,1)=\frac{4T(1,0)-T(0,0)}{4^1-1}\text{(一步外推)},$$

$1\to j$，转入(4).

(3) 对区间作 2^j 等分，$T(j,0)=T\left(\frac{b-a}{2^j}\right)$,

$$T(j,k)=\frac{4^k T(j,k-1)-T(j-1,k-1)}{4^k-1},\quad k=1,2,\cdots,j,$$

求得 $T(j,j)$，转(4).

(4) $|T(j,j)-T(j-1,j-1)|<\varepsilon$，$T(j,j)$为所求.

否则，$j+1\to j$ 转到(3).

Romberg 算法的收敛性是指

$$\lim_{l\to\infty}T(l,l)=\int_a^b f(x)\mathrm{d}x. \tag{8.3.11}$$

当 $f(x)$在$[a,b]$上充分光滑时，(8.3.11)式总是成立的. 特别地，T-表的各列也收敛于 $I=\int_a^b f(x)\mathrm{d}x$.

例 8.3.1 用 Romberg 算法计算定积分 $\int_0^1 \mathrm{e}^x\mathrm{d}x$ 的近似值.

解 $T(0,0)=\frac{h}{2}(\mathrm{e}^1+\mathrm{e}^0)=1.859\,140\,9,\quad h=1,$

$T(1,0)=\frac{1}{4}(\mathrm{e}^1+2\mathrm{e}^{\frac{1}{2}}+\mathrm{e}^0)=1.753\,931\,1,$

$T(1,1)=\frac{4T(1,0)-T(0,0)}{4-1}=1.718\,861\,2,$

$\vdots$

得到如下 T-表：

$j=0$	①1.859 140 9			
1	②1.753 931 1	③1.718 861 2		
2	④1.727 221 9	⑤1.718 318 8	⑥1.718 282 7	
3	⑦1.720 518 6	⑧1.718 282 4	⑨1.718 281 8	⑩1.718 281 8

积分准确值 $I(f)=1.718\ 281\ 828$.

*8.4 自适应积分法

如果被积函数在积分区间上变化情况不同，即在积分区间的某些区域上函数变化剧烈，而在积分区间的另一些区域上函数变化平缓，那么不适宜在积分区间上用等距节点的复合求积公式来计算积分. 如果要求求积的误差在整个积分区间上均匀分布，那么需要在函数变化剧烈的区域采用小的步长而在函数变化平缓的区域采用较大的步长.

对于这类问题的有效技巧应该是在不同区域上预测被积函数变化剧烈与否并以此来确定采用相应的步长. 这样的方法称为**自适应求积方法**. 下面仅讨论**自适应 Simpson 积分法**.

设要计算

$$I(f)=\int_a^b f(x)\mathrm{d}x$$

的近似值. 假定要求其误差在预先给定的范围之内，不妨设误差允许限为 ε. 先取步长 $h=b-a$，应用 Simpson 求积公式有

$$\int_a^b f(x)\mathrm{d}x=S(a,b)-\frac{1}{2880}h^5 f^{(4)}(\xi),\quad \xi\in(a,b),\tag{8.4.1}$$

其中

$$S(a,b)=\frac{h}{6}\left[f(a)+4f\left(a+\frac{h}{2}\right)+f(b)\right].$$

把区间 $[a,b]$ 对分，即取步长为 $\frac{h}{2}=\frac{b-a}{2}$. 应用复合 Simpson 公式有

$$\int_a^b f(x)\mathrm{d}x=\frac{1}{6}\left(\frac{h}{2}\right)\left[f(a)+4f\left(a+\frac{h}{4}\right)+2f\left(a+\frac{h}{2}\right)+4f\left(a+\frac{3}{4}h\right)+f(b)\right]$$
$$-\frac{1}{2880}h\cdot\left(\frac{h}{2}\right)^4 f^{(4)}(\eta),\quad \eta\in[a,b].$$

令

$$S\left(a,\frac{a+b}{2}\right)=\frac{h}{12}\left[f(a)+4f\left(a+\frac{h}{4}\right)+f\left(a+\frac{h}{2}\right)\right],$$

$$S\left(\frac{a+b}{2},b\right)=\frac{h}{12}\left[f\left(a+\frac{h}{2}\right)+4f\left(a+\frac{3h}{4}\right)+f(b)\right],$$

那么有

$$\int_a^b f(x)\mathrm{d}x=S\left(a,\frac{a+b}{2}\right)+S\left(\frac{a+b}{2},b\right)-\frac{1}{2880}h\left(\frac{h}{2}\right)^4 f^{(4)}(\eta), \tag{8.4.2}$$

此式与(8.4.1)式相比较有

$$S(a,b)-\frac{1}{2880}h^5 f^{(4)}(\xi)=S\left(a,\frac{a+b}{2}\right)+S\left(\frac{a+b}{2},b\right)-\frac{1}{2880}h\left(\frac{h}{2}\right)^4 f^{(4)}(\eta),$$

其中 $\xi,\eta\in(a,b)$.

若 $f^{(4)}(x)$变化不大,那么可以假定 $f^{(4)}(\eta)\approx f^{(4)}(\xi)$. 这样可以得到

$$\frac{16}{15}\left[S(a,b)-S\left(a,\frac{a+b}{2}\right)-S\left(\frac{a+b}{2},b\right)\right]\approx\frac{1}{2880}h^5 f^{(4)}(\eta).$$

此式与(8.4.2)式相比较有

$$\left|\int_a^b f(x)\mathrm{d}x-S\left(a,\frac{a+b}{2}\right)-S\left(\frac{a+b}{2},b\right)\right|\approx\frac{1}{15}\left|S(a,b)-S\left(a,\frac{a+b}{2}\right)-S\left(\frac{a+b}{2},b\right)\right|.$$

如果有

$$\left|S(a,b)-S\left(a,\frac{a+b}{2}\right)-S\left(\frac{a+b}{2},b\right)\right|<15\varepsilon, \tag{8.4.3}$$

那么可以期望得到

$$\left|\int_a^b f(x)\mathrm{d}x-S\left(a,\frac{a+b}{2}\right)-S\left(\frac{a+b}{2},b\right)\right|<\varepsilon. \tag{8.4.4}$$

此时,可取 $S\left(a,\frac{a+b}{2}\right)+S\left(\frac{a+b}{2},b\right)$为 $\int_a^b f(x)\mathrm{d}x$ 的近似值,并达到预先给定的允许限 ε.

如果不等式(8.4.3)不成立,那么将上述 Simpson 求积过程分别应用到子区间 $\left[a,\frac{a+b}{2}\right]$和$\left[\frac{a+b}{2},b\right]$上,然后使用误差估计来确定积分在每个子区间上的近似值是否在允许限$\frac{\varepsilon}{2}$之内. 如果都满足误差估计,那么将上述两个子区间上的积分近似值相加就得到$\int_a^b f(x)\mathrm{d}x$ 的近似值,并且误差在允许限 ε 之内.

如果两个子区间中有一个子区间积分近似值的误差不在允许限$\frac{\varepsilon}{2}$之内,那么再将该子区间对分为两个子区间$\left(\text{也称为其 2 级子区间,其长度为}\frac{h}{2^2}\right)$,在这样的子区间上要求积分近似值的误差在允许限$\frac{\varepsilon}{4}$内. 按这种方法,从左到右使每一各类子区间上积分近似值的误差均在所要求的允许限之内.

注意,在积分区间$[a,b]$上,假定了 $f^{(4)}(\eta)\approx f^{(4)}(\xi)$,显然当 $b-a=h$ 较大时,这个近

似不是很好.因此在用误差估计(8.4.3)式时,可以采用更为保守的估计

$$\left| S(a,b) - S\left(a,\frac{a+b}{2}\right) - S\left(\frac{a+b}{2},b\right) \right| < 10\varepsilon. \tag{8.4.5}$$

例 8.4.1 用自适应 Simpson 求积方法计算定积分 $I(f) = \int_0^1 x^{\frac{3}{2}} \mathrm{d}x, \varepsilon = 10^{-4}$.

解 先把区间[0,1]对分成两个子区间[0,0.5],[0.5,1],$h=b-a=1$.

$$S(0,1) = \frac{1}{6}[f(0) + 4f(0.5) + f(1)] = 0.402\,369,$$

$$S(0,0.5) = \frac{1}{12}[f(0) + 4f(0.25) + f(0.5)] = 0.071\,129\,4,$$

$$S(0.5,1) = \frac{1}{12}[f(0.5) + 4f(0.75) + f(1)] = 0.329\,302,$$

$$| S(0,1) - S(0,0.5) - S(0.5,1) | = 1.9376 \times 10^{-3}.$$

显然不满足误差要求(8.4.5)式.

把[0,0.5]对分成两个子区间[0,0.25],[0.25,0.5].

$$S(0,0.25) = \frac{0.25}{6}[f(0) + 4f(0.125) + f(0.25)] = 0.012\,574,$$

$$S(0.25,0.5) = \frac{0.25}{6}[f(0.25) + 4f(0.375) + f(0.5)] = 0.058\,213,$$

$$| S(0,0.5) - S(0,0.25) - S(0.25,0.5) | = 3.424 \times 10^{-4} < \frac{1}{2} \times 10^{-3}.$$

同样,把[0.5,1]对分成两个子区间[0.5,0.75],[0.75,1].

$$S(0.5,0.75) = \frac{0.25}{6}[f(0.5) + 4f(0.625) + f(0.75)] = 0.124\,146,$$

$$S(0.75,1) = \frac{0.25}{6}[f(0.75) + 4f(0.875) + f(1)] = 0.205\,144,$$

$$| S(0.5,1) - S(0.5,0.75) - S(0.75,1) | = 0.12 \times 10^{-4} < \frac{1}{2} \times 10^{-3}.$$

从而可以得出

$$I(f) \approx S(0,0.25) + S(0.25,0.5) + S(0.5,0.75) + S(0.75,1) = 0.400\,077.$$

$I(f)$的准确值为 0.4.

8.5 Gauss 型求积公式

Newton-Cotes 求积公式

$$\int_a^b f(x)\mathrm{d}x = (b-a)\sum_{k=0}^{n} C_i^{(n)} f(x_i^{(n)}) + E_n(f),$$

其中求积节点 $x_i^{(n)}$, $i=0,1,\cdots,n$ 是等距分布的. $C_i^{(n)}$ 为 Cotes 求积系数. $E_n(f)$为积分余项. 利用定理 8.1.5 可知,当 n 为偶数时,Newton-Cotes 求积公式的代数精度为 $n+1$,例如,Simpson 公式的代数精度为 3;当 n 为奇数时,Newton-Cotes 求积公式的代数精度为 n,例如,梯形公式的代数精度为 1. 由此可见,$n+1$ 个等距节点的求积公式的代数精度至多为 $n+1$. 对于给定的节点数目 $n+1$,适当调整其位置,是否会提高求积公式的代数精度? 先看下面的例子.

例 8.5.1 对于求积公式

$$\int_{-1}^{1} f(x)\mathrm{d}x \approx A_0 f(x_0) + A_1 f(x_1), \tag{8.5.1}$$

试确定其节点 x_0, x_1 及求积系数 A_0, A_1,使其代数精度尽可能高.

解 令求积公式(8.5.1)对于 $f(x)=1,x,x^2,x^3$ 准确成立,得出

$$\begin{cases} A_0 + A_1 = 2, \\ A_0 x_0 + A_1 x_1 = 0, \\ A_0 x_0^2 + A_1 x_1^2 = \dfrac{2}{3}, \\ A_0 x_0^3 + A_1 x_1^3 = 0. \end{cases} \tag{8.5.2}$$

(8.5.2)式的第 4 式减去 x_0^2 乘以(8.5.2)式的第 2 式有

$$A_1 x_1 (x_1^2 - x_0^2) = 0,$$

由此得出 $x_1 = \pm x_0$.

x_0 乘以(8.5.2)式的第 1 式,减去(8.5.2)式的第 2 式有

$$A_1(x_0 - x_1) = 2x_0.$$

(8.5.2)式的第 3 式减去 x_0 乘以(8.5.2)式的第 2 式有

$$A_1 x_1 (x_1 - x_0) = \frac{2}{3}.$$

用前面式代入有

$$x_0 x_1 = -\frac{1}{3},$$

由此得出 x_0, x_1 异号,并有 $x_1 = -x_0$. 因此有

$$x_1^2 = \frac{1}{3}.$$

取节点为 $x_0 = -\dfrac{\sqrt{3}}{3}$, $x_1 = \dfrac{\sqrt{3}}{3}$,由(8.5.2)式的第 2 式得

$$A_0 x_0 - A_1 x_0 = 0,$$

因此有

$$A_0 = A_1.$$

由(8.5.2)式的第 1 式得 $A_0=A_1=1$. 这样得出求积公式

$$\int_{-1}^{1} f(x)\mathrm{d}x \approx f\left(-\frac{\sqrt{3}}{3}\right)+f\left(\frac{\sqrt{3}}{3}\right). \tag{8.5.3}$$

取 $f(x)=x^4$, 由(8.5.3)式知 $\frac{2}{5}\neq\frac{2}{9}$. 由此得出求积公式(8.5.3)具有 3 次代数精度.

由求积公式(8.5.3)可看出, 通过求积节点的改变, 由两个节点梯形公式的 1 次代数精度提高到 3 次代数精度. 自然会提出这样的问题, 再通过节点的改变, 求积公式(8.5.1)的代数精度是否还能提高? 看下面的简单例子. 令 $x_0, x_1\in[-1,1]$ 为任两个节点, 并设

$$f(x) = (x-x_0)^2(x-x_1)^2.$$

显然这是 4 次多项式, $\int_{-1}^{1} f(x)\mathrm{d}x > 0$, 而 $f(x_0)=f(x_1)=0$, 由此可知, (8.5.1)式的代数精度最多只能是 3.

2 个节点, 代数精度能够为 3. 那么 $n+1$ 个节点 $x_0, x_1, \cdots, x_n$, 通过节点的排列, 是否可以把代数精度从 n 或 $n+1$ 增加到 $2n+1$? 这是下面讨论的问题.

8.5.1 Gauss 型求积公式

考虑定积分

$$\int_a^b \rho(x) f(x)\mathrm{d}x,$$

其中 $\rho(x)$ 为 $[a,b]$ 上的权函数, 设 $n+1$ 个节点为

$$a\leqslant x_0 < x_1 < \cdots < x_n \leqslant b.$$

在节点上 $f(x)$ 的值为

$$f(x_0),\quad f(x_1),\quad \cdots,\quad f(x_n).$$

由此可以构造 n 次 Lagrange 插值多项式 $L_n(x)$ 使得

$$L_n(x_k) = f(x_k),\quad k=0,1,\cdots,n,$$

其中

$$L_n(x) = \sum_{k=0}^{n} f(x_k) l_k(x),$$

$$l_k(x) = \prod_{\substack{j=0\\ j\neq k}}^{n} \frac{x-x_j}{x_k-x_j}.$$

$f(x)$ 可以表示为

$$f(x) = \sum_{k=0}^{n} f(x_k) l_k(x) + \frac{1}{(n+1)!} f^{(n+1)}(\xi(x))\omega_{n+1}(x),$$

由 $\rho(x)$ 乘上式并在区间 $[a,b]$ 上积分, 有

$$\int_a^b \rho(x) f(x) \mathrm{d}x = \sum_{k=0}^n A_k f(x_k) + \frac{1}{(n+1)!}\int_a^b \rho(x) f^{(n+1)}(\xi(x))\omega_{n+1}(x)\mathrm{d}x, \tag{8.5.4}$$

其中

$$A_k = \int_a^b \rho(x) l_k(x)\mathrm{d}x. \tag{8.5.5}$$

可以看出,取 $f(x)$ 为 $1,x,\cdots,x^n$ 时,(8.5.4)式中的余项

$$E_n(f) = \frac{1}{(n+1)!}\int_a^b \rho(x) f^{(n+1)}(\xi(x))\omega_{n+1}(x)\mathrm{d}x = 0.$$

此时有

$$\int_a^b \rho(x) f(x)\mathrm{d}x = \sum_{k=0}^n A_k f(x_k),$$

即求积公式(8.5.4)至少具有 n 次代数精度.

通过节点 $x_0,x_1,\cdots,x_n$ 的选取.将讨论求积公式(8.5.4)的代数精度由 n 次或 $n+1$ 次提高到 $2n+1$ 次.

设 $f(x)$ 为 $2n+1$ 次多项式,有 $E_n(f)=0$,那么求积公式

$$\int_a^b \rho(x) f(x)\mathrm{d}x \approx \sum_{k=0}^n A_k f(x_k) \tag{8.5.6}$$

至少具有 $2n+1$ 次代数精度.

考察误差 $E_n(f)$ 的表达式,当 $f\in \mathscr{P}_{2n+1}$ 时,$f^{(n+1)}(x)$ 为 n 次多项式.若要求

$$\int_a^b \rho(x) p(x)\omega_{n+1}(x)\mathrm{d}x = 0, \quad \forall\, p \in \mathscr{P}_n, \tag{8.5.7}$$

这相当于要求 $\omega_{n+1}(x)$ 与每个 $p\in \mathscr{P}_n$ 都正交.如果 $\omega_{n+1}(x)$ 取为$[a,b]$上以权函数 $\rho(x)$ 的 $n+1$ 次正交多项式,那么就有(8.5.7)式.设 $\phi_{n+1}(x)$ 为$[a,b]$上,权函数为 $\rho(x)$ 的 $n+1$ 次正交多项式,不妨设

$$\phi_{n+1}(x) = a_{n+1}x^{n+1} + a_n x^n + \cdots + a_1 x + a_0.$$

利用正交多项式的性质知,在(a,b)内存在相互不同的零点 $t_0,t_1,\cdots,t_n$,因此

$$\phi_{n+1}(x) = a_{n+1}(x-t_0)(x-t_1)\cdots(x-t_n).$$

由此可以看出,$x_0,x_1,\cdots,x_n$ 取为 $t_0,t_1,\cdots,t_n$,那么有

$$\int_a^b \rho(x) p(x)\omega_{n+1}(x)\mathrm{d}x = \frac{1}{a_{n+1}}\int_a^b \rho(x) p(x)\phi_{n+1}(x)\mathrm{d}x = 0.$$

由此得出,如果求积公式(8.5.6)的节点 $x_0,x_1,\cdots,x_n$ 取为$[a,b]$上以权函数 $\rho(x)$ 的 $n+1$ 次正交多项式 $\phi_{n+1}(x)$ 的零点,那么可使求积公式(8.5.6)的代数精度达到 $2n+1$ 次.

$n+1$ 个节点的求积公式(8.5.6)的代数精度还能提高吗?仿照两个节点的做法,设 $x_0,x_1,\cdots,x_n$ 为$[a,b]$上任意的相异节点.令

$$f(x) = \omega_{n+1}^2(x) = \prod_{i=0}^{n}(x - x_i)^2,$$

这是一个 $2n+2$ 次多项式. 显然有

$$\int_a^b \rho(x) f(x) \mathrm{d}x > 0,$$

但 $\sum_{k=0}^{n} A_k f(x_k) = 0$. 因此对于 $n+1$ 个节点的求积公式(8.5.6)的代数精度不能再提高了.

其实还有如下定理.

定理 8.5.1 插值型求积公式(8.5.6)具有 $2n+1$ 次代数精度的充分必要条件是求积公式的节点 $x_0, x_1, \cdots, x_n$ 是$[a,b]$上,权函数为 $\rho(x)$的 $n+1$ 次正交多项式的零点.

*__证明__ 必要性. 设求积公式(8.5.6)具有 $2n+1$ 次代数精度. 令

$$\omega_{n+1}(x) = (x - x_0)(x - x_1)\cdots(x - x_n),$$

对于任意给定的多项式 $g \in \mathscr{P}_n$,由于(8.5.6)式具有 $2n+1$ 次代数精度,所以有

$$\int_a^b \rho(x) g(x) \omega_{n+1}(x) \mathrm{d}x = \sum_{k=0}^{n} A_k g(x_k) \omega_{n+1}(x_k) = 0.$$

由此得出,$\omega_{n+1}(x)$与任一 n 次多项式在$[a,b]$上关于权函数 $\rho(x)$是正交的,即 $\omega_{n+1}(x)$是$[a,b]$上关于 $\rho(x)$的 $n+1$ 次正交多项式. 从而 $x_0, x_1, \cdots, x_n$ 是$[a,b]$上,权函数为 $\rho(x)$的 $n+1$ 次正交多项式的零点.

充分性. 设 $x_0, x_1, \cdots, x_n$ 是$[a,b]$上,权函数为 $\rho(x)$的 $n+1$ 次正交多项式的零点. 那么 $\omega_{n+1}(x) = (x-x_0)(x-x_1)\cdots(x-x_n)$与任一 $p \in \mathscr{P}_n$ 在$[a,b]$上关于权函数 $\rho(x)$正交. 设 $f \in \mathscr{P}_{2n+1}$,那么有

$$f(x) = q(x)\omega_{n+1}(x) + r(x),$$

其中 $q, r \in \mathscr{P}_n$. 用 $\rho(x)$乘上式并在$[a,b]$上积分有

$$\int_a^b \rho(x) f(x) \mathrm{d}x = \int_a^b \rho(x) q(x) \omega_{n+1}(x) \mathrm{d}x + \int_a^b \rho(x) r(x) \mathrm{d}x.$$

利用正交性有

$$\int_a^b \rho(x) q(x) \omega_{n+1}(x) \mathrm{d}x = 0.$$

由于 $r \in \mathscr{P}_n$,而 $n+1$ 个节点的求积公式的代数精度至少为 n,因此有

$$\int_a^b \rho(x) r(x) \mathrm{d}x = \sum_{k=0}^{n} A_k r(x_k) = \sum_{k=0}^{n} A_k f(x_k).$$

由此可以得出

$$\int_a^b \rho(x) f(x) \mathrm{d}x = \sum_{k=0}^{n} A_k [r(x_k) + q(x_k)\omega_{n+1}(x_k)] = \sum_{k=0}^{n} A_k f(x_k),$$

即求积公式具有 $2n+1$ 次代数精度. 定理证毕.

定义 8.5.1 若 $n+1$ 个节点的求积公式(8.5.6)具有最高代数精度为 $2n+1$,则称

其为 **Gauss 型求积公式**,此时的节点 $x_0, x_1, \cdots, x_n$ 称为 **Gauss 点**.

例 8.5.2 确定求积公式

$$\int_0^1 \sqrt{x} f(x) \mathrm{d}x \approx A_0 f(x_0) + A_1 f(x_1)$$

中的系数 A_0, A_1 及节点 x_0, x_1,使该求积公式具有最高代数精度.

解 具有最高代数精度的求积公式为 Gauss 求积公式. 节点 x_0, x_1 为 $[a,b]=[0,1]$ 上以权函数 $\rho(x)=\sqrt{x}$ 的两次正交多项式的零点. 不妨假定 $\phi_2(x)$ 的首项系数为 1(不改变零点).

设 $\phi_2(x)=x^2+ax+b$,如果有

$$\int_0^1 \sqrt{x} \phi_2(x) \mathrm{d}x = 0, \quad \int_0^1 \sqrt{x} \cdot x \phi_2(x) \mathrm{d}x = 0, \tag{8.5.8}$$

那么 $\phi_2(x)$ 在 $[0,1]$ 上以权函数 $\rho(x)=\sqrt{x}$ 与零次和一次多项式正交. 所以 $\phi_2(x)$ 是 $[a,b]$ 上,以权函数 $\rho(x)=\sqrt{x}$ 的二次正交多项式(首项系数为 1).

由(8.5.8)式得出 $a=-\dfrac{10}{9}, b=\dfrac{5}{21}$,从而得出

$$\phi_2(x) = x^2 - \frac{10}{9}x + \frac{5}{21}.$$

解 $\phi_2(x)=0$,有

$$x_0 = \frac{35-2\sqrt{70}}{63}, \quad x_1 = \frac{35+2\sqrt{70}}{63},$$

即 $x_0=0.289\,949, x_1=0.821\,162$.

由于两个节点的 Gauss 求积公式具有 3 次代数精度,因此对于 $f(x)=1, x$,求积公式准确成立. 即

$$f(x) = 1, \quad 有 \quad \int_0^1 \sqrt{x} \mathrm{d}x = A_0 + A_1,$$

$$f(x) = x, \quad 有 \quad \int_0^1 \sqrt{x} \cdot x \mathrm{d}x = A_0 x_0 + A_1 x_1.$$

定积分计算后得

$$A_0 + A_1 = \frac{2}{3}, \quad x_0 A_0 + x_1 A_1 = \frac{2}{5}.$$

由此解得 $A_0=0.277\,556, A_1=0.389\,111$. 求积公式为

$$\int_0^1 \sqrt{x} f(x) \mathrm{d}x \approx 0.277\,556 f(0.289\,949) + 0.389\,111 f(0.821\,162).$$

例 8.5.3 确定 Gauss 求积公式

$$\int_{-1}^1 f(x) \mathrm{d}x \approx A_0 f(x_0) + A_1 f(x_1)$$

中节点 x_0, x_1 及求积系数 A_0, A_1.

解 此例在例 8.5.1 中已求出了 $x_0, x_1; A_0, A_1$. 这里采用 Gauss 求积公式来做. x_0, x_1 是$[-1,1]$上,权函数 $\rho(x)\equiv 1$ 的二次正交多项式的零点. 而$[-1,1]$上,$\rho(x)\equiv 1$ 的二次正交多项式为二次 Legendre 多项式

$$\mathrm{P}_2(x) = \frac{1}{2}(3x^2 - 1).$$

$\mathrm{P}_2(x)$的两个零点 $x_0 = -\frac{\sqrt{3}}{3}, x_1 = \frac{\sqrt{3}}{3}$. 由于求积公式是 3 次代数精度,因此对于 $f(x)=1$, $f(x)=x$,求积公式准确成立,这样得到

$$\int_{-1}^{1} f(x)\mathrm{d}x \approx f\left(-\frac{\sqrt{3}}{3}\right) + f\left(\frac{\sqrt{3}}{3}\right).$$

对于 Gauss 型求积公式的余项有下面定理.

定理 8.5.2 设 $f\in C^{2n+2}[a,b]$,那么 Gauss 型求积公式(8.5.6)的余项表达式为

$$E_n(f) = \frac{1}{(2n+2)!} f^{(2n+2)}(\eta)\int_a^b \rho(x)[\omega_{n+1}(x)]^2 \mathrm{d}x, \tag{8.5.9}$$

其中 $\eta\in[a,b]$, $\omega_{n+1}(x)=(x-x_0)(x-x_1)\cdots(x-x_n)$.

证明 根据 Hermite 插值公式可以作出 $2n+1$ 次多项式 $\mathrm{H}_{2n+1}(x)$,满足

$$\begin{aligned} &\mathrm{H}_{2n+1}(x_i) = f(x_i), \\ &\mathrm{H}'_{2n+1}(x_i) = f'(x_i), \quad i = 0,1,\cdots,n. \end{aligned}$$

采用 Newton 形式的余项有

$$f(x) = \mathrm{H}_{2n+1}(x) + f[x_0, x_0, x_1, x_1, \cdots, x_n, x_n, x]\omega_{n+1}^2(x).$$

用权函数 $\rho(x)$乘上式两边并积分,有

$$\begin{aligned} &\int_a^b \rho(x) f(x)\mathrm{d}x \\ =&\int_a^b \rho(x)\mathrm{H}_{2n+1}(x)\mathrm{d}x + \int_a^b \rho(x) f[x_0, x_0, x_1, x_1, \cdots, x_n, x_n, x]\omega_{n+1}^2(x)\mathrm{d}x. \end{aligned}$$

Gauss 型求积公式中,代数精度为 $2n+1$ 次,因此有

$$\int_a^b \rho(x)\mathrm{H}_{2n+1}(x)\mathrm{d}x = \sum_{k=0}^{n} A_k \mathrm{H}_{2n+1}(x_k) = \sum_{k=0}^{n} A_k f(x_k).$$

由于 $f\in C^{2n+2}[a,b]$,所以 $f[x_0, x_0, x_1, x_1, \cdots, x_n, x_n, x]$为 x 的连续函数. 利用积分中值定理有

$$\begin{aligned} E_n(f) &= f[x_0, x_0, x_1, x_1, \cdots, x_n, x_n, \eta]\int_a^b \rho(x)\omega_{n+1}^2(x)\mathrm{d}x \\ &= \frac{1}{(2n+2)!} f^{(2n+2)}(\xi)\int_a^b \rho(x)\omega_{n+1}^2(x)\mathrm{d}x, \end{aligned}$$

其中 $\xi\in[a,b]$,定理证毕.

8.5.2 Gauss 型求积公式的稳定性与收敛性

在 Newton-Cotes 求积公式中，当 $n\geqslant 8$ 时，求积系数可以出现负值，从而导致计算的不精确. 对于 Gauss 求积公式的系数具有下面定理.

定理 8.5.3 设(8.5.6)式为 Gauss 型求积公式，那么其求积系数 $A_k, k=0,1,\cdots,n$ 皆为正.

证明 设 $x_0, x_1, \cdots, x_n \in (a,b)$，为 $[a,b]$ 上权函数为 $\rho(x)$ 的 $n+1$ 次正交多项式 $\phi_{n+1}(x)$ 的零点. 任意取定 $k, 0\leqslant k\leqslant n$，令

$$f(x)=\prod_{\substack{j=0\\ j\neq k}}^{n}\left(\frac{x-x_j}{x_k-x_j}\right)^2,$$

那么 $f\in\mathscr{P}_{2n}$，从而有

$$\int_a^b \rho(x)f(x)\mathrm{d}x=\sum_{l=0}^{n}A_l f(x_l).$$

而

$$f(x_l)=\begin{cases}1, & l=k,\\ 0, & l\neq k,\end{cases}$$

从而有

$$A_k=\int_a^b \rho(x)f(x)\mathrm{d}x>0.$$

定理证毕.

注意到，证明过程中引入的函数 $f(x)$ 实际上就是 n 次 Lagrange 插值多项式 $L_n(x)$ 的基函数 $l_k(x)(k=0,1,\cdots,n)$ 的平方，因此有

$$A_k=\int_a^b \rho(x)[l_k(x)]^2\mathrm{d}x,\quad k=0,1,\cdots,n. \tag{8.5.10}$$

Gauss 型求积公式(8.5.6)中的求积系数 $A_k, k=0,1,\cdots,n$ 还有不同的表达形式. 注意到

$$\omega_{n+1}(x)=\prod_{i=0}^{n}(x-x_i),$$

$$\omega'_{n+1}(x)=\sum_{l=0}^{n}\prod_{\substack{i=0\\ i\neq l}}^{n}(x-x_i),$$

$$\omega'_{n+1}(x_k)=\prod_{\substack{i=0\\ i\neq k}}^{n}(x_k-x_i).$$

定理 8.5.3 证明中的 $f(x)$ 可以表示为

$$f(x)=[l_k(x)]^2=\left[\frac{\omega_{n+1}(x)}{x-x_k}\right]^2,$$

并有

$$f(x_l)=\begin{cases}0, & l\neq k,\\ [\omega'_{n+1}(x_k)]^2, & l=k.\end{cases}$$

$$\int_a^b \rho(x)f(x)\mathrm{d}x=\sum_{l=0}^{n}A_l f(x_l)=A_k[\omega'_{n+1}(x_k)]^2,$$

由此得

$$A_k=\frac{1}{[\omega'_{n+1}(x_k)]^2}\int_a^b \rho(x)\left[\frac{\omega_{n+1}(x)}{x-x_k}\right]^2\mathrm{d}x,\quad k=0,1,\cdots,n. \tag{8.5.11}$$

为讨论 Gauss 求积公式在数值计算中的稳定性,引入记号

$$Q_n(f)=\sum_{k=0}^{n}A_k f(x_k).$$

定理 8.5.4 设 $\tilde{f}(x_k)$ 为 $f(x_k)(k=0,1,\cdots,n)$ 的近似值,则有

$$|Q_n(\tilde{f})-Q_n(f)|\leqslant\max_{0\leqslant k\leqslant n}|\tilde{f}(x_k)-f(x_k)|\int_a^b \rho(x)\mathrm{d}x.$$

证明

$$\begin{aligned}|Q_n(\tilde{f})-Q_n(f)|&=\left|\sum_{k=0}^{n}A_k\tilde{f}(x_k)-\sum_{k=0}^{n}A_k f(x_k)\right|\\&=\left|\sum_{k=0}^{n}A_k(\tilde{f}(x_k)-f(x_k))\right|\leqslant\sum_{k=0}^{n}|A_k|\cdot|\tilde{f}(x_k)-f(x_k)|\\&\leqslant\max_{0\leqslant k\leqslant n}|\tilde{f}(x_k)-f(x_k)|\sum_{k=0}^{n}|A_k|.\end{aligned}$$

由定理 8.5.3 知,$A_k>0,k=0,1,\cdots,n$,并有

$$\int_a^b \rho(x)\mathrm{d}x=\sum_{k=0}^{n}A_k.$$

由此有

$$|Q_n(\tilde{f})-Q_n(f)|\leqslant\max_{0\leqslant k\leqslant n}|\tilde{f}(x_k)-f(x_k)|\cdot\int_a^b \rho(x)\mathrm{d}x.$$

定理证毕.

关于 Gauss 求积公式

$$\int_a^b \rho(x)f(x)\mathrm{d}x\approx\sum_{k=0}^{n}A_k^{(n)}f(x_k^{(n)})$$

的收敛性有如下定理,上式中特别标出了求积系数与节点和 n 有关.

定理 8.5.5 设 $f\in C[a,b]$,令

$$Q_n(f)=\sum_{k=0}^{n}A_k^{(n)}f(x_k^{(n)}),$$

则有

$$\lim_{n\to\infty} Q_n(f) = \int_a^b \rho(x) f(x) \mathrm{d}x.$$

定理的证明可见参考文献[1].

8.5.3 Gauss-Legendre 求积公式

设区间$[a,b]=[-1,1]$,在$[-1,1]$上的权函数$\rho(x)\equiv 1$,那么相应的正交多项式为 Legendre 多项式$\mathrm{P}_n(x)$:

$$\mathrm{P}_0(x) = 1,$$

$$\mathrm{P}_n(x) = \frac{1}{2^n n!} \frac{\mathrm{d}^n}{\mathrm{d}x^n}[(x^2-1)^n], \quad n = 1,2,\cdots.$$

设$f\in C[-1,1]$,那么 Gauss 型求积公式为

$$\int_{-1}^1 f(x)\mathrm{d}x \approx \sum_{k=0}^n A_k f(x_k), \tag{8.5.12}$$

其中 Gauss 点$x_0,x_1,\cdots,x_n$为$n+1$次 Legendre 多项式$\mathrm{P}_{n+1}(x)$的零点. 求积公式(8.5.12)称为 **Gauss-Legendre 求积公式**.

$n=0$,此时仅有一个节点,$\mathrm{P}_1(x)=x$的零点为 0,因此$x_0=0$. 代数精度为 1,令$f(x)=1$有

$$2 = A_0,$$

求积公式为

$$\int_{-1}^1 f(x)\mathrm{d}x \approx 2f(0). \tag{8.5.13}$$

$n=1$,在例 8.5.3 中已给出

$$\int_{-1}^1 f(x)\mathrm{d}x \approx f\left(-\frac{\sqrt{3}}{3}\right) + f\left(\frac{\sqrt{3}}{3}\right). \tag{8.5.14}$$

$n=2$,此时有 3 个节点,它们是三次 Legendre 多项式$\mathrm{P}_3(x)=\frac{1}{2}(5x^3-3x)$的零点,

$$x_0 = -\sqrt{\frac{3}{5}}, \quad x_1 = 0, \quad x_2 = \sqrt{\frac{3}{5}}.$$

$n=2$的求积公式代数精度为 5.

依次令$f(x)=1,x,x^2$,得到

$$2 = A_0 + A_1 + A_2,$$

$$0 = -\sqrt{\frac{3}{5}} A_0 + \sqrt{\frac{3}{5}} A_2,$$

$$\frac{2}{3} = \frac{3}{5} A_0 + \frac{3}{5} A_2,$$

从而得出,$A_0=\frac{5}{9}$,$A_1=\frac{8}{9}$,$A_2=\frac{5}{9}$. 求积公式为

$$\int_{-1}^{1} f(x)\mathrm{d}x \approx \frac{1}{9}\left[5f\left(-\sqrt{\frac{3}{5}}\right)+8f(0)+5f\left(\sqrt{\frac{3}{5}}\right)\right]. \qquad (8.5.15)$$

Gauss-Legendre 求积公式中节点为 Legendre 多项式的零点，其求积系数 $A_k(k=0,1,\cdots,n)$ 可由下面公式给出：

$$A_k = \frac{2}{(1-x_k^2)[\mathrm{P}'_{n+1}(x_k)]^2}, \quad k = 0,1,\cdots,n. \qquad (8.5.16)$$

(8.5.16)式的推导可见参考文献[1].

一般地，Gauss-Legendre 求积公式(8.5.12)中的 Gauss 点 x_k 及求积系数 A_k 可查表得到，表 8.4 列出了部分节点和系数.

表 8.4

n	x_k	A_k	n	x_k	A_k
0	0	2	5	±0.932 469 514 2	0.171 324 492 4
1	±0.577 350 269 2	1		±0.661 209 386 5	0.360 761 573 0
2	±0.774 596 669 2	0.555 555 555 6		±0.238 619 186 1	0.467 913 934 6
	0	0.888 888 888 9	6	±0.949 107 912 3	0.129 484 966 2
3	±0.861 136 311 6	0.347 854 845 1		±0.741 531 185 6	0.279 705 391 5
	±0.339 981 043 6	0.652 145 154 9		±0.405 845 151 4	0.381 830 050 5
4	±0.906 179 845 9	0.236 926 885 1		0	0.417 959 183 7
	±0.538 469 310 1	0.478 628 670 5	7	±0.960 289 856 5	0.101 228 536 3
	0	0.568 888 888 9		±0.796 666 477 4	0.222 381 034 5
				±0.525 532 409 9	0.313 706 645 9
				±0.183 434 642 5	0.362 683 783 4

Gauss-Legendre 求积公式的误差可由(8.5.9)式得出，

$$E_n(f) = \frac{2^{2n+3}[(n+1)!]^4}{(2n+3)[(2n+2)!]^3} f^{(2n+2)}(\eta), \quad \eta \in [-1,1]. \qquad (8.5.17)$$

例 8.5.4 用两个节点的 Gauss-Legendre 求积公式计算 $\int_{-1}^{1}\frac{1}{x+2}\mathrm{d}x$ 的近似值.

解 $\mathrm{P}_2(x)=0$ 的零点为 $x_0=-\frac{\sqrt{3}}{3}, x_1=\frac{\sqrt{3}}{3}, A_0=A_1=1$.

$$\int_{-1}^{1}\frac{1}{x+2}\mathrm{d}x \approx \frac{1}{2-\frac{\sqrt{3}}{3}}+\frac{1}{2+\frac{\sqrt{3}}{3}} = 1.090\,909\,1.$$

同样，可查表计算

$$\int_{-1}^{1}\frac{1}{x+2}\mathrm{d}x \approx \frac{1}{2-0.577\,350\,269\,2}+\frac{1}{2+0.577\,350\,269\,2}$$
$$=1.090\,909\,1.$$

积分准确值 $\int_{-1}^{1} \frac{1}{x+2}\mathrm{d}x = \ln 3 = 1.098\,612\,3$.

用梯形公式计算有

$$T(f) = 1.333\,333\,3.$$

用 Simpson 公式计算有

$$S(f) = 1.111\,111\,1.$$

可以看出,Gauss-Legendre 求积公式相对较为精确.

对于任意区间$[a,b]$上的定积分 $\int_a^b f(x)\mathrm{d}x$, 必须用变量替换的方法把区间$[a,b]$变换到$[-1,1]$上.

令

$$x = \frac{a+b}{2} + \frac{b-a}{2}, \quad t \in [-1,1],$$

则有

$$\int_a^b f(x)\mathrm{d}x = \frac{b-a}{2}\int_{-1}^{1} f\left(\frac{a+b}{2} + \frac{b-a}{2}t\right)\mathrm{d}t. \tag{8.5.18}$$

从而得到

$$\int_a^b f(x)\mathrm{d}x \approx \frac{b-a}{2}\sum_{k=0}^{n} A_k f\left(\frac{a+b}{2} + \frac{b-a}{2}x_k\right). \tag{8.5.19}$$

例 8.5.5 用 $n=1$ 和 $n=2$ 计算

$$\int_0^1 x^2 \mathrm{e}^{-x}\mathrm{d}x$$

的近似值.

解 首先把区间$[0,1]$变换到$[-1,1]$. 利用(8.5.18)式有

$$\int_0^1 x^2\mathrm{e}^{-x}\mathrm{d}x = \frac{1}{2}\int_{-1}^{1}\left(\frac{t+1}{2}\right)^2 \mathrm{e}^{-\frac{t+1}{2}}\mathrm{d}t.$$

$n=1$,利用表 8.4,查得

$$\begin{aligned}\int_0^1 x^2\mathrm{e}^{-x}\mathrm{d}x &\approx \frac{1}{2}\left[\left(\frac{-0.577\,350\,3+1}{2}\right)^2 \mathrm{e}^{-(-0.577\,350\,3+1)/2}\right.\\ &\quad \left.+\left(\frac{0.577\,350\,3+1}{2}\right)^2 \mathrm{e}^{-(0.577\,350\,3+1)/2}\right]\\ &=0.159\,410\,4.\end{aligned}$$

$n=2$,查表 8.4,得

$$\begin{aligned}\int_0^1 x^2\mathrm{e}^{-x}\mathrm{d}x \approx \frac{1}{2}\Bigg[&0.555\,555\,6\left(\frac{-0.774\,596\,7+1}{2}\right)^2 \mathrm{e}^{-(-0.774\,596\,7+1)/2}\\ &+0.888\,888\,9\left(\frac{0+1}{2}\right)^2 \mathrm{e}^{-(0+1)/2}\end{aligned}$$

$$+0.5555556\left(\frac{0.7745967+1}{2}\right)^2 e^{-(0.7745967+1)/2}\Big]$$

$$=0.1605954.$$

定积分

$$\int_0^1 x^2 e^{-x} dx = 2-5e^{-1} = 0.1606028.$$

8.5.4 Gauss-Chebyshev 求积公式

设区间$[a,b]=[-1,1]$,在$[-1,1]$上的权函数 $\rho(x)=\dfrac{1}{\sqrt{1-x^2}}$,那么相应的正交多项式为 Chebyshev 多项式

$$T_n(x) = \cos(n\arccos x), \quad n=0,1,\cdots.$$

$f\in C[-1,1]$,则 Gauss 型求积公式为

$$\int_{-1}^1 \frac{f(x)}{\sqrt{1-x^2}}dx \approx \sum_{k=0}^n A_k f(x_k), \tag{8.5.20}$$

其中 Gauss 点 $x_0,x_1,\cdots,x_n$ 为 $n+1$ 次 Chebyshev 多项式 $T_{n+1}(x)$的零点. 求积公式(8.5.20)称为 **Gauss-Chebyshev 求积公式**. $n+1$ 次 Chebyshev 多项式零点为

$$x_k = \cos\left(\frac{2k+1}{2(n+1)}\pi\right), \quad k=0,1,\cdots,n, \tag{8.5.21}$$

求积系数为

$$A_k = \frac{\pi}{n+1}, \quad k=0,1,\cdots,n. \tag{8.5.22}$$

Gauss-Chebyshev 求积公式的余项为

$$E_n(f) = \frac{\pi}{2^{2n+1}(2n+2)!}f^{(2n+2)}(\xi), \quad \xi\in[-1,1]. \tag{8.5.23}$$

Gauss-Chebyshev 求积公式可以用来求含有因子$\dfrac{1}{\sqrt{1-x^2}}$的奇异积分的近似值.

例 8.5.6 用 $n=2$ 的 Gauss-Chebyshev 求积公式计算 $\displaystyle\int_{-1}^1 \frac{x^4}{\sqrt{1-x^2}}dx$.

解 $x_k = \cos\dfrac{2k+1}{6}\pi, \quad k=0,1,2.$

$$x_0 = \cos\frac{\pi}{6} = \frac{\sqrt{3}}{2}, \quad x_1 = \cos\frac{\pi}{2} = 0, \quad x_2 = \cos\frac{5\pi}{6} = -\frac{\sqrt{3}}{2}.$$

$$A_0 = A_1 = A_2 = \frac{\pi}{3}.$$

$$\int_{-1}^{1} \frac{x^4}{\sqrt{1-x^2}}\mathrm{d}x \approx \frac{\pi}{3}\left[\left(\frac{\sqrt{3}}{2}\right)^4 + \left(-\frac{\sqrt{3}}{2}\right)^4\right] = \frac{3}{8}\pi.$$

注意到，上面求积公式的代数精度为 $2n+1=5$，因此上式准确成立，即

$$\int_{-1}^{1} \frac{x^4}{\sqrt{1-x^2}}\mathrm{d}x = \frac{3}{8}\pi.$$

例 8.5.7 用 $n=2$ 的 Gauss-Chebyshev 求积公式计算 $\int_{-1}^{1} \frac{\cos x}{\sqrt{1-x^2}}\mathrm{d}x$ 的近似值.

解 节点和求积系数见例 8.5.6.

$$\int_{-1}^{1} \frac{\cos x}{\sqrt{1-x^2}}\mathrm{d}x \approx \frac{\pi}{3}\left[\cos\frac{\sqrt{3}}{2} + 1 + \cos\left(-\frac{\sqrt{3}}{2}\right)\right]$$

$$= \frac{\pi}{3}\left[2\cos\frac{\sqrt{3}}{2} + 1\right] = 2.404.$$

*8.5.5 Gauss-Laguerre 求积公式

区间为$[0,+\infty)$，权函数 $\rho(x)=\mathrm{e}^{-x}$，则正交多项式为 Laguerre 正交多项式

$$\mathrm{L}_n(x) = \mathrm{e}^x \frac{\mathrm{d}^n}{\mathrm{d}x^n}(x^n\mathrm{e}^{-x}),\quad n=0,1,\cdots.$$

Gauss 型求积公式

$$\int_0^{\infty} \mathrm{e}^{-x}f(x)\mathrm{d}x \approx \sum_{k=0}^{n} A_k f(x_k), \tag{8.5.24}$$

其中 $x_0,x_1,\cdots,x_n$ 为 $n+1$ 次 Laguerre 正交多项式的零点，则求积公式称为 **Gauss-Laguerre 求积公式**. 求积系数为

$$A_k = \frac{[(n+1)!]^2 x_k}{[\mathrm{L}_{n+2}(x_k)]^2},\quad k=0,1,\cdots,n, \tag{8.5.25}$$

余项为

$$E_n(f) = \frac{[(n+1)!]^2}{[2(n+1)]!}f^{(2n+2)}(\xi),\quad \xi\in[0,+\infty). \tag{8.5.26}$$

部分节点 x_k 及系数 A_k 见表 8.5.

例 8.5.8 用 Gauss-Laguerre 求积公式计算 $\int_0^{\infty} \mathrm{e}^{-x}\sin x\mathrm{d}x$ 的近似值.

解 取 $n=1$，查表得

$$x_0 = 0.58578644,\quad A_0 = 0.85355339;$$

$$x_1 = 3.41421356,\quad A_1 = 0.14644661.$$

$$\int_0^{\infty} \mathrm{e}^{-x}\sin x\mathrm{d}x \approx A_0\sin x_0 + A_1\sin x_1 = 0.43246.$$

表 8.5

n	x_k	A_k	n	x_k	A_k
0	1	1	4	0.263 560 319 7	0.521 755 610 6
1	0.585 786 437 6	0.853 553 390 6		1.413 403 059 1	0.398 666 811 0
	3.414 213 562 4	0.146 446 609 4		3.596 425 771 0	0.075 942 449 7
2	0.415 774 556 8	0.711 093 009 9		7.085 810 005 9	0.003 611 758 7
	2.294 280 360 3	0.278 517 733 6		12.640 800 844 3	0.000 023 370 0
	6.289 945 082 9	0.010 389 256 5			
3	0.322 547 689 6	0.603 154 104 3			
	1.745 761 101 2	0.357 418 692 4			
	4.536 620 296 9	0.038 887 908 5			
	9.395 070 912 3	0.000 539 294 7			

若取 $n=5$,有

$$\int_0^{\infty} e^{-x}\sin x\,dx \approx 0.500\,05.$$

取 $n=9$,有

$$\int_0^{\infty} e^{-x}\sin x\,dx \approx 0.500\,000\,2.$$

而准确值$\int_0^{\infty} e^{-x}\sin x\,dx = \dfrac{1}{2}$,因此 Gauss-Laguerre 求积公式是很精确的.

*8.5.6 Gauss-Hermite 求积公式

区间为$(-\infty,\infty)$,权函数 $\rho(x)=e^{-x^2}$,则正交多项式为 Hermite 正交多项式

$$H_n(x) = (-1)^n e^{x^2}\frac{d^n}{dx^n}e^{-x^2},\quad n=0,1,\cdots.$$

Gauss 型求积公式

$$\int_{-\infty}^{\infty} e^{-x^2} f(x)\,dx \approx \sum_{k=0}^{n} A_k f(x_k), \tag{8.5.27}$$

其中 $x_k(k=0,1,\cdots,n)$为 $n+1$ 次 Hermite 正交多项式的零点. 则求积公式(8.5.27)称为 **Gauss-Hermite 求积公式**. 求积系数为

$$A_k = 2^{n+2}(n+1)!\frac{\sqrt{\pi}}{[H'_{n+1}(x_k)]^2}. \tag{8.5.28}$$

Gauss-Hermite 求积公式的节点和系数可见表 8.6.

求积公式(8.5.27)的余项为

$$E_n(f) = \frac{(n+1)!\sqrt{\pi}}{2^{n+1}(2n+2)!}f^{(2n+2)}(\xi),\quad \xi\in(-\infty,\infty). \tag{8.5.29}$$

表 8.6

n	x_k	A_k	n	x_k	A_k
0	0	1.772 453 850 9	6	±2.651 961 356 8	0.000 971 781 245 1
1	±0.707 106 781 2	0.886 226 925 5		±1.673 551 628 8	0.054 515 582 82
2	±1.224 744 871 4	0.295 408 975 2		±0.816 287 882 9	0.425 607 252 6
	0	1.181 635 900 6		0	0.810 264 617 6
3	±1.650 680 123 9	0.081 312 835 45	7	±2.930 637 420 3	0.000 199 604 072 2
	±0.524 647 623 3	0.804 914 090 0		±1.981 656 756 7	0.017 077 983 01
4	±2.020 182 870 5	0.019 953 242 06		±1.157 193 712 4	0.207 802 325 8
	±0.958 572 464 6	0.393 619 323 2		±0.381 186 990 2	0.661 147 012 6
	0	0.945 308 720 5			
5	±2.350 604 973 7	0.004 530 009 906			
	±1.335 849 074 0	0.157 067 320 3			
	±0.436 077 411 9	0.724 629 595 2			

例 8.5.9 用两个节点的 Gauss-Hermite 求积公式(8.5.27)计算积分 $\int_{-\infty}^{\infty} e^{-x^2} x^2 dx$.

解 先计算节点 x_0, x_1. $H_2(x) = 4x^2 - 2$,其零点为 $x_0 = -\frac{\sqrt{2}}{2}$,$x_1 = \frac{\sqrt{2}}{2}$. 由公式(8.5.28)得 $A_0 = A_1 = \frac{\sqrt{\pi}}{2}$,因此

$$\int_{-\infty}^{\infty} e^{-x^2} x^2 dx \approx \frac{\sqrt{\pi}}{2}\left[\left(\frac{-\sqrt{2}}{2}\right)^2 + \left(\frac{\sqrt{2}}{2}\right)^2\right] = \frac{\sqrt{\pi}}{2}.$$

Gauss 型求积公式的代数精度为 3,因此上面求积公式是精确成立的. 从而得

$$\int_{-\infty}^{\infty} e^{-x^2} x^2 dx = \frac{\sqrt{\pi}}{2}.$$

*8.6 数值微分

在数值上计算 $f(x)$ 在 $x = x_0$ 处的导数,可以由导数的定义

$$f'(x_0) = \lim_{h \to 0} \frac{f(x_0 + h) - f(x_0)}{h}$$

得到. 对于充分小的 h 有

$$f'(x_0) \approx \frac{f(x_0 + h) - f(x_0)}{h},$$

上式右端项称为**步长为 h 的 $f(x)$ 在 x_0 处的数值微分**.

考虑 $f(x)=\cos x$ 在 $x_0=\frac{\pi}{6}$ 处的数值微分. 对不同的 h,结果见表 8.7. 由表 8.7 可以看出,当 h 减小一半时,误差也近似地减小一半. 看来似乎是 h 越小,数值微分越精确,但事实并非如此,由于舍入误差的影响,太小的 h 并不能得到好的效果.

表 8.7

h	$\frac{1}{h}\left[\cos\left(\frac{\pi}{6}+h\right)-\cos\frac{\pi}{6}\right]$	误　差
0.1	−0.542 43	0.042 43
0.05	−0.521 44	0.021 44
0.025	−0.510 77	0.010 77
0.012 5	−0.505 40	0.005 40
0.006 25	−0.502 70	0.002 70
0.003 125	−0.501 35	0.001 35

取 $h=0.1\times10^{-5}$,$\cos\left(\frac{\pi}{6}+h\right)\approx0.866\,025\,3$,$\cos\frac{\pi}{6}\approx0.866\,025\,4$,那么有

$$\frac{\cos(x_0+h)-\cos x_0}{h}\approx-1.$$

注意到,$(\cos x)'|_{x=\frac{\pi}{6}}=-\sin x|_{x=\frac{\pi}{6}}=-\frac{1}{2}$. 所以计算结果不对.

计算结果不对,是由于舍入误差引起的,因此在数值微分运算中,必须注意舍入误差的影响.

8.6.1 Taylor 展开构造数值微分

将 $f(x)$在 $x=x_0$ 处 Taylor 展开,有

$$f(x_0+h)=f(x_0)+f'(x_0)h+\frac{1}{2}f''(\xi_1)h^2,$$

$$f(x_0-h)=f(x_0)-f'(x_0)h+\frac{1}{2}f''(\xi_{-1})h^2,$$

由此得出

$$f'(x_0)\approx\frac{f(x_0+h)-f(x_0)}{h}. \tag{8.6.1}$$

公式(8.6.1)称为**向前差分公式**,其截断误差为 $-\frac{h}{2}f''(\xi_1)$.

同样有

$$f'(x_0)\approx\frac{f(x_0)-f(x_0-h)}{h}. \tag{8.6.2}$$

此公式称为**向后差分公式**，其截断误差为$\frac{h}{2}f''(\xi_{-1})$.

如果在 Taylor 展开中增加两项，那么有

$$f(x_0+h)=f(x_0)+f'(x_0)h+\frac{1}{2}f''(x_0)h^2+\frac{1}{6}f'''(\xi_1)h^3,$$

$$f(x_0-h)=f(x_0)-f'(x_0)h+\frac{1}{2}f''(x_0)h^2-\frac{1}{6}f'''(\xi_{-1})h^3.$$

注意，此处ξ_1,ξ_{-1}与前面的ξ_1,ξ_{-1}不同. 利用上面两式，有

$$f'(x_0)\approx\frac{f(x_0+h)-f(x_0-h)}{2h}. \tag{8.6.3}$$

假定$f'''(x)$在$[x_0-h,x_0+h]$上连续，由于$\frac{1}{2}[f'''(\xi_1)+f'''(\xi_{-1})]$在$f'''(\xi_1)$和$f'''(\xi_{-1})$之间，因此，存在$\xi\in(x_0-h,x_0+h)$，使得

$$f'''(\xi)=\frac{1}{2}[f'''(\xi_1)+f'''(\xi_{-1})].$$

由此可知，(8.6.3)式的截断误差为$-\frac{1}{6}f'''(\xi)h^2$.

舍入误差在数值微分计算中有重要影响. 下面较为详细地考察(8.6.3)式的情况. 事实上(8.6.3)式应为

$$f'(x_0)=\frac{1}{2h}[f(x_0+h)-f(x_0-h)]-\frac{h^2}{6}f'''(\xi).$$

设计算$f(x_0+h)$，$f(x_0-h)$时，舍入误差为$e(x_0+h)$，$e(x_0-h)$. 这样

$$f(x_0+h)=\tilde{f}(x_0+h)+e(x_0+h),$$
$$f(x_0-h)=\tilde{f}(x_0-h)+e(x_0-h),$$

其中$\tilde{f}(x_0+h)$，$\tilde{f}(x_0-h)$为$f(x_0+h)$，$f(x_0-h)$的近似. 在计算中总的误差应是

$$f'(x_0)-\frac{\tilde{f}(x_0+h)-\tilde{f}(x_0-h)}{2h}=\frac{e(x_0+h)-e(x-h)}{2h}-\frac{h^2}{6}f'''(\xi),$$

即由舍入误差和截断误差两部分组成. 假定舍入误差$e(x_0\pm h)$以某一数ε为界，且$f(x)$的三阶导数以M为界，那么有

$$\left|f'(x_0)-\frac{\tilde{f}(x_0+h)-\tilde{f}(x_0-h)}{2h}\right|\leqslant\frac{\varepsilon}{h}+\frac{h^2}{6}M. \tag{8.6.4}$$

由上式可以看到，为减小截断误差$\frac{h^2}{6}M$，必须减小h. 另一方面，h的减小，使舍入误差ε/h增加了. 在实际计算中，h太小是不可取的.

例 8.6.1 设$f(x)=\sin x$，试用公式(8.6.3)计算$f'(0.900)$的近似值.

解 公式为

$$f'(0.900)\approx\frac{f(0.900+h)-f(0.900-h)}{2h}.$$

对于不同的 h，表 8.8 给出了 $f'(0.900)$ 的近似值（计算中，$f(x)$ 的值采用 5 位有效数字）. 而 $f'(0.900)=\cos(0.900)=0.621\,61$. 由表 8.8 可以看出，当 h 处于 0.005 和 0.05 之间时，误差较小.

表 8.8

h	$f'(0.900)$的近似	误 差
0.001	0.625 00	0.003 39
0.002	0.622 50	0.000 89
0.005	0.622 00	0.000 39
0.010	0.621 50	−0.000 11
0.020	0.621 50	−0.000 11
0.050	0.621 40	−0.000 21
0.100	0.620 55	−0.001 06

事实上，可以对误差(8.6.4)式作一些分析. 令

$$e(h)=\frac{\varepsilon}{h}+\frac{h^2}{6}M.$$

要选择适当的 h 使上式取极小值. 由于 $e'(h)=-\frac{\varepsilon}{h^2}+\frac{hM}{3}$，令 $e'(h)=0$，得 $h=\sqrt[3]{\frac{3\varepsilon}{M}}$. 如果 $h<\sqrt[3]{\frac{3\varepsilon}{M}}$，有 $e'(h)<0$，如果 $h>\sqrt[3]{\frac{3\varepsilon}{M}}$，有 $e'(h)>0$. 由此得出，当 $h=\sqrt[3]{\frac{3\varepsilon}{M}}$时，$e(h)$取到极小值.

$$M=\max_{x\in[0.800,1.00]}|f'''(x)|=\max_{x\in[0.800,1.00]}|\cos x|=\cos 0.8\approx 0.696\,71.$$

假定舍入误差以 $\varepsilon=0.5\times10^{-5}$ 为界，那么 h 的最优选择为

$$h=\sqrt[3]{\frac{3\times0.5\times10^{-5}}{0.696\,71}}\approx 0.028.$$

此结果与表 8.8 大致相符.

8.6.2 插值型求导公式

设 $f(x)$是定义在$[a,b]$上的函数，且在$[a,b]$上给定 $n+1$ 个相异节点 $x_0,x_1,\cdots,x_n$，那么可以构造 $f(x)$的 n 次插值多项式 $p_n(x)$. 多项式的求导是容易的，这样就建立了数值微分公式

$$f'(x)\approx p_n'(x).\tag{8.6.5}$$

称(8.6.5)式为**插值型求导公式**.

为了推导插值型求导公式的截断误差,假定 $f\in C^{n+1}[a,b]$,利用 Lagrange 插值余项的公式有

$$f(x)=\sum_{k=0}^{n}f(x_k)l_k(x)+\frac{1}{(n+1)!}f^{(n+1)}(\xi(x))\omega_{n+1}(x),$$

其中 $\xi(x)\in(a,b)$依赖于 x.

$$f'(x)=\sum_{k=0}^{n}f(x_k)l'_k(x)+\frac{1}{(n+1)!}f^{(n+1)}(\xi(x))\omega'_{n+1}(x)$$

$$+\frac{1}{(n+1)!}\omega_{n+1}(x)\frac{\mathrm{d}}{\mathrm{d}x}f^{(n+1)}(\xi(x)).$$

由于 $\xi(x)$关于 x 的关系不十分清楚,无法对$\frac{1}{(n+1)!}\omega_{n+1}(x)\frac{\mathrm{d}}{\mathrm{d}x}f^{(n+1)}(\xi(x))$作出进一步说明,因此,对于任一 $x\in(a,b)$,截断误差 $f'(x)-p'_n(x)$无法估计. 如果要求某一节点 $x_k(k=0,1,\cdots,n)$上的导数值,那么$\frac{1}{(n+1)!}\omega_{n+1}(x)\frac{\mathrm{d}}{\mathrm{d}x}f^{(n+1)}(\xi(x))$应为零. 这样,有

$$f'(x_k)=p'_n(x_k)+\frac{1}{(n+1)!}f^{(n+1)}(\xi(x_k))\prod_{\substack{j=0\\j\neq k}}^{n}(x_k-x_j).\tag{8.6.6}$$

此公式称为**逼近 $f'(x_k)$的 $n+1$ 点公式**.

如果插值余项用均差形式来表示,那么有

$$f(x)=p_n(x)+f[x_0,x_1,\cdots,x_n,x]\omega_{n+1}(x).$$

设 $f\in C^{n+2}[a,b]$,对上式两边求导数有

$$\begin{aligned}f'(x)&=p'_n(x)+\frac{\mathrm{d}}{\mathrm{d}x}f[x_0,x_1,\cdots,x_n,x]\cdot\omega_{n+1}(x)+f[x_0,x_1,\cdots,x_n,x]\omega'_{n+1}(x)\\&=p'_n(x)+f[x_0,x_1,\cdots,x_n,x,x]\omega_{n+1}(x)+f[x_0,x_1,\cdots,x_n,x]\omega'_{n+1}(x).\end{aligned}$$

由于 $f\in C^{n+2}[a,b]$,所以有

$$f'(x)=p'_n(x)+\frac{1}{(n+2)!}f^{(n+2)}(\eta)\omega_{n+1}(x)+\frac{1}{(n+1)!}f^{(n+1)}(\xi)\omega'_{n+1}(x),\tag{8.6.7}$$

其中 $\eta,\xi\in(a,b)$.

可以看出,当 $x\neq x_k$ 时,(8.6.7)式也给出了用 $p'_n(x)$来逼近 $f'(x)$的误差. 特别地,当 $x=x_k$ 时,(8.6.7)式化为(8.6.6)式.

先讨论导出两个节点 x_0,x_1 的数值微分公式. 设 x_0,x_1 上的函数值为 $f(x_0),f(x_1)$. 由线性插值公式得

$$p_1(x)=\frac{x-x_1}{x_0-x_1}f(x_0)+\frac{x-x_0}{x_1-x_0}f(x_1).$$

两边微商有

$$p_1'(x) = \frac{1}{h}[f(x_1) - f(x_0)],$$

其中 $h = x_1 - x_0$.

取 $x = x_0, x_1$,有

$$f'(x_0) = \frac{1}{h}[f(x_1) - f(x_0)] - \frac{h}{2}f''(\xi),$$

$$f'(x_1) = \frac{1}{h}[f(x_1) - f(x_0)] + \frac{h}{2}f''(\xi).$$

事实上,上面两个公式就是(8.6.1)式和(8.6.2)式.

下面讨论三个节点 x_0, x_1, x_2 的数值微分公式及其误差.插值基函数及其导数为

$$l_0(x) = \frac{(x-x_1)(x-x_2)}{(x_0-x_1)(x_0-x_2)}, \quad l_0'(x) = \frac{2x-x_1-x_2}{(x_0-x_1)(x_0-x_2)};$$

$$l_1(x) = \frac{(x-x_0)(x-x_2)}{(x_1-x_0)(x_1-x_2)}, \quad l_1'(x) = \frac{2x-x_0-x_2}{(x_1-x_0)(x_1-x_2)};$$

$$l_2(x) = \frac{(x-x_0)(x-x_1)}{(x_2-x_0)(x_2-x_1)}, \quad l_2'(x) = \frac{2x-x_0-x_1}{(x_2-x_0)(x_2-x_1)}.$$

利用公式(8.6.6)有

$$\begin{aligned} f'(x_k) = & f(x_0)\left[\frac{2x_k-x_1-x_2}{(x_0-x_1)(x_0-x_2)}\right] + f(x_1)\left[\frac{2x_k-x_0-x_2}{(x_1-x_0)(x_1-x_2)}\right] \\ & + f(x_2)\left[\frac{2x_k-x_0-x_1}{(x_2-x_0)(x_2-x_1)}\right] \\ & + \frac{1}{6}f^{(3)}(\xi_k)\prod_{\substack{j=0 \\ j\neq k}}^{2}(x_k-x_j), \quad k=0,1,2, \end{aligned} \tag{8.6.8}$$

其中 ξ_k 表示依赖于 x_k.

仅考虑等距节点的情形.设 $h\neq 0, x_1 = x_0 + h, x_2 = x_0 + 2h$,那么有

$$f'(x_0) = \frac{1}{2h}[-3f(x_0) + 4f(x_0+h) - f(x_0+2h)] + \frac{h^2}{3}f^{(3)}(\xi), \tag{8.6.9}$$

其中 ξ 处于 x_0 与 x_0+2h 之间.

令 $x_1 = x_0 - h, x_2 = x_0 + h$,那么有

$$f'(x_0) = \frac{1}{2h}[f(x_0+h) - f(x_0-h)] - \frac{h^2}{6}f^{(3)}(\eta), \tag{8.6.10}$$

其中 η 在 $x_0 - h, x_0 + h$ 之间.

可以看出,(8.6.10)式误差较小.

类似的推导可导出五点公式

$$f'(x_0) = \frac{1}{12h}[f(x_0-2h) - 8f(x_0-h) + 8f(x_0+h) - f(x_0+2h)] + \frac{h^4}{30}f^{(5)}(\xi), \tag{8.6.11}$$

其中 ξ 在 x_0-2h 与 x_0+2h 之间.

例 8.6.2 给定 $f(x)=xe^x$ 的数据表如下：

x	1.8	1.9	2.0	2.1	2.2
$f(x)$	10.889 365	12.703 199	14.778 112	17.148 957	19.855 030

试取 $h=0.1$,用三点公式(8.6.9),(8.6.10)和五点公式(8.6.11)来计算 $f'(2.0)$的近似值.

解 利用(8.6.9)式有

$$f'(2.0)\approx\frac{1}{0.2}[-3f(2.0)+4f(2.1)-f(2.2)]=22.032\,310.$$

利用(8.6.10)式有

$$f'(2.0)\approx\frac{1}{0.20}[f(2.1)-f(1.9)]=22.228\,790.$$

利用(8.6.11)式有

$$f'(2.0)\approx\frac{1}{1.2}[f(1.8)-8f(1.9)+8f(2.1)-f(2.2)]=22.166\,996.$$

由于 $f'(x)=(x+1)e^x$,所以 $f'(2.0)=22.167\,168$,可以看出,五点公式较为精确,(8.6.10)式比(8.6.9)式要好.

8.6.3 数值微分的外推算法

在例 8.6.2 中,取 $h=0.1$,用公式(8.6.10)计算 $f'(2.0)$的近似值为 22.228 790,与准确值 22.167 168 相比较,仅有两位有效数字相同.若取 $h=0.05$,

$$f'(2.0)\approx\frac{1}{0.1}[f(2.05)-f(1.95)]=22.182\,564,$$

与准确值相比较有三位有效数字相同.利用 Richardson 外推算法可以提高数值微分的精度.

对于数值微分公式(8.6.10),可写成

$$f'(x)\approx G(h)=\frac{1}{2h}[f(x+h)-f(x-h)].$$

假定 $f(x)$充分光滑,那么有

$$f'(x)-G(h)=\alpha_1h^2+\alpha_2h^4+\alpha_3h^6+\cdots,$$

其中 α_i 与 h 无关.记 $G_0(h)=G(h)$,利用定理 8.3.1 的外推公式(此处的 $G_k(h)$相当于(8.3.10)式中的 $T(h,k)$)有

$$
\begin{cases}
G_0(h) = G(h), \\
G_k(h) = \dfrac{4^k G_{k-1}\left(\dfrac{h}{2}\right) - G_{k-1}(h)}{4^k - 1}, \quad k = 1, 2, \cdots.
\end{cases}
\tag{8.6.12}
$$

公式(8.6.12)的计算过程可以见表 8.9.

表 8.9

$G(h)$			
$G\left(\frac{h}{2}\right)$ ①→	$G_1(h)$		
$G\left(\frac{h}{2^2}\right)$ ②→	$G_1\left(\frac{h}{2}\right)$ ③→	$G_2(h)$	
$G\left(\frac{h}{2^3}\right)$ ④→	$G_1\left(\frac{h}{2^2}\right)$ ⑤→	$G_2\left(\frac{h}{2}\right)$ ⑥→	$G_3(h)$
⋮			

根据 Richardson 外推方法,(8.6.12)式的误差为

$$
f'(x) - G_k(h) = O(h^{2(k+1)}). \tag{8.6.13}
$$

由此看出,当 k 较大时,计算是很精确的.

例 8.6.3 用 Richardson 外推算法(8.6.12)式($h=0.2$)计算 $f(x)=xe^x$ 在 $x=2.0$ 处的导数.

解 令

$$
G(h) = \frac{1}{2h}\left[(2+h)e^{2+h} - (2-h)e^{2-h}\right],
$$

则有下表:

$G(h)=22.414\ 160$		
$G\left(\frac{h}{2}\right)=22.228\ 786$ ①→	$G_1(h)=22.166\ 995$	
$G\left(\frac{h}{4}\right)=22.182\ 564$ ②→	$G_1\left(\frac{h}{2}\right)=22.167\ 157$ ③→	22.167 168

$$
f'(x) = (x+1)e^x, \quad f'(2.0) = 22.167\ 168.
$$

由上述计算可以看出,$G\left(\dfrac{h}{4}\right)=G(0.05)=22.182\ 563$ 仅有 3 位有效数字,而由 $G(h)$,$G\left(\dfrac{h}{2}\right)$,$G\left(\dfrac{h}{4}\right)$经 Richardson 外推便得到更高精度的结果,有 8 位有效数字.

8.6.4 高阶数值微分

高阶导数的数值方法较为复杂.对于二阶导数的数值方法中,Taylor 展开、插值多项式等方法仍是可用的方法.等距节点的高阶导数的数值方法经常用均差(或差分)来推导和表示.

下面仅对二阶导数进行讨论.设 $h\neq 0$,对 $f(x)$ Taylor 展开,有

$$f(x_0+h)=f(x_0)+hf'(x_0)+\frac{h^2}{2}f''(x_0)+\frac{h^3}{6}f'''(x_0)+\frac{h^4}{24}f^{(4)}(\xi),$$

$$f(x_0-h)=f(x_0)-hf'(x_0)+\frac{h^2}{2}f''(x_0)-\frac{h^3}{6}f'''(x_0)+\frac{h^4}{24}f^{(4)}(\eta).$$

把上面两式相加,经整理有

$$f''(x_0)=\frac{1}{h^2}[f(x_0-h)-2f(x_0)+f(x_0+h)]-\frac{h^2}{24}[f^{(4)}(\xi)+f^{(4)}(\eta)].$$

假定 $f\in C^4[x_0-h,x_0+h]$,那么存在 $\zeta\in(x_0-h,x_0+h)$有

$$f''(x_0)=\frac{1}{h^2}[f(x_0-h)-2f(x_0)+f(x_0+h)]-\frac{h^2}{12}f^{(4)}(\zeta). \qquad (8.6.14)$$

可以用插值多项式来推导二阶数值微分(8.6.14).利用节点 $x_0,x_1=x_0-h,x_2=x_0+h$ 作二次插值多项式

$$f(x)=L_2(x)+R_2(x),$$

其中 $R_2(x)$为插值余项,用均差形式为 $f[x_0,x_1,x_2,x]\omega_3(x)$.对上式两边求二阶导数,有

$$f''(x)=\sum_{j=0}^{2}f(x_j)l''_j(x)+R''_2(x). \qquad (8.6.15)$$

注意到,$l''_0(x)=-\frac{2}{h^2}$,$l''_1(x)=l''_2(x)=\frac{1}{h^2}$.对 $R_2(x)$求二阶导数,有

$$R''_2(x)=f[x_0,x_1,x_2,x,x,x]\omega_3(x)+2f[x_0,x_1,x_2,x,x]\omega'_3(x)$$
$$+f[x_0,x_1,x_2,x]\omega''_3(x).$$

令 $x=x_0$,(8.6.15)式化为

$$f''(x_0)=\frac{1}{h^2}[f(x_0-h)-2f(x_0)+f(x_0+h)]+2f[x_0,x_1,x_2,x_0,x_0](-h^2).$$

假定 $f\in C^4[x_0-h,x_0+h]$,那么有

$$f[x_0,x_1,x_2,x_0,x_0]=\frac{1}{4!}f^{(4)}(\eta),$$

从而得到(8.6.14)式.

例 8.6.4　设 $f(x)=e^{-x}\sin x$,由表 8.10 给出的数据用(8.6.14)式求出 $f''(2.4)$的近似值,h 分别取 0.1,0.2 和 0.4.

表 8.10

x_i	$f(x_i)$	x_i	$f(x_i)$
2.0	0.123 060	2.5	0.049 126
2.1	0.105 706	2.6	0.038 288
2.2	0.089 584	2.7	0.028 722
2.3	0.074 764	2.8	0.020 371
2.4	0.061 277		

解 取 $h=0.1$,有

$$f''(2.4)\approx\frac{1}{(0.1)^2}(0.074\,764-2\times0.061\,277+0.049\,126)=0.133\,60.$$

取 $h=0.2$,有

$$f''(2.4)\approx\frac{1}{(0.2)^2}(0.089\,584-2\times0.061\,277+0.038\,288)=0.132\,95.$$

取 $h=0.4$,有

$$f''(2.4)\approx\frac{1}{(0.4)^2}(0.123\,060-2\times0.061\,277+0.020\,371)=0.130\,48.$$

$f''(0.24)$的准确解为 0.133 79,可以看出 h 小较为精确。利用上述数据可以作 Richardson 外推来改进,令 $h=0.4$,则有下表:

$G(h)=0.133\,60$		
$G\left(\frac{h}{2}\right)=0.132\,95$	① → $G_1(h)=0.133\,82$	
$G\left(\frac{h}{4}\right)=0.130\,48$	② → $G_1\left(\frac{h}{2}\right)=0.133\,77$	③ → 0.133 82

由于舍入误差影响,所得结果 0.133 82 与准确值有差异,但比 $G\left(\frac{h}{4}\right)$要好.

对于二阶数值微分舍入误差的影响可类似于(8.6.4)式进行分析.考虑(8.6.14)式.设计算 $f(x_0+ih)$时舍入误差为 $e(x_0+ih)$,$i=-1,0,1$.于是有

$$f(x_0+ih)=\hat{f}(x_0+ih)+e(x_0+ih),\quad i=-1,0,1,$$

其中 $\hat{f}(x_0+ih)$为 $f(x_0+ih)$的计算值.(8.6.14)式可以表示为

$$f''(x_0)-\frac{1}{h^2}[\hat{f}(x_0-h)-2\hat{f}(x_0)+\hat{f}(x_0+h)]$$

$$=\frac{1}{h^2}[e(x_0-h)-2e(x_0)+e(x_0+h)]-\frac{h^2}{12}f^{(4)}(\xi).$$

仍设舍入误差以 ε 为界,即 $|e(x_0+ih)|\leqslant\varepsilon$,$i=-1,0,1$,并假定 $\max\limits_{x\in[x_0-h,x_0+h]}|f^{(4)}(x)|$

$\leqslant L$,这样可以得到

$$\left|f''(x_0)-\frac{1}{h^2}[\hat{f}(x_0-h)-2\hat{f}(x_0)+\hat{f}(x_0+h)]\right|\leqslant\frac{h^2}{12}L+\frac{4\varepsilon}{h^2}.\quad(8.6.16)$$

从(8.6.16)式可以看出,由于$\frac{4\varepsilon}{h^2}$的存在,当$h\to 0$时,误差最终将增加.此结论与(8.6.4)式一样,但误差将增加更快.

例 8.6.5 设$f(x)=\cos x$,试用二阶数值微分公式(8.6.14)来计算$f''\left(\frac{\pi}{6}\right)$的近似值.函数值取6位有效数字.

解 由于函数值取6位有效数字,因此,取$x_0=\frac{\pi}{6}$,有

$$|e(x_0+ih)|\leqslant\frac{1}{2}\times 10^{-6},\quad i=-1,0,1,$$

即$\varepsilon=\frac{1}{2}\times 10^{-6}$.不同的$h$,二阶数值微分见表8.11.

表 8.11

h	$\frac{1}{h^2}[f(x_0-h)-2f(x_0)+f(x_0+h)]$	误 差
0.5	−0.848 128	−0.017 897
0.25	−0.861 504	−0.004 521
0.125	−0.864 832	−0.001 193
0.062 5	−0.865 536	−0.000 489
0.031 25	−0.865 280	−0.000 745
0.015 625	−0.860 160	−0.005 865
0.007 812 5	−0.851 968	−0.014 057
0.003 906 25	−0.786 432	−0.079 593

根据(8.6.16)式有

$$\left|f''\left(\frac{\pi}{6}\right)-\frac{1}{h^2}\left[\hat{f}\left(\frac{\pi}{6}-h\right)-2\hat{f}\left(\frac{\pi}{6}\right)+\hat{f}\left(\frac{\pi}{6}+h\right)\right]\right|$$

$$\leqslant\frac{h^2}{12}L+\frac{4}{h^2}\cdot\frac{1}{2}\times 10^{-6},$$

$$\leqslant 0.0833101\cdot h^2+\frac{2\times 10^{-6}}{h^2}\equiv E(h),$$

其中

$$L=\max_{x\in\left[x_0-\frac{1}{2},x_0+\frac{1}{2}\right]}|\cos x|=0.99972156.$$

令$E'(h)=0$得$h^*=0.0699978$,此时可得$E(h)$的最小值.由表8.11也可以看出,当$h=0.0625$时,误差较小,当h再小时,误差就增大.

常用的各阶数值微分见表8.12.

表 8.12

一阶数值微分	$f'(x_0)=\frac{f(x_0+h)-f(x_0)}{h}+O(h)$ $f'(x_0)=\frac{f(x_0+h)-f(x_0-h)}{2h}+O(h^2)$ $f'(x_0)=\frac{-f(x_0+2h)+4f(x_0+h)-3f(x_0)}{2h}+O(h^2)$ $f'(x_0)=\frac{-f(x_0+2h)+8f(x_0+h)-8f(x_0-h)+f(x_0-2h)}{12h}+O(h^2)$
二阶数值微分	$f''(x_0)=\frac{f(x_0+2h)-2f(x_0+h)+f(x_0)}{h^2}+O(h)$ $f''(x_0)=\frac{f(x_0+h)-2f(x_0)+f(x_0-h)}{h^2}+O(h^2)$ $f''(x_0)=\frac{-f(x_0+3h)+4f(x_0+2h)-5f(x_0+h)+2f(x_0)}{h^2}+O(h^2)$ $f''(x_0)=\frac{-f(x_0+2h)+16f(x_0+h)-30f(x_0)+16f(x_0-h)-f(x_0-2h)}{12h^2}+O(h^4)$
三阶数值微分	$f'''(x_0)=\frac{f(x_0+3h)-2f(x_0+2h)+3f(x_0+h)-f(x_0)}{h^3}+O(h)$ $f'''(x_0)=\frac{f(x_0+2h)-2f(x_0+h)+2f(x_0-h)-f(x_0-2h)}{2h^3}+O(h^2)$
四阶数值微分	$f^{(4)}(x_0)=\frac{f(x_0+4h)-4f(x_0+3h)+6f(x_0+2h)-4f(x_0+h)+f(x_0)}{h^4}+O(h)$ $f^{(4)}(x_0)=\frac{f(x_0+2h)-4f(x_0+h)+6f(x_0)-4f(x_0-h)+f(x_0-2h)}{h^4}+O(h^2)$

习 题

1. 用梯形公式和Simpson公式计算下列定积分并使用误差公式求其误差界：

(1) $\int_0^1 e^{-x}dx$；　　(2) $\int_1^{1.5} x^2\ln x dx$.

2. 试确定下列求积公式的代数精度：

(1) $\int_0^1 f(x)dx\approx\frac{1}{4}f(0)+\frac{3}{4}f\left(\frac{2}{3}\right)$；

(2) $\int_{-1}^1 f(x)dx\approx 2f(0)$.

3. 确定求积公式中的待定系数,使其代数精度尽可能高,并指出求积公式的代数精度.

(1) $\int_0^2 f(x)\mathrm{d}x \approx C_0 f(0) + C_1 f(1) + C_2 f(2)$;

(2) $\int_0^1 f(x)\mathrm{d}x \approx C_0 f(0) + C_1 f(x_1)$.

4. 求积公式

$$\int_0^1 f(x)\mathrm{d}x \approx C_0 f(0) + C_1 f(1) + B_0 f'(0),$$

已知其余项表达式为 $E(f) = kf'''(\xi), \xi \in (0,1)$;试确定求积公式的系数 C_0, C_1 和 B_0 并求出 k.

5. 用 $n=2,4,8$ 的复合梯形公式和 $n=2,4$ 的复合 Simpson 公式计算定积分 $\int_{0.2}^{1.5} \mathrm{e}^{-x^2}\mathrm{d}x$.

6. 计算定积分 $\int_1^2 x\ln x\mathrm{d}x$,若用复合梯形公式要使误差不超过 10^{-5},问区间[1,2]要分为多少等份;若改用复合 Simpson 公式,要达到同样的精度,区间[1,2]应分为多少等份.

7. 用 Romberg 求积算法计算定积分 $\int_{0.2}^{1.5} \mathrm{e}^{-x^2}\mathrm{d}x$,计算出 $R(4,4)$.

8. 使用自适应 Simpson 求积法计算 $\int_1^{1.5} x^2\ln x\mathrm{d}x$,取误差允许限 $\varepsilon = 10^{-3}$.

9. 试构造 Gauss 型求积公式

$$\int_0^1 \frac{1}{\sqrt{x}} f(x)\mathrm{d}x \approx A_0 f(x_0) + A_1 f(x_1).$$

10. 用两个节点的 Gauss-Legendre 求积公式计算定积分:

(1) $\int_0^{\frac{\pi}{2}} \sin x\mathrm{d}x$;　　(2) $\int_0^1 x^2\mathrm{e}^x\mathrm{d}x$.

11. 用三个节点的 Gauss-Legendre 求积公式计算定积分:

(1) $\int_0^{\frac{\pi}{4}} \mathrm{e}^{3x}\sin 2x\mathrm{d}x$;　　(2) $\int_0^1 \frac{\sin x}{1+x}\mathrm{d}x$.

12. 试确定数值微分公式的误差项:

(1) $f'(x_0) \approx \frac{1}{4h}[f(x_0+3h) - f(x_0-h)]$;

(2) $f'(x_0) \approx \frac{1}{2h}[4f(x_0+h) - 3f(x_0) - f(x_0+2h)]$.

13. 设 $f(x)=e^{2x}$，给出如下数据：

x_i	1.1	1.2	1.3	1.4
$f(x_i)$	9.025 013	11.023 18	13.463 74	16.444 65

选择误差为 $O(h^2)$ 的数值微分公式计算 $f'(1.1)$，$f'(1.3)$.

计算实习题

试用不同数值方法计算定积分 $\int_1^3 f(x)\mathrm{d}x$ 的近似值，其中 $f(x)=\left(\frac{10}{x}\right)^2\sin\frac{10}{x}$ $\left(\int_1^3 f(x)\mathrm{d}x=-1.426\,024\,756\,346\,266\,5\right)$.

1. 试用自适应 Simpson 求积方法计算使其精度达到 10^{-4}，将使用子区间个数、子区间端点以及函数 $f(x)$ 的求值数打印出来.

2. 把区间[1,3]等分为 10 个子区间，每个子区间用 $n=4$ 的 Gauss-Legendre 求积公式的复合求积公式来计算.

3. 用 Romberg 算法计算积分，取 $\varepsilon=10^{-4}$ 打印出 T-表. 并与第 1 题比较计算时间.

第9章

常微分方程初值问题的数值解法

9.1 引言

科学和工程中很多问题可以用常微分方程来描述. 单摆运动是一个简单例子. 设一根长为 l 的细线(无弹性),一端固定,另一端悬挂质量为 m 的小球(见图 9.1). 在重力作用下,小球处于竖直的平衡位置. 使小球偏离平衡位置一个小的角度 θ,然后让它自由. 这样小球就会沿半径为 l 的圆弧摆动. 不考虑空气等阻力,小球将作周期性运动.

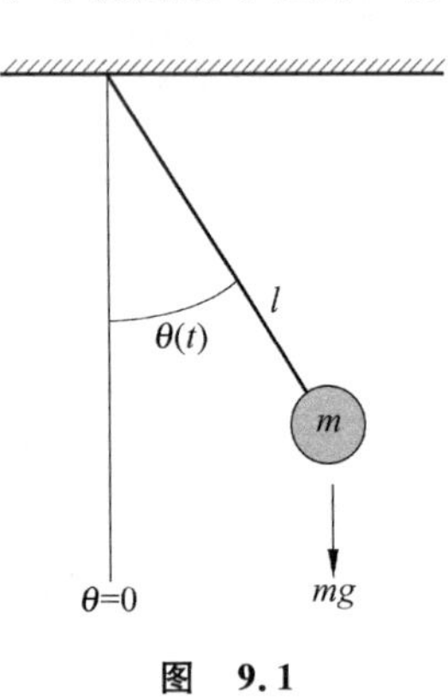

图 9.1

图 9.1 中以 $\theta=0$ 为平衡位置,以右边为正方向建立摆角 θ 的坐标系. 在小球摆动过程中的任意一个位置 θ,小球所受的重力沿运动轨迹方向的分力为 $-mg\sin\theta$(负号表示力的方向与 θ 的正方向相反),利用 Newton 第二定律有

$$ml\,\frac{\mathrm{d}^2\theta}{\mathrm{d}t^2}+mg\sin\theta=0,$$

即

$$\frac{\mathrm{d}^2\theta}{\mathrm{d}t^2}+\frac{g}{l}\sin\theta=0. \tag{9.1.1}$$

假定小球初始偏离角度为 θ_0,即

$$\theta(0)=\theta_0, \tag{9.1.2}$$

以及初始速度为 φ_0,即

$$\left.\frac{\mathrm{d}\theta(t)}{\mathrm{d}t}\right|_{t=0}=\varphi_0, \tag{9.1.3}$$

这样形成了微分方程初值问题(9.1.1),(9.1.2),(9.1.3).

由于微分方程(9.1.1)是非线性的,因此应考虑用数值方法来求解.

在讨论一般的微分方程初值问题之前. 先引入一些基本概念.

定义 9.1.1 设函数 $f(x,y)$ 在 $D\subset\mathbb{R}^2$ 上有定义,如果存在一个常数 L,使得

$$|f(x,y_1)-f(x,y_2)|\leqslant L|y_1-y_2|,\quad \forall (x,y_1),(x,y_2)\in D,$$

则称 $f(x,y)$ 关于变量 y 满足 **Lipschitz 条件**, L 称为 f 的 **Lipschitz 常数**.

定义 9.1.2 设集合 $D\subset\mathbb{R}^2$, 若对任意的两点 $(x_1,y_1),(x_2,y_2)\in D$, 均有

$$((1-\lambda)x_1+\lambda x_2,(1-\lambda)y_1+\lambda y_2)\in D,$$

其中 $\lambda\in[0,1]$, 则称 D 为一个**凸集**.

在几何上, 定义 9.1.2 表明, 若属于这个集合的两点之间的整个直线段均在此集合中, 则这个集合为凸集. 见图 9.2(左为凸, 右非凸). 在本章中, 考虑的集合一般为 $D=\{(x,y)|a\leqslant x\leqslant b,y\in\mathbb{R}\}$.

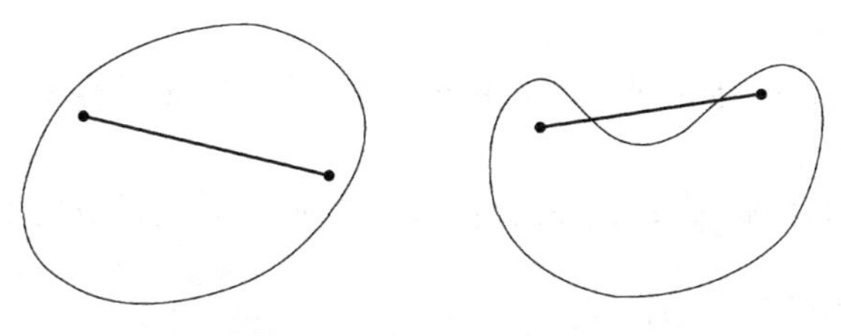

图 9.2

由于 $f(x,y)$ 关于变量 y 满足 Lipschitz 条件很难直接验证, 因此一般加强条件, 给出一个充分条件.

定理 9.1.1 设 $f(x,y)$ 在凸集 $D\subset\mathbb{R}^2$ 有定义, 如果存在常数 L 使得

$$\left|\frac{\partial f}{\partial y}(x,y)\right|\leqslant L,\quad \forall (x,y)\in D,$$

则 $f(x,y)$ 在 D 上关于变量 y 满足 Lipschitz 条件. L 为 Lipschitz 常数.

考虑微分方程初值问题

$$\begin{cases} y'=f(x,y), & x\in(x_0,b], \\ y(x_0)=\alpha, \end{cases} \tag{9.1.4}$$

其中 $x_0\in[a,b]$, 一般可取 $x_0=a$.

定义 9.1.3 如果初值问题(9.1.4)满足下面两个条件, 则称初值问题(9.1.4)是**适定的**.

(1) 存在惟一解 $y(x)$.

(2) 对于任给 $\varepsilon>0$, 存在正数 δ^*, 使得当 $|\varepsilon_0|<\delta^*$, 在 $[x_0,b]$ 上 $\delta(x)$ 连续并且 $|\delta(x)|<\delta^*$ 时, 初值问题

$$\begin{cases} z'=f(x,z)+\delta(x), & x\in(x_0,b], \\ z(x_0)=\alpha+\varepsilon_0 \end{cases}$$

存在惟一的解 $z(x)$, 并满足

$$|z(x)-y(x)|<\varepsilon,\quad x\in[x_0,b].$$

简单地说, 如果初值问题(9.1.4)的解存在、惟一并连续依赖于方程的右端项和初始

条件,则称初值问题是适定的.

定理 9.1.2 设 $D=\{(x,y)\,|\,x_0\leqslant x\leqslant b,-\infty<y<+\infty\}$,$f(x,y)$在 D 上连续,并对变量 y 满足 Lipschitz 条件,那么初值问题(9.1.4)是适定的.

以后我们讨论的初值问题都是适定的,从而总假定 $f(x,y)$满足定理 9.1.2 中的条件.

9.2 简单数值方法

首先讨论一阶微分方程初值问题(9.1.4)的数值解法.在区间$[x_0,b]$上取离散节点

$$x_n = x_0 + nh, \quad n = 0,1,\cdots,$$

其中 h 为常数,称为**步长**.上述节点是等距的,当然也可以是不等距的,为方便起见,我们以等距节点的讨论为主.

初值问题(9.1.4)的解 $y(x)$在 x_n 处的值记为 $y(x_n)$,其近似值用 y_n 表示.

9.2.1 显式 Euler 方法

Euler 方法是数值求解微分方程初值问题(9.1.4)的最简单方法.设 $y(x)$为微分方程初值问题(9.1.4)的充分光滑的解.$y(x)$可以进行 Taylor 展开,

$$y(x_{n+1}) = y(x_n + h) = y(x_n) + hy'(x_n) + \frac{h^2}{2}y''(x_n) + \cdots.$$

当 h 充分小时,略去高阶项有

$$y(x_{n+1}) \approx y(x_n) + hy'(x_n).$$

由于 $y(x)$是微分方程的解,因此有

$$y(x_{n+1}) \approx y(x_n) + hf(x_n, y(x_n)).$$

记 $y_0=y(x_0)=\alpha$,取

$$y_1 = y_0 + hf(x_0, y_0)$$

作为 $y(x_1)$的近似值.再用 $y_1,f(x_1,y_1)$,取

$$y_2 = y_1 + hf(x_1, y_1)$$

作为 $y(x_2)$的近似值.一般地,有

$$\begin{cases} y_{n+1} = y_n + hf(x_n, y_n), & n = 0,1,2,\cdots, \\ y_0 = \alpha. \end{cases} \tag{9.2.1}$$

用(9.2.1)式来计算初值问题(9.1.4)的解 $y(x_{n+1})$的近似值.由(9.2.1)式看出,当 y_n 已知时,由公式(9.2.1)直接计算得到 y_{n+1},这种方法称为**显式方法**.由公式(9.2.1)还可以看出,由 x_n 上 $y(x_n)$的近似值 y_n,可求出 x_{n+1} 上 $y(x_{n+1})$的近似值 y_{n+1},此方法称为**单步方法**.公式(9.2.1)称为 **Euler 方法**.它是显式单步方法,有时也称为**显式 Euler 方法**.

由微分方程初值问题(9.1.4)导出 Euler 方法(9.2.1)还有不同的方法.

用差商近似代替微商有

$$\frac{y(x_{n+1})-y(x_n)}{h}\approx y'(x_n).$$

$y(x)$满足微分方程，得出

$$\frac{y(x_{n+1})-y(x_n)}{h}\approx f(x_n,y(x_n)),$$

由此直接可得(9.2.1)式.

用数值积分方法也可以推导方法(9.2.1). 在区间$[x_n,x_{n+1}]$上对(9.1.4)式中的微分方程积分有

$$\int_{x_n}^{x_{n+1}}y'(x)\mathrm{d}x=\int_{x_n}^{x_{n+1}}f(x,y(x))\mathrm{d}x, \tag{9.2.2}$$

右端用简单求积公式得

$$y(x_{n+1})-y(x_n)\approx f(x_n,y(x_n))(x_{n+1}-x_n),$$

由此得出(9.2.1)式.

9.2.2 隐式 Euler 方法

在(9.2.2)式中，右端用右矩形求积公式有

$$y(x_{n+1})-y(x_n)\approx f(x_{n+1},y(x_{n+1}))(x_{n+1}-x_n),$$

由此得到数值求解问题(9.1.4)的另一近似方法：

$$\begin{cases}y_{n+1}=y_n+hf(x_{n+1},y_{n+1}), & n=0,1,\cdots,\\ y_0=\alpha.\end{cases} \tag{9.2.3}$$

这是一个单步方法，但当y_n已知时，不能由(9.2.3)式直接计算出y_{n+1}，而是要解方程，因此称其为隐式方法. 方法(9.2.3)称为**隐式 Euler 方法**，或称**后退 Euler 方法**.

当$y(x_n)$的近似值y_n已知时，可用迭代方法来求出(9.2.3)式的解y_{n+1}的近似值. 设迭代初值$y_{n+1}^{(0)}=y_n+hf(x_n,y_n)$，即用显式 Euler 方法(9.2.1)来给出迭代初值.

$$\begin{aligned}y_{n+1}^{(1)}&=y_n+hf(x_{n+1},y_{n+1}^{(0)}),\\ y_{n+1}^{(2)}&=y_n+hf(x_{n+1},y_{n+1}^{(1)}),\\ &\vdots\\ y_{n+1}^{(s+1)}&=y_n+hf(x_{n+1},y_{n+1}^{(s)}).\end{aligned}$$

当$|y_{n+1}^{(s+1)}-y_{n+1}^{(s)}|<\varepsilon$($\varepsilon$预先给定)时，取$y_{n+1}=y_{n+1}^{(s+1)}$.

下面考虑迭代方法

$$y_{n+1}^{(s+1)}=y_n+hf(x_{n+1},y_{n+1}^{(s)}),\quad s=0,1,\cdots \tag{9.2.4}$$

的收敛性.

由于$f(x,y)$对y满足 Lipschitz 条件，即

$$|f(x,y_1)-f(x,y_2)|\leqslant L|y_1-y_2|,$$

(9.2.4)式减去(9.2.3)式中第一式有

$$|y_{n+1}^{(s+1)}-y_{n+1}|=h|f(x_{n+1},y_{n+1}^{(s)})-f(x_{n+1},y_{n+1})|$$

$$\begin{aligned}&\leqslant Lh\,|\,y_{n+1}^{(s)}-y_{n+1}\,|\\&\leqslant\cdots\\&\leqslant(Lh)^{s+1}\,|\,y_{n+1}^{(0)}-y_{n+1}\,|,\end{aligned}$$

由此得出，当 $Lh<1$ 时，迭代收敛，$Lh<1$ 称为**迭代收敛条件**.

9.2.3 梯形方法

在$[x_n,x_{n+1}]$上对微分方程初值问题(9.1.4)中的微分方程进行积分，有

$$\int_{x_n}^{x_{n+1}}y'(x)\mathrm{d}x=\int_{x_n}^{x_{n+1}}f(x,y(x))\mathrm{d}x.$$

等式右边采用梯形公式进行近似，有

$$y(x_{n+1})-y(x_n)\approx\frac{h}{2}[f(x_n,y(x_n))+f(x_{n+1},y(x_{n+1}))].$$

由此得到

$$\begin{cases}y_{n+1}=y_n+\dfrac{h}{2}[f(x_n,y_n)+f(x_{n+1},y_{n+1})], & n=0,1,2,\cdots,\\ y_0=\alpha.\end{cases}\tag{9.2.5}$$

此方法称为**梯形方法**. 这是单步隐式方法，一般采用迭代方法求解，仍用显式 Euler 方法提供初值，迭代公式为

$$\begin{cases}y_{n+1}^{(0)}=y_n+hf(x_n,y_n),\\ y_{n+1}^{(s+1)}=y_n+\dfrac{h}{2}[f(x_n,y_n)+f(x_{n+1},y_{n+1}^{(s)})], & s=0,1,2,\cdots.\end{cases}\tag{9.2.6}$$

同样，当$|y_{n+1}^{(s+1)}-y_{n+1}^{(s)}|<\varepsilon$(预先给定)时，取 $y_{n+1}=y_{n+1}^{(s+1)}$. 仿隐式 Euler 方法迭代公式的推导，梯形方法迭代收敛的条件为$\frac{1}{2}Lh<1$.

例 9.2.1 用显式 Euler 方法和梯形方法解微分方程初值问题

$$\begin{cases}y'(x)=-y+x+1,\\ y(0)=1,\end{cases}$$

取 $h=0.1$，从 $x=0$ 计算到 $x=0.5$.

解 显式 Euler 方法：

$$y_{n+1}=y_n+h(-y_n+x_n+1).$$

用 $h=0.1$ 代入上式，有

$$y_{n+1}=0.9y_n+0.1x_n+0.1.$$

梯形方法：

$$y_{n+1}=y_n+\frac{h}{2}[-y_n+x_n+1-y_{n+1}+x_{n+1}+1],$$

$$y_{n+1} = \frac{1}{1+\frac{h}{2}}\left[\left(1-\frac{h}{2}\right)y_n + hx_n + h + \frac{1}{2}h^2\right].$$

用 $h=0.1$ 代入上式，有

$$y_{n+1} = \frac{1}{1.05}[0.95y_n + 0.1x_n + 0.105], \quad n = 0,1,\cdots,$$

$$y_0 = 1.$$

由于微分方程是线性方程，所以梯形方法不用进行迭代.

Euler 方法和梯形方法的计算结果见表 9.1.

表 9.1

x_n	Euler 方法 y_n	梯形方法 y_n	精确解 $y(x_n)$
0	1.000 000	1.000 000	1.000 000
0.1	1.000 000	1.004 762	1.004 837
0.2	1.010 000	1.018 594	1.018 731
0.3	1.029 000	1.040 633	1.040 818
0.4	1.056 100	1.070 096	1.070 320
0.5	1.090 490	1.106 278	1.106 531

由表 9.1 可以看出，梯形方法的数值结果要比显式 Euler 方法的数值结果精确.

这是线性初值问题，梯形方法不用进行迭代，一般情况必须进行迭代.

9.2.4 预估-校正方法

梯形方法求解初值问题精度较高，但计算较为复杂.应用迭代公式(9.2.6)时，每次迭代都要重新计算函数 $f(x,y)$的值.做 s 次迭代，计算量是很大的.为了控制计算量，通常只迭代一二次就转入下一步计算，这样就简化了计算.为了消除迭代，即相当迭代一次，这样就出现了预估-校正方法.先给出一个精度不高的解，然后用稍精确求解公式来校正，这是微分方程数值解常用的方法.

先用显式 Euler 公式求得一个初步的近似值 $\bar{y}_{n+1}$，一般称为预估值，再用梯形方法对其进行校正，即按迭代公式(9.2.6)进行一次迭代，具体方法如下.

$$\left.\begin{aligned} &\text{预估} \quad \bar{y}_{n+1} = y_n + hf(x_n,y_n); \\ &\text{校正} \quad y_{n+1} = y_n + \frac{h}{2}[f(x_n,y_n) + f(x_{n+1},\bar{y}_{n+1})]. \end{aligned}\right\} \tag{9.2.7}$$

或把(9.2.7)式的第一式代入(9.2.7)式的第二式，有

$$y_{n+1} = y_n + \frac{h}{2}[f(x_n,y_n) + f(x_{n+1},y_n + hf(x_n,y_n))]. \tag{9.2.8}$$

此公式称为**改进 Euler 公式**，有时也把(9.2.7)式称为改进 Euler 公式.

例 9.2.2 用显式 Euler 方法和改进 Euler 方法解初值问题

$$\begin{cases} y'(x) = y(x) - x^2 + 1, \\ y(0) = \dfrac{1}{2}, \end{cases}$$

取 $h=0.2$，从 $x=0$ 计算到 $x=2$.

解 显式 Euler 方法：

$$y_{n+1} = y_n + h(y_n - x_n^2 + 1),$$

用 $h=0.2$ 代入，有

$$y_{n+1} = 1.2y_n - 0.2x_n^2 + 0.2, \quad n = 0,1,2,\cdots,$$
$$y_0 = 0.5.$$

改进 Euler 方法：

$$y_{n+1} = y_n + \frac{h}{2}[y_n - x_n^2 + 1 + y_n + h(y_n - x_n^2 + 1) - (x_n + h)^2 + 1],$$

用 $h=0.2$ 代入，有

$$y_{n+1} = 1.22y_n - 0.22x_n^2 - 0.04x_n + 0.216, \quad n = 0,1,\cdots,$$
$$y_0 = 0.5.$$

初值问题的精确解为 $y(x)=(1+x)^2-\frac{1}{2}e^x$. Euler 方法和改进 Euler 方法计算结果见表 9.2.

表 9.2

x_n	Euler 方法 y_n	改进 Euler 方法 y_n	精确解 $y(x_n)$
0.0	0.500 000 0	0.500 000 0	0.500 000 0
0.2	0.800 000 0	0.826 000 0	0.829 298 6
0.4	1.152 000 0	1.206 920 0	1.214 087 7
0.6	1.550 400 0	1.637 242 4	1.648 940 6
0.8	1.988 480 0	2.110 203 57	2.127 229 5
1.0	2.458 176 0	2.617 687 6	2.640 859 1
1.2	2.949 811 2	3.149 578 9	3.179 941 5
1.4	3.451 773 4	3.693 686 2	3.732 400 0
1.6	3.950 128 1	4.235 097 2	4.283 483 8
1.8	4.428 153 8	4.755 618 5	4.815 176 3
2.0	4.865 784 5	5.233 054 6	5.305 472 0

由计算结果可以看出，改进 Euler 方法比显式 Euler 方法更为精确. 仅考虑 $x_n=1.0$，此时显式 Euler 方法的误差 $|y_5-y(x_5)|=0.182\,683\,1$，而改进 Euler 方法的误差 $|y_5-y(x_5)|=0.023\,171\,5$.

9.2.5 单步方法的截断误差

已经讨论了数值求解初值问题(9.1.4)的四种方法，显式 Euler 方法、隐式 Euler 方法、梯形方法和改进 Euler 方法，其中显式 Euler 方法，改进 Euler 方法是显式的，其余两种方法是隐式的. 求解初值问题(9.1.4)的单步法可以表示为

$$y_{n+1} = y_n + h\phi(x_n, y_n, y_{n+1}; h), \tag{9.2.9}$$

其中 $\phi(x_n, y_n, y_{n+1}; h)$ 与 $f(x, y)$ 有关. 当 ϕ 中含有 y_{n+1} 时，单步法是隐式的. 若 ϕ 中不含 y_{n+1} 时，单步法是显式的. 因此一般显式单步法可以表示为

$$y_{n+1} = y_n + h\phi(x_n, y_n; h), \tag{9.2.10}$$

其中 $\phi(x, y; h)$ 称为**增量函数**.

Euler 方法和改进 Euler 方法的增量函数分别是

$$\phi(x, y; h) = f(x, y)$$

和

$$\phi(x, y; h) = \frac{1}{2}[f(x, y) + f(x+h, y+hf(x, y))].$$

用单步法从 $x=x_0$ 开始计算，得到 $y_1, y_2, \cdots, y_n$，在 x_n 处初值问题(9.1.4)的精确解为 $y(x_n)$. 令

$$e_n = y(x_n) - y_n, \tag{9.2.11}$$

则称 e_n 为该方法在 x_n 处的**整体截断误差**. 显然 e_n 不但与 x_n 这一步有关，而且也与前面每步的计算有关，因此称其为整体截断误差. 在此及后面讨论中，不考虑舍入误差.

为讨论方便起见，先讨论在前 n 步都准确情况下一步的误差.

定义 9.2.1 设 $y(x)$ 是初值问题(9.1.4)的精确解，

$$T_{n+1}(x) = y(x_{n+1}) - y(x_n) - h\phi(x_n, y(x_n); h) \tag{9.2.12}$$

称为显式单步法(9.2.10)的**局部截断误差**.

对于定义 9.2.1 可以作如下说明. 假定用单步法(9.2.10)计算时. 以前各步没有误差，即有

$$\begin{aligned} y_i &= y(x_i), \quad i = 1, 2, \cdots, n, \\ y_{n+1} &= y_n + h\phi(x_n, y_n; h) \\ &= y(x_n) + h\phi(x_n, y(x_n); h), \end{aligned}$$

这一步的截断误差应是 $y(x_{n+1}) - y_{n+1}$，即是

$$y(x_{n+1}) - y(x_n) - h\phi(x_n, y(x_n); h).$$

这就是单步法的局部截断误差，也是前面各步都准确时计算一步的误差.

考虑显式 Euler 方法

$$y_{n+1} = y_n + hf(x_n, y_n)$$

的局部截断误差. 设 $y(x)$ 是初值问题(9.1.4)的充分光滑的解,按局部截断误差的定义有

$$\begin{aligned}
T_{n+1} &= y(x_{n+1}) - [y(x_n) + hf(x_n, y(x_n))] \\
&= y(x_{n+1}) - y(x_n) - hy'(x_n) \\
&= y(x_n) + hy'(x_n) + \frac{h^2}{2}y''(\xi_n) - y(x_n) - hy'(x_n) \\
&= \frac{h^2}{2}y''(\xi_n).
\end{aligned}$$

假定 $y(x)$ 在 $[x_0, b]$ 上有二阶连续导数,令

$$M_2 = \max_{x_0 \leqslant x \leqslant b} |y''(x)|,$$

那么有

$$|T_{n+1}| \leqslant \frac{1}{2}M_2h^2,$$

即局部截断误差 $T_n = O(h^2)$.

下面讨论 Euler 方法的整体截断误差 $e_n = y(x_n) - y_n$,

$$\begin{aligned}
e_{n+1} &= y(x_{n+1}) - y_{n+1} \\
&= y(x_{n+1}) - [y(x_n) + hf(x_n, y(x_n))] \\
&\quad - \{y_{n+1} - [y(x_n) + hf(x_n, y(x_n))]\} \\
&= T_{n+1} - \{y_n + hf(x_n, y_n) - [y(x_n) + hf(x_n, y(x_n))]\} \\
&= T_{n+1} + (y(x_n) - y_n) + h[f(x_n, y(x_n)) - f(x_n, y_n)].
\end{aligned}$$

由于 $f(x,y)$ 关于 y 满足 Lipschitz 条件,即有

$$|f(x_n, y(x_n)) - f(x_n, y_n)| \leqslant L|y(x_n) - y_n|.$$

对于 Euler 方法有

$$|T_{n+1}| \leqslant \frac{1}{2}M_2h^2,$$

这样得出

$$\begin{aligned}
|e_{n+1}| &\leqslant |T_{n+1}| + |e_n| + hL|e_n| \\
&\leqslant (1 + Lh)|e_n| + \frac{1}{2}M_2h^2.
\end{aligned}$$

同样有

$$|e_n| \leqslant (1 + Lh)|e_{n-1}| + \frac{1}{2}M_2h^2,$$

$$|e_{n-1}| \leqslant (1 + Lh)|e_{n-2}| + \frac{1}{2}M_2h^2,$$

$$\vdots$$

$$|e_1| \leqslant (1 + Lh)|e_0| + \frac{1}{2}M_2h^2,$$

由此可以得出

$$
\begin{aligned}
|e_{n+1}| &\leqslant (1+Lh)^2 |e_{n-1}| + (1+Lh)\frac{M_2}{2}h^2 + \frac{1}{2}M_2h^2 \\
&\leqslant \cdots \\
&\leqslant (1+hL)^{n+1}|e_0| + \frac{1}{2}M_2h^2\sum_{j=0}^{n}(1+hL)^j.
\end{aligned}
$$

注意到 $y_0=y(x_0)$，因此 $e_0=0$. 利用等比级数部分和有

$$
\sum_{j=0}^{n}(1+hL)^j = \frac{(1+hL)^{n+1}-1}{hL}.
$$

于是

$$
|e_{n+1}| \leqslant \frac{1}{2}M_2h\frac{1}{L}[(1+hL)^{n+1}-1],
$$

其中，h 为 Euler 方法中使用的步长，$(n+1)h\leqslant b-x_0$，因此有 $h\leqslant\dfrac{b-x_0}{n+1}$，

$$
|e_{n+1}| \leqslant \frac{M_2}{2L}h\left[\left(1+\frac{(b-x_0)L}{n+1}\right)^{n+1}-1\right],
$$

$$
|e_{n+1}| \leqslant \frac{M_2}{2L}h[e^{L(b-x_0)}-1].
$$

最后得出

$$
e_{n+1} = O(h).
$$

当 $h\to 0$ 时，整体截断误差 $e_n\to 0$. 也可以看出，T_{n+1}，e_{n+1} 具有不同的阶，T_{n+1} 比 e_{n+1} 高一阶.

在推导过程中有

$$
|e_n| \leqslant \frac{M}{2L}h[e^{L(x_n-x_0)}-1], \tag{9.2.13}
$$

其中 $M=\max\limits_{x\in[x_0,b]}|y''(x)|$，$L$ 为 $f(x,y)$关于 y 的 Lipschitz 常数. 若 $f(x,y)$在 y 的偏导数连续，那么 $L=\max\limits_{x,y}\left|\dfrac{\partial f}{\partial y}(x,y)\right|$. (9.2.13)式可以作为(整体)误差的估计，右端为(整体)误差界.

定义 9.2.2 设 $y(x)$为初值问题(9.1.4)的精确解，(9.2.10)式为显式单步方法. 若 p 是满足

$$
y(x+h)-y(x)-h\phi(x,y(x);h) = O(h^{p+1})
$$

的最大正整数，则称单步法(9.2.10)具有 **p 阶精度**，或称单步法(9.2.10)是 **p 阶方法**.

曾经对于显式 Euler 方法求出了局部截断误差

$$T_{n+1} = \frac{h^2}{2}y''(x_n) + O(h^3),$$

因此显式 Euler 方法是一阶方法.

如果单步法(9.2.10)是 p 阶方法,那么相应的局部截断误差应为 $T_{n+1}=O(h^{p+1})$,因此我们将主要关心 T_{n+1} 按 h 展开式的第一项.

定义 9.2.3 设单步方法(9.2.10)是 p 阶方法,若将其局部截断误差写成

$$T_{n+1} = \psi(x_n, y(x_n))h^{p+1} + O(h^{p+2}), \tag{9.2.14}$$

则称 $\psi(x_n,y(x_n))h^{p+1}$ 为(9.2.10)的**主局部截断误差**,或称其为**局部截断误差的主项**.

对 Euler 方法有

$$T_{n+1} = \frac{h^2}{2}y''(x_n) + O(h^3),$$

因此主局部截断误差为$\frac{h^2}{2}y''(x_n)$.

隐式 Euler 方法和梯形方法都是隐式单步方法.可以类似地定义局部截断误差、局部截断误差主项以及方法的阶.下面讨论梯形方法的局部截断误差

$$\begin{aligned} T_{n+1} &= y(x_{n+1}) - y(x_n) - \frac{h}{2}[f(x_n, y(x_n)) + f(x_{n+1}, y(x_{n+1}))] \\ &= y(x_{n+1}) - y(x_n) - \frac{h}{2}[y'(x_n) + y'(x_{n+1})]. \end{aligned}$$

对 $y(x_{n+1})$,$y'(x_{n+1})$在 x_n 处 Taylor 展开,得

$$T_{n+1} = -\frac{h^3}{12}y'''(x_n) + O(h^4).$$

由此得出,梯形方法的局部截断误差主项为$-\frac{h^3}{12}y'''(x_n)$,方法是 2 阶的.

9.3 Runge-Kutta 方法

Runge-Kutta 方法可以构造高阶精度方法来求解初值问题,因此一直受到人们的重视,至今仍是实际应用的重要方法.

9.3.1 用 Taylor 展开构造高阶数值方法

设 $y(x)$是初值问题(9.1.4)的充分光滑的解,利用 Taylor 展开有

$$\begin{aligned} y(x_{n+1}) &= y(x_n + h) \\ &= y(x_n) + hy'(x_n) + \frac{h^2}{2}y''(x_n) + \frac{1}{3!}h^3y'''(x_n) + \cdots. \end{aligned} \tag{9.3.1}$$

由于 $y(x)$ 是初值问题(9.1.4)的解，所以有

$$
\begin{aligned}
y'(x) &= f(x,y(x)),\\
y''(x) &= \frac{\mathrm{d}}{\mathrm{d}x}f(x,y(x)) = \frac{\partial f}{\partial x}(x,y(x)) + \frac{\partial f}{\partial y}(x,y(x))y'(x)\\
&= \frac{\partial f}{\partial x}(x,y(x)) + f(x,y(x))\frac{\partial f}{\partial y}(x,y(x)),\\
y'''(x) &= \frac{\mathrm{d}}{\mathrm{d}x}\left[\frac{\partial f}{\partial x}(x,y(x)) + f(x,y(x))\frac{\partial f}{\partial y}(x,y(x))\right]\\
&= \frac{\partial^2 f}{\partial x^2}(x,y(x)) + f(x,y(x))\frac{\partial^2 f}{\partial x\partial y}(x,y(x))\\
&\quad + \frac{\partial}{\partial x}\left[f(x,y(x))\frac{\partial f}{\partial y}(x,y(x))\right]\\
&\quad + f(x,y(x))\frac{\partial}{\partial y}\left[f(x,y(x))\frac{\partial f}{\partial y}(x,y(x))\right]\\
&= \frac{\partial^2 f}{\partial x^2}(x,y(x)) + 2f(x,y(x))\frac{\partial^2 f}{\partial x\partial y}(x,y(x))\\
&\quad + \frac{\partial f}{\partial x}(x,y(x))\frac{\partial f}{\partial y}(x,y(x)) + [f(x,y(x))]^2\frac{\partial^2 f}{\partial y^2}(x,y(x))\\
&\quad + f(x,y(x))\left[\frac{\partial f}{\partial y}(x,y(x))\right]^2.
\end{aligned}
$$

如果在(9.3.1)式中取

$$y(x_{n+1}) \approx y(x_n) + hy'(x_n),$$

那么得到单步方法

$$y_{n+1} = y_n + hf(x_n,y_n),$$

这是 1 阶的 Euler 方法.

如果在(9.3.1)式中取

$$y(x_{n+1}) \approx y(x_n) + hy'(x_n) + \frac{h^2}{2}y''(x_n),$$

那么得到 2 阶单步方法

$$y_{n+1} = y_n + hf(x_n,y_n) + \frac{h^2}{2}\left[\frac{\partial f}{\partial x}(x_n,y_n) + f(x_n,y_n)\frac{\partial f}{\partial y}(x_n,y_n)\right]. \tag{9.3.2}$$

如果在(9.3.1)式中取

$$y(x_{n+1}) \approx y(x_n) + hy'(x_n) + \frac{h^2}{2}y''(x_n) + \frac{h^3}{6}y'''(x_n),$$

那么可以得到 3 阶单步方法

$$
\begin{aligned}
y_{n+1} = y_n + hf(x_n, y_n) &+ \frac{h^2}{2}\left[\frac{\partial f}{\partial x}(x_n, y_n) + f(x_n, y_n)\frac{\partial f}{\partial y}(x_n, y_n)\right] \\
&+ \frac{h^3}{3!}\left\{\frac{\partial^2 f}{\partial x^2}(x_n, y_n) + 2f(x_n, y_n)\frac{\partial^2 f}{\partial x \partial y}(x_n, y_n)\right. \\
&+ [f(x_n, y_n)]^2 \frac{\partial^2 f}{\partial y^2}(x_n, y_n) \\
&\left.+ \frac{\partial f}{\partial y}(x_n, y_n)\left[\frac{\partial f}{\partial x}(x_n, y_n) + f(x_n, y_n)\frac{\partial f}{\partial y}(x_n, y_n)\right]\right\}. \qquad (9.3.3)
\end{aligned}
$$

还可以类似地推下去，得到高阶方法. 从上面看到，这样得到的方法中要计算很多偏导数. 当 $f(x,y)$ 比较复杂时，这类方法是不实用的. 采用上述构造高阶方法的思想，但又不计算偏导数，由此导出了 Runge-Kutta 方法.

9.3.2 Runge-Kutta 方法

Runge-Kutta 方法是间接采用 Taylor 展开方法，即用不同节点上函数值 $f(x,y)$ 的不同组合来提高方法的精度. 这样避免了 $f(x,y)$ 的导数计算.

在例 9.2.2 中，可以看出改进 Euler 方法比显式 Euler 方法更精确. 事实上，改进 Euler 方法(9.2.8)采用了不同节点上的 $f(x,y)$ 的求值，整个计算没有出现 $f(x,y)$ 的偏导数.

一般地，可以令

$$
y_{n+1} = y_n + h\sum_{r=1}^{R} c_r K_r, \qquad (9.3.4)
$$

其中 c_r 为待定权因子，R 为 K_r 的个数.

$$
K_r = f\left(x_n + a_r h, y_n + h\sum_{s=1}^{r-1} b_{rs} K_s\right), \quad r = 1,2,\cdots,R; a_1 = 0. \qquad (9.3.5)
$$

对于 K_r 具体写出有

$$
\begin{aligned}
K_1 &= f(x_n, y_n), \\
K_2 &= f(x_n + a_2 h, y_n + hb_{21}K_1), \\
K_3 &= f(x_n + a_3 h, y_n + hb_{31}K_1 + hb_{32}K_2), \\
&\vdots
\end{aligned}
$$

其中参数 c_r, a_r, b_{rs} 为提高精度创造了条件. 有 R 个 K_i 称为 R 级 Runge-Kutta 方法，

取 $R=1$，此时只有一个 K_1，并有 $K_1 = f(x_n, y_n)$，

$$
y_{n+1} = y_n + hc_1 f(x_n, y_n), \qquad (9.3.6)
$$

利用 Taylor 展开来确定 c_1. 设 $y(x)$ 为初值问题(9.1.4)的光滑解.

$$y(x_{n+1}) = y(x_n + h) = y(x_n) + hy'(x_n) + \frac{h^2}{2}y''(x_n) + \cdots$$
$$= y(x_n) + hf(x_n, y(x_n)) + \frac{h^2}{2}y''(x_n) + \cdots,$$

此式与(9.3.6)式相比较知 $c_1=1$，并得局部截断误差主项为$\frac{h^2}{2}y''(x_n)$. 显然，$R=1$ 时即为显式 Euler 方法.

考虑 $R=2$，(9.3.4)式为

$$y_{n+1} = y_n + hc_1K_1 + hc_2K_2, \tag{9.3.7}$$

其中

$$K_1 = f(x_n, y_n),$$
$$K_2 = f(x_n + a_2h, y_n + hb_{21}K_1).$$

K_2 在(x_n, y_n)处 Taylor 展开有

$$K_2 = f(x_n, y_n) + a_2h\frac{\partial f}{\partial x}(x_n, y_n) + hb_{21}K_1\frac{\partial f}{\partial y}(x_n, y_n) + O(h^2),$$

把 K_1，K_2 代入(9.3.7)式有

$$y_{n+1} = y_n + h(c_1 + c_2)f(x_n, y_n)$$
$$+ h^2c_2a_2\frac{\partial f}{\partial x}(x_n, y_n) + h^2c_2b_{21}f(x_n, y_n)\frac{\partial f}{\partial y}(x_n, y_n) + O(h^3). \tag{9.3.8}$$

$y(x_n)$为微分方程(9.1.4)的充分光滑解在 x_n 处的值，Taylor 展开有

$$y(x_{n+1}) = y(x_n + h)$$
$$= y(x_n) + hy'(x_n) + \frac{h^2}{2}y''(x_n) + O(h^3)$$
$$= y(x_n) + hf(x_n, y(x_n)) + \frac{h^2}{2}\frac{\mathrm{d}}{\mathrm{d}x}f(x, y(x))\Big|_{x=x_n} + O(h^3)$$
$$= y(x_n) + hf(x_n, y(x_n)) + \frac{h^2}{2}\Big[\frac{\partial}{\partial x}f(x_n, y(x_n))$$
$$+ \frac{\partial f}{\partial y}(x_n, y(x_n))f(x_n, y(x_n))\Big] + O(h^3),$$

此式与(9.3.8)式比较，为使(9.3.7)式具有 $O(h^3)$的局部截断误差，那么有

$$\begin{cases} c_1 + c_2 = 1, \\ c_2a_2 = \dfrac{1}{2}, \\ c_2b_{21} = \dfrac{1}{2}. \end{cases} \tag{9.3.9}$$

此方程组有 4 个未知数，但仅有 3 个方程.

取 a_2 为自由参数，那么得到

$$c_2 = \frac{1}{2a_2}, \quad c_1 = 1 - \frac{1}{2a_2}, \quad b_{21} = \frac{1}{2c_2}.$$

易知，$b_{21}=a_2$. 此时(9.3.7)式变成

$$y_{n+1} = y_n + hc_1 f(x_n, y_n) + hc_2 f(x_n + a_2 h, y_n + hb_{21} K_1).$$

取 $a_2=\frac{1}{2}$，由(9.3.9)式得 $c_2=1$，$c_1=0$ 和 $b_{21}=\frac{1}{2}$. 从而(9.3.7)式变为

$$y_{n+1} = y_n + hf\left(x_n + \frac{1}{2}h, y_n + \frac{1}{2}hf(x_n, y_n)\right). \tag{9.3.10}$$

此单步法称为**中点公式**.

取 $a_2=1$，由(9.3.9)式得 $c_2=\frac{1}{2}$，$c_1=\frac{1}{2}$ 和 $b_{21}=1$，此时(9.3.7)式变为

$$y_{n+1} = y_n + \frac{h}{2}[f(x_n, y_n) + f(x_{n+1}, y_n + hf(x_n, y_n))]. \tag{9.3.11}$$

此单步法即为**改进 Euler 方法**.

取 $a_2=\frac{2}{3}$，由(9.3.9)式得 $c_2=\frac{3}{4}$，$c_1=\frac{1}{4}$ 和 $b_{21}=\frac{2}{3}$，此时(9.3.7)式变为

$$y_{n+1} = y_n + \frac{1}{4}hf(x_n, y_n) + \frac{3}{4}hf\left(x_n + \frac{2}{3}h, y_n + \frac{2}{3}hf(x_n, y_n)\right). \tag{9.3.12}$$

此公式称为 **Heun 方法**.

对于3级 Runge-Kutta 方法，即 $R=3$，有如下形式：

$$y_{n+1} = y_n + h\sum_{r=1}^{3} c_r K_r,$$

其中

$$\begin{aligned} K_1 &= f(x_n, y_n), \\ K_2 &= f(x_n + a_2 h, y_n + hb_{21} K_1), \\ K_3 &= f(x_n + a_3 h, y_n + hb_{31} K_1 + hb_{32} K_2). \end{aligned}$$

与推导2级 Runge-Kutta 方法相似，可以得出确定系数的方程组

$$\begin{cases} c_1 + c_2 + c_3 = 1, \\ a_2 = b_{21}, \\ a_3 = b_{31} + b_{32}, \\ c_2 a_2 + c_3 a_3 = \dfrac{1}{2}, \\ c_2 a_2^2 + c_3 a_3^2 = \dfrac{1}{3}, \\ c_3 a_2 b_{32} = \dfrac{1}{6}. \end{cases}$$

这是 8 个未知数 6 个方程的方程组，有 2 个自由参数可以选取.

3 级 3 阶的 **Kutta 方法**为

$$\begin{cases} y_{n+1} = y_n + \frac{1}{6}h(K_1 + 4K_2 + K_3), \\ K_1 = f(x_n, y_n), \\ K_2 = f\left(x_n + \frac{1}{2}h, y_n + \frac{1}{2}hK_1\right), \\ K_3 = f(x_n + h, y_n - hK_1 + 2hK_2). \end{cases} \tag{9.3.13}$$

对于 $R=4$，可导出 4 阶方法. 此时有 13 个未知数，11 个方程，推导更为复杂. 常用的 4 级 4 阶方法为**经典 Runge-Kutta 方法**：

$$\begin{cases} y_{n+1} = y_n + \frac{1}{6}h(K_1 + 2K_2 + 2K_3 + K_4), \\ K_1 = f(x_n, y_n), \\ K_2 = f\left(x_n + \frac{1}{2}h, y_n + \frac{1}{2}hK_1\right), \\ K_3 = f\left(x_n + \frac{1}{2}h, y_n + \frac{1}{2}hK_2\right), \\ K_4 = f(x_n + h, y_n + hK_3). \end{cases} \tag{9.3.14}$$

例 9.3.1 用改进 Euler 方法和中点公式计算初值问题

$$\begin{cases} y'(x) = 1 + \frac{1}{x}y, \quad 1 \leqslant x \leqslant 2, \\ y(1) = 2 \end{cases}$$

的近似解，并与初值问题准确解作比较. 取 $h=0.25$，初值问题准确解 $y(x)=x\ln x+2x$.

解 改进 Euler 方法为

$$y_{n+1} = y_n + \frac{h}{2}[f(x_n, y_n) + f(x_{n+1}, y_n + hf(x_n, y_n))].$$

用 $f(x,y)=1+\frac{1}{x}y$ 代入上式，有

$$\begin{aligned} y_{n+1} &= y_n + \frac{h}{2}\left[1 + \frac{1}{x_n}y_n + 1 + \frac{1}{x_{n+1}}\bar{y}_{n+1}\right] \\ &= y_n + \frac{h}{2}\left[1 + \frac{1}{x_n}y_n + 1 + \frac{1}{x_{n+1}}\left(y_n + h\left(1 + \frac{1}{x_n}y_n\right)\right)\right], \end{aligned}$$

其中 $x_{n+1}=x_n+h$.

中点公式为

$$y_{n+1} = y_n + hf\left(x_n + \frac{h}{2}, y_n + \frac{h}{2}f(x_n, y_n)\right).$$

用 $f(x,y)=1+\frac{1}{x}y$ 代入上式，有

$$y_{n+1}=y_n+h\left[\frac{1}{x_n+\frac{h}{2}}\left(y_n+\frac{h}{2}\left(1+\frac{1}{x_n}y_n\right)\right)+1\right].$$

两种方法计算结果见表 9.3.

表 9.3

	改进 Euler 方法	误 差	中点公式	误 差	解析解
x_n	y_n	$y(x_n)-y_n$	y_n	$y(x_n)-y_n$	$y(x_n)$
1.25	2.775 000 0	0.003 929 4	2.777 777 8	0.001 151 6	2.778 929 4
1.50	3.600 833 3	0.001 064 4	3.606 060 6	0.002 137 1	3.608 197 7
1.75	4.468 829 4	0.010 498 2	4.476 301 5	0.003 026 1	4.479 327 6
2.00	5.372 858 6	0.013 435 8	5.382 439 8	0.003 854 6	5.386 294 4

例 9.3.2 用 4 阶经典 Runge-Kutta 方法计算例 9.3.1 中的初值问题，仍取 $h=0.25$.

解 应用 4 阶 Runge-Kutta 方法(9.3.14)，计算结果见表 9.4.

表 9.4

x_n	y_n	$y(x_n)$	$y(x_n)-y_n$
1.25	2.778 909 5	2.778 929 4	0.000 019 9
1.50	3.608 164 7	3.608 197 7	0.000 033 0
1.75	4.479 284 6	4.479 327 6	0.000 042 1
2.00	5.386 242 6	5.386 294 4	0.000 051 8

由表 9.4 和表 9.3 可以看出，4 阶 Runge-Kutta 方法比 2 阶的改进 Euler 公式和中点公式要精确.

9.3.3 高阶方法与隐式 Runge-Kutta 方法

在前面讨论的 Runge-Kutta 方法(9.3.4)中，R 为 1 至 4，得到了 R 阶的单步方法. 对于 $R\geqslant 5$，情况将有所改变. 设 $P(R)$ 为 R 级显式 Runge-Kutta 方法可以达到的最高阶. R 与 $P(R)$ 的关系如下表：

R	1,2,3,4	5,6,7	8,9	10,11,…
$P(R)$	R	$R-1$	$R-2$	$\leqslant R-2$

通常情况下，使用 $R\leqslant 4$.

Runge-Kutta 方法(9.3.4)，(9.3.5)是显式方法，类似地可以构造隐式的 Runge-

Kutta 方法. ***R* 级的隐式 Runge-Kutta 方法**为

$$\begin{cases} y_{n+1} = y_n + h\sum_{r=1}^{R} c_r K_r, \\ K_r = f\left(x_n + a_r h, y_n + h\sum_{s=1}^{R} b_{rs} K_s\right), \quad r = 1,2,\cdots,R, \end{cases} \tag{9.3.15}$$

其中系数 b_{rs} 可以排成一个 $R\times R$ 的方阵,而显式方法(9.3.4),(9.3.5)中 b_{rs} 可以排成严格下三角矩阵.如果在(9.3.15)的 K_r 的计算中采用

$$K_r = f\left(x_n + a_r h, y_n + h\sum_{s=1}^{r} b_{rs} K_s\right), \quad r = 1,2,\cdots,R,$$

此时 b_{rs} 可以排成下三角矩阵.相应的隐式 Runge-Kutta 方法称为**对角隐式 Runge-Kutta 方法**,此时计算比(9.3.15)式较为简单.

$R=1, p=2$(1 级 2 阶)的隐式 Runge-Kutta 方法为

$$\begin{cases} y_{n+1} = y_n + hK_1, \\ K_1 = f\left(x_n + \frac{h}{2}, y_n + \frac{h}{2}K_1\right). \end{cases} \tag{9.3.16}$$

利用(9.3.16)式的第一式可知,

$$hK_1 = y_{n+1} - y_n,$$

从而

$$y_n + \frac{h}{2}K_1 = \frac{1}{2}(y_n + y_{n+1}).$$

由此,(9.3.16)式等价于

$$y_{n+1} = y_n + hf\left(x_n + \frac{h}{2}, \frac{1}{2}(y_n + y_{n+1})\right). \tag{9.3.16$'$}$$

$R=2, p=4$(2 级 4 阶)的隐式 Runge-Kutta 方法为

$$\begin{cases} y_{n+1} = y_n + \frac{h}{2}(K_1 + K_2), \\ K_1 = f\left(x_n + \left(\frac{1}{2} - \frac{\sqrt{3}}{6}\right)h, y_n + \frac{1}{4}hK_1 + \left(\frac{1}{4} - \frac{\sqrt{3}}{6}\right)hK_2\right), \\ K_2 = f\left(x_n + \left(\frac{1}{2} + \frac{\sqrt{3}}{6}\right)h, y_n + \left(\frac{1}{4} + \frac{\sqrt{3}}{6}\right)hK_1 + \frac{1}{4}hK_2\right). \end{cases} \tag{9.3.17}$$

实用的对角隐式 Runge-Kutta 方法 $R=2, p=3$(2 级 3 阶)的方法为

$$\begin{cases} y_{n+1} = y_n + \frac{h}{2}(K_1 + K_2), \\ K_1 = f(x_n + rh, y_n + rhK_1), \\ K_2 = f(x_n + (1-r)h, y_n + h(1-2r)K_1 + hrK_2), \end{cases} \tag{9.3.18}$$

其中 $r=\frac{1}{2}\pm\frac{1}{6}\sqrt{3}$.

9.4 单步法的相容性、收敛性和绝对稳定性

9.4.1 相容性

微分方程的初值问题

$$\begin{cases} y' = f(x,y), & x_0 < x \leqslant b, \\ y(x_0) = \alpha \end{cases}$$

的显式单步方法为

$$\begin{cases} y_{n+1} = y_n + h\phi(x_n, y_n; h), \\ y_0 = \alpha. \end{cases} \tag{9.4.1}$$

假定显式单步法(9.4.1)具有 $p+1$ 阶局部截断误差,即

$$\frac{y(x+h) - y(x)}{h} = \phi(x, y(x); h) + O(h^p),$$

其中 $y(x)$为微分方程初值问题的解.改写上式为

$$\phi(x, y(x); h) = \frac{1}{h}\int_x^{x+h} y'(\tau)\mathrm{d}\tau + O(h^p).$$

假定 $y'(x)$为连续函数,那么

$$\begin{aligned} \phi(x, y(x); h) &= y'(\eta) + O(h^p) \\ &= f(\eta, y(\eta)) + O(h^p), \quad \eta \in (x, x+h). \end{aligned}$$

令 $h \to 0$,得到

$$\lim_{h\to 0}\phi(x, y(x); h) = f(x, y(x)).$$

特别地,若增量函数 $\phi(x,y(x);h)$是 h 的连续函数,就有 $\phi(x,y(x);0)=f(x,y(x))$.

从上面推导可以看出,当局部截断误差为 $O(h^{p+1})$时,显式单步法将"趋于"微分方程.由此引入如下定义.

定义 9.4.1 如果显式单步法(9.4.1)中 $\phi(x,y(x);h)$于 $h=0$ 连续,并且

$$\phi(x, y; 0) = f(x, y). \tag{9.4.2}$$

则称显式单步法是(与微分方程)**相容**的.

由定义容易得出下面定理.

定理 9.4.1 显式单步法(9.4.1)相容的充分必要条件为显式单步法的局部截断误差为 $O(h^{p+1})$, $p \geqslant 1$.

由定义可以得出,Euler 方法和改进 Euler 方法都是相容的.

9.4.2 收敛性

显式单步法(9.4.1)的解 $y_1, y_2, \cdots, y_n$，要求 y_n 是初值问题解 $y(x_n)$ 的一个近似. 对于 Euler 方法，已经导出了其整体误差 $e_n = y(x_n) - y_n$ 满足 $|e_n| \leqslant ch$. 当 $h \to 0$ 时有 $y_n \to y(x_n)$. 在此必须注意到 $x_n = x_0 + nh$ 是固定的，即当 $h \to 0$ 时必有 $n \to \infty$.

定义 9.4.2 对于初值问题(9.1.4)，$f(x,y)$ 对 y 满足 Lipschitz 条件，如果由显式单步法(9.4.1)得到的解 y_n，对任意 $x = x_0 + nh$，有

$$\lim_{\substack{h \to 0 \\ x = x_0 + nh}} y_n = y(x),$$

那么称显式单步法(9.4.1)是**收敛**的.

由收敛性定义可以得到，如果方法收敛，那么对于 $x_n = x_0 + nh$，整体截断误差 $e_n = y(x_n) - y_n$ 趋于零($h \to 0$).

定理 9.4.2 设初值问题 $y' = f(x,y), y(x_0) = \alpha$ 的显式单步方法

$$y_{n+1} = y_n + h\phi(x_n, y_n; h), \quad y_0 = \alpha$$

的局部截断误差为 $O(h^{p+1})(p \geqslant 1)$，并且增量函数 $\phi(x,y;h)$ 满足对 y 的 Lipschitz 条件，那么显式单步法收敛.

定理的证明与推导 Euler 方法的整体误差估计类似. 在此就省略了.

关于相容性和收敛性的关系有如下定理.

定理 9.4.3 设显式单步法(9.4.1)的增量函数 $\phi(x,y;h)$ 关于 y 满足 Lipschitz 条件. 则显式单步法收敛的充分必要条件为单步法是相容的.

例 9.4.1 Euler 方法和改进 Euler 方法是收敛的.

解 对于 Euler 方法

$$y_{n+1} = y_n + hf(x_n, y_n),$$

$\phi(x, y(x); h) = f(x, y(x))$，由 $\phi(x, y(x); 0) = f(x, y(x))$ 知，方法是相容的. 因为 $f(x,y)$ 对 y 满足 Lipschitz 条件，所以 $\phi(x,y;h)$ 也对 y 满足 Lipschitz 条件，由定理 9.4.3 知 Euler 方法收敛.

改进 Euler 方法为

$$y_{n+1} = y_n + \frac{h}{2}[f(x_n, y_n) + f(x_n + h, y_n + hf(x_n, y_n))],$$

由此得

$$\phi(x,y;h) = \frac{1}{2}[f(x,y) + f(x+h, y+hf(x,y))].$$

直接验证有

$$\phi(x,y;0) = \frac{1}{2}[f(x,y) + f(x,y)] = f(x,y).$$

因此改进 Euler 方法是相容的.

$$
\begin{aligned}
&|\phi(x,y;h)-\phi(x,\bar{y};h)| \\
\leqslant & \frac{1}{2}|f(x,y)-f(x,\bar{y})|+\frac{1}{2}|f(x+h,y+hf(x,y)) \\
& -f(x+h,\bar{y}+hf(x,\bar{y}))| \\
\leqslant & \frac{L}{2}|y-\bar{y}|+\frac{L}{2}|y+hf(x,y)-\bar{y}-hf(x,\bar{y})| \\
\leqslant & L|y-\bar{y}|+\frac{Lh}{2}L|y-\bar{y}| \\
= & L\left(1+\frac{Lh}{2}\right)|y-\bar{y}|.
\end{aligned}
$$

假定步长 $h\leqslant h_0$，取 $L_\phi=L\left(1+\frac{Lh_0}{2}\right)$，那么 L_ϕ 为 $\phi(x,y;h)$ 关于 y 是 Lipschitz 连续的 Lipschitz 常数. 由于改进 Euler 方法是相容的，并且增量函数 $\phi(x,y;h)$ 对 y 满足 Lipschitz 连续，所以改进 Euler 方法是收敛的.

如果显式单步法的局部截断误差 $T_{n+1}=O(h^{p+1})$，$p\geqslant 1$，那么称显式单步法是 **p 阶相容**的，如果单步法收敛，那么是 **p 阶收敛**的.

9.4.3 绝对稳定性

用显式单步法 $y_{n+1}=y_n+h\phi(x_n,y_n;h)$，$y_0=\alpha$ 来求解初值问题时，舍入误差是不可避免的. 稳定性就是研究舍入误差传播的问题，在求解过程中，若舍入误差不增长，则称该数值方法是**稳定**的.

设 y_n 是利用单步法(9.4.1)计算得到的准确值，$\tilde{y}_n$ 是利用单步法计算中存在舍入误差得到的值. 这样有

$$
\begin{aligned}
y_{n+1} &= y_n+h\phi(x_n,y_n;h), \\
\tilde{y}_{n+1} &= \tilde{y}_n+h\phi(x_n,\tilde{y}_n;h), \\
\tilde{y}_{n+1}-y_{n+1} &= \tilde{y}_n-y_n+h[\phi(x_n,\tilde{y}_n;h)-\phi(x_n,y_n;h)] \\
&= \tilde{y}_n-y_n+h\frac{\partial\phi}{\partial y}(x_n,\xi;h)(\tilde{y}_n-y_n),
\end{aligned}
$$

其中 ξ 在 $\tilde{y}_n$ 与 y_n 之间.

为了使舍入误差不增长，应有

$$
\frac{|\tilde{y}_{n+1}-y_{n+1}|}{|\tilde{y}_n-y_n|}=\left|1+h\frac{\partial\phi}{\partial y}(x_n,\xi;h)\right|\leqslant 1.
$$

由于单步法增量函数 $\phi(x,y;h)$ 不但与求解方法有关，而且与初值问题中的 $f(x,y)$ 有关，即与微分方程的右端项有关. 因此稳定性的讨论将很复杂.

为了只考察数值方法(单步法)的稳定性质,一般把数值方法用于"试验方程"来讨论.试验方程为

$$y'(x)=\lambda y(x),\tag{9.4.3}$$

λ 可以是复数,$\mathrm{Re}(\lambda)<0$.

先考虑将 Euler 方法用于试验方程(9.4.3),有

$$y_{n+1}=y_n+hf(x,y)=(1+\lambda h)y_n.$$

由相应的具有舍入误差的 Euler 方法有

$$\tilde{y}_{n+1}=(1+\lambda h)\tilde{y}_n.$$

令 $\delta_n=\tilde{y}_n-y_n$,那么相应的误差应满足

$$\delta_{n+1}=(1+\lambda h)\delta_n.\tag{9.4.4}$$

可以看出,此式与原来 Euler 方法的表达形式一致.其原因是微分方程是常系数线性方程(试验方程).因此,用于试验方程,考虑 y_n 的增长与其误差的增长是一样的.通常不讨论(9.4.4)式,而仅考虑

$$y_{n+1}=(1+\lambda h)y_n.$$

对于其他单步方法也是如此.

对于一般单步法(9.4.1)用于试验方程,可以写成

$$y_{n+1}=E(\lambda h)y_n,$$

其中 $E(\lambda h)$依赖于方法的选取.例如,Euler 方法中,$E(\lambda h)=1+\lambda h$.

定义 9.4.3 用单步法(9.4.1)解试验方程(9.4.3)的初值问题,有

$$y_{n+1}=E(\lambda h)y_n.\tag{9.4.5}$$

如果满足$|E(\lambda h)|<1$,那么称单步法(9.4.1)是**绝对稳定的**.在复平面上,复变量 λh 满足$|E(\lambda h)|<1$ 的区域,称为单步法(9.4.1)的**绝对稳定性区域**,用 $\mathscr{R}_A$ 表示.它与实轴的交集称为**绝对稳定性区间**.

例 9.4.2 讨论 Euler 方法的绝对稳定性区域及稳定性区间.

解 Euler 方法 $y_{n+1}=y_n+hf(x_n,y_n)$用于试验方程 $y'=\lambda y,\mathrm{Re}(\lambda)<0$,得到

$$y_{n+1}=(1+\lambda h)y_n,$$

由此得 $E(\lambda h)=1+\lambda h$. Euler 方法的绝对稳定性条件为$|1+\lambda h|<1$.由此得到其稳定性区域 $\mathscr{R}_A$ 是λh 复平面上以(−1,0)为中心的单位圆内部(见图 9.3).相应的绝对稳定性区间为(−2,0).

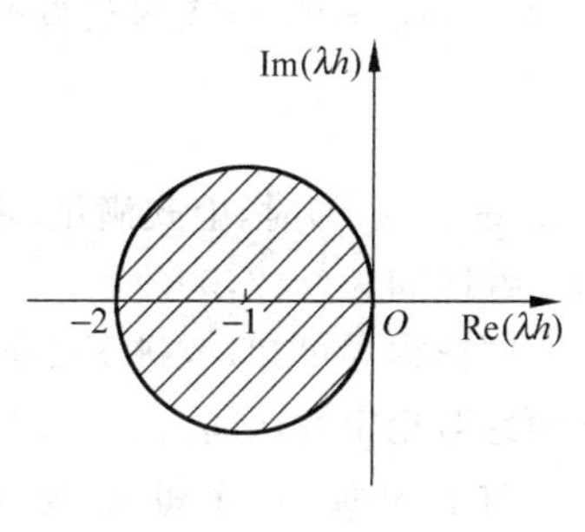

图 9.3

例 9.4.3 考虑初值问题

$$\begin{cases} y' = -100y, \\ y(0) = 1. \end{cases}$$

试用 Euler 方法解 $y(0.2)$ 的近似值.

解 初值问题的解析解为 $y(x)=\mathrm{e}^{-100x}$,$y(0.2)=2.06\times 10^{-9}$. 注意到 Euler 方法的绝对稳定性区间为$(-2,0)$,因此求解的步长 $h<0.02$. 对于不同的 h,$y(0.2)$的近似值为

h	0.1	0.05	0.02	0.01	0.001
$\tilde{y}(0.2)$	81	256	1	0	7.06×10^{-10}

其中 $\tilde{y}(0.2)$为 $y(0.2)$的计算值. 看来,为得到较为精确的解,必须使 h 取得更小.

例 9.4.4 试讨论中点方法(9.3.10)的绝对稳定性及绝对稳定性区间

解 将中点公式(9.3.10)用于试验方程(9.4.3)有

$$y_{n+1} = \left[1+\lambda h+\frac{(\lambda h)^2}{2}\right]y_n.$$

由此得 $E(\lambda h)=1+\lambda h+\frac{1}{2}(\lambda h)^2$. 相应的绝对稳定性条件为

$$\left|1+\lambda h+\frac{1}{2}(\lambda h)^2\right|<1. \tag{9.4.6}$$

为讨论其稳定性区间,可设 $\lambda\in\mathbb{R}$. 稳定性条件等价于

$$-1<1+\lambda h+\frac{1}{2}(\lambda h)^2<1,$$

即

$$-2<\lambda h+\frac{1}{2}(\lambda h)^2<0. \tag{9.4.7}$$

上式右边不等式为 $\lambda h\left(1+\frac{\lambda h}{2}\right)<0$. 由于 $\lambda h<0$,因此条件相当于要求 $1+\frac{\lambda h}{2}>0$,即 $\lambda h\in(-2,0)$. 而(9.4.7)式的左边不等式等价于

$$1+\frac{\lambda h}{2}+\left(\frac{\lambda h}{2}\right)^2>0.$$

当 $\lambda h\in(-2,0)$时,上式满足. 由此得出 $\lambda h\in(-2,0)$时有(9.4.6)式,即中点方法的绝对稳定性区间为$(-2,0)$.

同样推导可知,改进 Euler 方法、Heun 方法(9.3.12)的绝对稳定性条件为(9.4.6),从而绝对稳定性区间为$(-2,0)$.

对于 3 级 3 阶和 4 级 4 阶的 Runge-Kutta 方法的绝对稳定性条件分别为 $\left|1+\lambda h+\frac{(\lambda h)^2}{2!}+\frac{(\lambda h)^3}{3!}\right|<1$ 和 $\left|1+\lambda h+\frac{(\lambda h)^2}{2!}+\frac{(\lambda h)^3}{3!}+\frac{(\lambda h)^4}{4!}\right|<1$. 相应的绝对稳定性

区间近似地为(−2.51,0)和(−2.78,0).

绝对稳定性区域 $\mathscr{R}_A$ 讨论较为复杂. 图 9.4 给出了 Runge-Kutta 方法 $p=1$ 到 $p=4$ 的绝对稳定性区域.

从上面讨论知道,显式的 Runge-Kutta 方法的绝对稳定性区域是有限区域,相应的绝对稳定性区间也为有限区间,因此计算步长 h 受到限制.

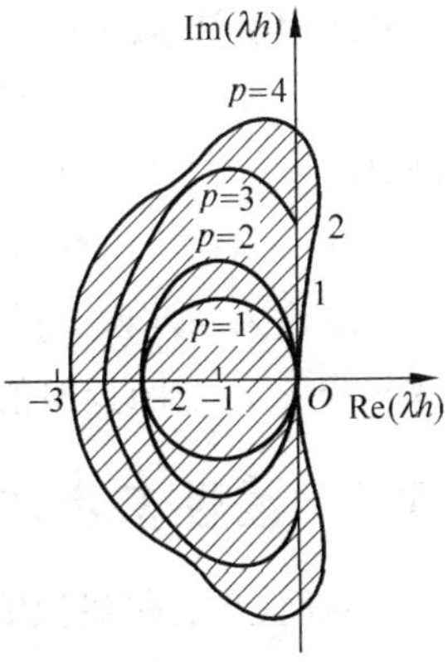

Im(λh)
$p=4$
$p=3$
$p=2$
$p=1$
2
1
−3 −2 −1 O Re(λh)

图 9.4

隐式单步法也可以用上面引入的概念进行讨论. 隐式 Euler 方法(9.2.3)用于试验方程(9.4.3),有

$$y_{n+1}=\frac{1}{1-\lambda h}y_n,$$

由此得到 $E(\lambda h)=\frac{1}{1-\lambda h}$. 相应的绝对稳定性区域为 $|1-\lambda h|>1$. 考虑到试验方程中 $\mathrm{Re}(\lambda)<0$,因此绝对稳定性区域为 $\{\lambda h\mid \mathrm{Re}(\lambda h)<0\}$,相应的绝对稳定性区间为 $(-\infty,0)$.

对于梯形公式(9.2.5),用于试验方程(9.4.3)有

$$y_{n+1}=\frac{1+\frac{\lambda h}{2}}{1-\frac{\lambda h}{2}}y_n,$$

由此得到

$$E(\lambda h)=\frac{1+\frac{\lambda h}{2}}{1-\frac{\lambda h}{2}},$$

因此绝对稳定性区域仍为 $\{\lambda h\mid \mathrm{Re}(\lambda h)<0\}$,相应的绝对稳定性区间为 $(-\infty,0)$. 从上述讨论可以得出,隐式 Euler 方法和梯形方法绝对稳定性区域均为 $\{\lambda h\mid \mathrm{Re}(\lambda h)<0\}$. 在具体计算中可仅考虑计算精度及迭代收敛条件来确定步长 h.

对于绝对稳定性区域具有上述特点的受到特别重视. 为此引入 A-稳定的概念.

定义 9.4.4 如果数值方法的绝对稳定性区域 $\mathscr{R}_A$ 包含了 $\{\lambda h\mid \mathrm{Re}(\lambda h)<0\}$,那么称此数值方法是 **$A$-稳定**的.

由定义可以看出,A-稳定的方法对步长 h 没有限制. 隐式 Euler 方法和梯形方法是 A-稳定方法.

9.5 线性多步法

显式单步法 $y_{n+1}=y_n+h\phi(x_n,y_n;h)$，$y_0=y(x_0)$，一般由 x_n 上的近似值 y_n 计算出 x_{n+1} 上的近似值 y_{n+1}. 隐式单步法 $y_{n+1}=y_n+h\phi(x_n,y_n,y_{n+1};h)$，$y_0=y(x_0)$，则由 x_n 上的近似值 y_n 以及用迭代方法求出 x_{n+1} 上的近似值 y_{n+1}. 如果要提高计算精度，可以用高阶的 Runge-Kutta 方法进行计算. 一般来说，高阶单步方法较为复杂. 提高计算精度的另一个方法是采用前面节点 $x_{n-l},x_{n-l+1},\cdots,x_n$ 上的已经计算出的近似值 $y_{n-l},y_{n-l+1},\cdots,y_n$ 来求得 x_{n+1} 上的近似值 y_{n+1}. 这样的数值方法称为**多步方法**.

9.5.1 线性多步法的基本概念

为方便起见，仍讨论等距节点上的线性多步法. $x_n=x_0+nh$，h 为步长. 对微分方程 $y'=f(x,y)$ 在区间 $[x_n,x_{n+2}]$ 上积分有

$$\int_{x_n}^{x_{n+2}} y'(x)\mathrm{d}x=\int_{x_n}^{x_{n+2}} f(x,y(x))\mathrm{d}x,$$

等式右边采用 Simpson 求积公式，这样有

$$y(x_{n+2})-y(x_n)\approx\frac{2h}{6}[f(x_n,y(x_n))+4f(x_{n+1},y(x_{n+1}))+f(x_{n+2},y(x_{n+2}))].$$

由此得到

$$y_{n+2}=y_n+\frac{h}{3}[f(x_n,y_n)+4f(x_{n+1},y_{n+1})+f(x_{n+2},y_{n+2})].$$

计算 y_{n+2} 时，要用到 x_n,x_{n+1} 上的近似值 y_n,y_{n+1}，因此这样的方法称为 **2 步法**. 为方便起见，用 f_n 来表示 $f(x_n,y_n)$，用 f_{n+1} 来表示 $f(x_{n+1},y_{n+1})$，这样上面的公式可以表示为

$$y_{n+2}=y_n+\frac{h}{3}(f_n+4f_{n+1}+f_{n+2}),\tag{9.5.1}$$

此公式称为 **Simpson 公式**. 公式中对 $f_{n+i}(i=0,1,2)$ 是线性的，因此(9.5.1)式称为**线性 2 步法**. 用(9.5.1)来计算(9.1.4)时，除 $y_0=\alpha$ 外，还须用单步法给出 y_1.

线性多步法的一般形式可以表示为

$$\sum_{j=0}^{k}\alpha_j y_{n+j}=h\sum_{j=0}^{k}\beta_j f_{n+j},\tag{9.5.2}$$

其中 $\alpha_j,\beta_j(j=0,1,\cdots,k)$ 为常数. $\alpha_k\neq 0$，α_0,β_0 不全为零. (9.5.2)式两边同除以 α_k，则 y_{n+k} 的系数为 1. 因此一般假定(9.5.2)式中 $\alpha_k=1$，

$$y_{n+k}=-\sum_{j=0}^{k-1}\alpha_j y_{n+j}+h\sum_{j=0}^{k}\beta_j f_{n+j}. \tag{9.5.3}$$

注意到，(9.5.2)式和(9.5.3)式对 $f_{n+j}(j=0,1,\cdots,k)$是线性的. 要计算 y_{n+k}，假定 y_n，$y_{n+1},\cdots,y_{n+k-1}$已经计算出来，从而 $f_n,f_{n+1},\cdots,f_{n+k-1}$均已知. $y_1,\cdots,y_{k-1}$由单步法给出.

若 $\beta_k=0$，那么(9.5.2)式为显式方法.

若 $\beta_k\neq 0$，那么线性多步法为隐式方法. 此时(9.5.3)式写成

$$y_{n+k}=h\beta_k f(x_{n+k},y_{n+k})+g,$$

$$g=\sum_{j=0}^{k-1}(h\beta_j f_{n+j}-\alpha_j y_{n+j}).$$

对于隐式方法. 必须迭代求解：

$$y_{n+k}^{(s+1)}=h\beta_k f(x_{n+k},y_{n+k}^{(s)})+g,\quad s=0,1,\cdots,$$

$y_{n+k}^{(0)}$可由相应的显式方法给出. 迭代收敛的条件为

$$h\mid\beta_k\mid L<1, \tag{9.5.4}$$

其中 L 为 $f(x,y)$关于 y 的 Lipschitz 常数.

当 $k=1$ 时，线性多步法化为线性单步法

$$y_{n+1}=-\alpha_0 y_n+h\beta_0 f_n+h\beta_1 f_{n+1}. \tag{9.5.5}$$

不同的 α_0,β_0,β_1 可得到各种显式、隐式的线性单步方法.

$\alpha_0=-1,\beta_0=1,\beta_1=0$，(9.5.5)式化为 Euler 方法.

$\alpha_0=-1,\beta_0=0,\beta_1=1$，(9.5.5)式化为隐式 Euler 方法.

$\alpha_0=-1,\beta_0=\beta_1=\dfrac{1}{2}$，(9.5.5)式化为梯形公式.

特别要注意，2 级和 2 级以上的 Runge-Kutta 方法不能归结为线性多步法.

仿照单步方法，下面给出线性多步法的局部截断误差.

定义 9.5.1 设 $y(x)$是初值问题(9.1.4)的解. 对于线性 k 步法(9.5.2)，

$$T_{n+k}=\sum_{j=0}^{k}\alpha_j y(x_{n+j})-h\sum_{j=0}^{k}\beta_j f(x_{n+j},y(x_{n+j}))$$

称为线性 k 步法(9.5.2)在 x_{n+k}处的**局部截断误差**.

如果

$$T_{n+k}=c_{p+1}h^{p+1}y^{(p+1)}(x_n)+O(h^{p+2}),$$

那么称**局部截断误差的主项**为 $c_{p+1}h^{p+1}y^{(p+1)}(x_n)$，相应的线性 k 步法称为 **p 阶方法**.

下面给出 Simpson 公式(9.5.1)的局部截断误差. 为推导方便起见，把(9.5.1)式改写为

$$y_{n+1}=y_{n-1}+\frac{h}{3}(f_{n+1}+4f_n+f_{n-1}).$$

用微分方程的充分光滑解 $y(x)$代入，有

$$
\begin{aligned}
T_{n+1} &= y(x_{n+1}) - y(x_{n-1}) - \frac{h}{3}[f(x_{n+1}, y(x_{n+1})) + 4f(x_n, y(x_n)) + f(x_{n-1}, y(x_{n-1}))] \\
&= y(x_{n+1}) - y(x_{n-1}) - \frac{h}{3}[y'(x_{n+1}) + 4y'(x_n) + y'(x_{n-1})] \\
&= y(x_n) + hy'(x_n) + \frac{h^2}{2}y''(x_n) + \frac{h^3}{6}y'''(x_n) + \frac{h^4}{24}y^{(4)}(x_n) + \frac{h^5}{120}y^{(5)}(x_n) + \cdots \\
&\quad - \left[y(x_n) - hy'(x_n) + \frac{h^2}{2}y''(x_n) - \frac{h^3}{6}y'''(x_n) + \frac{h^4}{24}y^{(4)}(x_n) - \frac{h^5}{120}y^{(5)}(x_n) + \cdots\right] \\
&\quad - \frac{h}{3}\left[y'(x_n) + hy''(x_n) + \frac{h^2}{2}y'''(x_n) + \frac{h^3}{6}y^{(4)}(x_n) + \frac{h^4}{24}y^{(5)}(x_n) + \cdots\right. \\
&\quad \left. + 4y'(x_n) + y'(x_n) - hy''(x_n) + \frac{h^2}{2}y'''(x_n) - \frac{h^3}{6}y^{(4)}(x_n) + \frac{h^4}{24}y^{(5)}(x_n) + \cdots\right] \\
&= -\frac{1}{90}h^5 y^{(5)}(x_n) + O(h^6).
\end{aligned}
$$

Simpson 公式(9.5.1)的局部截断误差主项为$-\frac{1}{90}h^5 y^{(5)}(x_n)$. 此方法是 4 阶的.

9.5.2 Adams 方法

Adams 方法是基于数值积分的方法,但积分区间长度为 h,设其为$[x_{n+k-1}, x_{n+k}]$. 对微分方程 $y'=f(x,y)$在$[x_{n+k-1}, x_{n+k}]$上积分有

$$
y(x_{n+k}) - y(x_{n+k-1}) = \int_{x_{n+k-1}}^{x_{n+k}} f(x, y(x))\mathrm{d}x.
$$

为求上式右边的积分,用插值多项式来近似 $f(x,y(x))$. 在节点 $x_n, x_{n+1}, \cdots, x_{n+k-1}$上的 $f(x,y(x))$的值为 $f(x_n, y(x_n)), f(x_{n+1}, y(x_{n+1})), \cdots, f(x_{n+k-1}, y(x_{n+k-1}))$. 由此可以得到 $k-1$ 次 Lagrange 插值多项式

$$
L_{k-1}(x) = f(x_n, y(x_n))l_0(x) + \cdots + f(x_{n+k-1}, y(x_{n+k-1}))l_{k-1}(x),
$$

其中 $l_j(x), j=0,1,\cdots,k-1$ 为插值基函数. 它们是 $k-1$ 次多项式

$$
l_j(x) = \prod_{\substack{l=0 \\ l\neq j}}^{k-1}\left(\frac{x - x_{n+l}}{x_{n+j} - x_{n+l}}\right).
$$

从而有

$$
\begin{aligned}
y(x_{n+k}) - y(x_{n+k-1}) &\approx \int_{x_{n+k-1}}^{x_{n+k}} L_{k-1}(x)\mathrm{d}x \\
&= \int_{x_{n+k-1}}^{x_{n+k}} l_0(x)\mathrm{d}x \cdot f(x_n, y(x_n)) + \cdots \\
&\quad + \int_{x_{n+k-1}}^{x_{n+k}} l_{k-1}(x)\mathrm{d}x \cdot f(x_{n+k-1}, y(x_{n+k-1})) \\
&= h\beta_0 f(x_n, y(x_n)) + \cdots + h\beta_{k-1} f(x_{n+k-1}, y(x_{n+k-1})),
\end{aligned}
$$

其中

$$\beta_j = \frac{1}{h}\int_{x_{n+k-1}}^{x_{n+k}} l_j(x)\mathrm{d}x, \quad j = 0,1,\cdots,k-1.$$

由此得到

$$y_{n+k} = y_{n+k-1} + h\sum_{j=0}^{k-1}\beta_j f_{n+j}, \tag{9.5.6}$$

其中

$$f_{n+j} = f(x_{n+j}, y_{n+j}), \quad j = 0,1,\cdots,k-1.$$

(9.5.6)式称为**显式的 Adams 方法**,也称为 **Adams-Bashforth 方法**. 对于 $k=2$,用上面方法直接得到显式的 2 步 Adams 方法

$$y_{n+2} = y_{n+1} + \frac{h}{2}(3f_{n+1} - f_n).$$

按局部截断误差的定义有

$$\begin{aligned} T_{n+2} &= y(x_{n+2}) - y(x_{n+1}) - \frac{h}{2}[3y'(x_{n+1}) - y'(x_n)] \\ &= \frac{5}{12}h^3 y'''(x_n) + O(h^4). \end{aligned}$$

这是一个 2 阶方法.

通用的显式 Adams 方法见表 9.5. 表中 k 表示步数,p 为方法的阶,c_{p+1} 为局部截断误差主项的系数.

表 9.5

k	p	方　法	c_{p+1}
1	1	$y_{n+1} = y_n + hf_n$	$\frac{1}{2}$
2	2	$y_{n+2} = y_{n+1} + \frac{h}{2}(3f_{n+1} - f_n)$	$\frac{5}{12}$
3	3	$y_{n+3} = y_{n+2} + \frac{h}{12}(23f_{n+2} - 16f_{n+1} + 5f_n)$	$\frac{3}{8}$
4	4	$y_{n+4} = y_{n+3} + \frac{h}{24}(55f_{n+3} - 59f_{n+2} + 37f_{n+1} - 9f_n)$	$\frac{251}{720}$

在显式 Adams 方法中,采用节点 $x_n, x_{n+1}, \cdots, x_{n+k-1}$ 上的 $f(x_n, y(x_n)), f(x_{n+1}, y(x_{n+1})), \cdots, f(x_{n+k-1}, y(x_{n+k-1}))$ 进行插值来求 $f(x, y(x)), x \in [x_{n+k-1}, x_{n+k}]$ 的近似值,这相当于外推. 精度将会受到影响. 改进的办法是把 x_{n+k} 作为一个插值节点. 在节点 $x_n, x_{n+1}, \cdots, x_{n+k-1}, x_{n+k}$ 上函数值为 $f(x_n, y(x_n)), f(x_{n+1}, y(x_{n+1})), \cdots, f(x_{n+k-1}, y(x_{n+k-1})), f(x_{n+k}, y(x_{n+k}))$. k 次插值多项式为

$$L_k(x) = \sum_{j=0}^{k} l_j(x) f(x_{n+j}, y(x_{n+j})),$$

其中 $l_j(x)(j=0,1,\cdots,k)$ 为插值基函数. 由此有

$$y(x_{n+k})-y(x_{n+k-1})\approx\int_{x_{n+k-1}}^{x_{n+k}}L_k(x)\mathrm{d}x.$$

从而有

$$y_{n+k}=y_{n+k-1}+h\sum_{j=0}^{k}\beta_j f_{n+j},\tag{9.5.7}$$

其中

$$\beta_j=\frac{1}{h}\int_{x_{n+k-1}}^{x_{n+k}}l_j(x)\mathrm{d}x.$$

公式(9.5.7)称为**隐式 Adams 方法**,也称为 **Adams-Moulton 方法**.

$k=2$,有

$$y_{n+2}=y_{n+1}+\frac{h}{12}(5f_{n+2}+8f_{n+1}-f_n),$$

相应的局部截断误差为

$$\begin{aligned}T_{n+2}&=y(x_{n+2})-y(x_{n+1})-\frac{h}{12}[5y'(x_{n+2})+8y'(x_{n+1})-y'(x_n)]\\&=-\frac{1}{24}h^4y^{(4)}(x_n)+O(h^5).\end{aligned}$$

局部截断误差主项为 $-\frac{1}{24}h^4y^{(4)}(x_n)$,方法是3阶的.

常用的隐式 Adams 方法见表9.6.

表 9.6

k	p	方法	c_{p+1}
1	2	$y_{n+1}=y_n+\frac{h}{2}(f_n+f_{n+1})$	$-\frac{1}{12}$
2	3	$y_{n+2}=y_{n+1}+\frac{h}{12}(5f_{n+2}+8f_{n+1}-f_n)$	$-\frac{1}{24}$
3	4	$y_{n+3}=y_{n+2}+\frac{h}{24}(9f_{n+3}+19f_{n+2}-5f_{n+1}+f_n)$	$-\frac{19}{720}$
4	5	$y_{n+4}=y_{n+3}+\frac{h}{720}(251f_{n+4}+646f_{n+3}-264f_{n+2}+106f_{n+1}-19f_n)$	$-\frac{3}{160}$

例 9.5.1 考虑初值问题

$$\begin{cases}y'=y-x^2+1, & x\in(0,2],\\ y(0)=\frac{1}{2},\end{cases}$$

试用4步的显式 Adams 方法和3步的隐式 Adams 方法求此初值问题,取 $h=0.2$.

解 4 步显式 Adams 方法为

$$y_{n+4}=y_{n+3}+\frac{h}{24}[55f(x_{n+3},y_{n+3})-59f(x_{n+2},y_{n+2})+37f(x_{n+1},y_{n+1})-9f(x_n,y_n)],\quad n=0,1,\cdots,16.$$

用 $f(x,y)=y-x^2+1, h=0.2, x_n=0.2n$ 来化简上式，得

$$y_{n+4}=\frac{1}{24}(35y_{n+3}-11.8y_{n+2}+7.4y_{n+1}-1.8y_n-0.192n^2-1.344n+2.432).$$

初值问题中微分方程是一个线性常系数微分方程，易求出其解析解

$$y(x)=(x+1)^2-\frac{1}{2}e^x.$$

计算中初值 y_0,y_1,y_2,y_3 由解析解得到. 计算结果见表 9.7.

表 9.7

x_n	$y(x_n)$	显式 Adams y_n	误差	隐式 Adams y_n	误差
0.0	0.500 000 0				
0.2	0.829 298 6				
0.4	1.214 087 7				
0.6	1.648 940 6			1.648 934 1	0.000 006 5
0.8	2.127 229 5	2.127 312 4	0.000 082 8	2.127 213 6	0.000 016 0
1.0	2.640 859 1	2.641 081 0	0.000 221 9	2.640 829 8	0.000 029 3
1.2	3.179 941 5	3.180 348 0	0.000 406 5	3.179 893 7	0.000 047 8
1.4	3.732 400 0	3.733 060 1	0.000 660 1	3.732 327 0	0.000 073 1
1.6	4.283 483 8	4.284 493 1	0.001 009 3	4.283 376 7	0.000 107 1
1.8	4.815 176 3	4.816 657 5	0.001 481 2	4.850 236	0.000 152 7
2.0	5.305 472 0	5.307 583 8	0.002 111 9	5.305 258 7	0.000 213 2

3 步隐式 Adams 方法为

$$y_{n+3}=y_{n+2}+\frac{h}{24}[9f_{n+3}+19f_{n+2}-5f_{n+1}+f_n],\quad n=0,1,2,\cdots,17.$$

此式可化简为

$$y_{n+3}=\frac{1}{24}[1.8y_{n+3}+27.8y_{n+2}-y_{n+1}+0.2y_n-0.192n^2-0.96n-1.216].$$

由于微分方程是线性的，由上式可以解出 y_{n+3}，从而成为显式求解

$$y_{n+3}=\frac{1}{22.2}[27.8y_{n+2}-y_{n+1}+0.2y_n-0.192n^2-0.96n-1.216].$$

对于 y_0,y_1,y_2 用初值问题解析解给出.计算结果见表 9.7.

从例 9.5.1 可以看出,隐式 Adams 方法要比显式 Adams 方法更为精确,但一般隐式方法都要迭代求解.

9.5.3 待定系数方法

待定系数方法可以较为灵活地构造高阶的线性多步方法,主要采用局部截断误差来讨论.设 $y(x)$为微分方程初值问题的光滑解,(9.5.3)式的局部截断误差为

$$\begin{aligned}T_{n+k}=&y(x_{n+k})+\alpha_0y(x_n)+\alpha_1y(x_{n+1})+\cdots+\alpha_{k-1}y(x_{n+k-1})\\&-h[\beta_0y'(x_n)+\beta_1y'(x_{n+1})+\cdots+\beta_{k-1}y'(x_{n+k-1})+\beta_ky'(x_{n+k})].\end{aligned}$$

利用 Taylor 展开有

$$y(x_{n+j})=y(x_n+jh)=y(x_n)+jhy'(x_n)+\frac{(jh)^2}{2!}y''(x_n)+\cdots,$$

$$y'(x_{n+j})=y'(x_n+jh)=y'(x_n)+jhy''(x_n)+\frac{(jh)^2}{2!}y'''(x_n)+\cdots.$$

把这两式代入误差式有

$$T_{n+k}=c_0y(x_n)+c_1hy'(x_n)+\cdots+c_lh^ly^{(l)}(x_n)+\cdots,$$

其中

$$\begin{aligned}c_0&=\alpha_0+\alpha_1+\cdots+\alpha_k,\quad \alpha_k=1,\\c_1&=\alpha_1+2\alpha_2+\cdots+k\alpha_k-(\beta_0+\beta_1+\cdots+\beta_k),\\c_2&=\frac{1}{2!}(\alpha_1+2^2\alpha_2+\cdots+k^2\alpha_k)-(\beta_1+2\beta_2+\cdots+k\beta_k),\\c_3&=\frac{1}{3!}(\alpha_1+2^3\alpha_2+\cdots+k^3\alpha_k)-\frac{1}{2!}(\beta_1+2^2\beta_2+\cdots+k^2\beta_k),\\&\vdots\\c_l&=\frac{1}{l!}(\alpha_1+2^l\alpha_2+\cdots+k^l\alpha_k)-\frac{1}{(l-1)!}(\beta_1+2^{l-1}\beta_2+\cdots+k^{l-1}\beta_k),\\&\vdots\end{aligned}$$

考虑 4 步方法,即 $k=4$,有

$$\begin{aligned}y_{n+4}=&-\alpha_0y_n-\alpha_1y_{n+1}-\alpha_2y_{n+2}-\alpha_3y_{n+3}\\&+h(\beta_0f_n+\beta_1f_{n+1}+\beta_2f_{n+2}+\beta_3f_{n+3}),\end{aligned}$$

要求方法是 4 阶的,即要求 $c_0=c_1=c_2=c_3=c_4=0$.这要求得出

$$\begin{cases} \alpha_0 + \alpha_1 + \alpha_2 + \alpha_3 + 1 = 0, \\ \alpha_1 + 2\alpha_2 + 3\alpha_3 + 4 - (\beta_0 + \beta_1 + \beta_2 + \beta_3 + \beta_4) = 0, \\ \alpha_1 + 4\alpha_2 + 9\alpha_3 + 16 - 2(\beta_1 + 2\beta_2 + 3\beta_3 + 4\beta_4) = 0, \\ \alpha_1 + 8\alpha_2 + 27\alpha_3 + 64 - 3(\beta_1 + 4\beta_2 + 9\beta_3 + 16\beta_4) = 0, \\ \alpha_1 + 16\alpha_2 + 81\alpha_3 + 256 - 4(\beta_1 + 8\beta_2 + 27\beta_3 + 64\beta_4) = 0, \end{cases} \tag{9.5.8}$$

方程组有 5 个方程，9 个未知数.

取 $\alpha_0 = \alpha_1 = \alpha_2 = 0, \beta_4 = 0$ 可得到 4 步 4 阶的显式 Adams 方法

$$y_{n+4} = y_{n+3} + \frac{h}{24}(55f_{n+3} - 59f_{n+2} + 37f_{n+1} - 9f_n).$$

如果在方程组(9.5.8)中，取 $\alpha_1 = \alpha_2 = \alpha_3 = 0, \beta_4 = 0$，那么有

$$y_{n+4} = y_n + \frac{4}{3}h(2f_{n+3} - f_{n+2} + 2f_{n+1}). \tag{9.5.9}$$

此线性 4 步方法称为 **Milne 方法**，其局部截断误差

$$T_{n+4} = \frac{14}{45}h^5 y^{(5)}(x_n) + O(h^6).$$

下面考虑 3 步方法，即 $k=3$.

$$y_{n+3} = -\alpha_0 y_n - \alpha_1 y_{n+1} - \alpha_2 y_{n+2} + h(\beta_0 f_n + \beta_1 f_{n+1} + \beta_2 f_{n+2} + \beta_3 f_{n+3}),$$

要求方法是 4 阶的，即要求 $c_i = 0, i = 0,1,2,3,4$. 由此推得

$$\begin{cases} \alpha_0 + \alpha_1 + \alpha_2 + 1 = 0, \\ \alpha_1 + 2\alpha_2 + 3 - (\beta_0 + \beta_1 + \beta_2 + \beta_3) = 0, \\ \alpha_1 + 4\alpha_2 + 9 - 2(\beta_1 + 2\beta_2 + 3\beta_3) = 0, \\ \alpha_1 + 8\alpha_2 + 27 - 3(\beta_1 + 4\beta_2 + 9\beta_3) = 0, \\ \alpha_1 + 16\alpha_2 + 81 - 4(\beta_1 + 8\beta_2 + 27\beta_3) = 0. \end{cases} \tag{9.5.10}$$

方程组(9.5.10)有 7 个未知数，5 个方程. 取 $\alpha_1 = 0, \beta_0 = 0$，可以得到

$$y_{n+3} = \frac{1}{8}(9y_{n+2} - y_n) + \frac{3}{8}h(f_{n+3} + 2f_{n+2} - f_{n+1}), \tag{9.5.11}$$

此线性 3 步方法称为 **Hamming 方法**，其局部截断误差为

$$T_{n+3} = -\frac{1}{40}h^5 y^{(5)}(x_n) + O(h^6),$$

方法是 4 阶的.

9.5.4 预估-校正方法

用隐式的线性多步方法来求解时，在每个节点上的近似值均要用迭代方法得到，从而计算过程中增加了计算量. 在实际计算中，很多情况不是用迭代方法进行的，而是用隐式方法来改进显式方法已求得的结果，这种方法称为**预估-校正方法**. 一般用显式方法给出 $y(x_{n+k})$ 的近似值 y_{n+k}. 但此值并不作为所求的，可记为 $y_{n+k}^{(0)}$，作为预估值，再用隐式方

法计算得 y_{n+k}，而隐含在 $f(x_{n+k},y_{n+k})$ 中的 y_{n+k} 则用 $y_{n+k}^{(0)}$ 来代替，这个过程称为**校正**. 一般情况下，显式方法与隐式方法取同阶方法.

用4步4阶 Adams 显式方法作预估，用3步4阶 Adams 隐式方法作校正，可以得到 **Adams 4 阶预估-校正格式**.

$$\begin{cases} \text{P(预估)}: y_{n+4}^{(0)} = y_{n+3} + \dfrac{h}{24}(55f_{n+3} - 59f_{n+2} + 37f_{n+1} - 9f_n), \\ \text{E(求值)}: f_{n+4}^{(0)} = f(x_{n+4}, y_{n+4}^{(0)}), \\ \text{C(校正)}: y_{n+4} = y_{n+3} + \dfrac{h}{24}(9f_{n+4}^{(0)} + 19f_{n+3} - 5f_{n+2} + f_{n+1}), \\ \text{E(求值)}: f_{n+4} = f(x_{n+4}, y_{n+4}). \end{cases} \tag{9.5.12}$$

例 9.5.2 用 Adams 4 阶预估-校正方法($h=0.2$)求解

$$\begin{cases} y' = xe^{3x} - 2y, \quad x \in [0,1], \\ y(0) = 0. \end{cases}$$

解 $y_0=y(0)=0$，y_1,y_2,y_3 由4阶 Runge-Kutta 方法计算，得

$$y_1 = 0.0269059, \quad y_2 = 0.1510468, \quad y_3 = 0.4966479.$$

显式 Adams 4 步(4 阶)作为预估，得

$$\begin{aligned} y_4^{(0)} &= y_3 + \frac{h}{24}[55f(x_3,y_3) - 59f(x_2,y_2) + 37f(x_1,y_1) - 9f(x_0,y_0)] \\ &= 1.296385. \end{aligned}$$

隐式 Adams 3 步(4 阶)作为校正，得

$$\begin{aligned} y_4 &= y_3 + \frac{h}{24}[9f(x_4,y_4^{(0)}) + 19f(x_3,y_3) - 5f(x_2,y_2) + f(x_1,y_1)] \\ &= 1.340866. \end{aligned}$$

初值问题的解析解为

$$y(x) = \frac{1}{5}xe^{3x} - \frac{1}{25}e^{3x} + \frac{1}{25}e^{-2x}.$$

计算值与解析解结果见表 9.8.

表 9.8

x_n	y_n	$y(x_n)$	误　差
0.0	0.000 000 0	0.000 000 0	0
0.2	0.026 905 9	0.026 812 8	0.000 093 1
0.4	0.151 046 8	0.150 777 8	0.000 269 0
0.6	0.496 647 9	0.496 019 6	0.000 628 3
0.8	1.340 865 7	1.330 857 0	0.010 008 7
1.0	3.245 088 1	3.219 099 3	0.025 988 8

根据 4 阶 Adams 的局部截断误差，如果 h 充分小，那么对于预估和校正分别有

$$y(x_{n+4})-y_{n+4}^{(0)}\approx\frac{251}{720}h^5y^{(5)}(\xi_n),$$

$$y(x_{n+4})-y_{n+4}\approx-\frac{19}{720}h^5y^{(5)}(\eta_n),$$

其中 $\xi_n,\eta_n\in(x_n,x_{n+4})$. 由于 h 充分小，所以 $y^{(5)}(\xi_n)\approx y^{(5)}(\eta_n)$. 由此有

$$y(x_{n+4})-y_{n+4}\approx-\frac{19}{251}[y(x_{n+4})-y_{n+4}^{(0)}].$$

容易推出，

$$\frac{270}{251}y(x_{n+4})-y_{n+4}\approx\frac{19}{251}y_{n+4}^{(0)},$$

$$\frac{270}{251}(y(x_{n+4})-y_{n+4})\approx\frac{19}{251}(y_{n+4}-y_{n+4}^{(0)}),$$

$$y(x_{n+4})-y_{n+4}\approx\frac{19}{270}(y_{n+4}-y_{n+4}^{(0)}).$$

由上式看出，误差 $y(x_{n+4})-y_{n+4}$ 可用 $y_{n+4}-y_{n+4}^{(0)}$ 来近似估计. 此称为**事后误差估计**. 同样可以导出

$$y(x_{n+4})-y_{n+4}^{(0)}\approx\frac{251}{270}(y_{n+4}-y_{n+4}^{(0)}).$$

容易看出，如果用

$$y_{n+4}^{(0)}+\frac{251}{270}(y_{n+4}-y_{n+4}^{(0)})$$

来代替原来的 $y_{n+4}^{(0)}$，近似将更好. 同样地，用

$$y_{n+4}-\frac{19}{270}(y_{n+4}-y_{n+4}^{(0)})$$

来代替原来的 y_{n+4}，近似会改进. 由此得到了一种**修正预估-校正格式**

$$\begin{cases}\text{P}: y_{n+4}^{(0)}=y_{n+3}+\dfrac{h}{24}(55f_{n+3}-59f_{n+2}+37f_{n+1}-9f_n),\\ \text{M}: \bar{y}_{n+4}^{(0)}=y_{n+4}^{(0)}+\dfrac{251}{270}(y_{n+3}-y_{n+3}^{(0)}),\\ \text{E}: \bar{f}_{n+4}^{(0)}=f(x_{n+4},\bar{y}_{n+4}^{(0)}),\\ \text{C}: y_{n+4}=y_{n+3}+\dfrac{h}{24}(9\bar{f}_{n+4}^{(0)}+19f_{n+3}-5f_{n+2}+f_{n+1}),\\ \text{M}: \bar{y}_{n+4}=y_{n+4}-\dfrac{19}{270}(y_{n+4}-y_{n+4}^{(0)}),\\ \text{E}: f_{n+4}=f(x_{n+4},\bar{y}_{n+4}).\end{cases}\tag{9.5.13}$$

*9.6 线性多步法的相容性、收敛性和绝对稳定性

本节仿照单步法,讨论线性多步法的基本性质.

9.6.1 相容性

在单步法中,相容性导致了单步法收敛于微分方程.同样推广到线性多步法.设 $y(x)$ 为初值问题(9.1.4)的光滑解,则对于线性 k 步法(9.5.2),自然要求有

$$\frac{1}{h}\left[\sum_{j=0}^{k}\alpha_j y(x_{n+j}) - h\sum_{j=0}^{k}\beta_j f(x_{n+j},y(x_{n+j}))\right] - \left[y'(x_n) - f(x_n,y(x_n))\right] = O(h) \quad (h \to 0).$$

而 $y'(x)=f(x,y(x))$,若令 $x_n=x$,那么由上式得出

$$\sum_{j=0}^{k}\alpha_j y(x+jh) - h\sum_{j=0}^{k}\beta_j f(x+jh,y(x+jh)) = O(h^2).$$

定义 9.6.1 设初值问题(9.1.4)是适定的,T_{n+k} 为线性 k 步法(9.5.2)的局部截断误差.如果

$$\lim_{\substack{h\to 0\\ x=x_0+nh}} \frac{1}{h}T_{n+k} = 0, \tag{9.6.1}$$

那么称线性 k 步法(9.5.2)与微分方程(9.1.4)是**相容**的.

一般就用“相容”来代替“与微分方程(9.1.4)相容”.

对于线性多步法(9.5.2),引入多项式

$$\rho(\lambda) = \sum_{j=0}^{k}\alpha_j\lambda^j \tag{9.6.2}$$

和

$$\sigma(\lambda) = \sum_{j=0}^{k}\beta_j\lambda^j. \tag{9.6.3}$$

可以看出,线性 k 步法(9.5.2)完全确定了 $\rho(\lambda)$ 和 $\sigma(\lambda)$,相反地,如果给定了 $\rho(\lambda)$ 和 $\sigma(\lambda)$,那么也就确定了一个线性 k 步法.$\rho(\lambda)$ 和 $\sigma(\lambda)$ 分别称为线性 k 步法(9.5.2)的**第一特征多项式**和**第二特征多项式**.

利用 $\rho(\lambda)$ 和 $\sigma(\lambda)$ 可以描述线性多步法的相容性.

定理 9.6.1 线性 k 步法(9.5.2)相容的充分必要条件为

$$\rho(1) = 0, \quad \rho'(1) = \sigma(1). \tag{9.6.4}$$

此定理可由 $\rho(\lambda)$,$\sigma(\lambda)$ 和 T_{n+k} 的定义直接推出.

9.6.2 收敛性

用线性 k 步法(9.5.2)解微分方程初值问题(9.1.4)需要 k 个初值,但初值问题

(9.1.4)仅给出一个初值 $y(x_0)=\alpha$,因此还要给出 $k-1$ 个初值才能用线性 k 步法(9.5.2)进行求解.

$$\begin{cases}\sum_{j=0}^{k}\alpha_j y_{n+j}=h\sum_{j=0}^{k}\beta_j f_{n+j},\\ y_\mu=\eta_\mu(h),\quad \mu=0,1,\cdots,k-1.\end{cases}\tag{9.6.5}$$

一般 y_0 由微分方程的初值给出,$y_0=\alpha$,而 $\mu_1,\cdots,\mu_{k-1}$应由相应的单步法给出.

定义 9.6.2 设初值问题(9.1.4)中 $f(x,y)$连续,并且关于 y 满足 Lipschitz 条件.如果初始条件 $y_\mu=\eta_\mu(h)$满足条件

$$\lim_{h\to 0}\eta_\mu(h)=y_0,\quad \mu=0,1,\cdots,k-1$$

的线性 k 步法(9.6.5)的解 y_n 有

$$\lim_{\substack{h\to 0\\ x=x_0+nh}} y_n=y(x),$$

则称线性 k 步法(9.6.5)是**收敛**的.

定理 9.6.2 设线性多步法(9.6.5)是收敛的,那么此线性多步法必相容.

证明 设线性 k 步法(9.6.5)的解 y_n 收敛到初值问题(9.1.4)的解 $y(x)$,即

$$\lim_{\substack{h\to 0\\ x=x_0+nh}} y_n=y(x).$$

因为 k 固定,所以有 $y_{n+j}\to y(x),j=0,1,2,\cdots,k$.由此得

$$y(x)=y_{n+j}+\theta_{j,n}(h),\quad j=0,1,\cdots,k,$$

其中$\lim\limits_{h\to 0}\theta_{j,n}(h)=0,j=0,1,\cdots,k$.

因此有

$$\sum_{j=0}^{k}\alpha_j y(x)=\sum_{j=0}^{k}\alpha_j y_{n+j}+\sum_{j=0}^{k}\alpha_j\theta_{j,n}(h),$$

利用(9.6.5)式有

$$y(x)\sum_{j=0}^{k}\alpha_j=h\sum_{j=0}^{k}\beta_j f_{n+j}+\sum_{j=0}^{k}\alpha_j\theta_{j,n}(h).$$

由于 $f(x,y)$的连续性,所以当 $h\to 0$ 时,上式右边两项均趋于 0,这样得到

$$y(x)\sum_{j=0}^{k}\alpha_j=0.$$

从而有 $\sum\limits_{j=0}^{k}\alpha_j=0$,即 $\rho(1)=0$.

由定理 9.6.1 可知,下面只要证 $\rho'(1)=\sigma(1)$.由于 $y(x)$是初值问题(9.1.4)的解,并由 y_n 的收敛性,即有

$$\lim_{\substack{x=x_0+nh\\ h\to 0}} y_n=y(x).$$

因此当 $h\to 0$ 时有

$$\lim_{h\to 0}\frac{y_{n+j}-y_n}{jh}=y'(x),\quad j=1,2,\cdots,k.$$

或将上式写成

$$y_{n+j}-y_n=jhy'(x)+jh\phi_{j,n}(h),\quad j=1,2,\cdots,k,$$

其中$\lim\limits_{h\to 0}\phi_{j,n}(h)=0$.

对上式乘以 α_j，并求和有

$$\sum_{j=0}^{k}\alpha_j y_{n+j}-\sum_{j=0}^{k}\alpha_j y_n=h\sum_{j=0}^{k}j\alpha_j y'(x)+h\sum_{j=0}^{k}j\alpha_j\phi_{j,n}(h).$$

利用线性 k 步法(9.6.5)有

$$h\sum_{j=0}^{k}\beta_j f_{n+j}-y_n\sum_{j=0}^{k}\alpha_j=hy'(x)\sum_{j=0}^{k}j\alpha_j+h\sum_{j=0}^{k}j\alpha_j\phi_{j,n}(h).$$

由条件 $\rho(1)=0$，即 $\sum\limits_{j=0}^{k}\alpha_j=0$，用 h 除上式得

$$\sum_{j=0}^{k}\beta_j f_{n+j}=y'(x)\sum_{j=0}^{k}j\alpha_j+\sum_{j=0}^{k}j\alpha_j\phi_{j,n}(h).$$

取极限($h\to 0$)，由 y_n 的收敛性及 $f(x,y)$的连续性有

$$f_{n+j}=f(x_{n+j},y_{n+j})\to f(x,y(x)),$$

从而得

$$f(x,y(x))\sum_{j=0}^{k}\beta_j=y'(x)\sum_{j=0}^{k}j\alpha_j.$$

由于 $y(x)$为初值问题(9.1.4)的解，即 $y'(x)=f(x,y(x))$，所以有

$$\sum_{j=0}^{k}\beta_j=\sum_{j=0}^{k}j\alpha_j,$$

即 $\sigma(1)=\rho'(1)$. 定理证毕.

例 9.6.1 用线性 2 步法

$$y_{n+2}+4y_{n+1}-5y_n=\frac{1}{2}h[8f_{n+1}+4f_n]$$

解初值问题

$$y'=4xy^{\frac{1}{2}},\quad y(0)=1.$$

解 线性 2 步法的第一特征多项式和第二特征多项式为

$$\rho(\lambda)=\lambda^2+4\lambda-5,\quad \sigma(\lambda)=4\lambda+2,$$

并有 $\rho(1)=0$，$\sigma(1)=\rho'(1)=6$. 利用定理 9.6.1 知，此线性多步法是相容的.

取 $y_0=1$，由于初值问题解析解为 $y(x)=(1+x^2)^2$，故取 $y_1=(1+h^2)^2$. 用线性 2 步法计算的结果见表 9.9.

表 9.9

x	解析解	数值解		
		h=0.1	h=0.05	h=0.025
0	1.000 000 0	1.000 000 0	1.000 000 0	1.000 000 0
0.1	1.020 100 0	1.020 100 0	1.020 075 0	1.020 072 0
0.2	1.081 600 0	1.081 200 0	1.081 157 8	1.065 009 7
0.3	1.188 100 0	1.189 238 5	1.177 715 0	−8.915 658 3
0.4	1.345 600 0	1.338 866 0	1.095 852 1	−6 289.829 9
0.5	1.562 500 0	1.592 993 5	−4.430 547 9	−3 932 119.5
⋮	⋮	⋮	⋮	⋮
1.0	4.000 000 0	−68.639 804	-5.730×10^{7}	-3.750×10^{20}
1.1	4.884 100 0	367.263 92	-1.432×10^{9}	-2.344×10^{23}
⋮	⋮	⋮	⋮	⋮
2.0	25.000 000	-6.96×10^{8}	-5.464×10^{21}	-3.411×10^{48}

由表中计算数据看出，这个线性 2 步法是不收敛的.

例 9.6.1 说明了定理 9.6.2 的逆定理是不成立的，即线性多步法的相容性不能导出线性多步法的收敛性. 什么条件才能保证线性多步法的收敛性，这是一个很迫切的问题. 为此引入下面概念.

定义 9.6.3 如果对应于线性多步法(9.5.2)的第一特征多项式 $\rho(\lambda)$ 的零点都在单位圆内或单位圆周上，并在单位圆周上的根为单根，则称线性多步法(9.5.2)满足**根条件**.

定理 9.6.3 设线性多步法(9.5.2)是相容的，那么线性多步法(9.6.5)收敛的充分必要条件是线性多步法(9.5.2)满足根条件.

对于例 9.6.1，第一特征多项式 $\rho(\lambda)=\lambda^2+4\lambda-5$ 的零点 $\lambda_1=-5,\lambda_2=1$，不满足根条件，因此线性多步法不收敛.

9.6.3 绝对稳定性

把单步方法的绝对稳定性概念推广到线性多步法，这里仅作简单讨论.

线性 k 步法(9.5.2)用于求解试验方程

$$y'=\lambda y,\quad \mathrm{Re}\lambda<0.$$

这种情况，线性 k 步法将简化为

$$\sum_{j=0}^{k}\alpha_j y_{n+j}=\lambda h\sum_{j=0}^{k}\beta_j y_{n+j}. \tag{9.6.6}$$

注意，此式与相应的误差表示式一样.

利用线性多步法的第一、第二特征多项式 $\rho(r),\sigma(r)$,令

$$\pi(r,\bar{h}) = \rho(r) - \bar{h}\sigma(r), \tag{9.6.7}$$

其中 $\bar{h}=\lambda h$. 称 $\pi(r,\bar{h})$ 为**线性多步法(9.5.2)的稳定性多项式**.

如果稳定性多项式 $\pi(r,\bar{h})$ 的所有零点 $r_s=r_s(\bar{h})(s=1,2,\cdots,k)$ 满足 $|r_s|<1$,那么可以推出,对于(9.6.6)式,当 $n\to\infty$ 时,有 $|y_n|\to 0$. 此结论启示了下面的定义.

定义 9.6.4 对于给定的 $\bar{h}$,如果稳定性多项式(9.6.7)的零点满足 $|r_s|<1,s=1,2,\cdots,k$,那么称线性多步法(9.5.2)关于此 $\bar{h}$ 是**绝对稳定的**.

由定义可知,对于 $\bar{h}=\lambda h$ 取值范围特别重要,由此引入下面定义.

定义 9.6.5 设 $\mathscr{R}_A$ 为复 $\bar{h}$-平面的一个集合,如果对于任意 $\bar{h}\in\mathscr{R}_A$,线性多步法(9.5.2)都是绝对稳定的,则称线性多步法有**绝对稳定区域** $\mathscr{R}_A$,$\mathscr{R}_A$ 与实轴的交集称为线性多步法(9.5.2)的**绝对稳定性区间**.

显然,当 λ 为实数时,可仅讨论线性多步法的绝对稳定性区间.

求线性多步法的绝对稳定性区域较为复杂,一般采用边界轨迹技巧.

绝对稳定性区域 $\mathscr{R}_A$,是要求对任 $\bar{h}\in\mathscr{R}_A$,$\pi(r,\bar{h})$ 的零点 r_s,$|r_s|<1,s=1,2,\cdots,k$. 这样可以使得(9.6.6)式的解 y_n 满足当 $n\to\infty$ 时有 $|y_n|\to 0$.

设 $\partial\mathscr{R}_A$ 为复 $\bar{h}$-平面中的一条围道,对任意 $\bar{h}\in\partial\mathscr{R}_A$,$\pi(r,\bar{h})$ 有一个零点 r 的模为 1,即 r 具有如下形式: $r=\mathrm{e}^{\mathrm{i}\theta}$. 由于多项式的零点是其系数的连续函数,因此 $\mathscr{R}_A$ 的边界必由 $\partial\mathscr{R}_A$ 组成. 于是,对所有 $\bar{h}\in\partial\mathscr{R}_A$,必有恒等式

$$\pi(\mathrm{e}^{\mathrm{i}\theta},\bar{h}) = \rho(\mathrm{e}^{\mathrm{i}\theta}) - \bar{h}\sigma(\mathrm{e}^{\mathrm{i}\theta}) = 0.$$

由这个方程可以解出 $\bar{h}$,于是 $\partial\mathscr{R}_A$ 的轨迹为

$$\bar{h} = \bar{h}(\theta) = \frac{\rho(\mathrm{e}^{\mathrm{i}\theta})}{\sigma(\mathrm{e}^{\mathrm{i}\theta})}. \tag{9.6.8}$$

取 $\theta_j,j=0,1,\cdots$,算出 $\bar{h}_j=\bar{h}(\theta_j),j=0,1,\cdots$,即可描绘出 $\bar{h}$-平面上的曲线,这就是绝对稳定性区域 $\mathscr{R}_A$ 的边界线,从而得出 $\mathscr{R}_A$.

例 9.6.2 试讨论显式 Adams 方法($k=2$)的绝对稳定性区域.

解 $k=2$ 的显式 Adams 公式为

$$y_{n+2} = y_{n+1} + \frac{h}{2}(3f_{n+1} - f_n),$$

相应的稳定性多项式为

$$\pi(r,\bar{h}) = r^2 - r - \frac{1}{2}\bar{h}(3r-1).$$

用 $r=\mathrm{e}^{\mathrm{i}\theta}$ 代入上式,解得

$$\bar{h}(\theta) = \frac{2(\mathrm{e}^{\mathrm{i}2\theta} - \mathrm{e}^{\mathrm{i}\theta})}{3\mathrm{e}^{\mathrm{i}\theta} - 1} = x(\theta) + \mathrm{i}y(\theta),$$

其中

$$x(\theta)=\frac{-\cos 2\theta+4\cos\theta-3}{5-3\cos\theta},$$

$$y(\theta)=\frac{4\sin\theta-\sin 2\theta}{5-3\cos\theta}.$$

取 $\theta=\theta_j, j=0,1,\cdots,N$，算出 $x(\theta_j), y(\theta_j)$，并可画出图像. 由此得到 $k=2$ 的显式 Adams 方法的绝对稳定性区域 $\mathscr{R}_A$ 的边界 $\partial\mathscr{R}_A$，从而得 $\mathscr{R}_A$. 显式 Adams 方法 $k=1,2,3,4$ 的绝对稳定性区域见图 9.5. 隐式 Adams 方法 $k=1,2,3,4$ 的绝对稳定性区域见图 9.6.

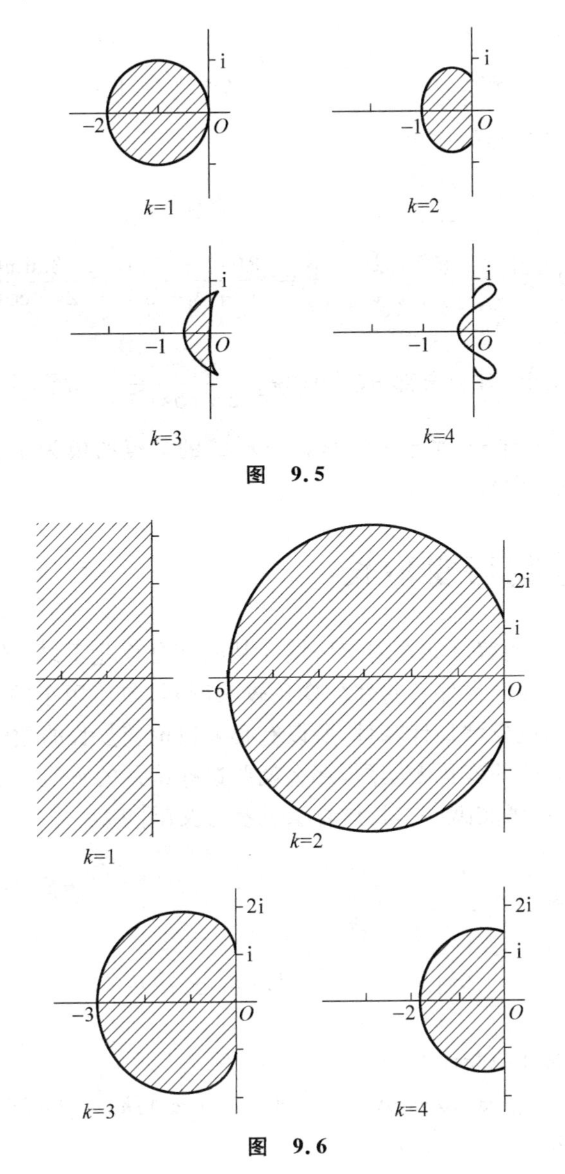

图 9.5

图 9.6

例 9.6.3 试讨论 Simpson 方法

$$y_{n+2} = y_n + \frac{h}{3}(f_n + 4f_{n+1} + f_{n+2})$$

的绝对稳定性.

解 Simpson 方法的第一、第二特征多项式为

$$\rho(r) = r^2 - 1, \quad \sigma(r) = \frac{1}{3}(r^2 + 4r + 1),$$

因此稳定性多项式为

$$\pi(r,\bar{h}) = r^2 - 1 - \frac{1}{3}\bar{h}(r^2 + 4r + 1),$$

绝对稳定性区域 $\mathscr{R}_A$ 的边界轨迹为

$$\bar{h} = \bar{h}(\theta) = \frac{\rho(e^{i\theta})}{\sigma(e^{i\theta})},$$

$$\bar{h}(\theta) = \frac{e^{i2\theta} - 1}{\frac{1}{3}(e^{i2\theta} + 4e^{i\theta} + 1)} = \frac{3(e^{i\theta} - e^{-i\theta})}{e^{i\theta} + 4 + e^{-i\theta}} = \frac{3i\sin\theta}{2 + \cos\theta}.$$

可以看出,$\bar{h}(\theta)$在虚轴上.对于全部 $\theta \in [0, 2\pi]$,$\frac{3\sin\theta}{2+\cos\theta} \in [-\sqrt{3}, \sqrt{3}]$.从而可知,$\partial\mathscr{R}_A$ 为虚轴上从$-\sqrt{3}i$ 到$\sqrt{3}i$ 的部分.对于 $\bar{h} \in \partial\mathscr{R}_A$,$\pi(r,\bar{h})$的零点的模为 1,从而知,Simpson 公式的绝对稳定性区域为空集.

*9.7 误差控制与变步长

微分方程初值问题的解可能在求解区域的某些部分变化平缓,数值求解可以使用较大的步长,而在求解区域的另外一些部分变化较为剧烈,应使用小的步长.如果在整个区域统一使用小的步长,就要增加计算量,所以有必要讨论变步长的数值方法.

应特别注意,如果解的变化太剧烈,那么就要选择特别的数值方法.

本节主要参考了参考文献[9],具体算法见参考文献[9].

9.7.1 单步法

设用 p 阶方法

$$\begin{cases} y_{n+1} = y_n + h\phi(x_n, y_n; h), \\ y_0 = \alpha \end{cases} \tag{9.7.1}$$

来求解初值问题,其局部截断误差为

$$T_{n+1} = y(x_{n+1}) - y(x_n) - h\phi(x_n, y(x_n); h) = O(h^{p+1}).$$

再用 $p+1$ 阶方法

$$\begin{cases}\tilde{y}_0=\alpha,\\ \tilde{y}_{n+1}=\tilde{y}_n+h\tilde{\phi}(x_n,\tilde{y}_n;h)\end{cases}\tag{9.7.2}$$

来解初值问题,此时局部截断误差为

$$\widetilde{T}_{n+1}=y(x_{n+1})-y(x_n)-h\tilde{\phi}(x_n,y(x_n);h)=O(h^{p+2}).$$

令 $\tau_{n+1}(h)=T_{n+1}/h,\tilde{\tau}_{n+1}(h)=\widetilde{T}_{n+1}/h$. 那么

$$\tau_{n+1}(h)=O(h^p),\quad \tilde{\tau}_{n+1}(h)=O(h^{p+1}).$$

假定 $y_n\approx y(x_n),\tilde{y}_n\approx y(x_n)$,当步长 h 固定时,分别用(9.7.1)式和(9.7.2)式来求解初值问题,那么有 $y_{n+1}\approx y(x_{n+1}),\tilde{y}_{n+1}\approx y(x_{n+1})$.

$$\begin{aligned}\tau_{n+1}(h)&=\frac{y(x_{n+1})-y(x_n)}{h}-\phi(x_n,y(x_n);h)\\&\approx\frac{y(x_{n+1})-y_n}{h}-\phi(x_n,y_n;h)\\&=\frac{y(x_{n+1})-[y_n+h\phi(x_n,y_n;h)]}{h}\\&=\frac{1}{h}(y(x_{n+1})-y_{n+1}).\end{aligned}$$

用类似方法可推出

$$\tilde{\tau}_{n+1}(h)=\frac{1}{h}(y(x_{n+1})-\tilde{y}_{n+1}).$$

由此可以得到

$$\begin{aligned}\tau_{n+1}(h)&\approx\frac{1}{h}(y(x_{n+1})-y_{n+1})\\&=\frac{1}{h}[(y(x_{n+1})-\tilde{y}_{n+1})+(\tilde{y}_{n+1}-y_{n+1})]\\&\approx\tilde{\tau}_{n+1}(h)+\frac{1}{h}(\tilde{y}_{n+1}-y_{n+1}).\end{aligned}$$

由于 $\tau_{n+1}(h)=O(h^p),\tilde{\tau}_{n+1}(h)=O(h^{p+1})$,所以有

$$\tau_{n+1}(h)\approx\frac{1}{h}(\tilde{y}_{n+1}-y_{n+1}).$$

由于 $\tau_{n+1}(h)=O(h^p)$,因此

$$\tau_{n+1}(h)\approx Kh^p,\tag{9.7.3}$$

其中 K 不依赖于 h.

如果用新的步长 qh,那么有

$$\tau_{n+1}(qh)\approx K(qh)^p=q^pKh^p\approx q^p\tau_{n+1}(h)\approx q^p\frac{\tilde{y}_{n+1}-y_{n+1}}{h}.$$

设 ε 为 $\tau_{n+1}(qh)$ 的界,可选择 q 使

$$q^p\frac{|\tilde{y}_{n+1}-y_{n+1}|}{h}\approx|\tau_{n+1}(qh)|\leqslant\varepsilon,$$

即有

$$q \leqslant \left(\frac{\varepsilon h}{|\tilde{y}_{n+1} - y_{n+1}|}\right)^{\frac{1}{p}}. \tag{9.7.4}$$

用不等式(9.7.4)进行误差控制的通用技巧是 **Runge-Kutta-Fehlberg 方法**. 这个技巧是利用5阶 Runge-Kutta 方法

$$\tilde{y}_{n+1} = y_n + h\left(\frac{16}{135}K_1 + \frac{6656}{12\,825}K_3 + \frac{28\,561}{56\,430}K_4 - \frac{9}{50}K_5 + \frac{2}{55}K_6\right), \tag{9.7.5}$$

来估计4阶方法

$$y_{n+1} = y_n + h\left(\frac{25}{216}K_1 + \frac{1408}{2565}K_3 + \frac{2197}{4104}K_4 - \frac{1}{5}K_5\right) \tag{9.7.6}$$

的局部截断误差,其中

$$\begin{cases} K_1 = f(x_n, y_n), \\ K_2 = f\left(x_n + \frac{h}{4}, y_n + \frac{h}{4}K_1\right), \\ K_3 = f\left(x_n + \frac{3h}{8}, y_n + \frac{3}{32}K_1 + \frac{9}{32}K_2\right), \\ K_4 = f\left(x_n + \frac{12}{13}h, y_n + \frac{1932}{2197}K_1 - \frac{7200}{2197}K_2 + \frac{7296}{2197}K_3\right), \\ K_5 = f\left(x_n + h, y_n + \frac{439}{216}K_1 - 8K_2 + \frac{3680}{513}K_3 - \frac{845}{4104}K_4\right), \\ K_6 = f\left(x_n + \frac{h}{2}, y_n - \frac{8}{27}K_1 + 2K_2 - \frac{3544}{2565}K_3 + \frac{1859}{4104}K_4 - \frac{11}{40}K_5\right). \end{cases} \tag{9.7.7}$$

通常 q 的选取为

$$q = \left(\frac{\varepsilon h}{2|\tilde{y}_{n+1} - y_{n+1}|}\right)^{\frac{1}{4}} = 0.84\left(\frac{\varepsilon h}{|\tilde{y}_{n+1} - y_{n+1}|}\right)^{\frac{1}{4}}, \tag{9.7.8}$$

在实际计算中,为了消除步长的太多改变,对 q 设置了上、下界,比如当 $q \leqslant 0.1$ 时,取 $h=0.1h$;当 $q \geqslant 4$ 时,取 $h=4h$.

注意到 q 的表达式(9.7.8)中,$\tilde{y}_{n+1} - y_{n+1}$ 也可以由(9.7.5)式减去(9.7.6)式直接得到,

$$\tilde{y}_{n+1} - y_{n+1} = \frac{1}{360}K_1 - \frac{128}{4275}K_3 - \frac{2197}{75\,240}K_4 + \frac{1}{50}K_5 + \frac{2}{55}K_6. \tag{9.7.9}$$

9.7.2 线性多步法

为了说明误差控制过程,将用4步显式 Adams 方法作预估,3步隐式 Adams 方法作校正来构造变步长的预估-校正方法.

对于4步显式 Adams 方法,有

$$y(x_{n+1})=y(x_n)+\frac{h}{24}[55f(x_n,y(x_n))-59f(x_{n-1},y(x_{n-1}))$$
$$+37f(x_{n-2},y(x_{n-2}))-9f(x_{n-3},y(x_{n-3}))]$$
$$+\frac{251}{720}y^{(5)}(\hat{\mu}_n)h^5,\quad \hat{\mu}_n\in(x_{n-3},x_{n+1}).$$

假定 $y_0,y_1,\cdots,y_n$ 是准确的,那么 4 步显式 Adams 方法(预估)的局部截断误差

$$y(x_{n+1})-y_{n+1}^{(0)}=\frac{251}{720}y^{(5)}(\hat{\mu}_n)h^5. \tag{9.7.10}$$

对于校正的 3 步隐式 Adams 方法,同样有

$$y(x_{n+1})=y(x_n)+\frac{h}{24}[9f(x_{n+1},y(x_{n+1}))+19f(x_n,y(x_n))$$
$$-5f(x_{n-1},y(x_{n-1}))+f(x_{n-2},y(x_{n-2}))]$$
$$-\frac{19}{720}y^{(5)}(\tilde{\mu}_n)h^5,\quad \tilde{\mu}_n\in(x_{n-2},x_{n+1}).$$

由此导出

$$y(x_{n+1})-y_{n+1}=-\frac{19}{720}y^{(5)}(\tilde{\mu}_n)h^5. \tag{9.7.11}$$

假定 h 充分小,那么有

$$y^{(5)}(\hat{\mu}_n)\approx y^{(5)}(\tilde{\mu}_n).$$

(9.7.10)式减去(9.7.11)式有

$$y_{n+1}-y_{n+1}^{(0)}=\frac{h^5}{720}[251y^{(5)}(\hat{\mu}_n)+19y^{(5)}(\tilde{\mu}_n)]$$
$$\approx\frac{3}{8}h^5y^{(5)}(\tilde{\mu}_n),$$

从而得到

$$y^{(5)}(\tilde{\mu}_n)\approx\frac{8}{3h^5}(y_{n+1}-y_{n+1}^{(0)}). \tag{9.7.12}$$

用(9.7.12)式消去(9.7.11)式中的 $y^{(5)}(\tilde{\mu}_n)$,得到 3 步隐式 Adams 方法的局部截断误差

$$|y(x_{n+1})-y_{n+1}|\approx\frac{19}{720}h^5\cdot\frac{8}{3h^5}|y_{n+1}-y_{n+1}^{(0)}|=\frac{19}{270}|y_{n+1}-y_{n+1}^{(0)}|.$$

若用新步长 qh,仿照前面的方法可得 $\hat{y}_{n+1}^{(0)},\hat{y}_{n+1}$. 选择 q 的目的是使局部截断误差 $y(x_n+qh)-\hat{y}_{n+1}$ 满足

$$\frac{|y(x_n+qh)-\hat{y}_{n+1}|}{qh}<\varepsilon,$$

其中 ε 为预先给定的容许值.

如果用步长 qh 得到的(9.7.11)式中的 $y^{(5)}(\mu)$ 也可以用(9.7.12)式中的 $y^{(5)}(\tilde{\mu})$ 来近似,那么有

$$
\begin{aligned}
| y(x_n + qh) - \hat{y}_{n+1} | &= \frac{19}{720}(qh)^5 \, | y^{(5)}(\mu) | \\
&\approx \frac{19}{720}(qh)^5 \left(\frac{8}{3h^5} \, | y_{n+1} - y_{n+1}^{(0)} | \right).
\end{aligned}
$$

由此得到

$$
\frac{| y(x_n + qh) - \hat{y}_{n+1} |}{qh} \approx \frac{19}{270} q^4 \, \frac{| y_{n+1} - y_{n+1}^{(0)} |}{h} < \varepsilon.
$$

于是,选取 q 使得

$$
q < \left(\frac{270}{19} \frac{h\varepsilon}{| y_{n+1} - y_{n+1}^{(0)} |} \right)^{\frac{1}{4}} \approx 2 \left(\frac{h\varepsilon}{| y_{n+1} - y_{n+1}^{(0)} |} \right)^{\frac{1}{4}}.
$$

由于在推导过程中,作了一系列近似假设,所以 q 可以取为

$$
q = 1.5 \left(\frac{h\varepsilon}{| y_{n+1} - y_{n+1}^{(0)} |} \right)^{\frac{1}{4}}.
$$

在多步法的步长改变大小时,必须先计算新步长的初值. 比如,4 步方法必须先计算出 3 个初值,这些初值的计算需用等步长. 初值的计算应用同阶的单步方法,通常均用 Runge-Kutta 方法来完成初值计算. 由此看来,多步法的步长改变比单步法的步长改变要耗掉更多的计算量. 因此,在实际应用中,如果局部截断误差 $y(x_{n+1}) - y_{n+1}$ 满足

$$
\frac{\varepsilon}{10} < \frac{| y(x_{n+1}) - y_{n+1} |}{h} \approx \frac{19 \, | y_{n+1} - y_{n+1}^{(0)} |}{270h} < \varepsilon,
$$

那么将不改变步长.

为确保计算精度,q 不宜取得太大,一般取 $q \leqslant 4$.

误差控制及步长改变,一般计算量较多,因此采用 MATLAB 来完成相应的计算.

9.8 一阶方程组与刚性方程组

9.8.1 一阶方程组

考虑一阶常微分方程组

$$
\begin{cases}
\dfrac{\mathrm{d}y_1}{\mathrm{d}x} = f_1(x, y_1, y_2, \cdots, y_m), \\
\dfrac{\mathrm{d}y_2}{\mathrm{d}x} = f_2(x, y_1, y_2, \cdots, y_m), \\
\qquad \vdots \\
\dfrac{\mathrm{d}y_m}{\mathrm{d}x} = f_m(x, y_1, y_2, \cdots, y_m),
\end{cases}
\tag{9.8.1}
$$

$x \in (x_0, X]$,并附以初始条件

$$y_1(x_0)=\alpha_1,\quad y_2(x_0)=\alpha_2,\quad \cdots,\quad y_m(x_0)=\alpha_m. \tag{9.8.2}$$

若把未知函数及方程的右端项都表示成向量形式，

$$\boldsymbol{y}=(y_1,y_2,\cdots,y_m)^{\mathrm{T}},\quad \boldsymbol{f}=(f_1,f_2,\cdots,f_m)^{\mathrm{T}},$$

那么初值问题(9.8.1)、(9.8.2)可以写成

$$\begin{cases}\dfrac{\mathrm{d}\boldsymbol{y}}{\mathrm{d}x}=\boldsymbol{f}(x,y),\quad x\in(x_0,X],\\ \boldsymbol{y}(x_0)=\boldsymbol{\alpha},\end{cases} \tag{9.8.3}$$

其中$\boldsymbol{\alpha}=(\alpha_1,\alpha_2,\cdots,\alpha_m)^{\mathrm{T}}$.

关于一个方程的初值问题的数值方法均可以推广为求解一阶方程组的初值问题(9.8.3).相应的理论也可以推广,详细讨论见参考文献[17].

下面仅写出几种求解初值问题(9.8.3)的数值方法.

梯形方法

$$\begin{cases}\boldsymbol{y}_{n+1}=\boldsymbol{y}_n+\dfrac{1}{2}h[\boldsymbol{f}(x_n,\boldsymbol{y}_n)+\boldsymbol{f}(x_{n+1},\boldsymbol{y}_{n+1})],\\ \boldsymbol{y}_0=\boldsymbol{\alpha}.\end{cases} \tag{9.8.4}$$

4 阶 Runge-Kutta 方法

$$\begin{cases}\boldsymbol{y}_{n+1}=\boldsymbol{y}_n+\dfrac{1}{6}h[\boldsymbol{K}_1+2\boldsymbol{K}_2+2\boldsymbol{K}_3+\boldsymbol{K}_4],\\ \boldsymbol{y}_0=\boldsymbol{\alpha},\end{cases} \tag{9.8.5}$$

其中

$$\begin{aligned}\boldsymbol{K}_1&=\boldsymbol{f}(x_n,\boldsymbol{y}_n),\\ \boldsymbol{K}_2&=\boldsymbol{f}\left(x_n+\frac{h}{2},\boldsymbol{y}_n+\frac{h}{2}\boldsymbol{K}_1\right),\\ \boldsymbol{K}_3&=\boldsymbol{f}\left(x_n+\frac{h}{2},\boldsymbol{y}_n+\frac{h}{2}\boldsymbol{K}_2\right),\\ \boldsymbol{K}_4&=\boldsymbol{f}(x_n+h,\boldsymbol{y}_n+h\boldsymbol{K}_3).\end{aligned}$$

3 步显式 Adams(Adams-Bashforth)**方法**

$$\boldsymbol{y}_{n+1}=\boldsymbol{y}_n+\frac{h}{12}(23\boldsymbol{f}_n-16\boldsymbol{f}_{n-1}+5\boldsymbol{f}_{n-2}), \tag{9.8.6}$$

其中

$$\boldsymbol{f}_{n-i}=\boldsymbol{f}(x_{n-i},\boldsymbol{y}_{n-i}),\quad i=0,1,2.$$

在实际计算中,应写成分量形式.下面以 4 阶 Runge-Kutta 方法为例写成分量形式.

$$x_n=x_0+nh,$$
$$y_{i,n},\ i=1,2,\cdots,m;n=0,1,2,\cdots,$$

即 $y_{i,n}$为 $y_i(x_n)$的近似.

$$y_{1,0}=\alpha_1,\quad y_{2,0}=\alpha_2,\quad \cdots,\quad y_{m,0}=\alpha_m.$$

假设 $y_{1,n},y_{2,n},\cdots,y_{m,n}$已经计算出来,下面来计算 $y_{1,n+1},y_{2,n+1},\cdots,y_{m,n+1}$.先计算

$$K_{1,i}=f_i(x_n,y_{1,n},y_{2,n},\cdots,y_{m,n}),\quad i=1,2,\cdots,m,$$

$$K_{2,i}=f_i\left(x_n+\frac{1}{2}h,y_{1,n}+\frac{h}{2}K_{1,1},y_{2,n}+\frac{h}{2}K_{1,2},\cdots,y_{m,n}+\frac{h}{2}K_{1,m}\right),\quad i=1,2,\cdots,m,$$

$$K_{3,i}=f_i\left(x_n+\frac{1}{2}h,y_{1,n}+\frac{h}{2}K_{2,1},y_{2,n}+\frac{h}{2}K_{2,2},\cdots,y_{m,n}+\frac{h}{2}K_{2,m}\right),\quad i=1,2,\cdots,m,$$

$$K_{4,i}=f_i(x_n+h,y_{1,n}+hK_{3,1},y_{2,n}+hK_{3,2},\cdots,y_{m,n}+hK_{3,m}),\quad i=1,2,\cdots,m.$$

然后计算

$$y_{i,n+1}=y_{i,n}+\frac{h}{6}(K_{1,i}+2K_{2,i}+2K_{3,i}+K_{4,i}),\quad i=1,2,\cdots,m.$$

例 9.8.1 用经典4阶 Runge-Kutta 方法解一阶方程组的初值问题

$$\begin{cases}y_1'(x)=y_1(x)+2y_2(x), & y_1(0)=6,\\ y_2'(x)=3y_1(x)+2y_2(x), & y_2(0)=4,\end{cases}$$

$0\leqslant x\leqslant 0.2$;取 $h=0.02$.

解 初始条件给出 $y_{1,0}=6,y_{2,0}=4$.

$$\begin{aligned}
K_{1,1}&=f_1(0,6,4)=14.0,\\
K_{1,2}&=f_2(0,6,4)=26.0,\\
K_{2,1}&=f_1(0.01,6.14,4.26)=14.66,\\
K_{2,2}&=f_2(0.01,6.14,4.26)=26.94,\\
K_{3,1}&=f_1(0.01,6.1466,4.2694)=14.6854,\\
K_{3,2}&=f_2(0.01,6.1466,4.2694)=26.9786,\\
K_{4,1}&=f_1(0.02,6.293\,708,4.539\,572)=15.372\,852,\\
K_{4,2}&=f_2(0.02,6.293\,708,4.539\,572)=27.960\,268.
\end{aligned}$$

由上面的计算可得

$$y_{1,1}=y_{1,0}+\frac{h}{6}(K_{1,1}+2K_{2,1}+2K_{3,1}+K_{4,1})=6.293\,545\,51,$$

$$y_{2,1}=y_{2,0}+\frac{h}{6}(K_{1,2}+2K_{2,2}+2K_{3,2}+K_{4,2})=4.539\,324\,90.$$

表9.10给出了计算结果.

表 9.10

x_n	$y_{1,n}$	$y_{2,n}$
0.00	6.000 000 00	4.000 000 00
0.02	6.293 545 51	4.539 324 90
0.04	6.615 622 13	5.119 485 99
0.06	6.968 525 28	5.743 962 25
0.08	7.354 743 19	6.416 533 05
0.10	7.776 972 87	7.141 272 21
0.12	8.238 137 50	7.922 604 06
0.14	8.741 405 23	8.765 316 67
0.16	9.290 209 55	9.674 595 38
0.18	9.888 271 38	10.656 056 0
0.20	10.539 623 0	11.715 780 7

初值问题的解析解为 $y_1(x)=4e^{4x}+2e^{-x}$，$y_2(x)=6e^{4x}-2e^{-x}$. 数值解每步都有误差，误差有积累，在 $x=0.20$ 处有

$$y_1(0.2)-y_{1,10}=10.5396252-10.5396230=0.22\times10^{-5},$$

$$y_2(0.2)-y_{2,10}=11.7157841-11.7157807=0.34\times10^{-5}.$$

方程组初值问题(9.8.3)的数值方法的相容性和收敛性可作形式上推广. 这里关于数值方法的绝对稳定性稍作说明. 最简单的单步方法——Euler 方法

$$\boldsymbol{y}_{n+1}=\boldsymbol{y}_n+h\boldsymbol{f}(x_n,\boldsymbol{y}_n).$$

用于试验方程组

$$\boldsymbol{y}'=\boldsymbol{A}\boldsymbol{y}, \tag{9.8.7}$$

其中 $\boldsymbol{A}\in\mathbb{R}^{m\times m}$ 为常数矩阵。假定 $\boldsymbol{A}$ 有 m 个不同的特征值 $\lambda_1,\lambda_2,\cdots,\lambda_m$，并且

$$\mathrm{Re}\lambda_j<0,\quad j=1,2,\cdots,m.$$

由于 $\boldsymbol{A}$ 有互不相同的特征值，因此存在非奇异矩阵 $\boldsymbol{Q}$，使得

$$\boldsymbol{Q}^{-1}\boldsymbol{A}\boldsymbol{Q}=\boldsymbol{\Lambda}=\mathrm{diag}(\lambda_1,\lambda_2,\cdots,\lambda_n).$$

若令 $\boldsymbol{y}=\boldsymbol{Q}\boldsymbol{z}$，那么(9.8.7)式化为

$$\boldsymbol{z}'=\boldsymbol{\Lambda}\boldsymbol{z}.$$

此时方程组(9.8.7)化为非耦合方程组，因此可以按单个方程初值问题来讨论数值方法的绝对稳定性问题. 例如，Euler 方法应满足

$$h\mathrm{Re}(\lambda_j)\in(-2,0),\quad j=1,2,\cdots,m.$$

对于 4 阶 Runge-Kutta 方法应有

$$h\mathrm{Re}(\lambda_j)\in(-2.785,0),\quad j=1,2,\cdots,m.$$

可以看出，当 $|\mathrm{Re}(\lambda_j)|$ $(j=1,2,\cdots,m)$ 中有一个很大时，必须取 h 很小.

9.8.2 高阶微分方程初值问题

高阶微分方程初值问题，一般总可以化为一阶方程组的初值问题进行求解. 设有 m 阶微分方程的初值问题

$$\begin{cases} F(x,y,y',\cdots,y^{(m-1)},y^{(m)}) = 0, \\ y(x_0) = \alpha_1, y'(x_0) = \alpha_2, \cdots, y^{(m-1)}(x_0) = \alpha_m. \end{cases} \tag{9.8.8}$$

若可以把 $y^{(m)}$ 从方程中解出来，那么可以给出

$$\begin{cases} y^{(m)} = f(x,y,y',\cdots,y^{(m-1)}), \\ y(x_0) = \alpha_1, y'(x_0) = \alpha_2, \cdots, y^{(m-1)}(x_0) = \alpha_m. \end{cases} \tag{9.8.9}$$

引入新变量

$$y_1 = y, \quad y_2 = y', \quad \cdots, \quad y_m = y^{(m-1)},$$

可将 m 阶微分方程初始问题化为

$$\begin{cases} y_1' = y_2, \\ y_2' = y_3, \\ \quad\vdots \\ y_{m-1}' = y_m, \\ y_m' = f(x,y_1,y_2,\cdots,y_m). \end{cases} \tag{9.8.10}$$

相应地，(9.8.9)式中初始条件化为

$$\begin{cases} y_1(x_0) = y(x_0) = \alpha_1, \\ y_2(x_0) = y'(x_0) = \alpha_2, \\ \qquad\vdots \\ y_m(x_0) = y^{(m-1)}(x_0) = \alpha_m. \end{cases} \tag{9.8.11}$$

例 9.8.2 考虑 2 阶常微分方程初值问题

$$\begin{cases} y'' - 2y' + 2y = e^{2x}\sin x, \quad x \in (0,1], \\ y(0) = -0.4, \quad y'(0) = -0.6. \end{cases}$$

解 令 $y_1(x) = y(x), y_2(x) = y'(x)$，那么把上面方程初值问题化为方程组的初值问题

$$\begin{cases} y_1'(x) = y_2(x), \\ y_2'(x) = e^{2x}\sin x - 2y_1(x) + 2y_2(x), \\ y_1(0) = -0.4, \quad y_2(0) = -0.6. \end{cases}$$

方程组初值问题求解在 9.8.1 节中已作讨论.

9.8.3 刚性微分方程组

考虑线性方程组

$$\begin{bmatrix} u' \\ v' \end{bmatrix} = \begin{bmatrix} -2 & 1 \\ 998 & -999 \end{bmatrix} \begin{bmatrix} u \\ v \end{bmatrix} + \begin{bmatrix} 2\sin x \\ 999(\cos x - \sin x) \end{bmatrix}. \tag{9.8.12}$$

其系数矩阵的特征值为-1,-1000,方程组(9.8.12)的通解为

$$\begin{bmatrix} u(x) \\ v(x) \end{bmatrix} = \beta_1 e^{-x} \cdot \begin{bmatrix} 1 \\ 1 \end{bmatrix} + \beta_2 e^{-1000x} \begin{bmatrix} 1 \\ -998 \end{bmatrix} + \begin{bmatrix} \sin x \\ \cos x \end{bmatrix}, \tag{9.8.13}$$

其中β_1,β_2为任意常数.

如果方程组附以初始条件

$$u(0) = 2, \quad v(0) = 3, \tag{9.8.14}$$

那么初值问题(9.8.12),(9.8.14)的解为

$$\begin{bmatrix} u(x) \\ v(x) \end{bmatrix} = 2e^{-x} \begin{bmatrix} 1 \\ 1 \end{bmatrix} + \begin{bmatrix} \sin x \\ \cos x \end{bmatrix}.$$

如果用4阶显式Runge-Kutta方法计算初值问题(9.8.12),(9.8.14).为使计算稳定,就要求$-1000h \in (-2.785, 0)$,即要求步长$h < 0.002\,785$才能保证稳定计算.计算到$x=10$,至少要计算3591步.这样在实际计算中将非常不便.

实际计算表明,(9.8.13)式的第2项很快趋于零以后,整个方程组的计算仍要考虑到第2项相应的特征值对绝对稳定性的影响.另外,要使解处于稳定状态,必须由(9.8.13)式的第1项来确定是否计算终止.由此,在计算中要在一个很长的区间上处处用小步长来计算,这就是方程组的刚性现象.一般情况下,计算的步数与量

$$\frac{\max\limits_{j=1,2} |\operatorname{Re}\lambda_j|}{\min\limits_{j=1,2} |\operatorname{Re}\lambda_j|}$$

成正比.

定义 9.8.1 设线性方程组

$$\frac{d\boldsymbol{y}}{dx} = \boldsymbol{A}\boldsymbol{y}(x) + \boldsymbol{g}(x). \tag{9.8.15}$$

常系数矩阵$\boldsymbol{A}$的特征值为$\lambda_1,\lambda_2,\cdots,\lambda_m$,若

(1) $\operatorname{Re}\lambda_j < 0, j=1,2,\cdots,m$,

(2) $s = \dfrac{\max\limits_{1\leqslant j\leqslant m} |\operatorname{Re}\lambda_j|}{\min\limits_{1\leqslant j\leqslant m} |\operatorname{Re}\lambda_j|} \gg 1$,

则称方程组(9.8.15)为**刚性方程组**,s为**刚性比**.

刚性方程组的定义还有很多,其特点是对于显式方法只能用难于接受的小步长进行计算.因此在刚性方程组的数值解法中,最好使用对步长h不加限制的方法.**A**-稳定性方法,如梯形方法可以使用.高阶的隐式Runge-Kutta方法及特殊的隐式多步法均可以使用.刚性方程组的论述及求解方法已有专门著作,参考文献[18]中也有详细介绍.

习　题

1. 用 Euler 方法解初值问题

$$y' = 1 + (x - y)^2, \quad x \in (2,3], \quad y(2) = 1, \quad h = 0.5.$$

初值问题的准确解为 $y(x)=x+\dfrac{1}{1-x}$,试给出实际误差.

2. 用 Euler 方法解初值问题

$$y' = -(y+1)(y+3), \quad x \in (0,2], \quad y(0) = -2, \quad h = 0.2.$$

初值问题的准确解为 $y(x)=-3+\dfrac{2}{1+\mathrm{e}^{-2x}}$,试给出实际误差.

3. 用改进 Euler 方法和中点方法解初值问题

$$y' = 1 + \frac{1}{x}y, \quad x \in (1,2], \quad y(1) = 2, \quad h = 0.25.$$

初值问题的准确解为 $y(x)=x\ln x+2x$.

4. 用经典 4 阶 Runge-Kutta 方法解习题 1 的初值问题.

5. 用梯形方法解初值问题

$$\begin{cases} y' = \mathrm{e}^x \sin(xy), \quad x \in (0,1], \\ y(0) = 1. \end{cases}$$

若取迭代初值为 $y_{n+1}^{(0)}=y_n+hf(x_n,y_n)$,试选取步长 h 使迭代格式

$$y_{n+1}^{(s+1)} = y_n + \frac{h}{2}[f(x_n,y_n) + f(x_{n+1},y_{n+1}^{(s)})], \quad s = 0,1,\cdots$$

是收敛的.

6. 用梯形方法解初值问题 $y'=-y, y(0)=1$,试证明:

(1) 取 $y_0=y(0)=1$,有 $y_n=\left(\dfrac{2-h}{2+h}\right)^n$.

(2) 当 $h\to 0, x_n=nh$ 不变时,y_n 收敛于初值问题的准确解 e^{-x_n}.

7. 试写出求解初值问题 $y'=-y-y^2\sin x, x\in(1,2], y(1)=1$ 的改进 Euler 公式. 并取 $h=0.2, y_0=1$,计算 y_1, y_2.

8. 试证明中点公式

$$y_{n+1} = y_n + hf\left(x_n + \frac{h}{2}, y_n + \frac{1}{2}hf(x_n,y_n)\right)$$

是 2 阶的.

9. 试求出隐式中点方法

$$y_{n+1} = y_n + hf\left(x_n + \frac{h}{2}, \frac{1}{2}(y_n + y_{n+1})\right)$$

的绝对稳定性区间.

10. 用 2 步显式 Adams 方法计算初值问题

$$y' = -2y + xe^{3x}, \quad x \in (0,1], \quad y(0) = 0, \quad h = 0.2.$$

计算结果与初值问题准确解 $y(x)=\frac{1}{5}xe^{3x}-\frac{1}{25}e^{3x}+\frac{1}{25}e^{-2x}$作比较.

11. 用 2 步隐式 Adams 方法计算习题 10 中的初值问题.

12. 推导 Hamming 公式

$$y_{n+3} = \frac{1}{8}(9y_{n+2} - y_n) + \frac{3}{8}h(f_{n+3} + 2f_{n+2} - f_{n+1})$$

的局部截断误差.

13. 证明 2 步方法

$$y_{n+2} + (b-1)y_{n+1} - by_n = \frac{h}{4}[(b+3)f_{n+2} + (3b+1)f_n]$$

当 $b \neq -1$ 时方法为 2 阶的,当 $b=-1$ 时方法为 3 阶的.

14. 试讨论 2 步方法

$$y_{n+2} = y_{n+1} + \frac{h}{12}(5f_{n+2} + 8f_{n+1} - f_n)$$

的收敛性.

15. 给定微分方程组的初值问题

$$\begin{cases} u' = 32u + 66v + \dfrac{2}{3}x + \dfrac{2}{3}, & x \in \left(0, \dfrac{1}{2}\right], \\ v' = -66u - 133v - \dfrac{1}{3}x - \dfrac{1}{3}, & x \in \left(0, \dfrac{1}{2}\right], \end{cases}$$

$$u(0) = \frac{1}{3}, \quad v(0) = \frac{1}{3}.$$

计算出微分方程组的刚性比;试求出 4 阶 Runge-Kutta 方法的步长 h 的范围,并用 $h=0.025$ 计算到 $x=0.1$ 时与准确解作比较.

计算实习题

用 4 阶 Runge-Kutta 方法和 Adams 4 阶预估-校正方法解线性常微分方程组和非线性常微分方程组.

1. 考虑 1.2 节中两个物种群体竞争系统的数学模型(1.2.9),(1.2.8),即

$$\begin{cases} \dfrac{dx_1(t)}{dt} = x_1(t)[4 - 0.0003x_1(t) - 0.0004x_2(t)], \\ \dfrac{dx_2(t)}{dt} = x_2(t)[2 - 0.0002x_1(t) - 0.0001x_2(t)], \end{cases} \quad t \in (0,10],$$

$$x_1(0) = x_2(0) = 10\,000.$$

取 $h=0.1, 0.05$，画出计算解图形，并讨论稳态解（$x_1'(t)=0, x_2'(t)=0$）的情况.

2. 考虑初值问题(9.1.1)，(9.1.2)和(9.1.3). 取 $\theta_0=\dfrac{\pi}{6}$，$\varphi_0=0$，设 $l=0.6\text{m}$，$g=9.8\text{m/s}^2$，取 $h=0.1\text{s}$，计算由 $t=0$ 到 $t=2\text{s}$. 画出计算解的图形.

3. 考虑非线性化学反应的常微分方程组

$$\begin{cases} \dfrac{\mathrm{d}y_1(x)}{\mathrm{d}x} = -\alpha y_1(x) + \beta y_2(x) y_3(x), \\ \dfrac{\mathrm{d}y_2(x)}{\mathrm{d}x} = \alpha y_1(x) - \beta y_2(x) y_3(x) - \gamma y_2^2(x), \\ \dfrac{\mathrm{d}y_3(x)}{\mathrm{d}x} = \gamma y_2^2(x), \end{cases}$$

其中 $\alpha=4\times 10^{-2}$，$\beta=10^4$，$\gamma=3\times 10^{-7}$，初始条件为 $y_1(0)=1$，$y_2(0)=y_3(0)=0$. 计算由 $x=0$ 到 $x=3$. 除上面两个算法外，再用梯形方法进行计算. 画出计算解的图形.

附录 A

MATLAB 简介

MATLAB(Matrix Laboratory)是一个基于矩阵的数学软件平台,它包含一个可扩展的数值程序库,可以方便地画出二维和三维图形,并有高级的编程格式.可以把MATLAB看成一种计算机语言,但使用起来要比大家熟悉的其他高级语言(FORTRAN语言和C语言等)简便得多.MATLAB特别适合用于科学和工程计算,是开发和执行本书所介绍的和其他各种数值计算方法的有力工具.当今众多的计算工作者和各门科学与工程的研究、设计等部门的工作人员和大学生都常用这种工具.它的新版本陆续出现,目前市面上介绍MATLAB的书籍大概有几十种.本书在此附录中只介绍一些最基本的内容,详细的信息请参阅有关的资料或使用MATLAB的在线帮助.

A.1 常数

MATLAB中有几个已经定义的常数,如

eps	机器精度,$2^{-52}\approx 2.2\times 10^{-16}$.
pi	圆周率 π.
i	虚数单位 $\sqrt{-1}$.
inf	无穷大量,零作为除数的输出.
NaN	不定值,inf/inf 或 0/0.

A.2 矩阵

MATLAB中所有变量都被看成矩阵或数组.

A.2.1 矩阵的形成

可以直接输入矩阵.

例
```
>> A=[1  2  3;4  5  6;7  8  9]
A =
    1  2  3
    4  5  6
    7  8  9
```

注意分号“;”用来分隔矩阵的行，一行中的元素用空格来分隔. 此外，矩阵也可以按行输入.

例
```
>> A=[1  2  3
      4  5  6
      7  8  9]
A =
    1  2  3
    4  5  6
    7  8  9
```

也可以用内部函数生成一些特殊的矩阵.

例
```
>> Z=zeros(2,4);            形成一个2×4的零矩阵
>> Y=ones(3,5);             形成一个所有元素均为1的3×5矩阵
>> X=eye(n);                形成一个n阶单位矩阵
>> U=zeros(size(Y));        形成一个与矩阵Y同阶的零矩阵
>> V= -1:0.5:2              形成并显示一个1×7的矩阵(7维数组)
V =
-1   -0.5000  0  0.5000  1.0000  1.5000  2.000
>> cos(V)                   计算V中每项的余弦值，形成一个1×7矩阵
ans =
0.5403  0.8776  1.0000  0.8776  0.5403  0.0707  -0.4161
```

本例中前4行结尾的分号表示不输出该结果.

可以对矩阵的个别元素或子矩阵进行操作.

例
```
>> A(2,3)                   选择A中一个元素
ans =
      6
>> A(1:2,2:3)               选择A的一个子矩阵
ans =
      2  3
      5  6
>> A([1 3],[1 3])           选择A的子矩阵的另一种方法
ans =
```

```
      1   3
      7   9
>> A(2,2) = tan(5.2);          给 A 的一个元素赋新值
```

A.2.2 矩阵运算

运算符号为

+ 加　　- 减　　* 乘　　/ 右除　　\ 左除　　^ 乘幂　　' 共轭转置

例

```
>> B = [1  2;3  4];
>> c = B'
c =
    1   3
    2   4
>> 2 * B + C
ans =
      3   7
      8   12
>> 3 * (B * C)^3
ans =
      13080   29568
      29568   66840
```

注意如果 $\boldsymbol{A}$ 和 $\boldsymbol{B}$ 都是 n 阶方阵，$\boldsymbol{A}$ 非奇异，则可实现 A\B 和 B/A 的运算，A\B 得到 $\boldsymbol{A}^{-1}\boldsymbol{B}$，也等效于 inv(A) * B. 而 B/A 得到 $\boldsymbol{B}\boldsymbol{A}^{-1}$，它也可通过(A'\B')'来实现.

A.2.3 数组运算

数组是矩阵在计算机中的存储方式. 数组的算术运算符号为

+ 加　　- 减　　.* 乘　　.\ 左除　　./ 右除　　.^ 乘幂

其中加、减运算与矩阵的加、减运算相同，数乘也如此. 但通过符号". * "、". ^"等数组运算是面向元素的.

例

```
>> A = [1  2;3  4];
>> A^2                          产生矩阵 A²
ans =
      7   10
      15  22
>> A.^2                         矩阵的每个元素进行平方运算
ans =
```

```
        1   4
        9  16
>> cos(A./2)                    矩阵每个元素除以 2 再求余弦
ans =
        0.8776     0.5403
        0.0707    -0.4161
```

A.3 函数

MATLAB的函数可以用在矩阵上.

A.3.1 内部函数

MATLAB有丰富的内部函数,例如三角函数和反三角函数

sin( ), cos( ), tan( ), a sin( );

指数函数、对数函数和双曲函数、开平方函数

exp( ), log( ), log10( ), cosh( ), sqrt( ),

其中 log( )和 log10( )分别是自然对数和以10为底的对数函数.其他还有

abs( ), sign( ), max( )

分别是绝对值(或复数的模)、符号函数和最大分量.

例
```
>> 3 * cos(sqrt(4.7))
ans =
    -1.6869
```

如果输入命令 format long,将显示15位有效数字的结果.

例
```
>> format long
3 * cos(sqrt(4.7))
ans =
    -1.686 868 922 368 93
```

MATLAB的内部函数还包括数值分析中关于矩阵常见的函数,例如

norm(A,1) 范数 $\|\boldsymbol{A}\|_1$

norm(A) 范数 $\|\boldsymbol{A}\|_2$

norm(A,inf) 范数 $\|\boldsymbol{A}\|_\infty$

norm(A,'fro') 范数 $\|\boldsymbol{A}\|_F$

condest(A)	条件数 $\text{cond}(\boldsymbol{A})_1$
cond(A)	条件数 $\text{cond}(\boldsymbol{A})_2$
condest(A')	条件数 $\text{cond}(\boldsymbol{A})_\infty$
rank(A)	矩阵的秩
det(A)	矩阵的行列式之值

此外还有 inv(A)(**A** 的逆矩阵),lu(A)(**A** 的 LU 三角分解),qr(A)(**A** 的 QR 分解),以及多项式和插值函数,数值积分和常微分方程数值解,方程求根和函数极小化等数值方法方面的函数,可参阅有关文件或 MATLAB 在线帮助.

A.3.2 用户定义的函数

通过建立 M 文件(以.m 结尾的文件)可以定义一个函数.完成函数定义后,就可以像使用内部函数那样使用它.

例 将下面一段程序写入 M 文件 fun.m 中.输入:

```
function y = fun(x)
 % define a simple function
y = 1 + x - x.^2/4;
```

这就定义了函数 $\text{fun}(x)=1+x-x^2/4$.存入名为 fun.m 的 M 文件之后,任何其他函数都可在 MATLAB 命令窗口中调用它.

```
>> cos(fun(3))
ans =
     - 0.1782
```

对函数进行求值的另一个方法是使用 feval 命令.

例
```
>> feval('fun',4)
ans =
      1
```

A.4 绘图

MATLAB 可绘制二维和三维图形,这里主要简介二维情形.

用命令 plot 可以生成二维函数图形.下面例子是产生函数 $y=\cos x$ 和 $z=\cos^2 x$ 在区间$[0,\pi]$上图形的程序.

例
```
>> x = 0 : 0.1 : pi;
```

```
≫ y = cos(x);
≫ z = cos(x).^2;
≫ plot(x,y,x,z,' 。')
```

其中第1行以步长0.1确定了区域和节点.第2,3行分别定义了一个函数.前三行以分号结尾,x,y,z不在命令窗口显示.第4行是绘图的命令,其前两项是x和y,画出函数 $y=\cos x$,第3,4项是x和z,画出函数 $z=\cos^2 x$,最后一项是空心圆点' 。',表示每一点(x_k,z_k)用“。”画图,其中 $z_k=\cos^2 x_k$.

MATLAB可以画点和线.除了上例的空心圆点外,点的类型还有

实心圆点 “.” 加号“+” 星号“*” 叉号“×”

线的类型主要有

实线"—" 虚线"- -" 虚线间点"-·"

例如,

```
plot(x,y,'- -')
```

将向量 $\boldsymbol{x}$ 和 $\boldsymbol{y}$ 对应元素定义的点依次用虚线连接(要求 $\boldsymbol{x}$ 和 $\boldsymbol{y}$ 维数相同),如果 $\boldsymbol{x}$ 和 $\boldsymbol{y}$ 为矩阵,则按列依次处理.又如

```
plot(x1,y1,'*',x2,y2,'+')
```

将向量 $\boldsymbol{x}_1$ 和 $\boldsymbol{y}_1$ 对应元素定义的点用星号标出,向量 $\boldsymbol{x}_2$ 和 $\boldsymbol{y}_2$ 对应元素定义的点用加号标出.

此外,命令fplot用于画已定义函数在指定范围的图形.它与plot的作用类似,差别在于fplot可以根据函数的性质自适应地选择取值点.

例
```
≫ fplot('tanh',[-2,2])
```

它在区间[−2,2]上画出双曲正切函数 $\tanh x$ 的图形.

一般的fplot命令的格式是

```
fplot('name',[a,b],n)
```

它在区间$[a,b]$,通过函数name.m采样的 n 个点,画出函数的图形,n 的默认值是25.

plot命令可画出二维空间的参数曲线.而plot3则可以画出三维空间的参数曲线.

例
```
≫ t = 0 : pi/50 : 10 * pi;
≫ plot3(sin(t),cos(t),t)
```

关于绘图方面更多的信息,请参阅MATLAB有关文件.

A.5 编程

MATLAB 的关系运算符有

==	等于	~=	不等于	<	小于
>	大于	<=	小于等于	>=	大于等于

逻辑运算符和布尔值有

~	非	&	与	|	或
1	真	0	假		

MATLAB 中的 for,if,while 控制语句和其他编程语言的用法类似.举例如下.

如果将下例的文件存为 nest.m,在命令窗口输入 nest 命令可以产生一个矩阵 **A**,从左上角看,它相当于一个杨辉三角.

例

```
for i = 1 : 5
    A(i,1) = 1;A(1,i) = 1;
end
for i = 2 : 5
     for j = 2 : 5
       A(i,j) = A(i,j - 1) + A(i - 1,j);
     end
end
A
```

可以用 break 命令来退出循环.

例

```
for k = 1 : 100
    x = sqrt(k);
    if((k>10)&(x - floor(x) = = 0))
    break
    end
end
k
```

下面一个例子是用迭代法 $x_{k+1}=e^{-x_k}$, $k=0,1,2,\cdots$ 解方程 $x-e^{-x}=0$ 的一段程序,选用 $x_0=0.5$,相对误差限 $\varepsilon=10^{-8}$.

例

```
ep = 10^( - 8);  dx = 1;  x0 = 0.5;  k = 0;
while(dx>ep)
  k = k + 1
```

```
    x = exp( - x0);
    dx = abs(x - x0)/(1 + abs(x));
    x0 = x;
  end
```

作为结束,我们举出一个数值方法程序的例子,这是用 Gauss-Seidel 迭代法解方程组 $\boldsymbol{Ax}=\boldsymbol{B}$ 的程序,其中初始向量 $\boldsymbol{x}=\boldsymbol{p}_0$,迭代过程生成向量序列$\{\boldsymbol{p}_k\}$.

```
function X = gseid(A,B,P,delta,max1)
% Input  - A is an N x N nonsingular matrix
%        - B is an N x 1 matrix
%        - P is an N x 1 matrix;the initial guess
%        - delta is the tolerance for P
%        - maxl is the maximum number of iterations
% Output - X is an N x 1 matrix: the gauss-seidel
%          approximation to the solution of AX = B
N = length(B);
for k = 1:maxl
  for j = 1:N
      if j = = 1
         X(1) = (B(1) - A(1,2:N) * P(2:N))/A(1,1);
      elseif j = = N
         X(N) = (B(N) - A(N,1:N - 1) * (X(1:N - 1))')/A(N,N);
      else
          % X contains the kth approximations and P the (k - 1)st
         X(j) = (B(j) - A(j,j:j - 1) * X(1:j - 1)
                - A(j,j + 1:N) * P(j + 1:N))/A(j,j);
      end
    end
    err = abs(norm(X' - P));
    relerr = err/(norm(X) + eps);
    P = X';
      if(err<delta)|(relerr<delta)
        break
      end
end
X = X';
```

部分习题的答案或提示

第 1 章

1. 这根电缆形成一条悬链线. 设 y 轴通最低点,则方程形式为 $y=\lambda\cosh(x/\lambda)$,$\lambda$ 为参数. 由给定条件 $y(50)=y(0)+10$,从而得到

$$\lambda\cosh\frac{50}{\lambda}=\lambda+10.$$

2. 由数据可以作图如下:

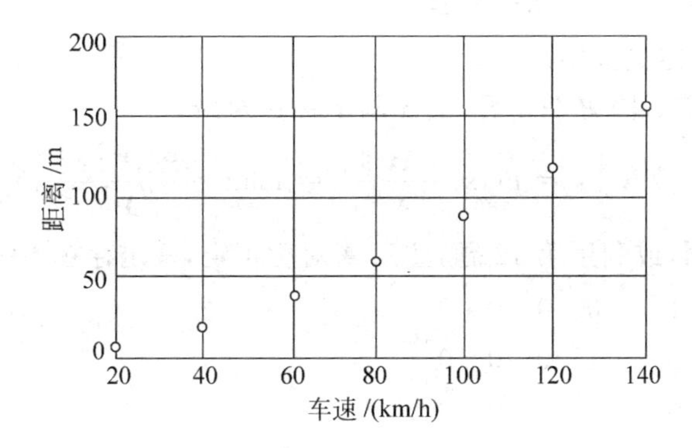

可以看出刹车距离与车速之间并非线性关系. 刹车距离 d 等于反应距离 d_1 与制动距离 d_2 之和;反应距离 d_1 与车速成正比,比例系数为反应时间,$d_1=k_1v$,k_1 为反应时间. 设 F 为刹车时最大制动力. 在 F 的作用下行驶距离 d_2 做的功 Fd_2 使车速从 v 变成零,动能变化为 $\frac{1}{2}mv^2$. 从而有 $Fd_2=\frac{1}{2}mv^2$,于是 $d_2=k_2v^2$,即 $d=k_1v+k_2v^2$.

3. (1) 6.8×10^{-3},两位. (2) 1.04×10^{-4},四位.
   (3) 6.8×10^{-3},两位. (4) 1.04×10^{-4},四位.

4. 0.005cm.

5. (1) ①$6\times10^{-4}$,一位. ②$6.125\times10^{-4}$,两位. ③$6.092\times10^{-4}$,四位.
   (2) $x=2°=\frac{\pi}{90}\text{rad}$,$1-\cos x\approx\frac{x^2}{2!}-\frac{x^4}{4!}=6.092\times10^{-4}$.

6. -55.982,$-0.017\,863$.

7. 6 位运算结果为 11.1500 和 11.1748,前者运算过程有相近数相减.

8. (1) $\arctan\frac{1}{1+N(N+1)}$. (2) $\frac{2}{x\left(\sqrt{x+\frac{1}{x}}+\sqrt{x-\frac{1}{x}}\right)}$.

(3) $\ln\left(1+\dfrac{1}{x}\right)$.　　　(4) $\cos 2x$.

9. (2) 不满足.

10. $1,\sqrt{\pi}$.

11. (1) $4,10,\sqrt{30}$.

(2) $2^k, |\sin k|+|\cos k|+2^k, \sqrt{1+4^k}$.

13. (1) 6, 5.46, 7, 5.37.

(2) $4, 2+\sqrt{2}, 4, 2+\sqrt{2}$.

14. (2) $\boldsymbol{A}^{-1}-\boldsymbol{B}^{-1}=\boldsymbol{A}^{-1}(\boldsymbol{B}-\boldsymbol{A})\boldsymbol{B}^{-1}$.

15. (1) 从范数定义证明.

(2) 令 $\boldsymbol{y}=\boldsymbol{P}\boldsymbol{x}$，因 $\boldsymbol{P}$ 非奇异，故 $\boldsymbol{x}$ 与 $\boldsymbol{y}$ 一一对应，

$$\|\boldsymbol{A}\|_P=\max_{\boldsymbol{x}\neq\boldsymbol{0}}\frac{\|\boldsymbol{A}\boldsymbol{x}\|_P}{\|\boldsymbol{x}\|_P}=\max_{\boldsymbol{y}\neq\boldsymbol{0}}\frac{\|\boldsymbol{P}\boldsymbol{A}\boldsymbol{P}^{-1}\boldsymbol{y}\|}{\|\boldsymbol{y}\|}.$$

16. 从定义证明，或利用第 12 题，注意 $\boldsymbol{A}$ 对称正定，一定存在 $\boldsymbol{B}\in\mathbb{R}^{n\times n}$，使 $\boldsymbol{A}=\boldsymbol{B}\boldsymbol{B}^{\mathrm{T}}$.

17. $\boldsymbol{L}(-\boldsymbol{l}_2)=\begin{bmatrix}1&0&0&0&0\\0&1&0&0&0\\0&-2&1&0&0\\0&1&0&1&0\\0&-4&0&0&1\end{bmatrix}$.

18. (1) 计算 $\boldsymbol{e}_i^{\mathrm{T}}\boldsymbol{A}\boldsymbol{e}_i$.

(2) 令 $\boldsymbol{x}=\boldsymbol{e}_i+\alpha\boldsymbol{e}_j$，计算 $\boldsymbol{x}^{\mathrm{T}}\boldsymbol{A}\boldsymbol{x}$.

(3) 参看(2)中 α 的二次不等式的判别式.

(4) 若 $i\neq j$，(2)中不等式令 $\alpha=-1,1$，得 $|a_{ij}|<\max\limits_{1\leqslant k\leqslant n}|a_{kk}|$.

19. $a\in\left(-2,\dfrac{3}{2}\right)$.

20. $0<y<1, 3<x<5-y$.

21. (1) $3a=2b$.　(2) $|a|>1, |b|<1$.　(3) $b=1. a>\dfrac{2}{3}$.

第 2 章

1. $(0.790\,576, -0.361\,257, 0.863\,874, -1.115\,183)^{\mathrm{T}}$.

2. $(1.440\,360, -1.577\,963, -0.274\,894)^{\mathrm{T}}$.

4. (1) 先证 $\boldsymbol{A}_2$ 对称，再证 $\boldsymbol{A}_2$ 各阶顺序主子式大于零.

(2) 证明 $|a_{ii}^{(2)}|-\sum\limits_{\substack{j=2\\j\neq i}}^{n}|a_{ij}^{(2)}|>0$.

5. 若 $\boldsymbol{A}$ 能分解,推出矛盾,故 $\boldsymbol{A}$ 不能分解. 将 $\boldsymbol{B}$ 分解为 $\boldsymbol{LU}$,计算知分解式不惟一. $\boldsymbol{C}$ 的顺序主子式皆非零,有惟一分解.

6. $\boldsymbol{L}=\begin{bmatrix}4 & & \\ 1 & 2 & \\ 2 & -3 & 3\end{bmatrix}$, $\boldsymbol{y}=\begin{bmatrix}-1\\2\\6\end{bmatrix}$, $\boldsymbol{x}=\begin{bmatrix}-\dfrac{9}{4}\\4\\2\end{bmatrix}$.

7. $(0.678\,505, 0.421\,495, 0.257\,009, 0.154\,206, 0.102\,804)^{\mathrm{T}}$.

8. $\begin{cases}l_1=\sqrt{b_1},\\ m_i=a_i/l_{i-1}, \quad l_i=\sqrt{b_i-m_i^2}, \quad i=2,\cdots,n,\end{cases}$

$y_1=d_1/l_1, \quad y_i=(d_i-m_i y_{i-1})/l_i, \quad i=2,\cdots,n,$

$x_n=y_n/l_n, \quad x_i=(y_i-m_{i+1}y_{i+1})/l_i, \quad i=n-1,\cdots,1.$

9. (1) $(-\sqrt{3},\sqrt{3})$.

(2) $\begin{bmatrix}\sqrt{2} & 0 & 0\\ \dfrac{1}{\sqrt{2}} & \sqrt{\dfrac{3}{2}} & 0\\ 0 & \sqrt{\dfrac{2}{3}} & \dfrac{2}{\sqrt{3}}\end{bmatrix}$.

10. $x=\left(\dfrac{7}{8},\dfrac{3}{4},\dfrac{5}{8},\dfrac{1}{2},\dfrac{3}{8},\dfrac{1}{4},\dfrac{1}{8}\right)^{\mathrm{T}}$.

11. $6, 3+2\sqrt{2}$.

12. $\boldsymbol{x}=(4,3)^{\mathrm{T}}, \boldsymbol{x}+\delta\boldsymbol{x}=(8,6)^{\mathrm{T}}, \|\delta\boldsymbol{x}\|_{\infty}\leqslant 1.274\|\boldsymbol{x}\|_{\infty}\leqslant 5.10$. 实际上 $\|\delta\boldsymbol{x}\|_{\infty}=4$.

13. (2) 28 375.

第 3 章

1. (1) $(0,1,3)^{\mathrm{T}}$.

(2) $\left(0,0,\dfrac{1}{2}\right)^{\mathrm{T}}$.

2. (1) $(0.995\,55, 0.957\,25, 0.791\,10)^{\mathrm{T}}$,

$(0.995\,787, 0.957\,894, 0.791\,579)^{\mathrm{T}}$.

(2) 准确解 $(1,2,-1,1)^{\mathrm{T}}$.

3. (1) $\rho(\boldsymbol{B}_{\mathrm{J}})=0$, $\rho(\boldsymbol{B}_{\mathrm{G}})=2$.

(2) $\rho(\boldsymbol{B}_J)=\dfrac{\sqrt{5}}{2}$, $\rho(\boldsymbol{B}_G)=\dfrac{1}{2}$.

4. (1) $\{a \mid |a|>1\}$.

(2) $R(\boldsymbol{B}_G)/R(\boldsymbol{B}_J)=2$.

5. (1) $\rho(\boldsymbol{B}_J)=\sqrt{\left|\dfrac{a_{12}a_{21}}{a_{11}a_{22}}\right|}$, $\rho(\boldsymbol{B}_G)=\left|\dfrac{a_{12}a_{21}}{a_{11}a_{22}}\right|$.

(2) $R(\boldsymbol{B}_G)/R(\boldsymbol{B}_J)=2$.

6. $a\in\left(-\dfrac{1}{\sqrt{2}},\dfrac{1}{\sqrt{2}}\right)$时都收敛.

8. (2) $\omega_b=1.0128, R=4.3565$.

9. $\boldsymbol{A}$ 特征值为 1,4. $\boldsymbol{B}=\boldsymbol{I}+\alpha\boldsymbol{A}$ 的特征值为 $1+\alpha, 1+4\alpha$, $\rho(\boldsymbol{B})=\max\{|1+\alpha|,|1+4\alpha|\}$, $\rho(\boldsymbol{B})<1\Leftrightarrow -\dfrac{1}{2}<\alpha<0$. 当 $1+\alpha=-(1+4\alpha)$, 即 $\alpha=-0.4$ 时, $\rho(\boldsymbol{B})$最小.

10. (1) $\boldsymbol{B}=\boldsymbol{P}^{-1}\boldsymbol{J}\boldsymbol{P}$, $\boldsymbol{B}^k=\boldsymbol{P}^{-1}\boldsymbol{J}^k\boldsymbol{P}$, $\boldsymbol{J}$ 为 Jordan 标准形

$$\begin{bmatrix}\boldsymbol{J}_1 & & \\ & \ddots & \\ & & \boldsymbol{J}_r\end{bmatrix}, \text{其中 } \boldsymbol{J}_i=\begin{bmatrix}0 & 1 & & \\ & \ddots & \ddots & \\ & & \ddots & 1 \\ & & 0 & \\ & & & 0\end{bmatrix}\in\mathbb{R}^{n_i\times n_i},$$

$\sum\limits_i n_i=n$, 至多到 $k=n$, 有 $\boldsymbol{J}^k=\boldsymbol{0}$.

11. (1) $\varphi(\boldsymbol{x}^*)=-6$.

(2) $\boldsymbol{x}^{(1)}=(3,1,5)^{\mathrm{T}}$.

12. (1) $\boldsymbol{p}^{(0)}=\boldsymbol{r}^{(0)}=(0,1)^{\mathrm{T}}$, $\alpha_1=-\dfrac{1}{2}$, $\boldsymbol{x}^{(1)}=\left(0,-\dfrac{1}{2}\right)^{\mathrm{T}}$, $\boldsymbol{r}^{(1)}=\left(\dfrac{3}{2},0\right)^{\mathrm{T}}$, $\beta_1=\dfrac{9}{4}$, $\boldsymbol{p}^{(1)}=\left(\dfrac{3}{2},-\dfrac{9}{4}\right)^{\mathrm{T}}$, $\alpha_2=\dfrac{2}{3}$, $\boldsymbol{x}^{(2)}=(1,-2)^{\mathrm{T}}$.

(2) $(0,1,-1)^{\mathrm{T}}$.

第 4 章

1. (2) 1.324.

(3) 9 次, 13 次.

2. 1.325.

3. (1) $[1.3,1.6]$, $\varphi'(x)<0$, φ 为减函数. $\varphi(x)\in[1.3,1.6]$, $|\varphi'(x)|\leqslant 0.911$.

(2) $[1.3,1.6]$, $L=0.46$, $x^*\approx 1.466$.

(3) 不收敛.

4. 三个根.(1) $[-1,0]$,$\varphi(x)=-\dfrac{1}{\sqrt{3}}e^{\frac{x}{2}}$.

(2) $[0,1]$,$\varphi(x)=\dfrac{1}{\sqrt{3}}e^{\frac{x}{2}}$.$[3,4]$,$\varphi(x)=\ln(3x^2)$.

(3) $-0.459, 0.909, 3.731$.

5. 1.4656.

6. 3.3474.

7. $\varphi(x)=1-\lambda f(x)$,$|\varphi'(x)|\leqslant L$,$L=\max\{|1-\lambda M|,|1-\lambda m|\}<1$,$|x_k-x^*|\leqslant L^k|x_0-x^*|$.

8. (1) 5.9308.

(2) 0.9100.

10. 1.8366,4.8158.

12. $p=q=\dfrac{5}{9}$,$r=-\dfrac{1}{9}$,三阶.

13. $\boldsymbol{\Phi}(\boldsymbol{x})=\begin{bmatrix}0.7\sin x_1+0.2\cos x_2\\ 0.7\cos x_1-0.2\sin x_2\end{bmatrix}$, $\quad \|\boldsymbol{\Phi}'(\boldsymbol{x})\|_\infty<0.9$.

14. $\boldsymbol{x}^{(0)}=\begin{bmatrix}2.00\\ 0.25\end{bmatrix}$, $\quad \boldsymbol{x}^{(1)}=\begin{bmatrix}1.906\ 25\\ 0.3125\end{bmatrix}$,

$$\boldsymbol{x}^{(2)}=\begin{bmatrix}1.900\ 691\\ 0.311\ 213\end{bmatrix},\quad \boldsymbol{x}^{(3)}=\begin{bmatrix}1.900\ 677\\ 0.311\ 219\end{bmatrix}.$$

第 5 章

1. (1) $\lambda\in\{z\,\big|\,|z|\leqslant 2, z\in\mathbb{C}\}\cup\{z\,\big|\,|z-2|\leqslant 2, z\in\mathbb{C}\}$.

(2) $2\leqslant\lambda\leqslant 6$.

2. 4.

3. (1) $\begin{bmatrix}-\frac{1}{2} & -\frac{1}{2} & -\frac{1}{2} & -\frac{1}{2}\\ -\frac{1}{2} & \frac{5}{6} & -\frac{1}{6} & -\frac{1}{6}\\ -\frac{1}{2} & -\frac{1}{6} & \frac{5}{6} & -\frac{1}{6}\\ -\frac{1}{2} & -\frac{1}{6} & -\frac{1}{6} & -\frac{1}{6}\end{bmatrix}$.

(2) $\begin{bmatrix} \frac{1}{2} & \frac{1}{2} & \frac{1}{2} & \frac{1}{2} \\ -\frac{1}{\sqrt{2}} & \frac{1}{\sqrt{2}} & 0 & 0 \\ -\frac{1}{\sqrt{6}} & -\frac{1}{\sqrt{6}} & \frac{\sqrt{2}}{\sqrt{3}} & 0 \\ -\frac{1}{2\sqrt{3}} & -\frac{1}{2\sqrt{3}} & -\frac{1}{2\sqrt{3}} & \frac{\sqrt{3}}{2} \end{bmatrix}$.

4. $\boldsymbol{PAP}=\begin{bmatrix} 17 & 5 & 0 \\ 5 & 17 & 0 \\ 0 & 0 & -8 \end{bmatrix}$.

5. (1) $\begin{bmatrix} 2 & 2\sqrt{2} & \sqrt{2} \\ -2\sqrt{2} & 1 & 2 \\ 0 & 2 & 3 \end{bmatrix}$.

(2) $\begin{bmatrix} -4 & -3 & 0 & 0 \\ -3 & \frac{10}{3} & -\frac{5}{3} & 0 \\ 0 & -\frac{5}{3} & -\frac{33}{25} & \frac{68}{75} \\ 0 & 0 & \frac{68}{75} & \frac{149}{75} \end{bmatrix}$.

6. $\boldsymbol{Q}=\frac{1}{3}\begin{bmatrix} 1 & 2 & 2 \\ 2 & 1 & -2 \\ 2 & -2 & 1 \end{bmatrix}$, $\boldsymbol{R}=3\begin{bmatrix} 1 & -1 & 1 \\ 0 & 1 & -1 \\ 0 & 0 & 1 \end{bmatrix}$.

7. 7.288, $(1,0.5229,0.2422)^{\mathrm{T}}$.

10. $r=\sqrt{4+\varepsilon^2}$, $\delta=\sqrt{1+\varepsilon^2}$.

(1) $\frac{1}{r^2}\begin{bmatrix} 8+5\varepsilon^2 & 2\varepsilon-\varepsilon^3 \\ 2\varepsilon-\varepsilon^2 & 4-2\varepsilon^2 \end{bmatrix}$.

(2) $\frac{1}{\delta^2}\begin{bmatrix} 2+3\varepsilon^2 & -\varepsilon^3 \\ -\varepsilon^3 & 1 \end{bmatrix}$.

11. $\boldsymbol{H}_2=\begin{bmatrix} 4 & -\frac{\sqrt{2}}{2} & -\frac{3\sqrt{2}}{2} \\ 0 & 1 & -4 \\ 0 & 0 & 3 \end{bmatrix}$.

13. $(p,q)=(1,3),c=s=\frac{1}{\sqrt{2}}$.

$$\boldsymbol{J}_1=\begin{bmatrix} c & 0 & s \\ 0 & 1 & 0 \\ -s & 0 & c \end{bmatrix},\quad \boldsymbol{J}_1\boldsymbol{A}\boldsymbol{J}_1^{\mathrm{T}}=\begin{bmatrix} 3 & 2 & 0 \\ 2 & 3 & 0 \\ 0 & 0 & -1 \end{bmatrix}.$$

$(p,q)=(1,2),c=s=\frac{1}{\sqrt{2}}$.

$$\boldsymbol{J}_2=\begin{bmatrix} c & s & 0 \\ -s & c & 0 \\ 0 & 0 & 1 \end{bmatrix},(\boldsymbol{J}_2\boldsymbol{J}_1)\boldsymbol{A}(\boldsymbol{J}_2\boldsymbol{J}_1)^{-1}=\mathrm{diag}(5,1,-1).$$

第 6 章

1. 用 $x_0=8.3,x_1=8.6$，得 $L_1(8.4)=17.878\,33$. 用 $x_0=8.3,x_1=8.6,x_2=8.7$，得 $L_2(8.4)=17.877\,16$.

2. $L_1(x)=0.783\,34x;L_1(0.45)=0.352\,503$;

$|f(0.45)-L_1(0.45)|=0.019\,06$.

$$\left|\frac{f''(\xi)}{2}(0.45-0)(0.45-0.6)\right|\leqslant 0.033\,75.$$

$L_2(x)=-0.233\,896x^2+0.923\,678x;L_2(0.45)=0.368\,291$;

$|f(0.45)-L_2(0.45)|=0.003\,26$.

$$\left|\frac{f'''(\xi)}{6}(0.45-0)(0.45-0.6)(0.45-0.9)\right|\leqslant 0.010\,125.$$

3. $x_0=0.82,x_1=0.83,x_2=0.84$，用 x_0,x_1 构造 $L_1(x)$.

$L_1(0.826)=2.284\,191\,4,\mathrm{e}^{0.826}\approx 2.284\,163\,8$,

$|f(0.826)-L_1(0.826)|=0.276\times 10^{-4}$.

$$|f(x)-L_1(x)|=\frac{1}{2}|(x-x_0)(x-x_1)\mathrm{e}^{\xi}|$$

$$\leqslant\frac{1}{2}\cdot\frac{(x_1-x_0)^2}{4}\mathrm{e}^{0.83}=0.286\,664\,8\times 10^{-4}.$$

用 x_0,x_1,x_2 构造 $L_2(x)$.

$L_2(0.826)=2.284\,163\,9$,

$|f(0.826)-L_2(0.826)|=0.1\times 10^{-6}$.

$$|f(x)-L_2(x)|\leqslant\frac{1}{6}|(x-x_0)(x-x_1)(x-x_2)|\mathrm{e}^{0.84}$$

$$\leqslant \frac{h^3}{9\sqrt{3}} e^{0.84} = 0.148\,595 \times 10^{-6}.$$

4. $L_1(x)=0, R_1(x)=f(x), |R_1(x)|=|f(x)| \leqslant \frac{1}{2}M \cdot \frac{(b-a)^2}{4}$.

5. (1) 令 $f(x)=x^j, R_n(x)=0, L_n(x)=f(x)$.

(2) 由(1)知 $\sum_{k=0}^{n} l_k(0)x_k^j = x^j \mid_{x=0} = 0, j=1,2,\cdots,n.$

当 $j=n+1$ 时, $f(x)=x^{n+1}, f^{(n+1)}(x)=(n+1)!$.

$f(x)-L_n(x)=\omega_{n+1}(x) \Rightarrow L_n(x)=-\omega_{n+1}(x), L_n(0)=\sum_{k=0}^{n} x_k^{n+1} l_k(0) = -\omega_{n+1}(0) = (-1)^n x_0 x_1 \cdots x_n$.

6.

x	$f(x)$	$f[,]$	$f[,,]$
0	1		
1	6	5	
2	65	59	27

$f[0,1,\cdots,5]=\frac{1}{5!}f^{(5)}(\xi)=1$, $\quad f[0,1,\cdots,6]=0$.

7.

x	$f(x)$	$f[,]$	$f[,,]$	$f[,,,]$
1	3			
$\frac{3}{2}$	$\frac{13}{4}$	$\frac{1}{2}$		
0	3	$\frac{1}{6}$	$\frac{1}{3}$	
2	$\frac{5}{3}$	$-\frac{2}{3}$	$-\frac{5}{3}$	-2

$$N_3(x)=3+\frac{1}{2}(x-1)+\frac{1}{3}(x-1)\left(x-\frac{3}{2}\right)-2(x-1)\left(x-\frac{3}{2}\right)x,$$

$$R_3(x)=f\left[1,\frac{3}{2},0,2,x\right](x-1)\left(x-\frac{3}{2}\right)x(x-2).$$

8. 双曲正弦 $\sinh x=\frac{1}{2}(e^x-e^{-x})$.

x_i	$f(x_i)$	$f[,]$	$f[,,]$	$f[,,,]$
0.00	0.000 000			
0.20	0.201 336 0	1.006 680		
0.30	0.304 520 3	1.031 843	0.083 876 7	
0.50	0.521 095 3	1.082 875	0.170 106 7	0.172 459 9

$N_3(x)=1.006\,680x+0.083\,876\,7x(x-0.20)+0.172\,459\,9x(x-0.2)(x-0.30)$,

$N_3(0.23)=0.232\,198\,4, f(0.23)=0.232\,033\,2$,

$|f(0.23)-N_3(0.23)|=0.000\,165\,2$.

9. 采用 Newton 形式 Hermite 插值多项式，先列均差表：

x	$f(x)$	$f[,]$	$f[,,]$	$f[,,,]$
1	1.105 170 918			
1	1.105 170 918	0.221 034 183 6		
1.5	1.252 322 716	0.294 303 596	0.146 538 825	
1.5	1.252 322 716	0.375 696 814 8	0.162 786 438	0.032 495 225 6

$\mathrm{H}_3(x)=1.105\,170\,918+0.221\,034\,183\,6(x-1)+0.146\,538\,825(x-1)^2+0.032\,495\,225\,6(x-1)^2(x-1.5)$,

$\mathrm{H}_3(1.25)=1.169\,080\,403,\quad f(1.25)=1.169\,118\,446$,

$|f(1.25)-\mathrm{H}_3(1.25)|=0.380\,43\times10^{-4}$.

10. 采用 Newton 形式的 Hermite 插值多项式，先列均差表：

x	$f(x)$	$f[,]$	$f[,,]$	$f[,,,]$
0	0			
0	0	0		
1	1	1	1	
2	1	0	$-\frac{1}{2}$	$-\frac{3}{4}$

$P_3(x)=0+0\cdot x+1\cdot x^2-\frac{3}{4}x^2(x-1)=x^2-\frac{3}{4}x^2(x-1)$,

$R_3(x)=f[0,0,1,2,x]\cdot x^2(x-1)(x-2)$.

11. 令 $h=\dfrac{b-a}{n}$，分点 $x_i=a+ih$，$i=0,1,\cdots,n$；共分成 n 个小区间 $[x_i,x_{i+1}]$，$i=0,1,\cdots,n-1$. 在区间 $[x_i,x_{i+1}]$ 上线性插值为

$$\varphi(x)=\frac{x-x_{i+1}}{x_i-x_{i+1}}x_i^2+\frac{x-x_i}{x_{i+1}-x_i}x_{i+1}^2,\quad x\in[x_i,x_{i+1}].$$

显然上式对 $i=0,1,\cdots,n-1$ 均成立. 利用(6.4.4)式有

$$\|f-\varphi\|_\infty\leqslant\frac{h^2}{8}\cdot 2=\frac{h^2}{4}.$$

12. 利用 $s(1^+)=s(1^-)$，$s'(1^+)=s'(1^-)$，$s''(1^+)=s''(1^-)$，有 $a=3$，$b=3$，$c=1$.

13. 利用方程组(6.5.9). $h_0=1$，$h_1=3$，$h_2=3$；$\mu_1=\dfrac{1}{4}$，$\lambda_1=\dfrac{3}{4}$；$\mu_2=\dfrac{1}{2}$，$\lambda_2=\dfrac{1}{2}$；$d_0=6f[x_0,x_0,x_1]=-6$，$d_1=6f[x_0,x_1,x_2]=\dfrac{9}{2}$，$d_2=-\dfrac{5}{3}$，$d_3=\dfrac{10}{3}$. 得到方程组

$$\begin{bmatrix}2 & 1 & & \\ \frac{1}{4} & 2 & \frac{3}{4} & \\ & \frac{1}{2} & 2 & \frac{1}{2} \\ & & 1 & 2\end{bmatrix}\begin{bmatrix}M_1\\M_2\\M_3\\M_4\end{bmatrix}=\begin{bmatrix}-6\\ \frac{9}{2}\\ -\frac{5}{3}\\ \frac{10}{3}\end{bmatrix},$$

解之得 $M_0=-\dfrac{154}{31}$，$M_1=\dfrac{122}{31}$，$M_2=-\dfrac{78}{31}$，$M_3=\dfrac{272}{93}$. 利用 $s(x)$ 表达式(6.5.6).

14. 利用自然边界条件及方程组(6.5.8)及习题 13 有

$$\begin{cases}8M_1+3M_2=18,\\3M_1+12M_2=-10.\end{cases}$$

解得 $M_1=\dfrac{82}{29}$，$M_2=-\dfrac{134}{87}$，$M_0=0$，$M_3=0$；利用(6.5.6)式可得 $s(x)$ 的表达式.

第 7 章

1. $\mathrm{P}_0(x)=1$,

$$\mathrm{P}_1(x)=x-\frac{(x,\mathrm{P}_0)}{(\mathrm{P}_0,\mathrm{P}_0)}\mathrm{P}_0(x),$$

$$\mathrm{P}_2(x)=x^2-\frac{(x^2,\mathrm{P}_0)}{(\mathrm{P}_0,\mathrm{P}_0)}\mathrm{P}_0(x)-\frac{(x^2,\mathrm{P}_1)}{(\mathrm{P}_1,\mathrm{P}_1)}\mathrm{P}_1(x),$$

得 $\mathrm{P}_0(x)=1$，$\mathrm{P}_1(x)=x$，$\mathrm{P}_2(x)=x^2-\dfrac{1}{3}$.

2. $$\int_0^1 \mathrm{T}_n^*(x)\mathrm{T}_m^*(x)\frac{1}{\sqrt{x-x^2}}\mathrm{d}x=\int_0^1 \mathrm{T}_n(2x-1)\mathrm{T}_m(2x-1)\frac{1}{\sqrt{x-x^2}}\mathrm{d}x$$

$$= \int_{-1}^{1} \mathrm{T}_n(y)\mathrm{T}_m(y)\frac{1}{\sqrt{1-y^2}}\mathrm{d}x = \begin{cases} 0, & m \neq n, \\ \pi, & m = n = 0, \\ \dfrac{\pi}{2}, & m = n \neq 0. \end{cases}$$

3. 作变量替换 $x=\cos\theta$，得

$$\int_{-1}^{1}\frac{\mathrm{T}_n^2(x)}{\sqrt{1-x^2}}\mathrm{d}x = \int_{-1}^{1}\frac{[\cos(n\arccos x)]^2}{\sqrt{1-x^2}}\mathrm{d}x = \int_0^{\pi}\cos^2(n\theta)\mathrm{d}\theta = \frac{\pi}{2}.$$

4. 法方程为

$$\begin{bmatrix} 1 & \frac{1}{2} \\ \frac{1}{2} & \frac{1}{3} \end{bmatrix}\begin{bmatrix} c_0 \\ c_1 \end{bmatrix} = \begin{bmatrix} \frac{23}{6} \\ \frac{9}{4} \end{bmatrix},$$

解得 $c_0=\frac{11}{6}, c_1=4$；$s^*(x)=\frac{11}{6}+4x$；对于 $\Phi=\mathrm{span}\{1,x,x^2\}$，$s^*(x)=x^2+3x+2$.

5. $s^*(x)=1.175\,201+1.103\,639x$.

6. $s^*(x)=0.194\,526\,7+3.000\,001x$.

7. 在$[0,2]$上，$\rho(x)\equiv1$ 的正交多项式 $\phi_0(x)=1, \phi_1(x)=x-1, \phi_2(x)=x^2-2x+\frac{2}{3}$.

$$p_2(x) = 3.194\,528\phi_0(x) + 3\phi_1(x) + 1.458\,960\phi_2(x).$$

8. 在$[1,3]$上，$\rho(x)\equiv1$ 的正交多项式 $\phi_0(x)=1, \phi_1(x)=x-2$.

$$p_1(x) = 1.471\,878\phi_0(x) + 1.666\,667\phi_1(x).$$

9. 法方程为

$$\begin{cases} 92a + 20b = 25, \\ 20a + 8b = 37, \end{cases}$$

$$y = -1.607\,142\,9x + 8.642\,857\,1.$$

10. 两边取对数 $\ln y=ax+\ln c$；得法方程

$$30a + 10b = 16.309\,742,$$
$$10a + 5b = 6.198\,860,$$

其中 $b=\ln c$. $a=0.391\,202\,3, b=0.457\,367$；$y=1.579\,910\mathrm{e}^{0.391\,202\,3x}$.

11. $f(x)=\frac{1}{x}\ln(1+x)$的 Maclaurin 展开式为

$$f(x) = 1 - \frac{x}{2} + \frac{x^2}{3} - \cdots.$$

利用(7.3.9)式及(7.3.8)式得 $q_1=\frac{2}{3}, p_0=1, p_1=\frac{1}{6}$.

$$R_{1,1}(x)=\frac{1+\frac{1}{6}x}{1+\frac{2}{3}x}.$$

12. $f(x)=\frac{1}{\sqrt{x}}\tan\sqrt{x}$的 Maclaurin 展开为

$$f(x)=1+\frac{x}{3}+\frac{2}{15}x^2+\frac{17}{315}x^3+\frac{62}{2835}x^4+\cdots.$$

利用(7.3.9)式有

$$\begin{cases}\frac{17}{315}+\frac{2}{15}q_1+\frac{1}{3}q_2=0,\\ \frac{62}{2835}+\frac{17}{315}q_1+\frac{2}{15}q_2=0,\end{cases}$$

解得 $q_1=-\frac{4}{9},q_2=\frac{1}{63}$;利用(7.3.8)式有

$$p_0=1,\quad \frac{1}{3}+q_1=p_1,\quad \frac{2}{15}+\frac{1}{3}q_1+q_2=p_2,$$

得出 $p_1=-\frac{1}{9},\quad p_2=\frac{1}{945}$.

第 8 章

1. (1) $T(f)=0.683\,939\,72$,在$[0,1]$上误差界$\left|\frac{1}{12}f''(\eta)\right|\leqslant\frac{1}{12}$. $S(f)=0.632\,333\,68$, $[0,1]$上误差界$\left|\frac{1}{2880}f^{(4)}(\eta)\right|\leqslant 3.472\,222\,2\times10^{-4}$.

(2) $T(f)=0.228\,074$; $\left|\frac{(0.5)^3}{12}f''(x)\right|\leqslant 0.039\,697\,2$; $S(f)=0.192\,245$; $\left|\frac{(0.5)^5}{2880}f^{(4)}(x)\right|\leqslant 2.170\,14\times10^{-5}$.

2. (1) 考虑 $f(x)=1,x,x^2,x^3$,2 次代数精度.

(2) 1 次代数精度.

3. (1) $C_0=\frac{1}{3},C_1=\frac{2}{3},C_2=\frac{1}{3}$;3 次代数精度.

(2) $C_0=\frac{1}{4},C_1=\frac{3}{4},x_1=\frac{2}{3}$;2 次代数精度.

4. 令 $f(x)=1,x,x^2$ 得 $C_0=\frac{2}{3},C_1=\frac{1}{3},B_0=\frac{1}{6}$;令 $f(x)=x^3$,知代数精度为 2;将 $f(x)=x^3$ 代入,有

$$\int_0^1 f(x)\mathrm{d}x = \frac{2}{3}f(0) + \frac{1}{3}f(1) + \frac{1}{6}f'(0) + kf'''(\xi), \quad \xi \in (0,1),$$

得 $k=-\frac{1}{72}$.

5. 复合梯形公式

$$T_2(f) = 0.662\,11; \quad T_4(f) = 0.659\,47; \quad T_8(f) = 0.658\,98.$$

用复合 Simpson 公式

$$S_2(f) = 0.658\,60; \quad S_4(f) = 0.658\,81.$$

6. 复合梯形公式要求 $h<0.010\,95$,取 $n=92$.

复合 Simpson 公式要求 $h<0.346\,41$,取 $n=3$.

7.

0.693 02				
0.662 11	0.651 81			
0.659 47	0.658 59	0.659 04		
0.658 98	0.658 81	0.658 82	0.658 82	
0.658 86	0.658 82	0.658 82	0.658 82	0.658 82

8. $h=0.5$,用 Simpson 求积公式 $s(1,1.5)=0.192\,245\,30$,将区间对分,$s(1,1.25)=0.039\,372\,434$,$s(1.25,1.5)=0.152\,886\,02$,

$$|\,s(1,1.5)-s(1,1.25)-s(1.25,1.5)\,| = 1.315\times10^{-5} < 10\varepsilon.$$

积分近似值为

$$s(1,1.25)+s(1.25,1.5) = 0.192\,258\,45.$$

9. 先构造在$[0,1]$上权函数 $\rho(x)=\frac{1}{\sqrt{x}}$的 2 次正交多项式 $\phi_2(x)=x^2+bx+c$. 由$(1,\phi_2)=0$,$(x,\phi_2(x))=0$ 得 $\phi_2(x)=x^2-\frac{6}{7}x+\frac{3}{35}$;其零点 $x_0=\frac{3}{7}-\frac{2}{7}\sqrt{\frac{6}{5}}$,$x_1=\frac{3}{7}+\frac{2}{7}\sqrt{\frac{6}{5}}$作为求积公式的节点. 令 $f(x)=1,x$ 求积公式等号成立,得 $A_0=1+\frac{1}{3}\sqrt{\frac{5}{6}}$,$A_1=1-\frac{1}{3}\sqrt{\frac{5}{6}}$.

10. (1) 作变量替换 $x=\frac{\pi}{4}(t+1)$,积分化为

$$\begin{aligned}\int_{-1}^{1}\frac{\pi}{4}\sin\frac{\pi(t+1)}{4}\mathrm{d}t &\approx \frac{\pi}{4}\sin\frac{\pi}{4}(1-0.577\,350\,27)\\ &\quad+\frac{\pi}{4}\sin\frac{\pi}{4}(1+0.577\,350\,27)\\ &=0.998\,48.\end{aligned}$$

(2) 作变量替换 $x=\frac{1}{2}(1+t)$，积分化为

$$\int_{-1}^{1}\frac{1}{2}\left[\frac{1}{2}(t+1)\right]^2 e^{\frac{1}{2}(1+t)}\,dt \approx \frac{1}{8}\Big[(1-0.57735027)^2 e^{\frac{1}{2}(1-0.57735027)} + (1+0.57735027)^2 e^{\frac{1}{2}(1+0.57735027)}\Big] = 0.71194.$$

11. (1) 2.589 258 0. (2) 0.284 248 5.

12. (1) $-hf''(\xi)$. (2) $\frac{1}{3}h^2 f'''(\xi)$.

13. 用表 8.12 的第三个公式和第二个公式可以计算.

$$f'(1.1) \approx \frac{1}{0.2}[-3f(1.1)+4f(1.2)-f(1.3)] = 17.769705,$$

$$f'(1.3) \approx \frac{1}{0.2}[f(1.4)-f(1.2)] = 27.107350.$$

第 9 章

1.

x_n	y_n	$y(x_n)$	$\lvert y(x_n)-y_n\rvert$
2.5	2.000 000	1.833 333	0.166 667
3.0	2.625 000	2.500 000	

2.

x_n	y_n	$y(x_n)$	$\lvert y(x_n)-y_n\rvert$
0.4	−1.608 000 0	−1.620 051 0	0.012 051 0
1.0	−1.199 251 2	−1.238 405 8	0.039 154 6
1.4	−1.079 745 4	−1.114 648 4	0.034 903 0
2.0	−1.018 151 8	−1.035 972 4	0.017 820 6

3.

x_n	修正 Euler 方法 y_n	中点公式 y_n	$y(x_n)$
1.25	2.775 000 0	2.777 777 8	2.778 929 4
1.50	3.600 833 3	3.606 060 6	3.608 197 7
1.75	4.468 829 4	4.476 301 5	4.479 327 6
2.00	5.372 858 6	5.382 439 8	5.386 294 4

4.

x_n	y_n	$y(x_n)$
2.5	1.833 323 4	1.833 333 3
3.0	2.499 971 2	2.500 000 0

5. $f(x,y)=e^x\sin(xy)$, $\left|\frac{\partial f}{\partial y}(x,y)\right|=|xe^x\cos(x,y)|\leqslant e$. 取 $L=e$，当$\frac{Lh}{2}<1$ 时，迭代收敛. 取 $h<\frac{2}{e}$.

6. (1) 取 $y_0=y(0)=1$,

$$y_{n+1}=\left(\frac{2-h}{2+h}\right)y_n=\left(\frac{2-h}{2+h}\right)y_{n-1}=\cdots=\left(\frac{2-h}{2+h}\right)^{n+1}y_0.$$

(2) $\lim\limits_{h\to 0}\left(\frac{2+h}{2-h}\right)^n=\lim\limits_{h\to 0}\frac{\left(1+\frac{h}{2}\right)^n}{\left(1-\frac{h}{2}\right)^n}=\lim\limits_{h\to 0}\frac{\left(1+\frac{x_n}{2n}\right)^n}{\left(1-\frac{x_n}{2n}\right)^n}=e^{-x_n}$.

7. $\bar{y}_{n+1}=y_n+hf(x_n,y_n)=y_n-h(y_n+y_n^2\sin x_n)$,

$$y_{n+1}=y_n+\frac{h}{2}[f(x_n,y_n)+f(x_{n+1},\bar{y}_{n+1})]$$

$$=y_n-\frac{h}{2}[y_n+y_n^2\sin x_n+\bar{y}_{n+1}+\bar{y}_{n+1}^2\sin x_{n+1}].$$

$y_1=0.715\ 489$, $y_2=0.526\ 112$.

8. $$T_{n+1}=y(x_n+h)-y(x_n)+hf\left[x_n+\frac{1}{2}h,y(x_n)+\frac{1}{2}hf(x_n,y(x_n))\right]$$

$$=h^3\left[\frac{1}{6}y''(x_n)\frac{\partial f}{\partial y}+\frac{1}{24}\left(\frac{\partial^2 f}{\partial x^2}+2f\frac{\partial^2 f}{\partial x\partial y}+f^2\frac{\partial^2 f}{\partial y^2}\right)\right]_{(x_n,y(x_n))}+O(h^4).$$

9. 把隐式中点方法用于试验方程 $y'=\lambda y$ 有

$$y_{n+1}=y_n+\lambda h\frac{1}{2}(y_n+y_{n+1}),$$

从而得 $E(\lambda h)=\frac{1+\frac{1}{2}\lambda h}{1-\frac{1}{2}\lambda h}$，由此得出绝对稳定性区间为$(-\infty,0)$.

10. $y_0=y(0)=0$,

$y_1=y(0.2)=0.026\ 812\ 8$,

$y_2=y_1+\frac{h}{2}[3f(x_1,y_1)-f(x_0,y_0)]=0.120\ 052\ 2$.

x_n	y_n	$y(x_n)$
0.2	0.026 812 8	0.026 812 8
0.4	0.120 052 2	0.150 777 8
0.6	0.415 355 1	0.496 019 6
1.0	2.824 168 3	3.219 099 3

11. $y_0=y(0)=0, y_1=y(0.2)=0.026\ 812\ 8$.

由于微分方程是线性的.此题不用迭代求解.

$$y_{n+1}=\frac{1}{\left(1+\frac{5}{6}h\right)}\left\{y_n+\frac{h}{12}[5x_{n+1}e^{3x_{n+1}}-16y_n+8x_ne^{3x_n}+2y_{n-1}-x_{n-1}e^{3x_{n-1}}]\right\}.$$

x_n	y_n	$y(x_n)$
0.2	0.026 812 8	0.026 812 8
0.4	0.153 362 7	0.150 777 8
0.6	0.503 006 8	0.496 019 6
1.0	3.251 286 6	3.219 099 3

12. $T_{n+3}=-\frac{1}{40}h^5y^{(5)}(x_n)+O(h^5)$.

13. $T_{n+2}=-\frac{1}{3}(b+1)h^3y'''(x_n)+O(h^4)$.

14. $\rho(\lambda)=\lambda^2-\lambda, \sigma(\lambda)=\frac{5}{12}\lambda^2+\frac{2}{3}\lambda-\frac{1}{12}$.

$\rho(1)=0, \sigma(1)=\rho'(1)=1$,多步法相容.

$\rho(\lambda)=0, \lambda=0, \lambda=1$,满足根条件$\Rightarrow$收敛.

15. 系数矩阵 $\boldsymbol{A}=\begin{bmatrix}32 & 66\\ -66 & -133\end{bmatrix}$的特征值 $\lambda_1=-1, \lambda_2=-100$;刚性比 $R=100$;$-100h\in(-2.875,0), h\leqslant 0.028\ 75$.

$$u_4=0.610\ 959\ 60,\quad u(0.1)=0.669\ 876\ 48;$$

$$v_4=-0.217\ 081\ 79,\quad v(0.1)=-0.334\ 915\ 54.$$

参考文献

1 关治,陆金甫.数值分析基础.北京:高等教育出版社,1998

2 李庆扬,王能超,易大义.数值分析.第4版.北京:清华大学出版社,施普林格出版社,2001

3 李庆扬,关治,白峰杉.数值计算原理.北京:清华大学出版社,2000

4 林成森.数值计算方法.北京:科学出版社,2005

5 姜启源,邢文训,谢金星等.大学数学实验.北京:清华大学出版社,2005

6 曹志浩.数值线性代数.上海:复旦大学出版社,1996

7 谭永基,俞文鲰.数学模型.上海:复旦大学出版社,1997

8 Atkinson K E, Weimin H. Elementary Numerial Analysis. 3rd ed. New York: John Wiley & Sons, 2004

9 Burden R L, Faires J D. Numerical Analysis. 7th ed. 北京:高等教育出版社, Thomson Learning. Inc,2001

10 Cheney W, Kincaid D. Numerical Mathematics and Computing. 2nd ed. Brooks/Cole, Monlerey, Calif, 1985.薛密译.数值数学和计算.上海:复旦大学出版社,1991

11 Ciarlet P G. Introduction a L'analyse Numerique matricielle et a L'optimisation. Masson, 1982. 胡健伟译.矩阵数值分析与最优化.北京:高等教育出版社,1990

12 Davis P J, Rabinowitz P. Methods of Numerical Integration. 2nd ed. Orlando: Academic Press, 1984

13 Gautschi W. Numerical Analysis, An Introduction. Baston; Birkhäuser, 1997

14 Gerald C F, Patrick O W. Applied Numerical Analysis. 3rd ed. Addison-Wesley, Reading, Mass, 1984

15 Golub G H, Van Loan C F. Matrix Computations. 3rd ed. Baltimore: The Johns Hopkins University Press, 1996. 袁亚湘等译.矩阵计算.北京:科学出版社,2001

16 Heath M T. Scientific Computing: An Introductory Surey. 2nd ed. McGraw-Hill Companies, 2002.张威等译.科学计算导论,第2版.北京:清华大学出版社,2005

17 Kincaid D, Cheney W. Numerical Analysis: Mathematics of Scientific Computing. 3rd ed. 北京:机械工业出版社,2003

18 Lambert J D. Numerical Methods for Ordinary Differential Systems: The Initial Value Problem. Chichoster: John Wiley & Sons, 1991

19 Mathews J H, Fink K D. Numerical Methods Using MATLAB. 3rd ed. Pearson Education, Inc., 2001.陈渝等译.数值方法(MATLAB版).第3版.北京:电子工业出版社,2002

20 Powell M J D. Approximation Theory and Methods. Cambridge University Press, Cambridge, 1981

21 Stoer J, Bulirsch R. Introduction to Numerical Analysis. 2nd ed. New York: Springer-Verlag, 1993. 孙文瑜等译.数值分析引论.南京:南京大学出版社,1995

22 Watkins D S. Fundamentals of Matrix Computations. New York: John Wiley & Sons, 1991

参考文献